核电子学基础

霍雷 冯启春 马永和 编著

清华大学出版社

北京

内 容 简 介

本书以能谱分析和强度测量为主线,系统介绍了核电子学的基本概念、基本理论和基本方法。全书遵循由浅入深、由单元到整体的原则,内容包括核辐射探测器的输出信号和前置放大器、线性脉冲放大器、单道脉冲幅度分析器、定标器、线性率表电路、直流放大器、稳压电源、多道脉冲幅度分析器等。

本书可作为高等院校核物理专业和核科学与技术、核工程等相关专业本科生核电子学课程的教材,也可供其他专业学生和有关科学技术人员参考使用。

图书在版编目(CIP)数据

核电子学基础/霍雷,冯启春,马永和编著. —北京:清华大学出版社,2022.1(2024.2重印)
ISBN 978-7-302-59212-9

Ⅰ. ①核… Ⅱ. ①霍… ②冯… ③马… Ⅲ. ①核电子学 Ⅳ. ①O571

中国版本图书馆 CIP 数据核字(2021)第 184617 号

责任编辑:佟丽霞 赵从棉
封面设计:常雪影
责任校对:赵丽敏
责任印制:杨 艳

出版发行:清华大学出版社
  网 址:https://www.tup.com.cn,https://www.wqxuetang.com
  地 址:北京清华大学学研大厦 A 座   邮 编:100084
  社 总 机:010-83470000   邮 购:010-62786544
  投稿与读者服务:010-62776969,c-service@tup.tsinghua.edu.cn
  质量反馈:010-62772015,zhiliang@tup.tsinghua.edu.cn
印 装 者:大厂回族自治县彩虹印刷有限公司
经 销:全国新华书店
开 本:185mm×260mm   印 张:23.5   字 数:572 千字
版 次:2022 年 1 月第 1 版   印 次:2024 年 2 月第 3 次印刷
定 价:68.00 元

产品编号:068268-01

前言

FOREWORD

核电子学是随着核辐射探测技术的发展而兴起的学科,专门用来研究探测器的非电量转换,信号预处理,进行核辐射的能量、强度、成分、含量的测量与分析,也可在各个工程技术领域中应用。核电子学仪器也称射线仪器,随着核仪器的微机化、智能化,形成了比较完整又系统的核仪器知识结构。核电子学是电子学的一个重要分支,已发展成为一门综合性学科,广泛应用于核物理实验、核工程技术、工农业生产、医学、环境、剂量检测等领域。

本书以北京核仪器厂生产的科研教学用核仪器及 NIM 插件为基础,以能谱分析和强度测量为主线而编写。全书共分 8 章,前 6 章是能量测量和强度测量不可缺少的知识和组成单元,内容包括核辐射探测器输出信号与前置放大器、线性脉冲放大器、单道脉冲幅度分析器、定标器、线性率表电路、直流放大器等,第 7 章介绍为探测器和电子仪器供电的高、低压稳压电源,最后一章介绍多道脉冲幅度分析器。全书各章遵循由浅入深、由单元到整体的原则,各章内容相对独立,自成体系。

核电子学是一门实验性和应用性很强的不断发展的学科。本书的内容以国产核仪器和常用的国外器件为主,语言力求通俗易懂,突出性能特点、适用性、新颖性和代表性,所分析的电路几乎都是定型产品。作为本科生教材,本书以基础知识、基本概念、基本理论为主进行介绍,遵循由浅入深、由单元到整机的原则,内容按照从辐射信号的产生、接收、预处理、数据分析到结果显示的顺序安排,强调各单元的相互联系、组合和应用。目的在于培养学生掌握核仪器的性能特点,使学生能自行设计组成实验系统,锻炼独立工作能力。对学生已经学习过的基础电子学知识,则只对本课程要用到的相关内容作了一些梳理和强调。

参加本书编写工作的有霍雷、冯启春、任延宇、马永和、张景波等,全书由霍雷、马永和负责统稿。本书正式出版前,曾在哈尔滨工业大学物理系五届本科生的教学中进行试用,学生指出了其中的一些疏漏并提出了一些有益的建议,编者在此表示衷心的感谢。

本书可作为高等院校核物理专业和核科学与技术、核工程等相关专业本科生核电子学课程的教材,也可供其他专业学生和有关科学技术人员参考。教学中,教师可根据教学对象及学时等情况对本书内容进行适当删减或组合。

本书在编写过程中力求理论联系实际,与时俱进,从而能反映出国内外的新进展。但是,限于作者水平,书中缺点和错误在所难免,望广大读者予以批评指正。

作　者

2021 年 6 月于哈尔滨工业大学

目录
CONTENTS

引言

在核物理、核技术以及相关领域的研究和实践中,人们通常需要借助某些传感装置来感知和传递核辐射信息。将利用各种探测器探测到的核辐射信息转化为电信号,并进一步用电子学方法来分析和处理这些信号的方法和技术就属于核电子学的研究领域。核电子学是在核辐射探测技术和电子技术基础上逐渐发展起来的一门交叉学科,它可以利用辐射探测器输出信号的幅度分布、时间关系、径迹图像等给出相应辐射的能量、电荷量、质量、时间和空间特性等各种信息。随着人们对微观世界认识的不断深入、电子技术特别是计算机技术的进步和发展,核电子学也得到了飞速的发展,所应用的领域也愈加广泛。人们不仅希望尽可能不失真地保存探测器输出信号所携带的信息,对测量精度、测量速度的要求也越来越高。从更宽泛的意义上来讲,可以说核电子学就是获取和处理微观世界信息的电子学。

核电子学的发展与成熟是与核物理及核辐射探测技术的发展密切相关的。19 世纪末,放射性的发现揭开了核物理研究的序幕。最初,相关研究主要围绕对放射性物质的探寻以及放射性的种类和特征等方面展开,所用的探测和记录装置主要为照相底片、硫化锌荧光屏、量热计、显微镜、静电验电器等。在核辐射探测技术发展的同时,物理学的另一分支学科——无线电电子学也迅速兴起,并形成了真空管电子学。核辐射探测器的发展和真空管电子学的产生为核电子学的产生和发展奠定了基础。原子有核模型的建立以及对放射性、核反应等研究的不断深入,对核辐射探测器提出了更高的要求。随着 G-M 计数管的发明,出现了与之配合应用的各种计数电路,进而可以完成对核辐射强度的测量。而正比计数管虽然具有一定的能量分辨本领,但其输出信号较弱,并受电源电压的影响,这导致了核能谱测量中有较高稳定度的高压电源以及线性脉冲放大器、脉冲幅度分析器的发明和应用。

闪烁探测器的发展和晶体管电子学的发展使核电子探测技术的发展进入到一个新的阶段。20 世纪三四十年代,核辐射探测装置和电子学技术的利用发展迅速,取得了一系列重要的进展,解决了弱放射性、强放射性及能量线性测量等问题。1931 年,卢瑟福·阿普尔顿实验室(Rutherford Appleton Laboratory)制成了包括放大器、甄别器以及计数器等在内的一种系统设备,该设备在早期的核物理研究中发挥了重要的作用。电子学技术与核辐射探测技术的有机融合,也是促成原子核物理学以及粒子物理学取得一系列重大发现的直接原因。核物理和粒子物理学上的这些发现不仅加深了人类对微观世界的认识,也提高了物理学家对电子学测量方法的优越性的认识。

1932 年中子的发现和 1939 年核裂变反应的研究,都与核电子学的形成和发展密切相关。1945 年核反应堆的建成使得核武器的制造成为可能,对核武器的研制对于核电子学的产生、形成和发展起到了重要的推动作用。对核爆炸观测、核效应预测和核辐射剂量监测的科学与技术需求以及巨大的财力和物力的投入,则又进一步促进了核物理学以及核电子学的飞速发展。人们通常认为,核电子学作为一个独立的重要学科在这一时期初步形成。从 20 世纪 40 年代末到 60 年代初,伴随着核辐射闪烁探测器的研制成功、晶体管电路的发展以及和平利用核能的需求,核电子学进入了快速发展的时期。在这一时期,为适应闪烁探测器发展,滤波成形、低噪声前放、快速电路、模数转换(analog-to-digital converter,ADC)电路、编码、存储、时间测量、波形甄别等技术先后出现并不断完善。

20 世纪 50 年代到 60 年代,电子管逐渐被晶体管电路取代,并发展出了半导体集成电路。到 60 年代中期,核电子学仪器已经几乎全部由晶体管构成,促进了核电子仪器的标准化进程。这一时期,核辐射探测技术也取得了重大进步,半导体探测器被研制成功,多丝室、漂移室探测器相继发明,相应的电子学系统在向灵敏度高、反应速度快、数据准确性高的方向发展的同时,在核辐射环境下应用的可靠性、稳定性方面也不断进步,在低噪声、高精度方面取得了长足的进展。气体、闪烁体和半导体三种类型的核辐射探测器的应用,半导体集成电路的发展,计算机技术的广泛应用,使核电子学发展成为一门较为成熟的学科。

20 世纪 70 年代,由于一些国家反核力量的抵制以及公众对放射性的非理性恐惧,核技术及其应用的发展受到了一定的影响。但由于核技术具有高的灵敏度、特异性、选择性、抗干扰性、穿透性等独特优势,以及它所带来的重大经济和社会效益,其发展势头很快得以恢复。1964 年,美国原子能委员会制定了核仪器插件(Nuclear Instrument Module,NIM)标准,这也是最早的核电子仪器标准。1974 年,国际电工委员会把 NIM 标准作为核电子仪器的国际标准予以推荐。1975 年中国核电子仪器的研制和生产单位也开始采用这一标准。

目前,核电子学技术和方法的应用领域已远远超过了核物理与粒子物理、天体物理的范畴,在工业、农业、医疗、材料、信息、环境、社会安全等领域的应用越来越广泛,形成了以反应堆、加速器、辐射源和核辐射探测器为工具的诸多现代高新技术,具体的如核成像技术、核分析技术、加速器技术、离子束技术、辐射加工技术、无损检测技术、核医学技术、同位素技术、核能技术等。例如,在医学上,从 1958 年制成 γ 相机及 1960 年出现放射性免疫检验技术,到 1989 年第一台用于防治癌症的超导回旋加速器问世,核医学技术得到了迅速发展。各种扫描机、γ 心脏功能仪、肾功能仪、甲状腺功能仪以及高能质子束辐射治疗、核素跟踪、CT 与三维造影技术等的出现如雨后春笋,在医学治疗中已不可或缺。总之,核电子技术在多个领域均取得快速发展。实际上,我们日常生活中熟悉的食品安全检测、机场的安全检查、身体检查、药品的检测、晶体结构的探测、DNA 结构的确定、信息遥感等,无不依赖于核电子学和核辐射探测技术。

随着科学技术的进步,人们在物质结构、宇宙起源等方面的基础研究也不断深入,重离子物理、高能核物理领域的研究逐渐成为核物理研究的热点。在这一过程中,高能加速器等庞大复杂的综合设备的利用对核电子学技术和方法提出了更高的要求,新的探测器件和探测材料相继出现,气体、闪烁体和半导体探测器进一步发展完善,集成电路、计算机技术被广泛应用和标准化,并开始智能化。这一切使得核电子仪器的性能指标不断刷新,核电子学与其他学科相互交叉渗透更加普遍深入,核医学、加速器电子学、高能核电子学、抗辐射电子学等核电子学的分支学科相继形成。例如,安装于国际空间站上的大型高能粒子探测器——α 磁谱仪（Alpha Magnetic Spectrometer，AMS），就是人类送入太空的一个大型的物理探测设备，其目的是探测宇宙中的奇异物质，包括暗物质及反物质。AMS 探测器实际上是由磁铁、穿越辐射探测器、飞行时间探测器、径迹探测器、环形切伦科夫成像探测器、电磁量能器、反符合计数器、径迹室准直系统以及星迹仪、全球定位系统等众多的核辐射探测与核电子学单元组成的一个十分复杂的系统。

核电子学以及核探测技术是我国在核科技领域发展较早的学科之一，到 20 世纪 70 年代已初具规模，并在我国早期核试验和核武器的研究和研制中发挥了重要作用。1979 年，我国的核电子学与核探测技术学会正式成立。进入 21 世纪，核电子学与核探测技术在相关科学领域以及国民经济中的应用日益广泛，备受关注，经济和社会效益显著。北京正负电子对撞机和北京谱仪的成功运行、嫦娥工程对月面的探测、全超导托卡马克核聚变实验装置的重大突破以及对太阳高能粒子和太阳风离子的探测任务的实施、大亚湾反应堆中微子实验项目的开展和中微子振荡新模式的发现等，这一系列基础研究和重大科学工程所取得的举世瞩目的斐然成就，表明我国的核电子学和核探测技术研究取得了飞速的发展，进入了一个崭新的阶段。

发生在原子核尺度上的微观过程我们无法直接观察，探索微观世界奥秘的途径就是获取微观粒子间在相互作用过程中产生并辐射出的各种次级粒子所携带的信息，包括这些粒子的电荷、质量、能量、动量以及其时间、空间分布等。在这一过程中，首先由核辐射探测器将进入探测器的辐射粒子转换成电信号（电压信号、电流信号），而辐射粒子携带的信息则包含在电信号的形状、幅度以及时间间隔等特征之中。核电子学就是要将辐射粒子在探测器内产生的信号经过模拟处理和数字化之后，传送入专用的数字化处理系统或计算机进行处理和分析，获得这些辐射粒子携带的相关信息。射入探测器的辐射粒子的种类不同或者探测器中的探测介质不同，在探测器中所发生的相互作用过程也会不同，而且作用过程还与辐射粒子的能量有关。这样，为了提高对核辐射的探测效果，人们发明了不同类型的、有针对性的核辐射探测器。

探测器将上述辐射粒子与探测介质相互作用的过程转换成电信号后，接下来就要提取出这些电信号，并用电子学方法对这些信号进行处理，如电子学放大、成形等模拟处理。随后还可以对模拟信号进行数字化处理（ADC），并交由计算机或专门的处理器进行数据采集存储等在线处理。在处理过程中，要尽可能不失真地保存辐射粒子所携带的各种信息。

最后将存储的数据进行离线分析，就可以获得辐射粒子的种类、能量、动量等信息，并可以分析辐射粒子间的时间关系，重构辐射粒子的空间径迹。还可以提取其他观测量进行深入分析，给出相关结论。

从电信号的产生与获取到在线处理这一过程，就是核电子学的研究范畴。典型的核电子学系统就是由电信号的产生与提取系统、模拟处理电路、事例选择电路、模拟信号与数字信号转换系统、数据采集存储系统构成的。与普通电子学处理的信号相比，核电子学面对的信息载体是 e、μ、ν、π、k、n、p、α 以及波长不大于 X 射线的 γ 光子等微观粒子。核电子学所处理的主要是电脉冲信号，且具有明显的特点：

- 脉冲信号的宽度在纳秒到微秒量级范围内。
- 脉冲信号在时间和幅度上都具有随机性，是非周期、非等值的。
- 本底事例多。要求电子学系统有较高的排除本底事例的能力。

- 对测量系统的测量精度要求高。要求时间精度达到纳秒到皮秒的量级,空间分辨率达到微米到毫米的量级。
- 电子学系统要能长时间连续工作,有较长的工作寿命。测量通常要在强辐射、强电磁场的恶劣条件下完成,测量过程经常连续进行几个月乃至更长的时间。
- 需要处理的信息量巨大。美国布鲁克海文国家实验室(BNL)RHIC 上的 STAR 实验、PHENIX 实验,欧洲核子研究中心(CERN)LHC 上的 CMS 实验、ATLAS 实验等,所使用的粒子探测系统都十分庞大。比如,LHC 的 ATLAS 实验,探测器的信号通道数达到 10^7 量级,原始信息量在 1TB/s 以上。

由于要处理的信号和测量条件的多样性、复杂性,核电子学的发展中总是尽可能多地利用最先进的技术,设计先进的测量方法,以达到最佳的测量效果,最大限度地反映出物理过程的本质。对脉冲信号的幅度、时间间隔、波形和粒子径迹的精密测量以及信号甄别技术、纳秒脉冲技术等都是在核电子学中率先得以发展的。应用于原子核物理与粒子物理领域的各种电子学方法和技术都是核电子学的研究对象,这些方法和技术的应用领域,有很多已经远远超出了核物理与粒子物理的研究范畴。核电子学的研究对象具体包括:

- 与各种核辐射探测装置相配合,用于对核辐射(微观粒子)进行测量的电子电路或者系统。
- 在核辐射环境下工作的电子电路或系统。
- 针对核辐射信号在时间和幅度上具有随机性、统计性等特点形成的各种精密的电子学测量技术。
- 用于在核相关研究和高能物理实验中,对实验系统加以监测和控制,实时获取和处理海量数据的各种大型核电子设备。
- 核技术在科学研究以及国民经济中应用时进行开发设计的各种电子学技术。

学习核电子学的目的,就是要掌握核电子学的基本技术和方法,理解常用核电子学测量系统和有关电路的基本原理和特性,能用标准插件组成所需要的实验测量系统,能够用电子学方法对核辐射探测器信息进行分析处理,为开发设计核电子学设备奠定一定的基础。

本课程将依核电子学对核辐射探测器探测信号的处理过程,系统介绍核电子学系统中各部件的工作原理。核辐射探测器的输出信号的幅度很小,要经过预放大后再通过电缆传递给后续的电子设备,这一工作由前置放大器完成。前置放大器一般放置在探测器附近,有的甚至与探测器组装在一起,它可以降低输出信号在传递过程中所受外界干扰的影响,提高信噪比。对应于不同类型的探测器,有不同类型的前置放大器与之相配,如电压灵敏前置放大器、电流灵敏前置放大器和电荷灵敏前置放大器等。在第 1 章,我们将讨论前置放大器的作用、分类、电路原理和几种实用的电路。对前置放大器输出信号进一步放大、成形的任务由主放大器完成。主放大器一般要有可调的放大倍数,较高的输出信号幅度和尽量窄的信号宽度,较好的稳定性和线性,合适的冲击响应。第 2 章介绍线性脉冲放大器的工作原理和技术指标。探测器输出的脉冲信号经前置放大器和主放大器放大后,还需根据实验需要做进一步处理。第 3 章讨论脉冲幅度甄别器和单道脉冲幅度分析器的结构和工作原理,并分析几种典型的实际电路。第 4 章和第 5 章讨论用于对信号进行统计记录的定标器和计数率计的工作方式和指标。第 6 章讨论在核电子学仪器中经常遇到的有关直流信号的放大与测量问题。第 7 章介绍核电子学仪器中的稳压电源的工作原理和典型的应用电路。第 8 章讨论集模-数变换器、数据存储器、显示器、控制器等单元为一体的多道脉冲分析仪的结构和工作原理。

核电子学是一门实践性很强的课程,通过实际操作可以更好地掌握核电子学的方法和技术。本书中引入了一些核电子学仪器实例,对其进行分析有助于进一步掌握和理解插件的实际功能,提高分析和解决问题的能力。随着计算机技术、大规模集成电路技术、激光和光纤技术、加速器技术等新技术的发展和完善,核电子学也在向更高分辨率、更高精度、更快速、更智能化方向加速发展。

第 1 章

核辐射探测器的输出信号和前置放大器

核辐射探测器的输出信号一般都很小,输出阻抗又都很高,不宜长线传输。通常需将探测器的输出信号就近进行预放大再传输,这样就可以减少信号在传输过程中的干扰和波形畸变,也便于与后续电路的阻抗匹配。前置放大器就是将探测器输出信号就近放大的装置,它通常体积较小,与探测器组装在一起,并进行良好屏蔽以降低外界空间电磁场的干扰,所形成的整体称为探头。前置放大器的放大倍数视所配探测器而定,一般为 1~100。

1.1　核辐射探测器的工作原理和信号输出电路

核辐射探测器是用来对核辐射进行分析探测的器件,其工作原理是基于核辐射与物质相互作用的各种效应。核辐射与物质相互作用时,通过初级效应以及次级效应,将其部分或全部能量消耗在物质中产生电离、激发或者其他物理、化学变化。人们借助核辐射探测器对核辐射进行测量,得到核辐射的类型、束流强度、能量以及时间特性等。

如果核辐射与物质发生相互作用,使物质中的原子电离,在物质中就会形成一定数量的离子对(电子和正离子)。带电的电离粒子在电场作用下定向运动形成电流,产生电流信号。电流信号经电子线路进行放大、处理、记录和分析,就可得到核辐射的相关信息。对核辐射探测器产生的电信号的处理和分析,导致了核电子学这一学科的产生和发展。然而,并不是所有的物质都可以用于核辐射探测。可用于核辐射探测的介质有气体、闪光晶体、半导体材料等。根据电离辐射产生电离的介质可将核辐射探测器分为气体电离探测器和固体探测器两大类型。而固体探测器可进一步分为闪烁探测器和半导体探测器等类型。

1.1.1　气体电离探测器的工作原理

气体电离探测器是以气体为工作介质,通过电离辐射使气体分子电离产生电信号,进而对核辐射特性进行测量的辐射探测器。各种气体电离探测器的共同结构设计是均由两个与电源相连的金属电极组成,两电极之间根据不同需要充有不同的气体。由于两极板收集到的电荷量与两极间的场强有关,因而形成了不同工作方式的气体电离探测器。常见的气体电离探测器主要有盖革-米勒(G-M)计数管、电离室、正比计数器等类型。

入射电离辐射在气体中产生的离子对在电场被加速,正、负带电粒子在运动过程中会与气体中其他分子相碰撞产生更多离子对,这种现象称为气体放大。通常把气体放大后产生的离子对总数 N 与初始电离产生的离子对数 N_0 之比称为气体放大倍数,用 M 表示。

在有电场存在的气体电离空间内,电极上收集的电荷数或电离电流与电离粒子的性质(强电离或弱电离)有关,也与外加电场即工作电压有关。电极收集的电荷与外加工作电压的关系如图 1-1 所示,大致可分为六个区域。

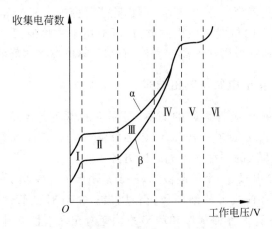

图 1-1　电极收集电荷数与工作电压的关系

Ⅰ区是电离复合区。此区域中,工作电压较低,电场强度较弱,电离粒子的运动速度较慢,有部分正负离子会重新发生复合形成电中性的分子,电极不能收集到复合后的离子。

Ⅱ区是电离饱和区。随工作电压增加,正负离子复合机会逐渐减少,当初始电离产生的次级带电粒子全部到达电极时,电极收集到的电荷达到饱和,且在一段电压范围内饱和值保持不变。饱和区内电极收集到的离子只与入射粒子(核辐射)的种类和数量有关,电离室探测器就工作在这个区域,因此这个区域也被称为电离室区。

Ⅲ区是正比区。工作电压进一步升高,初始电离产生的次级电子在较强电场加速下获得足够的能量,这些次级电子可进一步电离气体,从而使气体分子的被电离的数量得到放大,形成气体放大。在正比区,$M>1$,它与初始电离生成的离子总对数有关。工作在正比区的探测器输出的脉冲幅度与初始总电离的离子对数成正比,即与电离辐射的能量成正比。正比计数器工作在这个区域。

Ⅳ区是有限正比区。随着工作电压的继续增加,气体放大产生的次级离子数不断增加,电离电荷所产生的电场即空间电荷效应开始抵消一部分外加电场。在有限正比区,气体放大倍数不稳定,不再是常数,电极收集到的电荷与初始电离产生的总离子对数偏离成正比关系,M 与初始电离的总离子对数以及工作电压等均有关。

Ⅴ区是盖革区。气体放大产生的次级电子进一步增加,同时产生大量光子,光子产生光电子,光电子又引起新的离子倍增,此过程继续下去使得放电沿阳极丝发展,使电极收集的总电荷又一次达到饱和,且与初始总电离无关,但与外加电场有关。G-M 计数管就工作在这一区域。

Ⅵ区是连续放电区(自持放电区)。在这一区域,电极收集到的电荷数再次急剧增加,气体被击穿,发生连续放电。流光室和火花室就工作在这一区域。

工作在Ⅱ、Ⅲ、Ⅴ区的电离室、正比计数管、G-M 计数管这三大类气体电离探测器又可根据探测辐射的对象、充入气体的种类和结构的不同进一步分类。这三类探测器尽管工作原理相似,实际结构差异却很大。

电离复合区Ⅰ和有限正比区(限制正比区)Ⅳ通常不用于测量目的。工作于连续放电区的流光室、火花室等探测器主要用于高能带电粒子的径迹探测。

气体电离探测器具有结构简单、制造和使用方便、造价低、适应环境能力强等优点,因此它虽然出现时间较早,仍得到广泛的应用。它们除了可探测 α、β、γ、n 和 X 射线的强度和能量外,还可制成各种类型的位置灵敏探测器,广泛应用于核物理、天体物理、放射医学等领域。下面我们就以 G-M 计数管和电离室为例,介绍气体电离探测器的电信号输出方式。

1. G-M 计数管的输出电路与输出信号

G-M 计数管是盖革-米勒计数管的简称,是用它的发明者盖革(H. W. Geiger,1882—1945)和米勒(E. W. Muller,1905—1979)的名字命名的。G-M 计数管通常以惰性气体作为工作介质,是工作在盖革区的一种气体电离探测器。

G-M 计数管有两个电极,一个是阳极 A,一个是阴极 K。G-M 计数管大多是圆柱形,金属圆筒外壳作阴极,中心轴线上的细金属丝作阳极。G-M 计数管的外形图及表示符号如图 1-2 所示。G-M 计数管也有钟罩形和球形的。管内充入惰性气体和少量猝灭气体。根据猝灭方法不同,它又可分为外猝灭计数管和自猝灭计数管,自猝灭计数管依其内充少量猝灭气体种类又可分为有机管和卤素管。

使用时,正的工作高压(H.V.)通过数兆欧的负载电阻(R)接到 G-M 计数管的阳极 A 上,阴极 K 接地,典型接法如图 1-3 所示。当有辐射射入管内引起灵敏体积内气体电离时,电离产生的电子在管电场作用下向阳极加速运动并在阳极附近的强电场中引起一系列碰撞电离,从而使离子对数目得到雪崩式放大,产生数目巨大的正负电荷。即使只有一个某种射线的高速带电粒子进入 G-M 计数管内,并导致管内惰性气体原子电离,释放出几个电子,雪崩式电离过程也会被触发。数目巨大的电荷在管电场作用下向两电极作相反方向漂移,运动的电荷形成电流,此电流信号就会在计数管外电路阳极负载电阻 R 上产生极性为负的电压脉冲信号,其幅度较大,约几伏到几十伏。

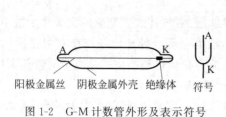

图 1-2　G-M 计数管外形及表示符号

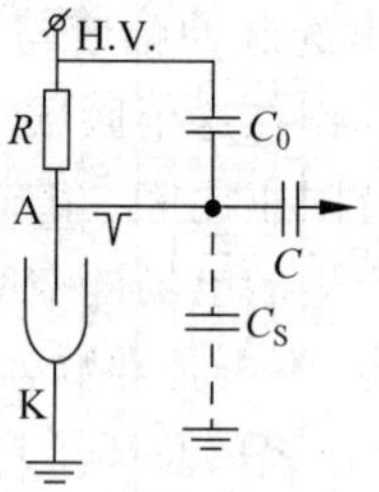

阳极金属丝　阴极金属外壳　绝缘体　符号

图 1-3　G-M 计数管外电路典型接法

无论初始电离在管内发生于何处,雪崩放电都会逐渐包围整个阳极丝。电离出的大量电子会很快漂移到阳极丝,留下大量的正离子包围着阳极丝,形成所谓的"正离子鞘",使阳极附近电场变弱,雪崩过程中止。但当正离子鞘中的正离子向阴极运动时,会在阴极产生新的电子,这就是二次电子,二次电子再向阳极运动,再次触发雪崩电离过程,形成自持放电过程,造成假计数。为了消除二次放电的影响,要在管中加入猝灭气体,抑制阴极上电子的产生,这就是猝灭,或称为自熄。因此,G-M 计数管具有电脉冲信号幅度大、灵敏度高的特点,但它不能鉴别粒子的能量和种类,也不能快速计数。由于阳极处于高电位,阳极输出的电压脉冲信号需经耐高压的耦合电容(C)隔直输出。阳极负载电阻 R 上并联一小电容 C_0 可改善输出波形,减小阳极分布电容 C_S 的影响。

负载电阻有多种接法,其效果也不同。负载电阻通常接在阳极上,也可接在阴极上,也可分开接在阳极和阴极上。无辐照时管内无电离,没有电流产生,阳极处于高电位,阴极处于低电位。有粒子射入时产生电离电流,阳极电位下降输出负脉冲,阴极电位上升输出正脉冲,可根据需要来选择输出脉冲的极性。根据脉冲幅度的需要也可将一个负载电阻改为两个电阻串联。为了减少输出阻抗可将输出脉冲经跟随器或放大器或倒相器再输出给下级。图 1-4 给出了负载电阻的一些接法。

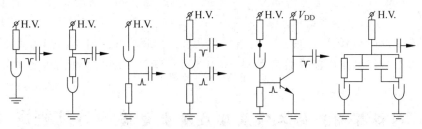

图 1-4 计数管负载电阻的接法

为了提高探测效率和提高计数率,除了选用几何尺寸大的计数管外,还可将双管或多管并联起来使用。

2. 电离室的结构与输出信号

电离室是一种充有一定压力的适当气体的腔室组成的电离探测器。电离室工作在气体电离的饱和区,既不存在正负离子的复合,也没有气体放大(或者说放大倍数为1)。电离室在核物理发展的早期有着重要的作用(如中子的发现),目前仍是一种重要的气体电离探测器。电离室按其工作方式可分为记录单个辐射粒子的脉冲电离室和记录大量辐射粒子平均效应的电流电离室;按所探测的核辐射的类型可分为 α、β、γ、X 和中子电离室;按结构可分为平板形、圆柱形、鼓形和球形电离室;按充气方式又可分为流气式和封闭式电离室。在极端条件下,充气压力在 3.04MPa(30atm)以上的称为高压电离室,工作温度在 300℃以上的称为高温电离室。

电离室虽然种类繁多,结构差异也很大,但是都由高压极(阴极)、收集极(阳极)、绝缘子、保护环(保护极)、外壳等主要部件组成。电离室内部空间充满气体作为工作介质,并形成灵敏体积。图 1-5 所示为圆柱形 β 电离室结构示意图。图 1-6 所示为电离室输出电路示意图。

电流电离室是最常见的电离探测器。使用时,高压极直接与工作高压相接;保护极直接与地相接;收集极直接与测量电路相连。电离辐射使电离室内气体分子电离,形成正离子和电子,外加电场(高压)不足以产生气体放大,但能使带电的正负粒子向两极运动,被收集在电极上,形成电离电流。供电高压为正输出正电流,供电高压为负输出负电流。一般采用负高压供电。

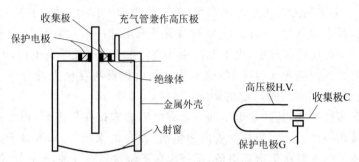

图 1-5　圆柱端窗形电离室结构示意图及表示符号

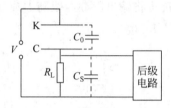

图 1-6　电离室输出电路示意图

1.1.2　闪烁探测器的工作原理及输出电路

核辐射与物质发生相互作用时,会使物质的原子或分子激发,在这些原子或分子的退激发过程中,会将从辐射中获得的能量以一定波长的光的形式释放出来,形成闪烁光。闪烁探测器就是依这一特性工作的。闪烁探测器是一种固体探测器,主要由闪烁体和光敏器件(例如光电倍增管)组成,其结构示意图如图 1-7 所示。

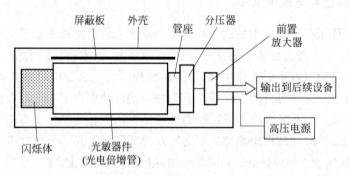

图 1-7　闪烁探测器结构示意图

闪烁体和光敏器件的种类都很多,通过选配合适的闪烁体和光敏器件,闪烁探测器可用于探测不同类型的带电粒子或中性粒子,既能测粒子的强度、能量,也能用于粒子甄别。与其他辐射探测器相比较,闪烁探测器具有探测效率高、分辨时间短等优点,是一类应用极为广泛的核辐射探测器。

闪烁探测器的光敏器件最常用的是光电倍增管。光电倍增管利用光电效应、二次电子发射等物理过程,并通过电子光学设计将微弱的光信号转换并放大成电信号,它是一种具有极高灵敏度和超快时间响应的光敏电真空器件。

当核辐射发出的粒子射入闪烁体时,由于辐射粒子和闪烁体间的相互作用,会使闪烁体中的原子电离、激发而将辐射能量消耗在闪烁体中。闪烁体的原子或分子再通过复合退激过程而产生荧光,荧光被光电倍增管的光阴极收集,由于光电效应,照射在光阴极上的光子会从阴极上击出光电子,电子在逐次递增的加速电场作用下,依次打在光电倍增管的各个倍增极上,依次加速和倍增。逐次倍增后产生的大量电子最后被光电倍增管的阳极收集,在阳极负载电阻上形成电信号。

根据需要和条件,可为光电倍增管设计不同形式的供电电路,最常使用的是电阻分压式供电电路。电路中,将正高压经几十千欧至几百千欧的负载电阻与光电倍增管的阳极相接,并经总阻值为数兆欧的电阻分压器分压,分压形成的递增阶梯电压依次接到光电倍增管的各个倍增极上,光电倍增管的光阴极接地。图 1-8 所示为光电倍增管供电的电阻分压式电路的原理图,11 个电阻串接成的分压器分别为 10 级倍增极提供电压。光电倍增管的端窗为半透明的光电阴极 K,内部排列多个数目不等的倍增极 D(也叫打拿极)和阳极 A,各极均通过管引脚引出。型号为 GDB-44 的光电倍增管就有 10 级百叶窗结构倍增极,光阴极为双碱材料,光谱响应范围为 $300 \sim 650\text{nm}$,峰值波长 420nm,与 NaI(Tl)晶体的光谱响应相匹配,因而可用 NaI(Tl)晶体作闪烁体组成闪烁探测器。GDB-44 光电倍增管的引出引脚 15 个,倍增极 $D_1 \sim D_{10}$ 分别对应引脚 $1 \sim 10$,阳极 A 为 12 脚,阴极 K 为 15 脚,11、13、14 为空脚,其中 13、14 为不可当接线柱用的空脚,而 11 脚可当接线柱用。图中 R_0、C_0 组成高压的退耦滤波电路;$R_1 \sim R_{11}$ 相串联组成高压分压器,高压分压器采用均分压方式,为各倍增极提供依次递增的阶梯电压;R_{12} 为阳极负载电阻,在负载电阻上产生的负极性脉冲电压经耦合电容 C_4 引出,耦合电容需用耐高压的电容。

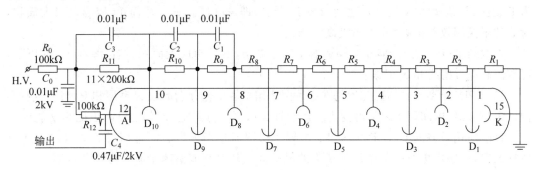

图 1-8 给光电倍增管供电的电阻分压式电路

为使加速电场稳定,分压器的工作电流 I 要比光电倍增管的阳极电流 I_a 大很多,即 $I \gg I_a$,可取 $I \approx 25I_a$。分压器的工作电流既不能过大也不能过小,过大会增加功耗,增加高压电源的负担,甚至超出高压电源的负载能力;过小则会使工作电流受阳极脉冲电流的影响,从而使分压器的分压比不稳定。因此适当选取分压器电阻值是稳定工作的关键。为使分压器工作稳定,除对高压进行滤波(通过 R_0、C_0)外,还需在最后几个倍增极间加旁路电容($C_1 \sim C_3$),以消除后几级因逐渐倍增产生的较大脉动电流对分压比的影响。

光电倍增管在使用中应避开自然光或灯光,还要免受电磁场的影响。通常要将闪烁体和光电倍增管通过光学耦合剂如硅油连在一起,连同高压分压器和前置放大器装于密闭金属圆筒内,组成一个完整的闪烁探测器。核辐射粒子经探测器前端的入射窗进入后,射到闪烁体上,闪烁体内产生的光子进入光电倍增管,在光电倍增管中产生大量的光电子,形成电信号,输出到电子设备进行分析、测量。

1.1.3 半导体探测器的工作原理及输出电路

半导体探测器是一种用半导体材料作为探测介质制成的电离辐射探测器,其工作原理与电离室类似。半导体探测器也称为固体电离室,属于固体探测器。半导体探测器实质上是一种特殊结构的 PN 结二极管,其能量分辨率比气体探测器高大约一个数量级,比闪烁计数器高得更多。

半导体探测器也有两个电极,并加有一定的偏压。射线进入半导体探测器的灵敏区(也称结区/耗尽层/阻挡层)后,损耗能量,产生新的载流子-电子空穴对。加在二极管上的反向电压在灵敏区产生较强的电场,致使这些电子-空穴对迅速分离,并分别向两电极运动而被收集,从而产生电脉冲信号。对普通二极管来说,对穿透能力弱的射线,因其 P 型区和 N 型区较厚,射线未到结区就被吸收;而对穿透能力强的射线,又因其结区太薄,只能吸收射线极少量的能量,使其探测效率低到不起作用的程度。因此,半导体探测器的厚度与所要探测的粒子类型和能量有关。

半导体探测器从结构上看有晶体电导型、PN 结型、PIN 结型等。按 PN 结的制备工艺,半导体探测器又可分为面垒型、扩散结型、离子注入型等;PIN 结型又可分为锂漂移型和高纯(本征)型两种;按用途则可分为带电粒子探测器、X 射线探测器、γ 探测器、中子探测器等;从制造材料上又可分为硅、锗、化合物等半导体探测器。

金-硅面垒型半导体探测器是在 N 型硅晶体的光滑面蒸金,金膜极薄,掺入金的硅变型为 P 型区,与最初的 N 型硅片之间形成 PN 结区即灵敏区。其工艺简单,容易制成大面积,对 α 粒子探测效率很高,分辨率极高。

扩散结型(PN 结型)半导体探测器工艺较复杂,不易制成大面积,结区厚在 1mm 以下,可探测高能 β 射线和 X 射线。

扩散 PIN 结型半导体探测器是在硅片两边用扩散工艺分别形成 N 型层和 P 型层,这种结构称为 PIN 结,中间层 I 区都可变为耗尽层即灵敏区。其最适合测 α 能谱,也能测 γ 能谱。

目前使用最多的 Ge(Li) 和 Si(Li) 半导体探测器是用锂(Li)漂移形成的 PIN 结型半导体探测器,可制成更厚的灵敏层和更大的灵敏区。其对 γ 能谱测量有良好的分辨率。

化合物半导体探测器有 CdTe(碲化镉)、CdZnTe(碲锌镉)等。

半导体探测器的电路符号与二极管相同,使用时需经负载电阻与高压反接。高压电源一般要加 RC 退耦滤波和缓冲电路,输出负极性脉冲,需经耐高压的耦合电容引出,如图 1-9 所示,在前级将电流脉冲积分为电荷量再进行放大。

半导体探测器具有能量分辨率高、能量线性好、脉冲上升时间短、体积轻便等优点,可探测带电粒子、中子、X 射线和 γ射线等。

半导体探测器的主要性能指标有:能量分辨率、噪声、结电容、电荷收集时间、伏安特性、灵敏区厚度、死层等。

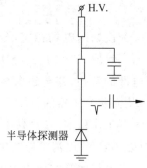

图 1-9　半导体探测器的
连接电路

1.2　前置放大器概述

核辐射探测器的输出信号一般来说比较微弱，必须经过放大后才能进行量化处理。一个比较完整的放大器电路往往比较复杂，元件多，功能多，体积也大，不可能全部装配在探测器附近。通常将放大器、供电电源、数据处理等部分装配在一个称为主机的机箱内，主机和探测器分置两处，相距几米到几百米不等，需通过长导线将两者联系起来。弱信号长距离传输会遇到很多问题，如信号衰减、畸变、干扰等。解决的办法是将探测器的输出信号就近进行简单的预放大处理后再传输。由于这部分放大电路紧靠探测器，有时与探测器组合在一起，因此把它称为前置放大器或预处理放大器，前置放大器的放大倍数一般为 $1 \sim 100$。放大器的另一部分起主要放大作用，称为主放大器。

1.2.1　前置放大器的作用

核辐射探测器可以看作一个电流脉冲源或电流脉冲发生器，图 1-10 所示为前置放大器输入端的等效电路，其中，R_0 为电流脉冲源的内阻，R_D 为探测器的负载电阻，C_D 为探测器的极间电容，C_S 为引线分布电容，C_{sr} 为放大器的输入电容，$i(t)$ 代表电流脉冲，t_W 为脉冲宽度。极间电容 C_D、分布电容 C_S 和放大器的输入电容并联在一起，构成了电流脉冲源的负载电容，也就是放大器输入端的总电容，用 C_i 表示，则有

$$C_i = C_D + C_S + C_{sr} \tag{1-1}$$

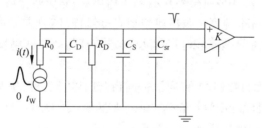

图 1-10　前置放大器输入端的等效电路

辐射探测器每输出一个电流脉冲信号，相应输出的电荷量 Q 为

$$Q = \int_0^{t_W} i(t) \mathrm{d}t \tag{1-2}$$

当忽略电流脉冲源的内阻和负载电阻（通常它们的阻值都很大）的分流作用时，放大器输入端的电压信号幅度 u_{sr} 为

$$u_{sr} = \frac{Q}{C_i} = \frac{Q}{C_D + C_S + C_{sr}} \tag{1-3}$$

由于探测器输出的电荷量 Q 与入射的辐射能量 E 成正比，放大器输入的电压幅度信号 u_{sr} 又与 Q 成正比，因此测量电压脉冲幅度就可反映出入射辐射的能量。我们知道，如果探测器与放大器之间的引线长度增加，则分布电容 C_S 也会随之增加，由式（1-3）可以看出，这将造成 u_{sr} 减小。

放大器本身存在固有噪声,固有噪声的大小只取决于放大器本身的性能,与 C_i 无关。因此,放大器输入的信号幅度与噪声幅度之比(即信噪比) S/N 将随着引线长度的增加而变小,会给测量带来不利的影响,降低测量精度。

为了有效减小引线过长带来的不利影响,通常将整体放大电路分成两部分,一部分紧靠探测器放置,对探测器输出信号进行一定程度的放大,这部分就是前置放大器。探测器输出信号经预放大后,前置放大器的输出脉冲幅度相对增大,这样就可以克服长线带来的信噪比变差的影响。

长线传输的过程中,空间电磁场等因素的干扰往往也不容忽视,除采取屏蔽措施外,由于经预放大处理后输出的信号相对增大,外界电磁场干扰影响也会相对减少。

探测器的输出阻抗一般来说是很大的,它是探测器内阻 R_0 与负载电阻 R_D 的并联值 $R_0 // R_D$。过大的输出阻抗也会降低下级电路的输入信号幅度。通常要求前置放大器具有高的输入阻抗和低的输出阻抗,经预放大后前置放大器的输出端有很小的输出阻抗,这样既实现了阻抗变换,也会减少外界电磁场等的干扰。

综上所述,前置放大器在探测器和主放大器之间起到了桥梁作用,前置放大器从探测器的输出端获取信号,将高阻抗的输入信号放大成为低阻抗的输出信号提供给主放大器,抑制了在长线传输过程中外界电磁场的干扰和信噪比下降带来的影响。

在某些极端条件下,如高温和强辐射环境下,电子元器件的性能会受到严重影响,如果采取良好的屏蔽措施,也可以不用前置放大器,将探测器输出电流脉冲信号直接输给主放大器放大,如图 1-11 所示。

图 1-11(a)给出了一种无前置放大器的直接连接方式,用同一根屏蔽电缆线既能将探测器所需的工作高压经负载电阻 R_D 加到探测器上,又能将探测器输出的电流脉冲信号传输给放大器的输入端。为了与电缆的特性阻抗 Z_0 相匹配,在放大器输入端串一小电阻 R_0,使 $Z_0 = R_0 + r_{sr}$。

图 1-11(b)给出了无前置放大器的另一种直接连接方式。图中紧靠探测器串一个 $R = 100\text{k}\Omega$ 的电阻,它将探测器极间电容 C_D 和放大器输入电容 C_{sr} 分开,并有 $RC_D \gg t_W \gg r_{sr}C_{sr}$,因此探测器输出的电流脉冲 $i(t)$ 首先进入积分电路 RC_D,并在 C_D 两端形成电压脉冲 u,其幅度 $U_m = Q/C_D$,电压脉冲 u 通过较大电阻 R 和较小输入电阻 r_{sr} 又转变为电流脉冲 $i_{sr} = u/R$。

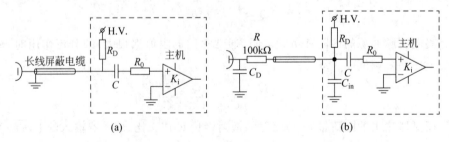

图 1-11　探测器和主放大器间无前置放大器的两种连接方式

1.2.2 前置放大器的类型

与辐射探测器相连的前置放大器大致可分为电压型（或积分型）、电流型和电流-电压型三大类。

电压型放大通常是先把探测器的电流脉冲在一个积分电路上转换成电压脉冲信号，然后再进行电压放大。电压脉冲的幅度正比于探测器输出的电流脉冲的电荷量 Q，由于 Q 是通过电流脉冲 $i(t)$ 逐渐积累起来的，因此 Q 随时间增加，存在一个上升时间。当电流脉冲结束时，电荷量 Q 达到最大值。电流脉冲宽度一般很小，Q 的上升时间基本与电流脉冲的宽度相一致。

实际上，放大器不仅会把信号放大，同时也会把输入端的噪声放大。由于放大器本身也存在着固有噪声，因此放大器输出端的信噪比会低于输入端的信噪比。输入端信噪比与输出端信噪比的比值称为噪声系数，用 NF 表示，其单位为 dB。放大器的固有噪声越大，NF 就越大。

前置放大器的输入电阻 r_{sr} 的阻值通常很大，$r_{sr} \gg R_D$，而探测器输出端电路的时间常数为 $R_D C_i$。如果 $R_D C_i$ 远远大于电荷量 Q 的上升时间，则探测器负载电阻 R_D 和电容 C_i 上的端电压 u_{sr} 与 Q 的关系为

$$u_{sr} = \frac{Q(t)}{C_i} \tag{1-4}$$

式(1-4)表明，电压脉冲 $u_{sr}(t)$ 的波形与 $Q(t)$ 的波形相同。由式(1-2)可知，电荷量 Q 的上升时间与探测器输出电流的脉冲宽度 t_w 相同，因此 u_{sr} 的上升时间也与电流脉冲宽度 t_w 相同。就是说，积分后电压脉冲的总宽度要比上升时间大得多。因此探测器输出的很窄的电流脉冲会转变成很宽的电压脉冲，它不再保持原来电流脉冲的形状，这就需要在主放大器的适当位置用成形电路使积分后的电压脉冲变窄，以便进行最后的放大和测量。对探测器电流信号的积分过程是在前置放大器前由无源电路实现的。

对于半导体探测器，由于其极间电容 C_D 受环境温度和工作偏压变化的影响较大，不够稳定。由式(1-1)和式(1-4)可以看出，同样的电荷量所产生的电压脉冲会随 C_D 的变化而发生变化，给测量带来不利影响。伴随半导体探测器的发展而发展起来的电荷灵敏前置放大器，采用了高增益放大器和反馈电容构成的一个电流积分器来同时完成积分和放大过程，这种积分过程是在有源电路上实现的，但它也属于电压型前置放大器。

尽管跟随器的输入信号与输出信号基本相同，不起放大作用，但由于其具有输入阻抗高、输出阻抗低的显著特点，因此被广泛用于或组合用于前置放大器中。

电流型放大是先把探测器输出的电流脉冲进行放大，基本不改变电流脉冲的形状，然后再积分。通常要求放大器有很小的输入电阻和很快的上升时间，多采用深度并联负反馈来实现。由于输入电阻 r_{sr} 极小，探测器输出端电路的时间常数为 $r_{sr} C_i$，也很小，一般小于电流脉冲宽度，因此电流放大器的输入电流 i_{sr} 基本就是 $i(t)$，即电流脉冲波形基本保持不变。由于 $i(t)$ 很窄，因此这种放大形式可避免高计数率下产生重叠和基线偏移。电流型前置放大器的原理如图 1-12 所示。电流-电压型前置放大器是先对原始的脉冲电流源进行电流放大，再将放大后的电流转化为电压。

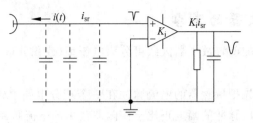

图 1-12　电流型前置放大器原理图

1.2.3　前置放大器的输入保护

探测器通常需要高压供电,而前置放大器通常是设计用来对低幅信号进行放大的,过大的输入信号会造成放大器的损毁。因此,探测器的输出脉冲信号需经隔直耦合电容后,再加到前置放大器的输入端。耦合电容应具有足够的耐压能力,否则会被击穿,进而烧坏放大器,因此必须选用耐高压电容。此外,在开、关高压电源,或者在插拔电缆插头时,也难免会产生一些瞬时高压脉冲,有时也可能会遇到偶然的过大脉冲信号窜入放大电路,由于这些影响因素的存在,因此也需对放大器的输入采取保护措施。

通常,可以在放大器输入端对地接一个正向二极管和一个反向二极管,这一对反向并联的二极管就能起到限幅作用,避免大信号窜入影响放大电路的输入信号,如图 1-13 所示。当有过大的正负脉冲窜入时,两反向并联的二极管中有一个将导通,从而使放大器的输入端被钳位在 $\pm 0.7\mathrm{V}$(对硅二极管)左右。

对放大器的输入保护电路形式很多,在输入端接入稳压二极管也能构成一种简单的保护电路。图 1-14 所示的电路就在输入端接入了一个稳压二极管,其作用与一对反向并联的二极管类似。当有负的大脉冲窜入时,稳压管被击穿,输入端被稳定在稳压管的稳压值上;当有正的大脉冲窜入时,稳压管会像普通二极管一样导通,输入端被钳位在 0.7V 左右。也可以将两个稳压二极管反向串联后接入输入端来保护放大器。

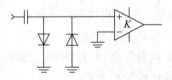

图 1-13　输入信号的二极管保护电路

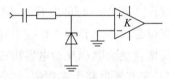

图 1-14　稳压管保护电路

1.3　跟　随　器

跟随器是应用广泛的基本电路单元,它的主要特点是输入阻抗高,输出阻抗低。跟随器既可以用在电路的前级作阻抗变换用,也可以用在中间作缓冲级起隔离驱动作用,还可以用在电路末端作输出级,以其低输出阻抗来提高驱动能力。

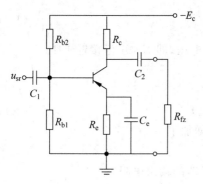

图 1-15　串联电压负反馈放大器

从原理上讲,跟随器电路实际上是如图 1-15 所示的串联电压负反馈放大电路的变形和特例。与串联电压负反馈放大电路相比,射极跟随器只是将负载电阻从晶体管的集电极移到了发射极,由集电极输出改为发射极输出,集电极直接与电源相接,如图 1-16 所示。输入/输出的公共端为地,对信号而言,电源端对地是短路的,所以集电极也是输入/输出信号的公共端,这种接法的晶体管电路也叫共集电极电路。由于输出端为发射极,所以这种电路单元通常被称为射极跟随器或射极输出器。

　　跟随器的输出信号是从晶体管的射极电阻 R_e 上取得的,这个输出信号又全部加到输入端,与输入信号形成串联电压负反馈,反馈系数 $F=1$。

　　跟随器可以由 PNP 型或 NPN 型晶体管构成,两种晶体三极管都有电子和空穴两种极性载流子参与导电,它们也称为双极性(型)晶体管。跟随器也可利用场效应管构成,场效应管仅有一种载流子参与导电,也叫单极性(型)晶体管。有时跟随器还可以由单极型与双极型晶体管混合构成;也可利用线性集成电路来构成。

1.3.1　双极型晶体管跟随器

　　图 1-16 所示为一个典型的由 PNP 型晶体管构成的跟随器实用电路,输入信号来自闪烁探测器,极性为负。光电倍增管阳极负载电阻为 75kΩ。

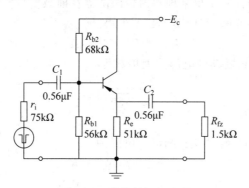

图 1-16　单管射极跟随器

1. 跟随器的主要技术特征

1) 射极跟随器的电压放大倍数 K

　　射极电阻 R_e 上的压降 Δu_e 即为输出电压 u_{sc},它同时也是反馈电压 u_F,反馈系数 $F=1$,输出电压 $u_{sc}=u_{sr}-\Delta u_{be}$,可以看出,射极跟随器的电压放大倍数 K 可表示为

$$K = \frac{\beta(R_e \mathbin{/\mkern-5mu/} R_{fz})}{r_{be} + \beta(R_e \mathbin{/\mkern-5mu/} R_{fz})} \tag{1-5}$$

式中,β 为晶体管的直流放大系数;R_{fz} 为负载电阻;符号 $R_1 /\!/ R_2$ 表示两个电阻 R_1 和 R_2 并联后的阻值,即

$$R_1 /\!/ R_2 = \frac{R_1 R_2}{R_1 + R_2} \tag{1-6}$$

由式(1-5)可以看到,射极输出器的输出电压略小于输入电压,即 $K < 1$ 但接近于1。

2)射极跟随器的输入电阻 r_{sr}

由图 1-16 可以看出,射极跟随器的输入电阻为

$$r_{sr} = r_{be} + \beta(R_e /\!/ R_{fz}) \tag{1-7}$$

虽然射极跟随器的电压放大倍数减小了,但输入阻抗却增加了。

3)射极跟随器的输出电阻 r_{sc}

利用图 1-16,经过简单的计算,就可以得到射极跟随器的输出电阻:

$$r_{sc} = \frac{r_{be} + (r_i /\!/ R_{b1} /\!/ R_{b2})}{\beta} /\!/ R_e \tag{1-8}$$

射极跟随器的输出电阻 r_{sc} 很小,因而带负载的能力很强。

4)射极输出器的输入电容 C_{sr}

射极跟随器的输入电容与电压放大倍数有关,可写为

$$C_{sr} = (1 - K)C_{be} + C_{cb} \tag{1-9}$$

可以看出,C_{sr} 主要由 C_{cb} 决定,C_{be} 减小很多,总的来说 C_{sr} 是不大的,射极跟随器既增大了输入电阻,又增大了容抗,使总的并联输入阻抗增大。

2. 射极跟随器的阻抗变换作用

结合图 1-16 的具体参数,并假设 $\beta = 50$,$r_{be} = 2k\Omega$,闪烁探测器的开路输出电压为 100mV,可以通过具体的计算结果来理解射极跟随器在前级信号传输中的作用。

由于电阻 R_e 和 R_{fz} 并联,利用图中数据可得

$$R_{fz} /\!/ R_e = 1.2k\Omega$$

利用式(1-5)可得出射极跟随器的电压放大倍数为

$$K = \frac{50 \times 1.2}{2 + 50 \times 1.2}$$
$$= 0.97$$

若不考虑 R_{b1}、R_{b2} 的分流影响,则输入电阻为

$$r_{sr} = r_{be} + \beta(R_e /\!/ R_{fz})$$
$$= (2 + 50 \times 1.2)k\Omega$$
$$= 62k\Omega$$

当考虑 R_{b1}、R_{b2} 时,由于

$$R_{b1} /\!/ R_{b2} = 31k\Omega$$

可得输入电阻 r_{sr} 为

$$r_{sr} = [r_{be} + \beta(R_e /\!/ R_{fz})] /\!/ (R_{b1} /\!/ R_{b2})$$
$$= 21k\Omega$$

考虑到 R_{b1}、R_{b2} 的分流影响时,输出电阻 r_{sc} 为

$$r_{sc} = \frac{r_{be} + (r_i /\!/ R_{b1} /\!/ R_{b2})}{\beta} /\!/ R_e$$
$$= 0.364k\Omega$$

由于信号源的内阻 $r_i=75\mathrm{k}\Omega$,输入电阻 $r_{sr}=21\mathrm{k}\Omega$,可以得出,射极跟随器的输入电压信号的电压为

$$u_{sr}=\frac{21}{21+75}\times 100\mathrm{mV}$$
$$\approx 22\mathrm{mV}$$

而射极跟随器的输出电压为

$$u_{sc}=Ku_{sr}=21\mathrm{mV}$$

如果闪烁探测器的输出不经跟随器直接加到负载电阻 $R_{fz}=1.5\mathrm{k}\Omega$ 上,则输出电压为

$$u_{sc}=\frac{1.5}{1.5+75}\times 100\mathrm{mV}$$
$$\approx 1.96\mathrm{mV}$$

即输出电压约为 2mV。由此可以看出,当信号源内阻为较高的 75kΩ 时,经跟随器后的输出电压比不经跟随器的输出电压几乎提高了 10 倍。

由以上的计算还可以看出,提高跟随器的输入电阻 r_{sr} 并使 $r_{sr}\gg r_i$ 时,可获得最大的输出信号幅度。正是由于这样的原因,如何提高射极跟随器的输入阻抗成为设计者和使用者一直关注的重要问题。

3. 采用自举技术提高输入电阻

基极偏置电阻 R_{b1} 和 R_{b2} 是用来设置静态工作点的,但是由于它们的分流作用,会使输入电阻降低。为了减小偏置电阻的影响,可在晶体管的基极 b 与基极偏置电阻 R_{b1} 和 R_{b2} 之间的节点 b′ 间连接一个电阻 R_F,如图 1-17(a)所示,图 1-17(b)为它的等效输入电路。可以看出,增大 R_F 的阻值就可使输入电阻的总阻值增加,减小偏置电阻 R_b($R_b=R_{b1}\,/\!/\,R_{b2}$)的分流作用。但是,由图 1-17(b)可以看出,简单地增大 R_F 的阻值,输入电阻阻值的增加并不明显,而且 R_F 的阻值也不能任意增大,还会影响到直流工作点的稳定性。

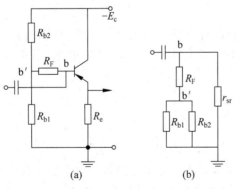

图 1-17 利用电阻 R_F 减少偏置电阻的影响

如果能设法使用阻值较小的 R_F,就能在信号作用期间使其效果增大若干倍,既可使电路有较好的直流工作点稳定性,又可使基极支路 R_b 对信号的分流作用大大减小,从而使输入阻抗得到提高。所谓的自举技术就是为了这样的目的发展起来的。

自举技术是电路设计中的一种技巧,是通过在电路中设置一个合适的正反馈回路来提升电路中某一特定点的瞬间电位的方法。在图 1-17 的基础上,在晶体管发射极和节点 b′之

间连入一个大电容 C_F，就构成了具有自举回路的射极跟
随器，如图 1-18 所示。

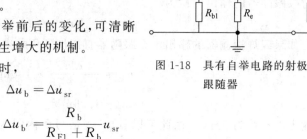

输出电压信号经 C_F 反馈到 b′点，在信号作用期间使
b′点电位得到提升，R_F 上的压降减小，在效果上等同于把
无自举时的 R_F 增大了，如果用 R_F' 表示增大后的阻值，则
$R_F' + R_b$ 对信号的分流将大大减小。

从流经电阻 R_F 上的电流在自举前后的变化，可清晰
地看出 R_F 的等效作用在自举后产生增大的机制。

由图 1-17 可知，没有自举作用时，

图 1-18　具有自举电路的射极
跟随器

$$\Delta u_b = \Delta u_{sr}$$

$$\Delta u_{b'} = \frac{R_b}{R_{F1} + R_b} u_{sr}$$

$$= \eta u_{sr}$$

式中，$R_b = R_{b1} /\!/ R_{b2}$，R_{F1} 为没有自举作用时，电路中的电阻 R_F 的阻值。此时，流过电阻
R_F 的电流 i_1 为

$$i_1 = \frac{\Delta u_{b'} - \Delta u_b}{R_{F1}}$$

$$= (\eta - 1) \frac{u_{sr}}{R_{F1}} \tag{1-10}$$

有自举作用时（如图 1-18 所示），$\Delta u_b = \Delta u_{sr}$，$\Delta u_{b'} = u_{sc} = K u_{sr}$，用 R_{F2} 代表此时电阻
R_F 的阻值，R_F 上的电流 i_2 为

$$i_2 = \frac{\Delta u_{b'} - \Delta u_b}{R_{F2}}$$

$$= (K - 1) \frac{u_{sr}}{R_{F2}} \tag{1-11}$$

如果令 $i_1 = i_2$，也就是使有自举时与无自举时等效，则由式(1-10)和式(1-11)可知，与
R_{F2} 的作用等效的无自举时的阻值 R_{F1}（亦称为等效电阻，用 R_F' 表示）为

$$R_F' = R_{F1} = \frac{\eta - 1}{K - 1} R_{F2} \tag{1-12}$$

当 $\eta \ll 1$ 时，由上式可得

$$R_F' = \frac{1}{1 - K} R_F \tag{1-13}$$

式中，已经去掉了角标，即：R_F 是有自举时的阻值，R_F' 是无自举时作用效果与 R_F 等效的
电阻。

由于电压放大倍数 K 小于但接近于 1，所以等效电阻 R_F' 比 R_F 大得多。自举后，使等
效电阻比 R_F 增大的倍数叫自举倍增系数，用 K_B 表示：

$$K_B = \frac{1}{1 - K} \tag{1-14}$$

由式(1-14)可以看出，电压放大倍数 K 越接近于 1，K_B 越大，当 $K = 1$ 时，$K_B \to \infty$，相当于
b、b′之间开路，输入电阻不受分流影响。

自举电容 C_F 需要足够大，才能将输出信号无畸变地反馈到 b' 点，如果输入信号宽度为 t_K，按放大器耦合电容的选定原则，C_F 应满足 $R_b C_F \gg (10 \sim 100) t_k$。

4. 采用复合晶体管提高射极跟随器的输入电阻

电路中采用的晶体管的 β 值越大，射极跟随器的放大倍数 K 越接近1，输入电阻的阻值也就越大。为得到非常大的 β 值，也可采用组合晶体管的方式。图 1-19 所示为用两个晶体管组合而成的复合管，总电流放大倍数 $\beta = \beta_1 \beta_2$，复合管的"基相"与"发射极"间的电阻 $r_{be} = r_{be1} + (1 + \beta_1) r_{be2}$。

由 NPN 晶体管组成的复合管构成的射极跟随器如图 1-20 所示。如果 $\beta_1 = \beta_2 = 50$，则复合管的电流放大倍数 $\beta = 2500$；若取 $r_{be1} = r_{be2} = 2\text{k}\Omega$，则复合管的 $r_{be} = 104\text{k}\Omega$。若取 $r_i = 75\text{k}\Omega$，$R_{fz} = 5\text{k}\Omega$（R_{e2} 与外负载的并联值），则有

$$r_{sr} = r_{be} + (\beta + 1) R_{fz}$$
$$= [104 + (2500 + 1) \times 5]\text{k}\Omega$$
$$\approx 12.6\text{M}\Omega$$

$$K = \frac{\beta R_{fz}}{r_{be} + (\beta + 1) R_{fz}}$$
$$= \frac{2500 \times 5}{12609}$$
$$\approx 0.991$$

$$r_{sc} = \frac{r_i + r_{be}}{\beta}$$
$$= \frac{75 + 104}{2500}\text{k}\Omega$$
$$= 71.6\Omega$$

计算结果表明，复合管射极跟随器具有极高的输入电阻和很低的输出电阻，跟随器的放大倍数非常接近于1，即 $K \approx 1$。

为了尽量提高输入电阻，就应尽量减小基极支路对信号分流的影响，在复合管射极跟随器电路中加入 R_F、C_F 自举电路。图 1-20 中，电阻 R_F 的自举倍增系数

$$K_B = \frac{1}{1 - K} = \frac{1}{1 - 0.991} \approx 111$$

于是 $R'_F = K_B R_F = 111 R_F$，从而使基极支路对信号分流作用大大减小。

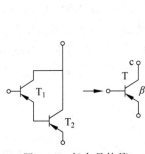

图 1-19　复合晶体管

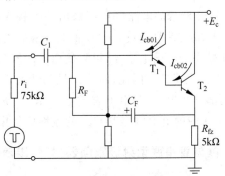

图 1-20　复合管射极跟随器的电路原理

复合管射极跟随器虽然有较高的输入电阻,但高温性能较差,在高温下,由于 β 值较大,虽然此时电路具有很强的串联电流负反馈作用,仍不能维持工作点稳定。稳定作用的实质是当 I_{e2} 增大时,通过负反馈减少 I_{b1},即使 I_{b1} 减小到使晶体管 T_1 完全截止时,晶体管 T_2 的 I_{cbo2} 仍会使 I_{e2} 变化($\Delta I_{ceo2} = \beta_2 I_{cbo2}$),从而使工作点发生变化。如果在 T_1 管发射极接入一个泄放电阻 R_{e1},可使 ΔI_{ceo1} 绝大部分通过 R_{e1} 泄漏而不流入 T_2 基极。

具有泄放电阻的复合管射极跟随器如图 1-21 所示,它也称多发射极跟随器。R_{e1} 虽然对晶体管 T_2 的工作点起稳定作用,但同时 R_{e1} 也与 T_2 的输入电阻并联作晶体管 T_1 的负载电阻,而 T_2 的输入电阻比外负载大 β_2 倍,所以其外负载与 R_{e1} 并联会使电路的输入电阻比复合管跟随器的输入电阻低很多,但仍会比单管跟随器输入阻抗高很多。为提高电路的输入阻抗,R_{e1} 的阻值应取大些,但 R_{e1} 也不能太大,太大会影响 T_2 在高温下工作点的稳定性,R_{e1} 阻值的选择是折中的。

图 1-22 所示为双重自举跟随器的电路原理图,它是在图 1-21 的基础上又加入一路自举电容 C_{F2} 和自举二极管 D_F。为使晶体管 T_2 的工作点稳定,可选用较小的 R_{e1}。在信号作用期间,通过电容 C_{F2} 将输出电压反馈到 R_{e1} 和二极管 D_F 之间,R_{e1} 的自举倍增系数 $K_{B2} = 1/(1-K_2)$ 约为几十(K_2 为 T_2 的放大倍数),因而 R_{e1} 的等效自举电阻 R'_{e1} 就增大了几十倍,这使 Δi_{e1} 几乎全部流入晶体管 T_2 的基极,减小了 R_{e1} 的分流作用。所以,双重自举跟随器工作点的稳定性不仅好于复合管,也好于两级跟随器,而输入阻值可以达到与复合管跟随器的相同。

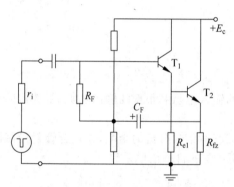

图 1-21　复合管射极跟随器的电路原理

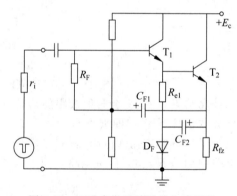

图 1-22　双重自举跟随器的电路原理

图 1-22 所示的电路只有在输出信号较大时,自举电路才有显著作用;当输入/输出信号较小时,输出信号通过 C_{F2} 反馈到二极管 D_F 正极的电压信号不足以使 D_F 反偏,二极管 D_F 呈现较小的正向电阻,结果将使由 C_{F2} 反馈的电压信号被这一较小的正向电阻衰减,使自举效果大大降低。因此,对小信号的情况,可用一个电阻取代 D_F,即将 R_{e1} 分成 $R_{e1.1}$ 和 $R_{e1.2}$ 两部分相串联,并用下方的电阻 $R_{e1.2}$ 取代二极管 D_F,如图 1-23 所示。值得指出的是,图 1-23 中的电解电容器 C_{F2} 的极性应依据实际的情况确定。

5. 晶体管串联型射极跟随器(怀特跟随器)

晶体管串联型射极输出器也叫怀特跟随器,其电路原理如图 1-24 所示。怀特跟随器是将两个晶体管 T_1 和 T_2 串接起来,信号从 T_1 的基极输入,从 T_1 的发射极输出,T_2 串接在

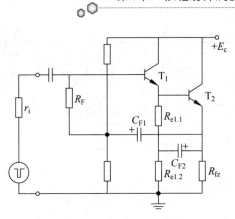

图 1-23　适于小信号的多重自举跟随器的电路原理

T_1 的发射极，T_2 的集电极与 T_1 的发射极相连，T_2 相当于 T_1 的 R_e，起动态电阻的作用。输入信号经 T_1 放大后耦合到 T_2 的基极进行第二次放大，再从 T_2 的集电极将输出电压信号全部反馈到 T_1 的发射极，信号从 T_1 的发射极输出。由于信号经过两极放大，又是百分之百的串联电压负反馈，所以怀特跟随器的输入电阻很高，可达 1MΩ 或更高；输出电阻很小，可低至几欧以下；电压放大倍数非常接近于 1，可达到 0.99 以上；输出波形畸变也小。图 1-25 所示为带有自举电路（R_F、C_F）的怀特跟随器。怀特跟随器性能虽好，但电路较复杂，所用元件较多，动态范围也不大。

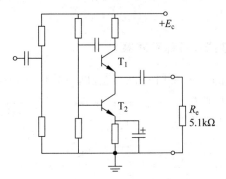

图 1-24　怀特跟随器的电路原理

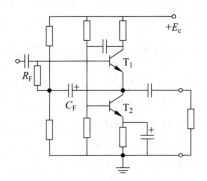

图 1-25　具有自举电路的怀特跟随器的电路原理

　　图 1-26 所示为 FJ-374 型 γ 能谱探头的前置放大器的电路原理图，该电路采用了双管怀特跟随器。电路中的晶体管 T_1 和 T_2 采用了 NPN 型高频硅管，用 +12V 供电。来自闪烁探测器光电倍增管的负极性脉冲电压信号，经耐高压耦合电容 C_1 和限流电阻 R_1 后输入到晶体管 T_1 的基极。输入信号被 T_1 放大，T_1 的集电极输出信号经 C_2 耦合到晶体管 T_2 的基极，被 T_2 第二次放大，从 T_2 的集电极输出的电压信号将全部反馈到 T_1 管的发射极，并从 T_1 的发射极输出。T_2 管相当于 T_1 管的动态负载电阻。电路中的电阻 R_{10} 和电容 C_3、C_4 组成了退耦滤波电路，对 +12V 电压进行滤波。电阻 R_4 的作用是减小 T_1 基极上的电阻 R_2、R_3 的分压作用对输入电阻的影响，提高输入电阻。如果在输出和电阻 R_2、R_3 间的节点之间串接一个容值较大的无极性电容 C_7 形成自举，则其作用更明显。由于信号经二级放大，又是百分之百的串联电压负反馈，则电路的技术指标很高，输入电阻可达 1MΩ 或更大。

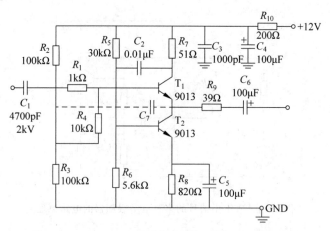

图 1-26　FJ-374 型 γ 能谱探头前置放大器的电路原理

图 1-26 中，C_5 对 T_2 发射极电阻 R_8 起旁路作用，以克服因 R_8 产生的电流负反馈引起的放大倍数的下降。电阻 R_9 串接在输出端，用来增大输出电阻。怀特跟随器的输出电阻约为 10Ω，输出端串接的电阻 R_9 的阻值较小，只有 39Ω，这样可以使此放大电路的输出电阻为 50Ω 左右，与传输电缆的特性阻抗 50Ω 相匹配。

如果在图 1-26 所示的电路中改用电压为 -12V 的电源供电，只需在电路中将该晶体管 T_1 和 T_2 换成 PNP 型的高频硅管，同时改变电解电容器 C_4 和 C_5 的极性即可，电路的结构和其他参数均可保持不变。

6. PNP 和 NPN 互补型并联晶体管射极跟随器（对称跟随器）

将 PNP 晶体管和 NPN 晶体管的两个基极相连，两发射极也相连，同时共用基极偏置电阻 R_{b1}、R_{b2}，并共用发射极电阻 R_e，就构成了互补型并联管射极跟随器，其电路原理如图 1-27 所示。该电路对容性负载具有良好的驱动能力。

单管射极跟随器有容性负载时，在较大输入信号的情况下，输出波形会发生畸变。下面我们以如图 1-28 所示的 NPN 型单管射极跟随器为例，分析输出波形畸变的原因。当给跟随器输入一个负向的方波信号 u_{sr} 时，晶体管的基极电位立即下降，由于电容两端电压不能突变，晶体管的发射极电位暂维持原值不变，此时基极发射极间的结电压为负，晶体管处于截止状态。这时负载电容 C_{fz} 通过电阻 R_e 放电，放电时间常数 $\tau_{fd} = R_e C_{fz}$ 较大，放电速度较慢。

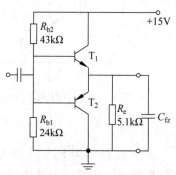

图 1-27　互补型并联管跟随器的
电路原理

随着电容的放电，电压 U_e 逐渐下降，当其下降到使 U_{be} 达到导通阈值 $U_{be} = 0.5$V 时，晶体管开始导通。而晶体管一旦导通，则其输出电阻下降，使 C_{fz} 的放电加速，输出跟随输入发生变化。在晶体管截止期间，由于放电时间常数 τ_{fd} 较大，使输出波形的下降沿（前沿）拖长，u_{sc} 不能立即跟随输入信号 u_{sr} 的下降沿发生变化，从而使 NPN 管的输出波形下降沿产生畸变。与这样的过程类似，在有容性负载时，PNP 型单管射极跟随器的输出波形上升沿会产生畸变。

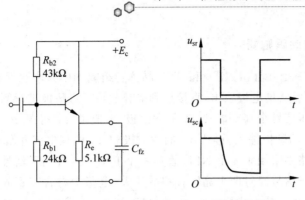

图 1-28　电容负载对单管射极跟随器输出的影响

对于 NPN 管构成的单管射极跟随器,在有较大容性负载的情况下,输出波形发生畸变的原因是下降沿使 NPN 管瞬时截止($u_{be}<U_{BE}$),负载电容放电缓慢,射极上的输出信号跟随不上基极输入信号的变化,使输出信号的下降沿拖长。

在相同条件下,下降沿虽使 NPN 型管瞬时截止,但却是 PNP 型管导通的条件;上升沿虽使 PNP 型管瞬时截止,但却是 NPN 型管导通的条件。因此,将 PNP 型和 NPN 型晶体管并联构成互补型射极输出器与单管射极输出器相比,输出波形畸变得到很大改善,大大提高了驱动容性负载的能力。这是因为对于输入信号来讲,不论是上升沿还是下降沿总有一个管是导通的,输入信号的上升沿虽使 PNP 型管瞬时截止,但却能使 NPN 型管导通;输入信号的下降沿虽使 NPN 型管瞬时截止,但却能使 PNP 型管导通。这样,负载电容总是可以通过导通管的低输出电阻进行充放电,不论是上升沿还是下降沿都会加速负载电容的充放电过程,使输出波形能够跟随输入波形的变化,即用 NPN 型管上升沿恰好补偿了 PNP 型管上升沿差的不足,用 PNP 型管下降沿恰好补偿了 NPN 型管下降沿差的不足,从而大大减小了容性负载下输出波形的畸变。

图 1-29 所示为射线探测仪的探头上跟随器的一种实用电路原理图。虽然电路中的晶体管 BG_1 构成了串联电流负反馈共发射极电路,但由于集电极电阻 R_F 的阻值较 R_{e1} 小很多,因此 $F=R_{e1}/(R_{e1}+R_F)$ 的值与 1 相差并不多。因此,该电路的特性更接近于共集电极电路的跟随器。晶体管 BG_2、BG_3 构成了对称跟随器,C_F、R_F 构成了自举电路,当信号源内阻很高时,自举电路可起到改善脉冲前后沿的作用。

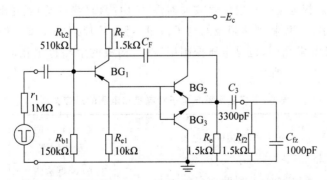

图 1-29　具有自举电路的对称射极跟随器的电路原理

7. 晶体管串并联跟随器

图 1-30 所示为一个互补型 NPN 和 PNP 晶体管组成的串并联双管射极跟随器,晶体管 T_1 将输入信号放大后从集电极取出,直接加到晶体管 T_2 的基极进行第二次放大,再从 T_2 管集电极把输出电压信号全部反馈到 T_1 的发射极,形成了反馈系数 $F=1$ 的串联电压负反馈。输入信号从 T_1 的基极输入,再从 T_1 的发射极和 T_2 的集电极并联输出,输入信号和输出信号同极性。电路中采用了一个 NPN 管和一个 PNP 管,有利于信号的直接耦合和工作点电位的配合。由于信号经过两个晶体管相继放大,电路中有含有百分之百的串联电压负反馈,使跟随器有很高的技术指标: r_{sr} 可达 $1M\Omega$ 以上, r_{sc} 可小至几欧以下, K 则可达 0.99 以上,而输出波形畸变较小。

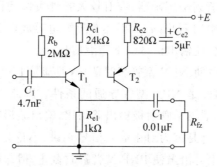

图 1-30　双管射极跟随器的电路原理

1.3.2　单极型晶体管(场效应管)跟随器

场效应管是利用电场效应控制半导体中电流的电子器件,工作时只有一种载流子参与导电,是一种单极型器件。与之相比,普通的晶体三极管是由电流控制电流的器件,多数载流子和少数载流子参与工作,亦称为双极型晶体管。与双极型晶体管相比,场效应管有较高的输入电阻和很小的输入电容,且具有噪声低、热稳定性好、抗辐射能力强、功耗小、易于集成化等优点,因此得到了广泛的应用。从结构上看,场效应管大致可以分为结型场效应管(JFET)和绝缘栅型场效应管(MOS)两类。由于即使不采取特殊措施,场效应管的输入电阻也很容易达到 $10^9\ \Omega$ 以上,因此它很适合用来构成跟随器。

我们知道,电子管也是一种电信号放大器件,它由阴极(热灯丝)发射出电子,由阳极(板极)吸引电子,并用栅极控制到达阳极的电子流量,是电压控制电流型器件。场效应管的特性与电子管的特性非常相似,也是电压控制型器件,构成的电路也很相似,它们的电极和电压间的对应关系如表 1-1 所示。

表 1-1　场效应管与电子管电极和电压的对应关系

类　　别	功能相同的电极			漏(阳)源(阴)电压极性	控制栅电压极性
场效应管	源极 S(s)	漏极 D(d)	栅极 G(g)	+(N 型沟道)	−(N 型沟道)
				−(P 型沟道)	+(P 型沟道)
电子管	阴极 K	阳极 A	栅极 G	+	

1. 绝缘栅场效应管跟随器

图 1-31 所示为 N 型沟道绝缘栅场效应管跟随器电路。栅偏压 U_{GS} 是漏极电流 I_D 在源极电阻 R_S 上产生的电压降 U_S 给出的，是自给栅偏。栅极通过栅极电阻 R_G 与地相接，场效应管是电压控制件，没有栅流，R_G 上也无电压降，因此栅极与地同电位，栅偏压 $U_{GS}=0-U_S=-U_S$。

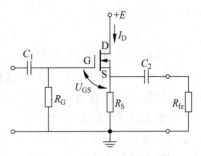

图 1-31 绝缘栅场效应管跟随器的
电路原理

当输入负脉冲电压 u_{sr} 时，栅源电压相应的变化为 Δu_{GS}。在栅极电压控制作用下，N 型沟道中电子浓度降低，沟道的电阻增加，因此，漏极电流 I_D 减小，减小量 Δi_D 与 Δu_{GS} 的关系为

$$\Delta i_D = g_m \Delta u_{GS} \tag{1-15}$$

式中，g_m 称为跨导。Δi_D 使源极电压 U_S 减小，减小量 $\Delta i_D R_S$ 就是输出电压 u_{sc}，并与输入电压同极性。输出电压又全部加到输入端，使输入信号 u_{sr} 加在栅源间的有效电压 Δu_{GS} 比 u_{sr} 小，并有以下关系：

$$u_{sr} = \Delta u_{GS} + u_{sc} \tag{1-16}$$

这也是一个反馈系数 $F=1$ 的串联电压负反馈电路，场效应管跟随器从源极输出，因此也叫源极跟随器或源极输出器。

2. 源极跟随器的技术指标

1）电压放大倍数 K

由图 1-31 可以得到，源极跟随器的电压放大倍数为

$$K = \frac{g_m(R_s /\!/ R_{fz})}{1 + g_m(R_s /\!/ R_{fz})} \tag{1-17}$$

可以看出，对于源极跟随器，$K<1$。

2）输入电阻 r_{sr}

场效应管是电压控制器件，没有输入电流流入场效应管。若不考虑栅极支路的影响，源极跟随器的输入电阻 r_{sr} 就是场效应管本身的输入电阻 R_{GS}，即：$r_{sr}=R_{GS}>10^9\,\Omega$，输入电阻非常大；若栅极接有电阻 R_G，由于一般 $R_{GS}\gg R_G$，因而此时 $r_{sr}=R_G$。

为提高跟随器的输入电阻，需增大 R_G 以减少栅极支路的影响，但 R_G 也不能太大。

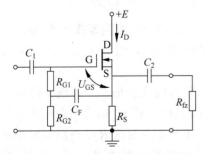

图 1-32 含自举绝缘栅场效应管
跟随器的电路原理

因为 $R_{GS}/\!/R_G$ 太高，即使有微小的感应电荷，也会在 $R_{GS}/\!/R_G$ 上产生足以使场效应管击穿的电压，因此 R_G 可选小一些，以免场效应管遭受击穿。场效应管不用或存放时，应将栅源极处于短路状态，以防遭静电击穿。源极跟随器电路中也可以采用自举技术，采用较小的 R_G，既不增大 $R_{GS}/\!/R_G$，又可在信号作用期间达到增高 R_G 的目的。将 R_G 分成两部分——R_{G1} 和 R_{G2}，$R_G=R_{G1}+R_{G2}$，从输出端将输出信号经自举电容 C_F 反馈到 R_{G1} 和 R_{G2} 之间，就形成了自举，如图 1-32 所示。

3) 输入电容 C_{sr}

场效应管各极间也存在极间电容：栅漏电容 C_{GD}、栅源电容 C_{GS}。源极跟随器的总输入电容 C_{sr} 由下式给出：

$$C_{sr} = (1-K)C_{GS} + C_{GD} \tag{1-18}$$

场效应管的极间电容一般较小，为 pF 的量级。如果场效应管的极间电容的大小为 $C_{GD} = 1.5\text{pF}$，$C_{GS} = 5.5\text{pF}$，取 $K = 0.97$，则输入电容 $C_{sr} = 1.79\text{pF}$，可见其输入电容是很小的。场效应管跟随器虽然没有输入电流流入场效应管，但输入电流却要对极间电容或总输入电容充电，因而会引起输入信号畸变。若输入负阶跃脉冲电压，信号源内阻 r_i 和 r_{sr} 与 C_{sr} 构成的 RC 积分电路将使脉冲前沿变缓而发生畸变，通常用下降时间 $t_x = 2.2r_iC_{sr}$ 来表示畸变程度。由于源极跟随器的输入电容 C_{sr} 很小，如果信号源内阻为 $100\text{k}\Omega$，则信号波形的畸变可以忽略不计。

4) 输出电阻 r_{sc}

由图 1-31 容易得出，极源跟随器的输出电阻为

$$r_{sc} = \frac{u_{sc}}{\Delta i_D} \approx \frac{\Delta u_{GS}}{\Delta i_D} = \frac{1}{g_m} \tag{1-19}$$

可以看出，源极跟随器的输出电阻只由场效应管本身的参数 g_m 决定，而与信号源的内阻 r_i 无关。这是因为场效应管的输入端有一绝缘层，这使得场效应管的输入电流基本不会流入栅极，进而也就不会从信号源中吸收电流，这就使信号源的内阻不受源极跟随器输出电阻的影响。这一点与双极型晶体管跟随器的情况正好相反，双极型晶体管跟随器的输出电阻受本身参数影响不大，其大小主要由信号源的内阻决定，见式(1-8)。源极跟随器的输出电阻要比双极型晶体管射极跟随器的输出电阻高，在较大电容负载情况下，源极跟随器的输出波形会产生畸变。

3. 结型场效应管跟随器

图 1-33 所示为 N 型沟道结型场效应管跟随器的电路原理图，电路的组态、电压极性等与绝缘栅场效应管跟随器是一样的。

由于结型场效应管的噪声系数很低，因此结型场效应管跟随器常用于电荷灵敏前置放大器的输入级。

4. 场效应管与双极管组合跟随器

场效应管跟随器具有极高的输入电阻和极小的输入电容，因此可构成一个具有极高输入阻抗的跟随器。但是场效应管跟随器的输出电阻较大，当要求输出电阻

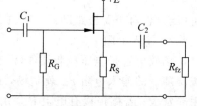

图 1-33　结型场效应管跟随器的电路原理

很低时，可在场效应管跟随器之后再接一个双极晶体管(三极管)射极跟随器或用单/双极晶体管组成混合电路。这样，既充分利用了场效应管具有的极高输入电阻特性，也发挥了双极晶体管具有的很低的输出电阻的效果。

图 1-34 所示为单/双极晶体管组合跟随器，很适合小信号输入的电路。该电路应用了三个自举电路。第一个自举电路由 R_{F1} 和 C_{F1} 构成，使 R_{G1}、R_{G2} 对 r_{sr} 的旁路影响可以忽略，这里 R_{F1} 的阻值可以选得很高而不影响 T_1 的直流工作状态。为使 R_{F1} 在静态时保护 T_1 的栅源极免遭击穿，R_{F1} 可取 $1\text{M}\Omega$ 或更低一些。第二个自举电路由 R_{F2}、C_{F2} 构成，用以提高 R_S 动态值。第三个自举电路由 R_{F3}、C_{F3} 构成，用来减小 C_{GD}，从而减小 C_{sr}。由于

自举电路的电阻值较大,自举电容的容量都不太大。

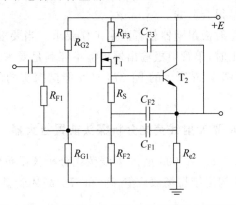

图 1-34 单/双极晶体管组合跟随器的电路原理

如果 T_1 为跨导 $g_m = 0.001\Omega^{-1}$ 的 N 沟道耗尽型绝缘栅场效应管,晶体管 T_2 的放大倍数 $\beta = 50$, $r_{be2} = 2k\Omega$,则有

$$r_{sr} \approx R_{GS} = 1G\Omega$$

$$r_{sc} \approx \frac{1/g_m + r_{be2}}{\beta_2} = 60\Omega$$

$$C_{sr} \approx 0.16pF$$

这样,就实现了输入电阻很大、输入电容很小、输出电阻很小的目的。

1.3.3 线性集成电路跟随器

用线性集成电路构成跟随器是很简单的。图 1-35 所示为一种常见的同相放大器,对其作一定变形,就形成了跟随器。如果在图 1-35 所示的同相放大器中取 $R_2 = R_3 = R$,并去掉电阻 R_1,就形成了(电压)跟随器,如图 1-36(a)所示。

如果将图 1-35 中所有电阻都去掉,就形成如图 1-36(b)所示的跟随器。集成电路跟随器与同相放大器一样,具有很高的输入阻抗。

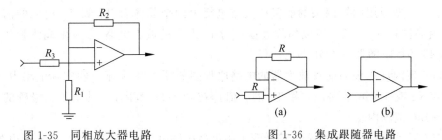

图 1-35 同相放大器电路 　　　　图 1-36 集成跟随器电路

1.4 脉冲电压信号前置放大器实例

探测器工作在脉冲状态时输出脉冲电压信号,这时应采用电压放大型的前置放大器。探测器产生的电流脉冲的积分实际是在探测器负载电阻和极间电容构成的积分电路上完成

的。前置放大器的输入和输出信号都是脉冲信号,并要求放大器的输入阻抗高,输出阻抗低,因此采用射极跟随器是很合适的。

在某些场合下,用单管射极跟随器就可满足工作要求。当要求输入电阻特别大、输出电阻特别小,放大倍数接近 1 时,单管射极输出器可能不能满足要求,这就需采用特殊电路,如双管怀特射极跟随器等。图 1-26 所示的 FJ-374 型 γ 能谱探头的前置放大器就采用了双管怀特跟随器。

1. FT-602/602A/606 型 X 射线荧光分析探头前置放大器

图 1-37 所示为 FT-602/602A/606 型 X 射线荧光分析仪探头的前置放大器的电路原理图。该前置放大电路由 N 沟道结型场效应管 T_1 和三个晶体管 T_2、T_3、T_4 组成,电路的放大倍数等于 10。

电路利用结型场效应管 T_1 构成了前级跟随器,由于场效应管具有输入阻抗高、噪声小等特点,因此可得到较高的信噪比。输入信号来自光电倍增管的阳极输出端,R_{18} 用于提高输入阻抗,减少偏置电阻 R_{16}、R_{17} 对输入阻抗的影响。PNP 型三极管 T_2 和 NPN 型三极管 T_3 各自组成了单级放大器,这样配置两个单级放大器的目的是为了获得较好的温度稳定性、较大的动态范围和较低的功耗。各级间均为交流耦合,互不影响工作点。

晶体管 T_2 的发射极电阻做了分压处理,电阻 R_{22} 和电容 C_9 用于建立稳定的静态工作点;电阻 R_{23} 和 R_{24} 为 T_2 的发射极反馈电阻,形成了本级放大的串联电流负反馈电路。电阻 R_{23} 和 R_{24} 之间的节点为级间反馈的引入点,级间反馈由晶体管 T_3 的集电极经反馈电阻 R_{28} 引出至 R_{23} 和 R_{24} 间的节点。电路的放大倍数 K 等于 10。PNP 型三极管 T_4 构成了输出射极跟随器,这样可以方便地与后续电路相匹配,使输入信号无畸变地有效耦合至下级电路,从而可以进行测量分析。

2. FJ-367 型通用闪烁探头的前置放大器

FJ-367 型通用闪烁探头简单可靠,通用性强,应用广泛。它由闪烁体、光电倍增管和前置放大器组成,将它与 FH463B 型或 FH-408 型定标器配合使用,可用于进行放射性强度的测量。FJ-367 型通用闪烁探头的前置放大器包括由两个晶体管 T_1 和 T_2 组成的前级怀特跟随器、由晶体管 T_3 和 T_4 组成的放大倍数为 10 左右的放大电路,以及由晶体管 T_5 和 T_6 组成的后级怀特跟随器三部分。

FJ-367 型闪烁探头的前置放大器的电路原理图如图 1-38 所示。在实际电路中,晶体管可选用 3DK2 或 3DG6 系列,T_3 和 T_4 的 β 值选在 20～50 范围内,其余各三极管的 β 值都选在 50～150 范围内。

FJ-367 型通用闪烁探头的光电倍增管采用负高压供电,其阳极通过 51kΩ 负载电阻接地,因而输出信号可不需耐高压电容耦合,直接采用容值为 $0.01\mu F$ 的耐低压涤纶电容(图 1-38 中的 C_4)即可。探头的闪烁体可选用硫化锌(银)、塑料、碘化钠(铊)三种不同材料,分别用来对 α、β、γ 射线进行测量。

FJ-367 型通用闪烁探头的前置放大器的放大倍数有两种选择,分为 ×1 挡和 ×10 挡。当测量 α 射线或能量较高的 γ 射线时,由于探测器输出脉冲幅度较大,前置放大器的放大倍数选取 ×1 挡,从第一级怀特跟随器直接输出;当测量 β 射线和能量较低的 γ 射线时,由于

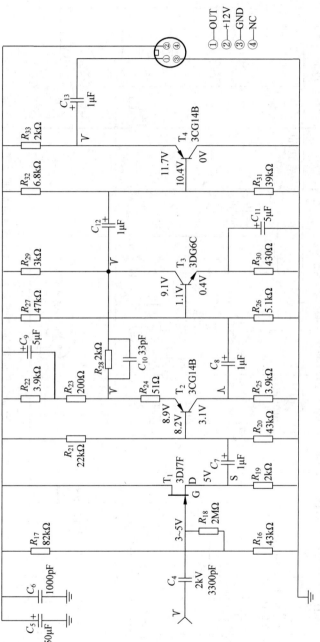

图 1-37　FT-602/602A/606 型 X 射线荧光分析探头前置放大器的电路原理

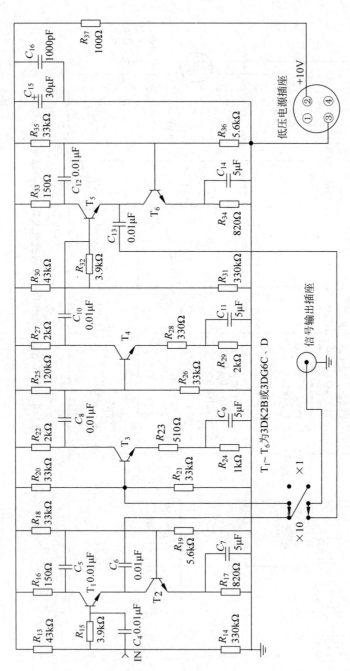

图 1-38 FJ-367 型通用闪烁探头前置放大器的电路原理

探测器输出脉冲幅度较小,前置放大器的放大倍数选×10挡,信号经过放大后,从第二级怀特跟随器输出。

1.5 直流电流信号的前置电路

电离室可以工作在脉冲状态,并输出脉冲信号,所反映的是单个入射粒子的信息;也可工作在电流状态,输出电流信号,反映的是大量粒子的累积效果。前者在实际运用中应用的很少,运用的主要是工作在电流状态的电离室。电流电离室具有相当宽的线性范围,电离室的脉冲电流经极间电容和分布电容积分,输出的直流电流范围在 $10^{-13} \sim 10^{-6}$ A 之间,有时会更低。

微弱的电流需经预放大后再传输给主机。信号的量化处理和分析常采用脉冲信号和电压信号。

1.5.1 电阻反馈式 I/V 变换电路

对于输出信号为弱的直流电流的核辐射探测器,如电流电离室等,其前置放大电路中常采用 I/V 变换电路,用来将弱的电流信号转换并放大使之成为满足要求的电压信号。图 1-39 所示为电阻反馈式 I/V 变换电路的原理图。对于输入阻抗和放大倍数均为无穷大的理想运算放大器,可以认为运算放大器输入端的偏置电流 I_b 对被测电流 I_S 的分流近似等于零,这样流过反馈电阻 R_F 的电流 I_F 近似等于被测电流 I_S,再考虑到极性关系,运算放大器的输出电压 $V_o = -I_S R_F$。可以看出,即使被测的电流很小,只要所用的反馈电阻的阻值足够大,仍可得到较大的输出电压。

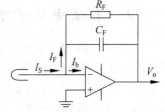

图 1-39 I/V 变换电路的原理

为了提高对微弱电流测量的灵敏度,首先考虑的是增大反馈电阻。但是反馈电阻 R_F 的增加会受到许多因素的限制,并不能无限制地增加,具体如下:

(1) 电阻 R_F 阻值的增加受到运算放大器输入电阻的限制,运算放大器的输入阻抗并非理想的无穷大,当反馈电阻增大到足够大时,偏置电流 I_b 对被测电流 I_S 的分流作用变得不可忽视,此时放大器的输出电压 $V_o = -(I_S - I_b)R_F$,当 I_b 接近或等于 I_S 时,便破坏了这个方法的基础;

(2) 过大的反馈电阻其阻值的精度可能会降低,致使电路的稳定性差,噪声也大;

(3) 采用过大的反馈电阻,使运算放大器处于近似开路放大状态,反馈变差,稳定性变坏,线性范围变小;

(4) 过大的反馈电阻易与分布杂散电容、负载电容等耦合产生相位移,引发自激振荡,造成干扰;

(5) 过大的反馈电阻使电路的响应时间或测量时间变长。

对于具有场效应管差动输入级的运算放大器,其输入电阻可达 $10^{12}\Omega$ 以上,反馈电阻的选择以比输入电阻小 2～3 个数量级较为合适。通常可取前级输出电压 $V_o = 0.1$V,这时再进行传输一般不会有太大问题。假如 $I_S = 5 \times 10^{-11}$A,如果反馈电阻取为 $R_F = 2 \times 10^9\Omega$,则放大器的输出电压为:$V_o = I_F R_F \approx I_S R_F = 0.1$V。对 $V_o = 0.1$V 的电压进行传输通常都满足要求,不会存在太大问题。

该 I/V 变换电路是一种电压并联负反馈电路,对于开环放大部分有较高的参数要求。具有高输入阻抗、高增益、高共模抑制比、低偏置电流、低噪声、低漂移和低失调电压等特点的运算放大器是 I/V 变换电路中经常使用的元件。经常使用的运算放大器包括 AD549、LF412、CA3140 等。

反馈电阻上并联的电容 C_F 有助于平滑因反馈电阻中自由电子不规则运动引起的热噪声,尽管 C_F 越大滤波效果越好,但 C_F 的增大也会增加反应时间。实际应用中,还经常在放大器的输入端串接一个阻值为数百千欧的电阻,这样有利于抑制干扰和噪声。

如果核辐射探测器的输出电流(也就是放大器的输入电流)较小(如 10^{-10} A 左右),选取一定的合适反馈电阻 R_F,可以使输出达到 0.1V 左右。再把这样的电压信号传给主机,对电压进行进一步放大和 V/F 变换,产生分析、处理所需的脉冲信号,其信号处理过程如框图 1-40 所示。

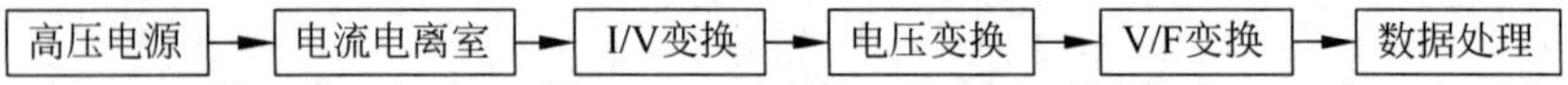

高压电源 → 电流电离室 → I/V变换 → 电压变换 → V/F变换 → 数据处理

图 1-40　弱电流信号处理过程

如果电流信号较大,R_F 的选取在允许值内,I/V 变换后的输出电压还可达到 5V 左右,这时可不必再经电压放大,整个放大过程可以完全在前级电路内完成。

1.5.2　直流电流前置放大电路实例

图 1-41 所示为一款纸张定量测定仪上实际使用的前置放大器的电路原理图。该测定仪使用的放射源是核素 ^{85}Kr,是 β 射线源,其强度为 200mCi 左右。β 射线用电离室探测,圆柱形电离室的外形尺寸为 $\phi75\text{mm} \times 105\text{mm}$,高压供电为 -600V。放射源和探测器相距约 30mm,二者间不加被测物时,电离室的初始电流约 1.1×10^{-7}A。反馈电阻 R_F(即 R_3)的阻值为 40MΩ,该电阻并没有直接连接在运算放大器 AD549 的输出端,而是接在了输出端的电阻分压器上。容易看出,电阻 R_F 所起的作用是部分负反馈。通过调节分压电阻 R_{W2},改变分压比,可以使直流输出电压达 $V_o = 5\text{V}$ 左右。

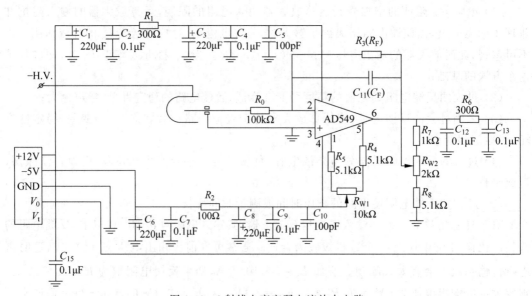

图 1-41　β 射线电离室弱电流放大电路

　　电路中反馈电阻的这种接法有助于提高放大器的输出电压,在作用效果上相当于降低了反馈电阻。正、负电源分别通过电容 $C_1 \sim C_5$、电阻 R_1 以及电容 $C_6 \sim C_{10}$、电阻 R_2 进行退耦滤波,以防止各单元间通过公共电源引起干扰。电阻 R_4、R_5、R_{W1} 串联构成调零电路。R_6、C_{12}、C_{13} 对输出起滤波作用,减小直流电压的波动。运算放大器的输入端串了一个 $100\mathrm{k\Omega}$ 的电阻 R_0,用以抑制干扰、降低纹波。

1.6　电荷灵敏前置放大器

　　电荷灵敏前置放大器是随着半导体探测器的发展而出现的低噪声前置放大器。在高分辨率的能谱测量中使用的几乎都是电荷灵敏前置放大器。一般的核探测器采用电压前置放大器即可获得输出电压,而在半导体探测器的应用中,由于半导体探测器结电容随工作温度和探测器的工作电压的变化而变化,使输出电压变得不稳定,因此无法满足测量要求,电荷灵敏前置放大器的设计可解决这一问题。电荷灵敏前置放大器实质是一个并联电压负反馈结构的放大器,是一个输出电压正比于探测器输出电荷量的放大器。

1.6.1　电荷灵敏放大器的工作原理

　　基本的电荷灵敏放大器的工作原理如图 1-42 所示。图中:

K 为运算放大器的开环增益;

C_F 为电荷灵敏前置放大器的反馈电容,折合到放大器输入端的等效电容为 $(1+K)C_F$;

C_i 为电荷灵敏前置放大器输入端的等效电容(不包括反馈电容),$C_i = C_D + C_{sr} + C_S$ 为电荷灵敏前置放大器输入端不包括反馈电容的等效电容,其中 C_D 为半导体探测器的结电容或极间电容,C_{sr} 为放大器开环时的输入电容,C_S 为分布电容;

u_{sr} 为电荷灵敏前置放大器的输入电压幅度;

u_{sc} 为电荷灵敏前置放大器的输出电压幅度。

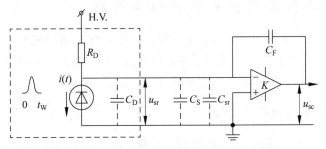

图 1-42　电荷灵敏前置放大器的工作原理图

　　如果设 $i(t)$ 为探测器输出脉冲的电流信号,脉冲宽度为 t_W,则探测器输出的电荷量为

$$Q = \int_0^{t_W} i(t)\mathrm{d}t \qquad (1\text{-}20)$$

Q 也就是电荷灵敏前置放大器的输入电荷。

　　当放大器输入阻抗足够大时,输入电荷 Q 在放大器输入端总电容 C 上产生的信号电压幅度为 $u_{sr} = Q/C$,其中

$$C = C_i + (1+K)C_F$$

$$= C_D + C_{sr} + C_S + (1+K)C_F$$

放大器输出电压的幅度为

$$u_{sc} = -Ku_{sr}$$

$$= \frac{-KQ}{C_D + C_{sr} + C_S + (1+K)C_F} \tag{1-21}$$

通常 $K \gg 1$，$KC_F \gg C_D + C_{sr} + C_S$，此时由式(1-21)可得

$$u_{sc} = -\frac{Q}{C_F} \tag{1-22}$$

由式(1-22)可以看出，当电荷灵敏前置放大器的开环增益足够大时，输出电压幅度 u_{sc} 与输入电压幅度无关，与探测器极间电容无关，与运算放大器的放大倍数无关，只与探测器的输出电荷 Q 和反馈电容 C_F 有关。就是说电荷灵敏前置放大器的输出电压幅度与探测器的输出电荷成正比，进而与射入辐射探测器的射线的能量 E 成正比。若辐射探测器输出的电荷量 Q 一定，放大倍数足够大时，要想使输出的电压幅度大，就要用较小的电容 C_F。C_F 经常取为 1pF 左右。

电荷灵敏前置放大器的一个重要参数是电荷灵敏度 A_{CQ}，其定义为输出电压与输入电荷之比：

$$A_{CQ} = \left| \frac{u_{sc}}{Q} \right| = \frac{1}{C_F} \tag{1-23}$$

电荷灵敏前置放大器通常用作半导体探测器的前置放大器。半导体探测器具有很高的能量分辨率，因此对放大器的信噪比 S/N 的要求是尽可能高。所以对电荷灵敏放大器的器件特别是对输入级的第一个电子管要求更为严格，常采用低噪声结型场效应管作输入级，其噪声系数约 1dB 左右。

电荷灵敏前置放大器的输入均为负极性，输出则为反相，即正极性。

1.6.2 电荷灵敏前置放大器的噪声分析

电荷灵敏前置放大器通常与能量分辨率很高的半导体探测器配合使用。因此，降低前置放大器的噪声系数，尽可能提高输出信号的信噪比，对于减少噪声对能量分辨率的影响，充分发挥半导体探测器的优势是至关重要的。

1. 核电子学中的主要噪声类型

噪声是对信号的一种随机干扰，是叠加在信号上的上下随机变化的扰动，其变化幅度的时间平均值为零。在某一特定时刻，其幅度也是无法预知的。为了表征噪声的大小，人们通常使用其均方值。如果用 $x(t)$ 表示某种随机噪声，其均方值可写为

$$\overline{x^2} = \lim_{t \to \infty} \frac{1}{t} \int_0^t x^2(t')dt' \tag{1-24}$$

依噪声的产生机制及其特征，核电子学中常见的噪声主要可以分为散粒噪声、热噪声和低频噪声三类。

1）散粒噪声

电子器件中,电流是载流子的定向流动形成的,但载流子的产生和消失是具有随机性的,这会使载流子数目发生随机的波动,进而导致电流的瞬时涨落,电流的这种随机涨落就称为散粒噪声。

散粒噪声与流过器件的电流大小有关,服从泊松分布,是一种典型的白噪声,其均方值可表示为

$$\overline{\Delta i_S^2} = 2e\overline{I}\Delta f \tag{1-25}$$

式中,e 为基本电荷,$e = 1.602 \times 10^{-19}$C;$\overline{I}$ 为流过器件的平均电流;Δf 为噪声的频域带宽。散粒噪声与载流子的热运动速度无关,不直接受温度变化的影响。流过器件的平均电流越大,载流子数目的涨落也越大,因而散粒噪声也就越大。

2）热噪声

热噪声亦称为约翰逊(Johnson)噪声或奈奎斯特(Nyquist)噪声。它是由载流子的随机热运动引起的电路中电流的起伏变化。只要温度处于绝对零度以上,这种涨落就一定存在。温度越高,涨落越大,涨落电流在电阻上会产生热噪声电压。热噪声也是一种白噪声。

热噪声可以用并联电流噪声表示为

$$\overline{\Delta i_T^2} = \frac{4kT}{R}\Delta f \tag{1-26}$$

或者用串联电压噪声表示为

$$\overline{\Delta u_T^2} = 4kTR\Delta f \tag{1-27}$$

式中,R 为器件的电阻;k 为玻尔兹曼常数,$k = 1.381 \times 10^{-23}$J/K;$T$ 为绝对温度。与散粒噪声不同,热噪声与器件的温度有关,温度越高,热运动越剧烈,热噪声也越大。热噪声与流过器件的电流(或加在器件上的电压)并无直接关系。

3）低频噪声

低频噪声亦称为 $1/f$ 噪声或闪烁噪声。低频噪声的成因比较复杂,主要与器件的工艺技术水平以及半导体材料的表面状态有关。在各类电子器件中,低频噪声是普遍存在的,噪声电压随频率的升高而降低,其大小可表示为

$$\overline{\Delta u_f^2} = A_f \frac{\Delta f}{f} \tag{1-28}$$

式中,f 为器件的工作频率;A_f 为与频率无关的参数,它与器件的工艺水平、半导体材料的纯度等因素有关。

如果器件工作频率的上下限分别为 f_1 和 f_2,则有

$$\overline{\Delta u_f^2} = A_f \ln\frac{f_1}{f_2} \tag{1-29}$$

可以看出,若工作频带频率的上、下限改为 f_1' 和 f_2',而 $f_1/f_2 = f_1'/f_2'$,则器件在两频带下工作时的低频噪声的大小相等,而提高频带的下限频率,可有效地减小低频噪声。

2. 电荷灵敏前置放大器的噪声来源

电荷灵敏前置放大器的噪声主要来自半导体探测器和前置放大器的输入级。这些噪声

相互混杂,叠加到信号上,影响核辐射测量系统对能量或时间的分辨能力。

由半导体探测器产生的噪声有三种来源:反向偏压下灵敏区电阻的热噪声、非灵敏区串联电阻的热噪声和反向电流引起的散粒噪声。灵敏区的电阻通常比负载电阻大很多,由式(1-26)可知,与负载电阻相比,其热噪声可忽略不计。非灵敏区串联电阻的影响虽然比灵敏区的电阻要大,但对于性能优良的探测器而言,设计和制造工艺上的优化也使其影响可以忽略。这样,半导体探测器的噪声来源主要就是其自身的反向漏电流(包括 P 区和 N 区少数载流子向结区扩散形成的反向扩散电流和结区内由于热激发形成的电子-空穴对造成的反向电流)产生的纯散粒噪声,由式(1-25)可知,其大小为

$$\overline{\Delta i_{\mathrm{D}}^2} = 2eI_{\mathrm{D}}\Delta f \tag{1-30}$$

式中,I_{D} 为探测器的反向漏电流。由于 I_{D} 会随温度的升高而增加,因此这种噪声也会随之增大。

电荷灵敏放大器一般均采用噪声系数远小于晶体三极管的结型场效应管作为输入级,但场效应管的噪声仍是放大器输入级噪声的主要来源之一,如图 1-43 所示。放大器的主要噪声源包括以下几种。

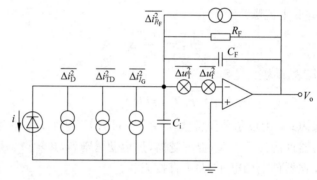

图 1-43　电荷灵敏前置放大器的主要噪声源

(1) 半导体探测器的负载电阻 R_{D} 产生的热噪声

$$\overline{\Delta i_{\mathrm{D}}^2} = \frac{4kT}{R_{\mathrm{D}}}\Delta f \tag{1-31}$$

(2) 反馈电阻 R_{F} 的热噪声

$$\overline{\Delta i_{R_{\mathrm{F}}}^2} = \frac{4kT}{R_{\mathrm{F}}}\Delta f \tag{1-32}$$

式中的 R_{F} 是与电容 C_{F} 并联的阻值较大的电阻,用来释放 C_{F} 上积累的信号电荷,并提供直流负反馈以稳定电路的直流工作点。R_{F} 亦称为泄放电阻。

(3) 场效应管的沟道热噪声

结型场效应管饱和工作区的跨导 g_{m} 与其等效的沟道电阻 r_{n} 间满足关系 $r_{\mathrm{n}}g_{\mathrm{m}} = 2/3$。沟道热噪声可以用串联在栅极回路中的电压噪声表示,由式(1-27)有

$$\overline{\Delta u_{\mathrm{T}}^2} = \frac{8kT}{3g_{\mathrm{m}}}\Delta f \tag{1-33}$$

(4) 场效应管的栅流噪声

由于场效应管中耗尽层电子和空穴的运动,或者栅极表面以及栅极绝缘材料的漏电,或

者栅极与沟道间的电容耦合作用等,有时也会在栅极形成非常小的漏电流 I_G。栅极漏电流 I_G 的存在会使场效应管产生一种散粒噪声,其大小为

$$\overline{\Delta i_{I_G}^2} = 2eI_G\Delta f \tag{1-34}$$

(5)低频噪声

低频噪声是各种器件中普遍存在的,对场效应管,可将低频噪声等效为串联在栅极回路中的电压噪声,其大小为

$$\overline{\Delta u_f^2} = A_f\frac{\Delta f}{f} \tag{1-35}$$

式中的参数 A_f 取决于器件的工艺水平和所用的半导体材料的纯度等。对于性能优良的场效应管,参数 A_f 通常满足 $A_f < 10^{-13}\mathrm{V}^2$。对于通常使用的频率的下限频率而言,$\overline{\Delta u_f^2}$ 很小,常可忽略不计。

3. 电荷灵敏前置放大器的噪声分析

电荷灵敏前置放大器的噪声源按其在电路中的位置,可以分为串联噪声和并联噪声两类。探测器反向电流噪声 $\overline{\Delta i_D^2}$、探测器负载电阻热噪声 $\overline{\Delta i_{R_D}^2}$、反馈电阻热噪声 $\overline{\Delta i_{R_F}^2}$ 和栅流噪声 $\overline{\Delta i_{I_G}^2}$ 是与放大器输入信号并联的电流噪声源;而场效应管的沟道热噪声 $\overline{\Delta i_T^2}$ 和低频噪声 $\overline{\Delta i_f^2}$ 则是等效在放大器输入端的串联电压噪声源。串联的电压噪声源与并联的电流噪声源之间存在着等效的对应关系,如图 1-44 所示。

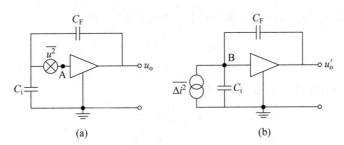

图 1-44 并联电流噪声与串联电压噪声的等效
(a)串联的电压噪声源;(b)并联的电流噪声源

对于图 1-44(a),因为 A 为虚地点,可以导出

$$u_o = \sqrt{\overline{\Delta u^2}}\,\frac{C_i + C_F}{C_F}$$

$$= \sqrt{\overline{\Delta u^2}}\,\frac{C_\Sigma}{C_F} \tag{1-36}$$

式中 $C_\Sigma = C_i + C_F = C_D + C_{sr} + C_S + C_F$,$C_\Sigma$ 称为放大器的"冷电容"。对于图 1-44(b),由于 B 为虚地点,电源几乎全部流过反馈电容 C_F,于是有

$$u'_o = \frac{\sqrt{\overline{\Delta i^2}}}{\mathrm{j}2\pi fC_F} \tag{1-37}$$

式中的 j 为虚数单位。使串联的电压噪声与并联的电流噪声等效,就是要求二者的输出相

等。由式(1-36)和式(1-37)可以得出

$$\sqrt{\overline{\Delta i^2}} = \mathrm{j}2\pi f C_\Sigma \sqrt{\overline{\Delta u^2}}$$

即

$$\overline{\Delta i^2} = (2\pi f C_\Sigma)^2 \overline{\Delta u^2} \tag{1-38}$$

这样,根据式(1-38),可以把串联的电压噪声源等效为并联的电流噪声源。分别将式(1-33)、式(1-35)代入式(1-38),有

$$\overline{\Delta i_{\mathrm{T}}^2} = \frac{32\pi^2 k T f^2}{3 g_{\mathrm{m}}} C_\Sigma^2 \Delta f \tag{1-39}$$

$$\overline{\Delta i_f^2} = 4\pi^2 f A_f C_\Sigma^2 \Delta f \tag{1-40}$$

将噪声全部等效为输入端并联电流噪声后,输入端总的并联电流噪声为

$$\overline{\Delta i_{\mathrm{i}}^2} = \left(\frac{32\pi^2 k T f^2}{3 g_{\mathrm{m}}} C_\Sigma^2 + 4\pi^2 A_f f C_\Sigma^2 + 2e(I_{\mathrm{G}} + I_{\mathrm{D}}) + \frac{4 k T}{R_{\mathrm{D}} /\!/ R_{\mathrm{F}}} \right) \Delta f \tag{1-41}$$

利用式(1-38),还可以进一步将输入端总的并联电流噪声等效为输出端总的电压噪声

$$\overline{\Delta u^2} = \frac{\overline{\Delta i_{\mathrm{i}}^2}}{(2\pi f C_\Sigma)^2} \tag{1-42}$$

4. 电荷灵敏放大器噪声的表示方法

对于脉冲电压放大器,其输入和输出均为电压信号,其信噪比可用输出的信号幅度 V_{oM} 与输出的总的等效噪声电压的均方根值 $\sqrt{\overline{\Delta u^2}}$ 之比来表示,即

$$S/N = \frac{V_{\mathrm{oM}}}{\sqrt{\overline{\Delta u^2}}} \tag{1-43}$$

若该放大器的电压放大倍数为 K,则有

$$S/N = \frac{V_{\mathrm{oM}}/K}{\sqrt{\overline{\Delta u^2}}/K}$$

$$= \frac{K V_{\mathrm{iM}}}{\sqrt{\overline{\Delta u^2}}} \tag{1-44}$$

式中,V_{iM} 为放大器输入信号的幅度;$\sqrt{\overline{\Delta u^2}}/K$ 则是输出的噪声电压折合到输入端的等效噪声电压,记为 ENV,即

$$\mathrm{ENV} = \frac{\sqrt{\overline{\Delta u^2}}}{K} \tag{1-45}$$

于是脉冲电压放大器的信噪比可写为

$$S/N = \frac{V_{\mathrm{iM}}}{\mathrm{ENV}} \tag{1-46}$$

对于电荷灵敏放大器,其输出电压与输入的总电荷量 Q 成正比,用 $\sqrt{\overline{\Delta u^2}}$ 表示输出噪声电压的均方根,由式(1-23)可知,放大器的信噪比可表示为

$$S/N = \frac{A_{CQ}Q}{\sqrt{\overline{\Delta u^2}}} \tag{1-47}$$

式中,$\sqrt{\overline{\Delta u^2}}/A_{CQ}$ 称为等效噪声电荷,用 ENC 表示,ENC$=\sqrt{\overline{\Delta u^2}}/A_{CQ}$。于是,放大器的信噪比可以写为

$$S/N = \frac{Q}{\text{ENC}} \tag{1-48}$$

如果用 ω 表示在探测器中产生一个电子-空穴对所需的平均能量(即平均电离能),则输出端噪声电压的均方根值还可以折合成等效噪声能量 ENE:

$$\text{ENE} = \frac{\text{ENC}}{e}\omega \tag{1-49}$$

对于锗(Ge),$\omega = 2.80\text{eV}$;对于硅(Si),$\omega = 3.62\text{eV}$。式中的 ENC/e 也称为等效电荷数,记为 ENN。

对能谱进行测量时,常用能谱曲线的半宽高度 FWHM 来表征对能量的分辨本领。对于电荷灵敏型放大器,即使是单能谱线,由于噪声的存在,也会使谱线有一定的宽度,通常会形成一个高斯型的能谱分布。由于等效噪声能量为 ENE,因而由噪声展宽的能谱的半高宽度为

$$\text{FWHM}_N = 2.335\text{ENE} \tag{1-50}$$

实际上,由于探测器发生的电离、激发等过程是随机的,即使入射的辐射粒子的能量全部用于产生电离离子时,所产生的离子对数也存在涨落,进而影响其对能量的分辨。这种由涨落影响确定的能量分辨率,称为探测器的固有能量分辨率。如果将探测器的固有能量分辨率记为 FWHM_D,由于噪声的叠加,能量分辨率成为

$$\text{FWHM} = \sqrt{\text{FWHM}_N^2 + \text{FWHM}_D^2} \tag{1-51}$$

可以看出,要减少噪声,除了要选择优质的器件之外,电阻 R_D 和 R_F 的阻值应在可能的范围内尽量取得大一些,而工作温度则应尽量低一些。在选择合适的反馈电容 C_F 的同时,还应尽量使冷电容 C_Σ 小些。

在全面评价电荷灵敏前置放大器的性能时,往往把噪声指标分成两项来测试。一项是零电容噪声,就是在不连接探测器、不加外电容(放大器输入端开路,同时对外部干扰进行屏蔽)的情形下,单独测试放大器的噪声,这实际上就是前置放大器的固有噪声;另一项是噪声斜率,就是在放大器输入端对地之间每外加 1pF 电容的情形下,测试噪声增加的多少。噪声斜率可用来评估接入探测器时,其极间电容对测量精度的影响程度。

1.6.3　由分立元件构成的电荷灵敏前置放大器

图 1-45 所示为由三个晶体管组成的基本电荷灵敏前置放大器的电路原理图。电路由单一的 +6V 电源供电。晶体管 T_1 和 T_2 串接,构成放大器,其中 T_1 是共发射极工作方式,T_2 的基极通过 C_2 与电源相接,对交流可视为短路,所以 T_2 对交流信号是按共基极放大器方式工作而对直流又是按共发射极放大器方式工作的,即对信号而言 T_1 和 T_2 是共发射极或者共基极连接关系。

T_2 的输入电阻 r_{sr2} 为 T_1 的负载电阻,对共基极接法,$r_{sr2} = r_{be2}/\beta_2$ 很小,若 $r_{be2} = 2\text{k}\Omega$,$\beta_2 = 50$,则 $r_{sr2} = 40\Omega$。即使有寄生电容 C 存在,T_1 和 T_2 的接法使 T_1 的输出信号具

有很短的上升时间 t_{S1}，$t_{S1}=2.2r_{sr2}C$ 也很小。

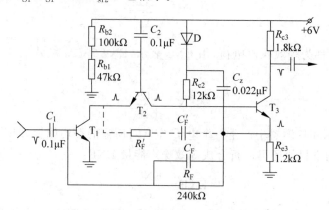

图 1-45　晶体管组成的电荷灵敏前置放大器

T_2 的输入电流 i_{c1} 与输出电流 i_{c2} 近似相等，所以 T_2 没有电流放大作用，若 R_{c2} 取值较大，则 R_{c2} 上的压降要比输入电压大得多，所以 T_2 有电压放大作用。T_2 的输入电压为 $\Delta i_{c1}r_{sr2}=\Delta i_{c1}r_{be2}/\beta_2$，若 T_3 的输入电阻为 r_{sr3}，则 T_2 的输出电压为 $\Delta i_{c2}(R_{c2}\ /\!/\ r_{sr3})$，由此可以得到 T_2 的电压放大倍数为

$$K_2=\frac{\beta(R_{c2}\ /\!/\ r_{sr3})}{r_{be2}} \tag{1-52}$$

由于 T_3 的输入电阻 $r_{sr3}=r_{be3}+\beta_3 R_{e3}$ 比较大，由式（1-52）可以看出，提高 R_{c2} 的阻值可以提高 T_2 的电压放大倍数 K_2，但是 R_{c2} 过大会使 T_2 乃至 T_1 饱和。

采用自举技术可以在不增大 R_{c2} 的情况下来提高 T_2 的动态负载，从而获得很高的放大倍数。当输入端有负信号输入时，T_1 反相放大为正信号输出，T_2 为同相电压放大，在典型的前置放大器中末级管 T_3 经常设计成射极跟随器形式。图 1-45 中，T_3 接成反相放大器形式，R_{c2} 与 R_{e3} 取值相当，可分别得到负信号和正信号输出，并且从集电极输出的负信号仍具有一定的跟随器性质，具有较大的输入电阻。

将由 T_3 发射极输出的正极性信号通过自举电容 C_z 加到 R_{c2} 和二极管 D 之间，使其与 T_2 集电极正脉冲电压同相，就使得 R_{c2} 自举增加。二极管 D 在直流静态时，正向电阻很少，可忽略不计，当加入自举电压时，呈现大的反向电阻并保证不会把自举电压短路。

T_3 发射极输出的正极性信号还通过反馈电阻 R_F 和反馈电容 C_F 加到了输入级 T_1 的基极上，输入信号为负极性，这就形成了级间并联电压负反馈。T_3 管的 R_{e3} 具有很强的直流电流负反馈作用，起着稳定 T_3 静态工作点的作用，所以 R_{e3} 上直流电压 V_{e3} 是稳定的。V_{e3} 通过反馈电阻 R_F 接到输入级 T_1 的基极上，所以稳定的 V_{e3} 对 T_1 管工作点也起到了稳定作用，因此输出电压和反馈电阻决定了输入级的工作点和基极电流。级间负反馈使整个电路的静态工作点得到稳定。

为进一步提高电路的稳定性，还可考虑给负反馈放大器加适量的正反馈来提高开环放大倍数 K。正反馈量应保证在任何恶劣情况下都不会引起放大器产生振荡。在 T_3 发射极到 T_1 集电极之间串接一正反馈电路 $R'_F C'_F$，仔细选择 R'_F 使正反馈量合适，使整个电路不会振荡，从而可提高没有级间负反馈的开环放大倍数，并提高整个放大器的稳定性能。正反馈在放大器中尽量少用。

由于 T_3 管的 R_{c3} 和 R_{e3} 阻值相差不多,因此输出电压 $u_{sc} = \Delta u_{c3} = \Delta u_{e3} = K_u u_{sr}$。当有信号作用时,$C_F$ 两侧所加电势分别为 u_{sr} 和 $K_u u_{sr} = \Delta u_{e3}$,二者极性相反,所以加在 C_F 两极上的电压为 $(1+K_u)u_{sr}$,而反馈电容 C_F 等效到输入端后为 $(1+K_u)C_F$。因此,放大器输入端的总电容为

$$C = (1+K_u)C_F + C_D + C_S + C_{sr} \tag{1-53}$$

式中,C_D 为半导体探测器的结电容或极间电容;C_S 为分布电容;C_{sr} 为放大器的开环输入电容。由于 $K_u \gg 1$ 以及 $(1+K_u)C_F \gg C_D + C_S + C_{sr}$,可以得到放大器的输入电压

$$u_{sr} = \frac{Q}{C} = \frac{Q}{(1+K_u)C_F}$$

$$= \frac{Q}{K_u C_F} \tag{1-54}$$

而输出电压则为

$$u_{sc} = K_u u_{sr} = \frac{Q}{C_F} \tag{1-55}$$

图 1-46 所示为一款由结型场效应管作输入级的低噪声电荷灵敏前置放大器的电路原理图,它由一个低噪声结型场效应管 T_1 和四个晶体三极管组成,±24V 电源供电。电阻 R_2、R_3、R_4 和 R_5 是 I_D 的直流通路,串接电阻 R_4 和 R_5 的作用是补偿放大倍数随温度的漂移。T_2 构成射极输出器,T_3 采用共基极电路,T_4 和 T_5 组成怀特射极跟随器。T_1 的栅漏电阻 R_G(也就是反馈电阻 R_F,即 R_{20})跨接在输入端和输出端之间,使 T_1 的栅极获得一定的直流电位,并通过直流负反馈保证其静态工作点的稳定。

晶体管 T_2 是反向电流小、β 值大($100 \sim 200$)的硅管,构成一个输入电阻大、输入电容小的射极输出器,起隔离作用。因为 T_3 接成了共基电路,其输入电阻很小,所以在 T_1 和 T_3 之间接入 T_2 的作用是在不增大 T_1 上升时间的情况下,增大 T_1 的放大倍数。为使电路的工作稳定,T_3 选用反向电流小的 PNP 型硅管。晶体管 T_3 接成了共基极放大器形式,基极通过电容 C_5、C_6 交流接地,共基极接法使输入电阻很小,对电流无放大作用,对电压有放大作用。T_3 的基极电压 V_{b3} 由 R_6、R_7 分压决定。整个电路的静态工作点与 T_3 的偏置密切相关,分析静态工作点时,应首先注意 T_3 的基极电压 V_{b3}。当基极电压 V_{b3} 确定后,T_1 的漏极电压 V_D 也就确定了。

晶体管 T_3 的集电极负载电阻由 R_8、R_9 串联组成,电阻 R_8 起自举作用。输出信号经电容 C_8 和 C_9 接到电阻 R_8、R_9 之间,信号的幅度比 T_3 集电极的输出信号幅度略小且二者同相,这相当于提高了负载电阻 R_8 的动态范围,从而提高了 T_3 的放大倍数。晶体管 T_4、T_5 组成了怀特射极跟随器,它具有很低的输出阻抗。晶体管 T_4 的偏置也依赖于 T_3 的偏置,通过调节电阻 R_9 的大小可以使 T_4 得到合适的偏置。T_5 的基极偏置电阻 R_{12}、R_{13} 由分压比决定,R_{17} 起直流电流负反馈作用,有利于稳定静态工作点。

级间反馈是通过连接在输出端与输入端之间的反馈电阻 R_F(R_{20})和反馈电容 C_F(C_{14})实现的,R_F 接至场效应管 T_1 的栅极,由 V_{e4} 和 R_F 为 T_1 提供静态工作点。反馈电容 C_F 接在耦合电容 C_1 的前面,与之实现交流耦合,这样可以提高整个放大电路的高频特性。由于 C_F 接在耦合电容之前,反馈电容 C_F 和耦合电容 C_1 均应采用耐高压电容,而且 C_F 的温度系数还要足够小。

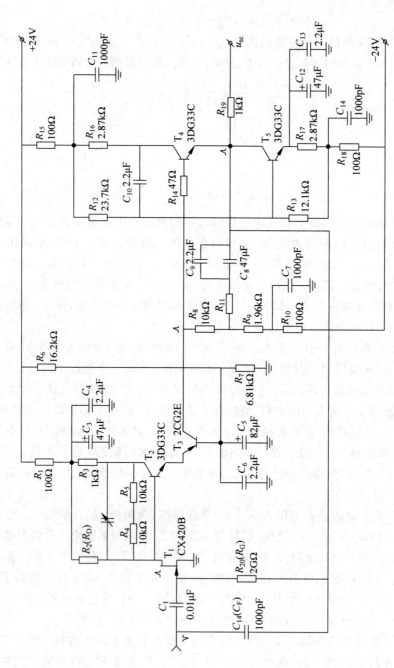

图 1-46 低噪声场效应管电荷灵敏前置放大器的电路原理

FH1021B 型电荷灵敏放大器是一种 NIM 插件,其电路原理图如图 1-47 所示。FH1021B 型电荷灵敏放大器主要用来配合 Ge(Li) 半导体探测器使用,将它与有关的标准核电子学仪器组合起来,还可构成 γ 谱仪等。该电路由 ±24V 电源供电,最大线性幅度输出范围为 ±3V,输入/输出反极性。整个电路包括电荷灵敏放大环 $T_1 \sim T_7$ 和电压放大环 $T_8 \sim T_{16}$ 等部分。电荷灵敏放大环实际上是一个由晶体管 $T_1 \sim T_7$、深度负反馈电阻 R_5 以及零温度系数反馈电容 C_3 组成的运算放大器。这一设计既实现了电荷灵敏放大,又提高了稳定性,并适应高计数效率的要求。

电路的输入级采用了低噪声结型 N 沟道场效应管 T_1,它的漏极接有由晶体管 T_2、T_3 和 T_4 组成的电流增益极,晶体管 T_3 采用共基极接法,晶体管 T_2 接成二极管起温度补偿作用,晶体管 T_4 的射极输出电流进一步输入给共基极放大器 T_5 的射极,晶体管 T_6 是 T_5 的动态负载,T_7 构成了一个射极输出器。射极输出器输出的信号一方面要为 $T_8 \sim T_{16}$ 组成的电压放大环提供输入电压,另一方面也要通过 R_5 和 C_3 分别为场效应管 T_1 提供直流反馈和交流反馈。电位器 W_2 用来调整场效应管 T_1 的栅偏压,使其接近零偏压,从而使 T_1 的跨导 g_m 达到最大。电容 C_{10} 和电阻 R_{23} 用来消除高频振荡。

图 1-48 所示为 FH1047A(B) 型电荷灵敏前置放大器的电路原理图,它主要用来与金硅面垒型或锂漂移型半导体探测器配合使用。将它与有关标准核仪器插件相配合使用,可组成 α 或 β 等谱仪。当与 FH-445A 型 α 谱探头(架)连用时,也可用来测量能量为 $4 \sim 10\text{MeV}$ 的 α 射线,对放射源 ^{241}Am 辐射的 α 射线的分辨率小于 0.8%。

FH1047A(B) 型电荷灵敏前置放大器的电路由四个管子组成,其中的 T_1 为低噪声结型 N 沟道场效应管,由它构成的共源极电路作输入级。T_2 为 PNP 型晶体管,由它构成的共基极电路作放大级。T_3、T_4 为两个 NPN 型晶体管,二者构成的复合管射极跟随器作输出级。该电路实际上是在输出端与输入端之间加有反馈电容 C_2 的运算放大器,其特点是输入电阻高、开环增益大、噪声低、电路简单、稳定性好。在电路中通过电位器 R_{W1} 调节 T_1 管的栅源偏压,使其接近 0V,进而使 T_4 的发射极电位小于 -0.5V,这样可使 T_1 管工作在其跨导最大的状态下。

场效应管 T_1 的漏极与电感负载串接,可增大输入级的动态负载,从而可提高开环增益和高频特性。由于 T_2 接成了共基极电路,其输入电阻低,上升时间快,高频特性好,虽然它没有电流放大效果,但因其输出电阻高,因此有较高的电压放大倍数。由于 T_2 的集电极负载的分割(R_9+R_{10})并引入了自举功能(C_{10}),就使得其开环增益更高。采用反向漏电流小和 β 值较大的 PNP 硅管,使电路稳定性更好。

晶体管 T_3 和 T_4 组成的复合发射极跟随器提高了输出负载能力。T_3 管输出至 T_1 管的漏极(T_2 输入),并接有正反馈网络(C_7 和 R_6),用来提高开环增益和输出脉冲的上升速度,以适应输入端接不同探测器时结电容的变化。晶体管 T_4 输出至 T_1 管的栅极,并接有直流深度负反馈电阻 R_1 和零温度系数的反馈电容 C_2 组成的负反馈网络,以实现电荷灵敏并使 T_1 管工作在零偏压状态,提高整个电路的工作稳定性。T_4 管输出至 T_3 管的集电极,并接电容 C_{11},起负反馈作用,用来减小 T_3 的电容 C_{be},进而减小 C_{sr}。

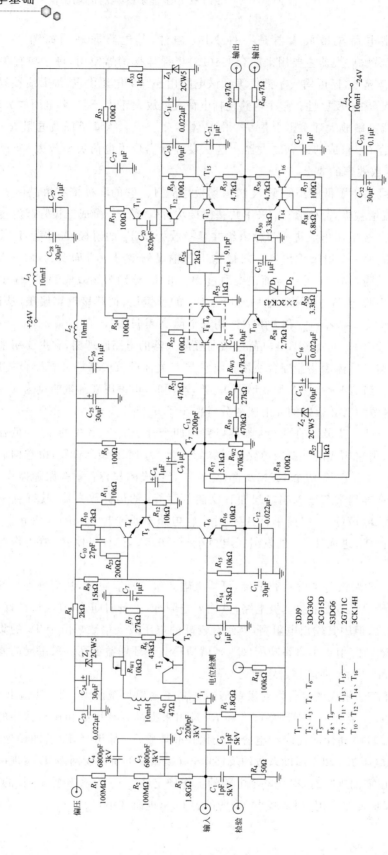

图 1-47　FH1021B 型电荷灵敏放大器的电路原理

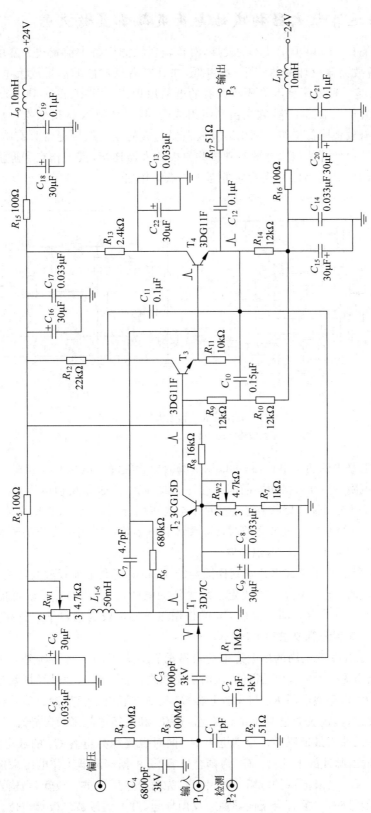

图 1-48　FH1047A(B) 型电荷灵敏前置放大器的电路原理

1.6.4　由运算放大器构成的电荷灵敏前置放大器

随着核探测技术和电子学技术的发展,对核辐射探测设备中前置放大器的要求也越来越高,利用运算放大器设计的体积小、噪声低,并具有高稳定性的前置放大电路越来越多。图 1-49 所示就是一种电荷灵敏前置放大器的电路原理图。其中,图 1-49(a)所示为一种 8 路电荷灵敏前置放大器的 1 路,它是由两级组成的,其中结型 N 沟道低噪声场效应管构成的输入级可以有效地降低噪声。利用运算放大器构成的放大级则通常具有响应速度快、频带宽、增益高、噪声低等特点。场效应管按共源极放大器连接,其工作点和栅流由输出电压 V_o 及反馈电阻 R_F 决定,R_F 也起稳定静态工作点的作用。

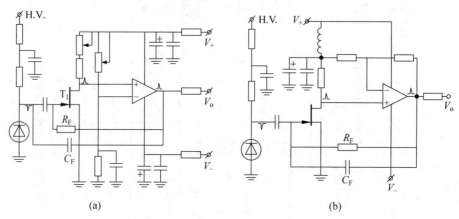

图 1-49　电荷灵敏前置放大器的电路原理

(a) 1/8 路电荷灵敏前置放大器;(b) 1/48 路电荷灵敏前置放大器

通过调节电路中的两个电位器,可以调节场效应管的漏源电压 V_{DS} 和栅源电压 V_{GS},降低噪声。反馈电阻 R_F 可对探测器漏电流进行泄放,同时它也是反馈电容 C_F 的泄放电阻。反馈电容 C_F 可以与反馈电阻接在一起,也可连接在耦合电容之前,实现交流耦合,以提高高频特性。当 C_F 接在耦合电容之前时,C_F 和耦合电容均需采用耐高压的电容。正负低压电源和高压电源均采用了 RC 退耦滤波。

图 1-49(b)所示为用于硅多条阵列探测器的 48 路电荷灵敏前置放大器之 1 路的电路,也是由两级组成的。反馈电容 C_F 决定了放大器的电荷灵敏度,对能量较低的粒子的探测可以不用电容 C_F,分布电容即可完成 C_F 的作用。对能量较高的粒子进行探测时,需接入一适当的电容以满足测量要求和动态范围。

图 1-50 所示为一款实用的单电源电荷灵敏前置放大器的电路原理图。该电路由单电源供电,电源电压为 +3.3V,功耗很低,适用于便携式仪器。输入信号经场效应管 3DJ7I 反相后再同相放大,由反馈电阻 R_6 和反馈电容 C_4 构成并联电压负反馈。输入级采用场效应管,共源工作方式,其栅极通过 V_o(输出端直流电位)和反馈电阻来稳定静态工作点,使其在 0V 或负偏压下以获得最低噪声。反馈电阻 R_6 同时也是积分电容 C_4 的放电回路,时间常数 $R_6 C_4$ 影响输出脉冲的下降沿。C_1 为耦合电容,可根据探测器工作电压来选配高压电容或者低压电容。R_1 为限流保护电阻。D_1 和 D_2 为两个过压保护二极管,当输入端出现过大的正信号或负信号时,二极管会正向导通或反向导通,过大信号被二极管钳位。

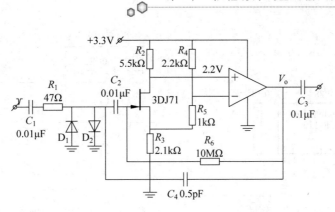

图 1-50 单电源电荷灵敏前置放大器的电路原理

电阻 R_2、R_3 是场效应管 3DJ7I 的偏置电阻,其阻值可以根据场效应管的转移特性曲线确定。在假定虚地电压之后,可确定电阻 R_4、R_5、R_6 的阻值。由于场效应管栅极无电流产生,其直流电压等于运算放大器的输出电压。电路中场效应管的源极电压要求大于栅极电压,使栅源电压 V_{GS} 为负,以保证场效应管正常工作并使噪声达到最低。为保证运算放大器正常工作,场效应管漏极电压 V_D 要等于运算放大器的虚地电压。

电路的静态工作点为:运算放大器的虚地电压等于 2.2V,输出端电压为 1.6V 左右;场效应管的栅极电压 $V_G \approx 1.6V$,漏源电流 I_{DS} 为 0.2mA 左右,漏源电压 V_{DS} 为 0.4~0.6V,栅源电压 V_{GS} 为 0~−0.4V。为了减小噪声、提高计数率,反馈电阻 R_6 可根据需要取阻值在 10~100MΩ 的金属膜电阻。为了提高信号输出幅度、减小噪声,反馈电容 C_4 可取温度稳定性好的 0.5pF 的电容。为了实现反馈信号的交流耦合,提高高频特性,另一个耦合电容 C_2 可接在反馈电容 C_4 和反馈电阻 R_6 之间。为减小电源带来的干扰,可对 +3.3V 电压进行滤波,以消除电源纹波噪声。

1.6.5 集成电路电荷灵敏前置放大器

分立元件的前置放大器性能较好,但这样的放大电路比较复杂,所用元件较多,体积较大。在便携式、低功耗仪器的研制和开发中,需要在保证性能指标的前提条件下尽量减小电子电路的体积。采用集成电路前置放大器是解决体积和性能之间矛盾的较好方法,使用越来越广泛。

美国 Cremat 公司出品的 CR-110 前置放大电路芯片具有体积小、质量轻、信噪比良好等特点。该芯片不需低温制冷,可在常温下工作,非常适合于在便携仪器中使用。CR-110芯片是单路、低噪声电荷灵敏前置放大器,它可配合各种类型的核辐射探测器使用,包括半导体探测器、光电倍增管、光电二极管、雪崩式光电二极管以及各种气体探测器等。图 1-51给出了 CR-110 芯片的外形尺寸及引脚功能。芯片的体积较小,为 0.88in×0.14in×0.85in,单排外引 8 个引线(引脚),每个引线宽为 0.020in,引线的间距为 0.100in,引线引脚按顺序排列,引脚 1 以白点作为标记。

图 1-52 所示为 CR-110 芯片的简化等效电路,它由两级放大器组成,第一级放大器的增益很高,$G_1 = -2 \times 10^4$(对不同批次产品,此值可能存在差别);第二级放大器是低增益的,$G_2 = 2$,其目的是为了提供足够的输出电流来驱动终端的同轴电缆。反馈电阻 $R_F = 100MΩ$,反馈电容 $C_F = 1.4pF$,均内置。

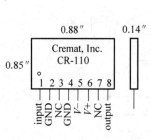

图 1-51　CR-110 芯片外形

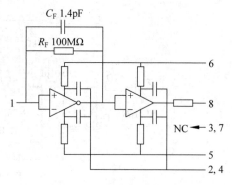

图 1-52　CR-110 芯片的简化等效电路

　　前置放大器 CR-110 与探测器既可以按直接耦合(DC)模式使用,也可按交流耦合(AC)模式使用,如图 1-53 所示。在直接耦合模式中,探测器的电流直接流入放大器的输入端,引起前置放大器输出端的电压变化幅度为 0.2V/nA。直接耦合模式适用于探测器电流不高于 ±10nA 的情况,否则,过大的电流会引起输出端直流电平饱和。CR-110 与探测器的交流耦合模式适于探测器电流高于 ±10nA 的情况,这种模式可以防止放大器的输出端直流电平饱和。

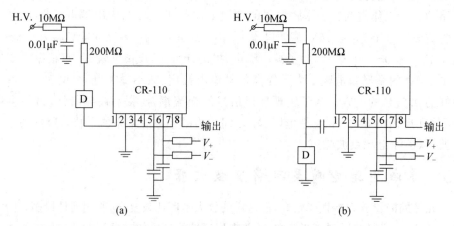

图 1-53　CR-110 放大器的电路原理
(a) 直接耦合模式；(b) 交流耦合模式
D 为探测器

　　Deetee 公司出品的 A225 是一款高性能电荷灵敏前置放大器与成形放大器混成的薄膜芯片,特别适合进行脉冲幅度分析和采用 A/D 工作模式的高分辨系统,如固体(半导体)探测器、正比计数器、光电倍增管等。A225 是专门为卫星搭载仪器设计的,适用于航天技术、实验研究及其他商业应用。

　　A225 芯片的外形尺寸及引脚功能如图 1-54 所示,它的主要技术指标包括：工作温度范围在 −55～+125℃；超低功耗,低至 10mW；宽范围的单电源供电,直流 4～25V；内部设有零极相消电路；有两个输出信号,分别为定时脉冲和单极性成形脉冲；尺寸小,可紧靠探测器就近安装；高可靠性的屏蔽。

　　图 1-55 所示为 A225 与半导体探测器的连接图。图 1-56 所示为 A225 与 A206 电压放大器/低电平甄别器的连接图,输出方波供计数器用来计数。

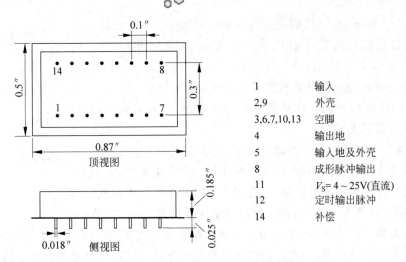

1	输入
2,9	外壳
3,6,7,10,13	空脚
4	输出地
5	输入地及外壳
8	成形脉冲输出
11	$V_S = 4 \sim 25V$(直流)
12	定时输出脉冲
14	补偿

图 1-54　A225 芯片外形及引脚功能

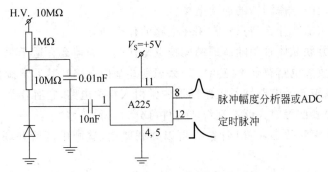

图 1-55　A225 与半导体探测器的连接示意图

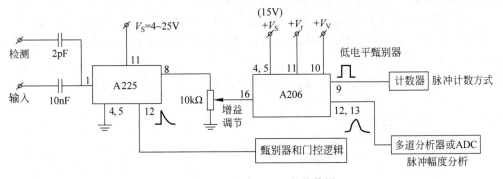

图 1-56　A225 与 A206 的连接图

习　　题

1.1　为什么要在 G-M 计数管中充入少量的猝灭气体？简单解释猝灭的机制。

1.2　图 1-57 所示为 G-M 计数器的输出电路,假设有一 β 粒子射入,输出 5V 的脉冲信号。

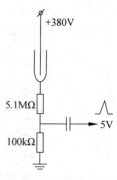

（1）若有 α 粒子射入时，输出的脉冲幅度是多少？是什么极性？

（2）若有低能和高能 γ 射线分别射入时，输出脉冲幅度是否相同？

（3）图 1-57 中输出耦合电容的耐压有何要求？

（4）画出能输出 −10V 脉冲信号的输出电路，这时对输出耦合电容的耐压有何要求？

图 1-57　习题 1.2 图

1.3　假设某种辐射粒子的能量为 E，它在空气中产生一对离子消耗的能量为 ω，在单位时间内有 n 个粒子射入空气电离室内，若其能量全部消耗在电离室灵敏体积内，写出产生电离电流的表达式。

1.4　假设强度为 100mCi 的 β 射线的平均能量为 200keV，在空气中产生一对离子需消耗 34eV 能量。将该 β 源放入空气电离室内，若 β 射线的能量全部消耗在电离室的灵敏体积内，当电离室的供电高压为 −600V 时，计算电离室的电离电流。

1.5　简述闪烁探测器的工作原理和输出信号的极性。

1.6　怎样稳定闪烁探测器的加速电场？

1.7　射极输出器有什么特点？常用在电路的什么地方？

1.8　互补型并联晶体管跟随器的结构特点是什么？为什么它适于驱动容性负载？

1.9　共基极放大电路有什么特点？怎么识别共基极电路？其后常接什么电路？

1.10　在共基极放大电路和射极跟随器中常引入自举电路，它有什么作用？

1.11　电荷灵敏前置放大器按其组成元件可分为几种类型？

1.12　为提高探测效率，G-M 计数管可以并联使用，试画出两管并联分别从阳极和阴极输出的电路。

1.13　图 1-58 所示为闪烁探测器用的光电倍增 GDB-44 的管脚功能图，若将其输出信号送给主放大器放大，试画出主放大器之前的全部电路。

1.14　图 1-59 所示为电荷灵敏前置放大器的简化电路，其中的电阻 R 和电容 C 各起什么作用？电容 C 可有两种接法，从输出端可接到输入端的 A 点或 B 点，这有什么区别？并应注意什么？

1.15　图 1-37 所示的电路中，级间的反馈电阻是什么？为什么不包括 $R_{22}(3.9\text{k}\Omega)$？

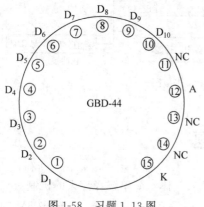

图 1-58　习题 1.13 图

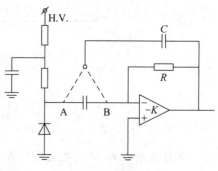

图 1-59　习题 1.14 图

第 **2** 章

线性脉冲放大器

在核辐射测量中,探测器的输出信号往往比较小,需要构成一个探测器-放大器组合,将信号放大后才能进一步加以测量。通常,前置放大器输出信号的脉冲幅度和波形还达不到后续分析测量设备的要求,需进一步放大、成形。完成这一工作的电子学设备一般称为主放大器。

2.1 线性脉冲放大器概述

核辐射探测器探头输出的信号(为了方便,也常将其直接称为探测器的输出信号)需输送到主放大器,经主放大器进一步放大到足够的幅度并成形后,才能被进一步进行量化处理和分析。由于探测器输出的信号在幅度和时间上各具特性,对主放大器也就提出了特殊的要求,用于脉冲幅度分析(也就是射线能量分析)的主放大器,其输出信号的幅度应与输入信号保持正比关系,将其称为线性脉冲放大器,也称为能谱放大器或者谱仪放大器。探测器-线性脉冲放大器组合的连接方式如图 2-1 所示。

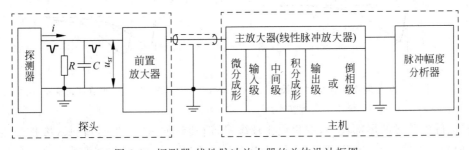

图 2-1 探测器-线性脉冲放大器的总体设计框图

2.1.1 探测器输出信号的特点

原子核的放射性衰变遵循统计规律。对于放射性核素,某一原子核在何时衰变是偶然的。但对大量原子核而言,其衰变率则服从指数衰变规律。射线进入探测器,与物质间的相互作用具有随机性,射线可能会把其全部能量消耗在探测器内,也可能会把部分能量消耗在探测器内,形成不同的作用效果,进而产生在幅度和宽度上参差不齐的输出脉冲信号。

在时间上,脉冲信号的出现具有偶然性,它们在时间上的分布是不均匀的,两个相邻的脉冲信号的时间间隔可长可短,具有偶然性。然而由于服从统计规律,大量信号的分布还是有规可循的。在核物理实验中,研究的目标通常不是从个别信号中获取信息,而是通过分析,获取大量信号中包含的某种信息。这就需要把大量的信号按一定的信息加以分类。按幅度把信号分类称为幅度分析;按时间把信号分类称为时间分析;按位置把信号分类则称为位置分析。

在正高压供电的情况下,探测器输出的脉冲信号多为负极性,其波形通常是前沿变化很快、很陡,而后沿变化比较缓慢,拖出一个长长的尾部,信号有一个较长的持续时间,如图 2-2 所示。由于信号多为负极性,为了表述方便,在讨论信号的大小时,所指的实际上通常是其绝对值。如果用 U_m 表示脉冲信号的峰值大小(有时也直接称为脉冲幅度),通常取一个小量 ε(一般取 $\varepsilon=1\%$,有时可能取更小的值,对一些高分辨率测量系统,可取 $\varepsilon=0.1\%$),而将 εU_m 定义为零点,称为定义零。信号幅度大于 εU_m 的区域称为信号的峰部(有时也称此区域为信号区域,甚至直接称此区域内的信号为脉冲信号),信号衰减到小于定义零 εU_m 以外的延伸区域称为信号的尾部。信号峰部持续的时间称为峰持续时间或脉冲宽度,用 t_{Wd} 表示。从信号输入($t=0$)到幅度达到定义零的时间为延迟时间,用 t_d 表示。由信号幅度大于定义零到信号峰值出现所经历的时间称为达峰时间 t_{Md},从峰值下降到定义零所经历的时间称为复零时间 t_F。由于 t_d 一般很小,有时也直接将 $t_W=t_{Wd}+t_d$ 称为峰持续时间(脉冲宽度),而将 $t_M=t_{Md}+t_d$ 称为达峰时间。

由于脉冲信号有一定的峰持续时间 t_W,如果探测器输出的脉冲信号出现的频率较高,后面一个脉冲就可能出现在前一个脉冲的后沿上,形成脉冲重叠现象,亦称为信号堆积,如图 2-3 所示。有时,两个脉冲信号甚至会出现完全重叠,使信号的幅度变大。

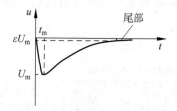

图 2-2　单个输出脉冲信号的波形

图 2-3　脉冲信号的堆积

虽然脉冲信号的尾部较小,变化也比较缓慢,但其延伸(持续时间)较长,堆积会使被测的脉冲信号的基线发生变化,影响对信号峰值电流的测量。另外,相邻的两个脉冲信号的幅度可能相同,也可能是一大一小两个不同的信号。对多能量的入射辐射,进入探测器的射线覆盖一定的能量范围,在很短的时间间隔内,相邻出现的一些射线的能量大小是偶然的。也就是说,两个或多个相同能量的射线可能相继出现,也可能是一个较大能量的射线与一个很小能量的射线相继出现。一般来说,探测器输出的脉冲幅度与入射辐射的能量成正比,虽然相邻脉冲幅度可能存在差异,但对大量脉冲而言,其幅度分布还是有规可循的,服从统计分布规律。

2.1.2　线性放大器的基本任务

线性脉冲放大器在起放大作用的同时,还要使放大器输出信号的幅度与输入信号保持正比关系,它的基本作用包括两个方面:

(1) 对小信号进行线性放大;

(2) 对波形进行线性成形。

探测器输出的脉冲信号幅度并不相等,大小都有。线性脉冲放大器的输出信号幅度 u_{sc} 与输入信号幅度 u_{sr} 保持正比关系,即 $u_{sc}=Ku_{sr}$。也就是说,线性脉冲放大器的放大倍数 K 与输入信号的幅度无关,是一个常数,只有这样才能保证经线性脉冲放大器放大之后的脉冲幅度分布与探测器的输出脉冲幅度分布相似,仍能正确地反映进入探测器的射线的能谱。图 2-4 所示为呈线性关系的放大器的幅度特性,直线没有通过原点,$u_{sc}=Ku_{sc}+u_N$,截距 u_N 为输出端噪声均方根值。

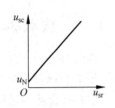

图 2-4　线性放大器的幅度特性

如果放大倍数不能保持常数而是随输入幅度的大小而变化,经放大后测得的能谱就不能与探测器输出的幅度分布保持相似或一致。在能谱测量中,由于放大倍数的变化而导致的误差叫作能谱畸变。因此,测量能谱所用的脉冲放大器应具有线性的幅度特性。这种放大器之所以称为线性脉冲放大器,就是特别强调它的任务是线性地放大探测器的输出(放大器的输入)脉冲信号幅度。

根据探测器输出信号的特性和脉冲幅度分析的要求,需要对脉冲波形进行成形,线性成形的机制与触发器成形不同。触发器成形如单稳态触发器是把输入脉冲信号改造成幅度相等、脉冲宽度一定的脉冲波形,这就失去了测量能谱的意义。线性成形是利用一定的线性电路来改造脉冲波形,使改造后的输出波形与改造前的输入波形保持固定的比例关系或不变,只有这样才能保持能谱测量不畸变。

图 2-5(a)所示为探测器输出的脉冲信号示意图。可以看出,探测器输出的脉冲信号前沿变化快、后沿变化慢,在基线下方出现了许多台阶,每个台阶对应着一个脉冲,台阶的高度即为脉冲幅度。后一脉冲往往重叠在前一脉冲的后沿上;脉冲的幅度不同,相邻脉冲的宽度也不相等。这样的信号送入放大器,很容易破坏放大器的正常工作。如果选用如图 2-6 所示的时间常数较小的 RC 微分电路对脉冲信号成形,可将脉冲宽度变窄,并相互分开,从零基线开始变化。成形的脉冲幅度与成形前的幅度成比例,如图 2-5(b)所示。

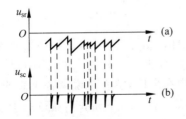

图 2-5　探测器输出信号及其微分成形

(a) 探测器输出的脉冲信号;(b) 微分成形后的波形

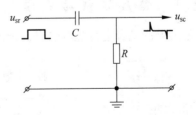

图 2-6　RC 微分成形电路

将由探测器输出的脉冲信号加以成形,还有利于改进线性脉冲放大器的某些性能。例如,可以降低噪声,还可以提高放大器的抗过载能力等。经 *RC* 微分成形后的尖脉冲信号如果被线性放大,结果仍为尖脉冲。因此还需经 *RC* 积分电路等进一步成形,将尖顶脉冲变为如图 2-7 所示的圆顶脉冲,这样才能适合脉冲幅度分析的需要。

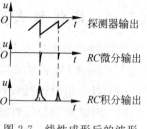

图 2-7　线性成形后的波形

2.1.3　线性脉冲放大器的基本要求

线性脉冲放大器是为能谱测量设计的放大器,由于要完成对小信号进行线性放大以及对波形进行线性成形等基本任务,它应该满足如下一些基本要求:

(1) 有合适的通频带,以保证在高、低频有良好的幅频特性和降低噪声;

(2) 具有尽量小的上升时间和足够小的噪声及抗干扰能力;

(3) 具有足够好的抗幅度过载和抗高计数率过载能力;

(4) 具有足够大的输入阻抗和足够小的输出阻抗。

同时,放大器的放大倍数则应满足:

(1) 足够大且不随输入信号幅度变化而发生变化,保证输出脉冲幅度符合要求;

(2) 足够稳定,不应随温度、时间、电网波动等有明显变化。

在图 2-1 所示的线性脉冲放大器的总体设计框图中,主放大器体积较大、电路较复杂,通常装于主机内,远离现场环境,便于调试等操作。主放大器可根据测量任务而有所不同,如果测量任务单一,可设计一专用放大器;如果测量任务繁多,可设计通用放大器,并视测量任务要求来调节以改变放大器的某些指标。

2.2　放大器的幅度过载

在放射性的实际测量中,单一能量的测量很少。多数放射性核素都会产生多种能量的辐射,再加之高能天然辐射本底的存在,测量低能小幅度的脉冲幅度分布时,往往要在存在高能大幅度脉冲的情况下进行。高能射线产生的脉冲幅度可能要比待研究分析的低能射线的脉冲幅度大很多,有时可能大 100 倍甚至 1000 倍。大幅度的脉冲可能破坏放大器的正常工作,使放大器饱和或截止,使被测的幅度分布产生畸变,这种现象称为放大器的幅度过载或阻塞,过大的脉冲称为过载脉冲或阻塞脉冲。

2.2.1　幅度过载的成因

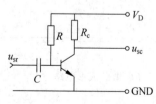

图 2-8　单管放大器

放大器的耦合电容起着隔直流传递交流信号或脉冲信号的作用,是脉冲放大器不可缺少的元件。但是耦合电容也是影响放大器低频特性、幅度过载、计数率过载等的内在原因,也就是说耦合电容的充、放电过程影响了放大器的某些性能。下面我们通过一个最简单的单管放大器来分析放大器幅度过载的原因,电路的原理图如图 2-8 所示。

当有一个很大的正脉冲输入时,晶体管立即饱和,电流很大,此时晶体管的 r_{be} 很小,脉冲信号通过晶体管的输入电阻 $r_{sr}=R//r_{be}\approx r_{be}$ 向耦合电容 C 充电,充电时间常数 $\tau_{cd}=Cr_{be}$,由于 τ_{cd} 很小,C 被快速充电,使 C 两端电压 Δu_C 很大。当大脉冲结束时,C 开始放电。放电时基极偏置电阻 R 两端的电压改变极性,出现反向负电压,使晶体管截止。大脉冲结束时如不考虑输入信号内阻,输入端相当于对地短路,电阻 R 的上端也可认为交流对地短路,C 只能通过 R 放电,放电时间常数 $\tau_{fd}=RC$。由于 $\tau_{fd}>\tau_{cd}$,而 τ_{fd} 较大,放电缓慢,反向负电压逐渐减小,直到反向电压不足以使晶体管截止时,放大器才能重新恢复工作,这一过程约需 $5\tau_{fd}$ 的时间。

放大器的恢复时间 t_h 定义为:信号从反向电压峰值 ΔU_m 的 90% 开始,增大到峰值后,再减少到峰值的 10% 这一过程所需的时间,如图 2-9 所示。有时,放大器的恢复时间可能会比正常脉冲信号的宽度大几十倍到几千倍,于是,在恢复时间内到达放大器的小幅度正常输入脉冲信号就会叠加在反向电压上,得不到正常的放大。

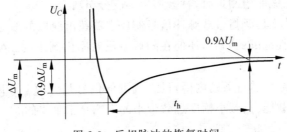

图 2-9　反相脉冲的恢复时间

放大器阻塞现象的实质就是过载脉冲引起耦合电容快速充电而在过载脉冲过后又缓慢放电所引起的。过载脉冲到来时放大器饱和,结束时放大器截止,这样,过载脉冲就使放大器无法正常工作。

过大的正脉冲会使放大器阻塞,而过大的反向(负)脉冲会使基极-发射极间的 PN 结软击穿,因而使 be 结电阻减小,电流大增,同样会使耦合电容快速充电,这时放大器也是截止的。当负过载脉冲结束时,耦合电容放电,负过载脉冲形成的反向电压为正,过大的正反向电压又会使放大器饱和,同样也破坏了放大器的正常工作状态。

2.2.2　幅度过载的影响

无论是在过载脉冲持续时间内还是在它结束后相当长的一段时间内,过载脉冲都会使放大器无法正常工作。过载脉冲的危害是会产生脉冲漏计和幅度畸变,下面我们结合图 2-10 进行简单分析。

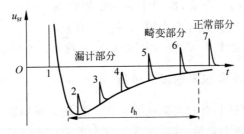

图 2-10　过载脉冲对正常脉冲的影响

1. 幅度过载引起脉冲数目漏计

过载脉冲引起的很大的反向电压,使随后而来的正常小幅度脉冲信号叠加在反向电压上,很容易被反向电压掩盖使一些信号因放大器阻塞而被漏计。图 2-10 中,信号 1 为过载脉冲及其产生的反向电压,在其后的正常脉冲序列中,信号 2、3、4 的幅度没有超过晶体管的导通阈电压,因而被漏计,随着反向电压的减小和消除,信号 7 的幅度才能得到正常放大。

2. 幅度过载引起脉冲幅度分布畸变

放大器被过载脉冲阻塞后,反向电压逐渐减小但尚未消除前,正常幅度信号中有些可能会使晶体管在此脉冲短暂作用时间内超过其导通阈电压,使信号被放大。但放大的只是超过晶体管导通阈电压的那部分而不是信号的全部幅度,图 2-10 中的脉冲信号 5、6 没有得到正常的放大。这样,在做能谱测量时,就会产生幅度分布畸变。

总之,幅度过载并不是泛指过载脉冲信号使放大器超出线性范围这一现象,而是指过载脉冲使放大器超出线性范围的同时,还使在随后一段时间内到来的正常信号得不到正常放大的现象。

耦合电容是造成放大器过载的内因,过大幅度的信号是外因。外因是客观存在的。如何提高放大器的抗过载能力、减小幅度过载带来的影响是很重要的。

2.2.3 抗幅度过载的措施

1. 选择合适的电路形式

很大的正脉冲或负脉冲都不易造成差动放大器的阻塞,因此差动放大器在抗幅度过载放大器中得到了广泛的应用。

下面我们利用图 2-11 所示的最简单的差动放大器,来具体分析一下差动放大器的抗幅度过载能力。当有很大的正脉冲信号通过耦合电容 C 加到放大器的输入端时,由于 T_1 管的跟随作用,其发射极电位上升,而 T_2 基极电位为零。这样,如果很大的正脉冲加到 T_1 的输入端,就会使 T_2 截止。由于共发射极电阻 R_e 的阻值很大,电路具有很强的负反馈作用。T_1 如同射极跟随器一样,真正加在 T_1 的 b、e 之间的有效电压并不大,不易引起 T_1 饱和,也就不会引起 T_1 输入电阻的下降,因而不会加快耦合电容的快速充电。当有很大的负脉冲输入时,会使 T_1 截止,

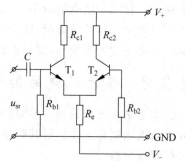

图 2-11 最简单的差动放大器

但 T_2 仍导通,这样,更不会使 T_1 的输入电阻减小,也就不会使耦合电容快速充电了。

2. 选择合适的工作点和较高的工作电压

较高的工作电压使电路具有较大的动态范围。当最大输出脉冲幅度为 $\pm 10\text{V}$ 时,晶体管也不会饱和,而是留有较大余量,这就保证了放大器的优良线性。较高的工作电压,允许采用较大的公共发射极电阻,对较大输入脉冲具有较好的抗过载性能。以 FH-430 型线性

脉冲放大器为例(参见 2.8.1 节),其工作电压取为±24V,比较高。基本放大节的差动级,两晶体管基极电位为零,集电极电位介于 0～24V 之间。合理的工作点不仅使放大单元对正负脉冲均能线性放大,也会减少基线漂移。当出现反向电压时,落在反向电压上的正常小幅度脉冲也能正常放大,如图 2-10 所示。

3. 选择部分直接耦合电路

如果一个放大器不采用电容耦合,而是全部采用直接耦合方式,则会从根本上消除放大器的幅度过载。但是,放大器产生的零点漂移会使工作点不稳定,而且各部分的电位相互配合也比较困难。如果能在一个放大节内部通过 PNP 和 NPN 两种极性晶体管的电位配合而用直接耦合方式,并在内部采用很深的负反馈来稳定工作点,这样,至少可在本节内部消除幅度过载。放大节内部采用直接耦合,各级之间采用电容耦合,再辅助其他措施,可以抑制幅度过载。

4. 采用限幅电路

仍以 FH-430 型线性脉冲放大器为例,其基本放大节输出端加了一反向二极管来限制输出信号的幅度,以使下级放大节正常工作不被过大的脉冲破坏,从而提高了放大器的抗过载能力。二极管钳位限幅的详细说明见 2.8.1 节的第 4 部分——基本放大节。

5. 采用二次微分电路

如果放大器的工作点设计合理,动态工作范围大,对正负脉冲均能实现线性放大,则落在过载脉冲反向电压上的正常的小幅度脉冲信号也能够得到正常的放大。在该放大级之后适当位置增设一个微分电路进行二次微分,就可以使小幅度脉冲信号恢复到零电位上,脉冲幅度可保持原值或按比例减少。恢复到零电位后,减小了漏计和幅度分布畸变,提高了抗过载能力。

6. 采用成形电路

通过采用成形电路,例如微分电路,可以改变输入信号波形,使其变窄,消除重叠和基线漂移等。还可采用消除反向突起的极零相消技术。这些都有利于提高放大器的抗幅度过载能力。详见 2.6 节。

2.3　放大器的计数率过载

放大器的计数率(counts per second,cps)指的是单位时间内记录下的脉冲信号数目,它是一个衡量单位时间内脉冲信号出现多少的量。在高计数率的情况下,由于耦合电容的存在和信号脉冲在时间上分布的统计性,放大器对同一幅度的输入脉冲进行放大后,输出的脉冲幅度会随计数率的改变而改变。过高的计数率会造成漏计或幅度分布畸变,甚至破坏放大器的正常工作,这种现象称为放大器计数率过载。

2.3.1　计数率过载的原因

计数率过载与幅度过载具有相同的成因,都是由耦合电容的充放电过程引起的。为了说明计数率过载现象及原因,假设加到图 2-12(a)所示的 RC 耦合电路的输入信号为矩形波信号,如图 2-12(b)所示。

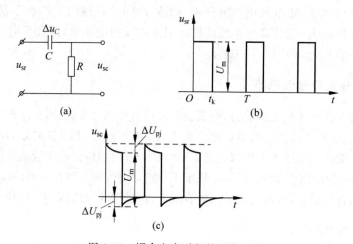

图 2-12　耦合电容引起的反向电压
(a) RC 耦合电路;(b) 输入信号为矩形波;(c) 耦合电容引起的平顶降落

　　若 RC 耦合电路的充电时间常数 $\tau_{cd}=RC$ 不能满足远大于矩形波脉冲宽度 t_k 的条件,由于耦合电容的充电,会使输出脉冲电压 u_{sc} 产生波顶降落 ΔU_{pj},如图 2-12(c)所示。当输入脉冲结束时,波顶降落 ΔU_{pj} 等于耦合电容上充得的电压 Δu_C,即 $\Delta U_{pj}=\Delta u_C$。同时,在 $t=t_k$ 时刻,输入脉冲信号 u_{sr} 有一负跳变,由于电容上的电压不能突变,所以输出端也有同样大小的突变。然而,u_{sr} 在 $t=t_k$ 时已下降了 ΔU_{pj},再向下跳变 U_m,就使输出脉冲 u_{sc} 出现了反向负电压,其大小应等于波顶降落 ΔU_{pj}。反向电压的出现可从耦合电容通过电阻 R 放电过程看出。即当 $t=t_k$ 时,$u_{sr}=0$,若忽略信号源内阻,可以认为输入端短路,C 通过 R 放电,放电电流在 R 上产生压降 Δu_R:

$$\Delta u_R = \Delta u_C = \Delta U_{pjC} \tag{2-1}$$

　　依据在 u_{sr} 作用期间 C 上充电电压极性左正右负,则 R 上电压方向为下正上负,所以为反向电压。反向电压的大小与比值 t_k/τ_{cd} 有关,t_k/τ_{cd} 越大,则波顶降落或反向电压越大。C 通过 R 放电,反向电压逐渐减小,若放电时间常数 τ_{fd} 较大,反向电压减小就慢。当计数率较高时,前一脉冲结束后输出端反向电压尚未恢复到零电位时,下一个输入脉冲就会落在前一脉冲输出的反向电压上,而不是从零电位开始,这样,反向电压就使后一脉冲的输出幅度发生改变。

　　若充电时间常数 $\tau_{cd}=RC\gg t_k$,输入脉冲使 C 上充的电压很小,波顶降落就很小,反向电压也就很小,输出近似为平顶脉冲。在输入脉冲频率较高和放电时间常数 $\tau_{fd}>\tau_{cd}$ 的情况下,很小的反向电压也会逐渐积累,经过 $5\tau_{fd}$ 时间后,逐渐积累的反向电压会达到一稳定值 ΔU_m,如图 2-13 所示。

　　在 C 两端也逐步充电达到一稳定值 Δu_C,并且 $\Delta u_C=\Delta U_m$,这个稳定值就是平衡后的波顶降落 ΔU_{pj}。实际上,平衡后电容两端的压降就是输入脉冲的平均电压:

$$\Delta u_C = \Delta U_m = \Delta U_{pj}$$

$$= U_m \frac{t_k}{T} \tag{2-2}$$

式中 U_m 为输入矩形波的幅度，t_k 为脉冲宽度，T 为周期。当 $T \gg t_k$ 时，$\Delta u_C \rightarrow 0$，几乎无波顶下降和反向电压。当 $T = 2t_k$ 时，即输入信号为 50% 占空比的方波时，$\Delta u_C = U_m/2$，反向电压为输入幅度的一半，即过渡过程达到平衡后，零电位线将输入方波的幅度分为 $+1/2$ 和 $-1/2$，如图 2-14 所示。高计数率情况下，耦合电容的充电使输出脉冲的基线从原来的零电位下移，下移量的大小为 ΔU_m，这种现象称为基线漂移。

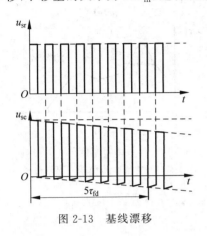

图 2-13　基线漂移

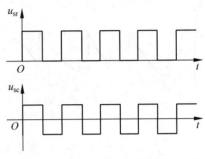

图 2-14　耦合电容对方波信号的影响

　　由上述分析可见，在高计数率条件下，RC 耦合电路所引起的反向电压和基线漂移是放大器计数率过载的基本原因。

2.3.2　计数率过载对放大器的影响

　　计数率较高时，输入信号经过 RC 耦合电路将产生基线漂移，漂移量为

$$\Delta U_m = \Delta u_C = \Delta U_{pj} \tag{2-3}$$

　　对图 2-15 所示的只放大正信号的单向放大器而言，由于存在基线漂移 ΔU_m，这相当于在晶体管的基极加上一负电压 ΔU_m，在效果上相当于使输入信号幅度减小了 ΔU_m，信号得不到正常的放大。输出信号的幅度不仅与输入幅度和放大倍数有关，还与计数率有关。计数率越大基线漂移越大，输入信号被抵消部分越大，输出幅度就越小，输出脉冲幅度的改变与计数率成正相关：

图 2-15　单向放大器

$$u_{sc} = K(u_{sr} - \Delta U_m) \tag{2-4}$$

　　对同一幅度脉冲信号，由于计数率的不同，其输出幅度也不同，这样就造成了幅度分布畸变。另外，由于输入信号在幅度上的统计分布，在高计数率下，较小幅度的信号有可能被基线漂移电压全部抵消，因而造成漏计。同时，由于输入信号在时间上的统计分析，在高计数率下，两信号很近重叠时，有可能被误判成一个较大信号被放大，如图 2-16 中的信号 1 与2，5 与 6 等。

　　基线漂移会使信号得不到正常放大，使小幅度信号增多，幅度分布的峰位向低能方向移位，分辨率变坏。而高能端可能出现的小峰，则可能是脉冲重叠的大脉冲造成的假峰，如图 2-17 所示。

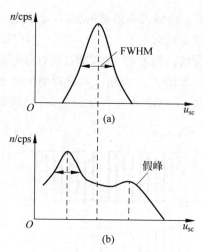

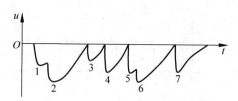

图 2-16　输入信号的时间分布

图 2-17　计数率对幅度分布的影响

（a）低计数率情形；（b）高计数率情形

2.3.3　抗计数率过载的措施

计数率过载和幅度过载产生的机理基本相同，都是由耦合电容的充放电过程引起的。因此，解决和克服计数率过载的常用方法与抗幅度过载所采用的方法也基本相同，主要有以下几种。

（1）选择合适的工作点，使输入的正负脉冲信号均能得到线性放大，进而消除基线漂移后产生的幅度畸变。

（2）采用微分成形电路，使脉冲变窄，消除脉冲重叠。

（3）采用直接耦合消除基线漂移。

（4）采用基线恢复器电路。其工作原理是：在脉冲作用期间使耦合电容缓慢充电，在脉冲结束后使耦合电容快速放电。

2.4　放大器的通频带

音频信号是由各种频率的正弦波信号组成的。实际上，一个脉冲信号也可分解成各种频率的正弦波信号的组合，组合中含有丰富的高频成分。放大器对幅度相同而频率不同的信号的放大倍数可能不同，会造成失真，因而放大器有一定的频率应用范围。

2.4.1　放大器的频率特性

利用实验测量放大器对不同频率 f 的信号的放大倍数 K，可以将 f 与 K 的关系描绘成曲线，这种描述放大倍数与频率关系的曲线叫放大器的频率特性或频率响应特性，如图 2-18 所示。从特性曲线上可以看出，K 随 f 的增加而增加，f 增加到一定频率后，K 值达到饱和，并在相当大的一段频率范围内维持不变，将放大倍数的饱和值记作 K_0；在高频段，K 随 f

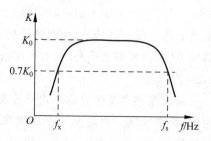

图 2-18　放大器的频率特性曲线

的增大而减小。通常以中间频率段的放大倍数 K_0 为基准,在低频段,K 下降到 K_0 的 $\sqrt{2}/2$ 倍时所对应的频率称为下限频率或下限截止频率 f_x;在高频段,K 下降到 K_0 的 $\sqrt{2}/2$ 倍时所对应的频率称为上限频率或上限截止频率 f_s。上下限截止频率之差称为放大器的通频带,用 Δf 表示

$$\Delta f = f_s - f_x \tag{2-5}$$

放大器的通频带与放大器的动态过渡特性存在密不可分的内在联系,即与电路内部参数有着密切联系。动态过渡特性是指输出信号的上升时间和波顶下降,而这些缓变过程都与电容有关。

2.4.2　放大器的输入耦合电容对低频特性的影响

如果将频率为 f 的正弦波信号 u_{sr} 经 RC 耦合电路加到放大器的输入端,如图 2-19 所示,可以看出,真正加到晶体管 b、e 之间的电压 u_{be} 是 u_{sr} 在电容 C 和输入电阻 r_{sr} 上的分压值,即

$$u_{be} = u_{sr} \frac{r_{sr}}{X_C + r_{sr}} \tag{2-6}$$

式中,$r_{sr} = R_b // r_{be}$;$X_C = \dfrac{1}{2\pi f C}$,为电容 C 的容抗。

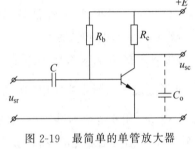

图 2-19　最简单的单管放大器电路原理图

当信号的频率 f 发生变化时,容抗 X_C 也随之变化,频率 f 越低,X_C 越大,而 r_{sr} 的值则基本上与频率无关。因此,输入信号的频率 f 越低,X_C 越大,u_{be} 也就越小,于是基极电流也就越小,输出电压的幅度也会越小,因而放大倍数也就越小。由以上分析可以得出结论:RC 耦合放大器对低频信号的放大倍数的下降,是由于耦合电容的容抗随频率的下降而增大造成的。

如果将矩形波脉冲信号经 RC 耦合电路加到放大器输入端,由于耦合电容在脉冲作用期间逐渐充电,真正加到晶体管基极上的脉冲会产生波顶下降(ΔU),因而输出脉冲也就会有波顶下降。

耦合电容既会造成在低频段放大器的放大倍数的降低,也会造成波顶下降。为减少波顶下降,应增大耦合电路的时间常数 $r_{sr}C$,即增大电容 C 的容值,使充电过程变得缓慢;另一方面,增大 C,也使 X_C 减少,增大了信号的输出幅度,使放大倍数增大,从而使放大器的低频截止频率下降。

一般来说,放大器的下限频率越低,其放大低频信号的能力就越好,放大脉冲信号时所产生的相对波顶下降($\Delta U/U$)也就越小。假设脉冲信号的持续时间即脉宽为 t_k,对于一个 RC 电路,如果在电路中用于耦合,应使其时间常数 $\tau = RC \gg t_k$;如果用作微分电路,则应使 $\tau = RC \ll t_k$。

为了阻断直流而传输交流信号,回路中必须配置耦合电容。耦合电容影响着放大器低频特性(使放大倍数下降、产生波顶下降),同时也是放大器产生幅度过载和计数率过载的主要原因。

2.4.3　放大器的输出电容对高频特性的影响

当输入信号的频率增加到中频范围时,耦合电容的容抗 X_C 会明显变小,容易达到 $X_C \ll r_{sr}$ 的条件,这时 $u_{be} = u_{sr}$,而放大器的输出电压

$$u_{sc} = i_c R_c = \beta i_b R_c$$

$$= \beta R_c \frac{u_{sr}}{r_{be}} \tag{2-7}$$

于是,放大倍数可写为

$$K_0 = \frac{u_{sr}}{u_{sr}} = \beta \frac{R_c}{r_{be}} \tag{2-8}$$

放大倍数与频率无关。

放大器的输出电容 C_0 包括晶体管极间电容 C_D、分布电容 C_S、下级输入电容 C_{sr},$C_0 = C_D + C_S + C_{sr}$ 很小,因而在低频和中频段,输出电容 C_0 的容抗 X_{C_0} 会很大,使得 $X_{C_0} \gg R_c$,故 X_{C_0} 的影响可忽略。

在高频段,耦合电容已不再是影响放大倍数的重要因素了,但随之而来的是,输出电容 C_0 的影响上升为起主要作用的因素。这时,输出电容的容抗 $X_{C_0} = \dfrac{1}{2\pi f C_0}$ 随频率的增高而减少,与 R_c 相比变得不可忽视,使放大器的输出阻抗 $r_{sc} = R_c /\!/ X_{C_0}$ 随频率增加而减少,因而输出信号幅度也随之减少,这就是造成高频时放大器放大倍数下降的主要原因。

当放大器的输入信号为矩形脉冲信号时,输出信号的前沿会变缓,存在一定的上升时间。上升时间正是由放大器输出端总电阻和总电容构成的隐性积分电路造成的。

在高频段,放大倍数的下降和上升时间都是由输出电容造成的,也就是说,放大器放大高频信号的性能和输出脉冲信号的上升时间之间存在着内在的联系,或者说放大器的上限截止频率 f_s 与上升时间 t_s 之间存在着内在的联系,而起这种联系作用的桥梁就是放大器的输出电容 C_0。

对任何一个放大器,不论是单级或者多级,也不论简单或者复杂、不论是有或者没有反馈,只要输出脉冲波形前沿无明显的突起,其上升时间 t_s 和上限频率 f_s 之间的关系均可近似地表示为

$$3 t_s f_s \approx 1$$

即

$$f_s \approx 0.33/t_s \tag{2-9}$$

2.5　放大器的噪声和外界干扰

放大器的灵敏度,即甄别最微弱信号的能力是有一定限制的,这是因为放大器在放大有用信号时,其输出端除了被放大的有用信号外,总是存在不希望的起扰乱作用的信号。这些起扰乱作用的信号可分为两大类或两种来源:一类是来自外部的干扰,如电磁场干扰、电源滤波不良、接地点不合理、工艺质量欠佳等引起的干扰;另一类是来自放大器内部元件的固

有噪声,如电阻等无源器件的热噪声,晶体管、场效应管等有源器件的散粒噪声、$1/f$噪声等。如果有用信号较大,放大器的放大倍数又不很高,在放大器输出端的干扰和噪声与有用信号相比幅度很小,其影响通常不会很大。但如果有用信号很弱而放大倍数又很高,干扰和噪声同时经高倍放大后其幅度有可能变得不容忽视。干扰和噪声与有用信号相叠加,就不能准确地反映有用信号,使测量产生误差、幅度分布畸变、能谱分辨率变坏,严重时有用信号可能会被淹没而无法测量。

2.5.1 放大器的噪声

对于无源器件的热噪声、有源器件的散粒噪声以及低频噪声($1/f$噪声)等,1.6.2节已做过介绍。原则上讲,由于干扰来自外部,采取适当措施是可以消除外部干扰的;而噪声则来自放大器的内部,是固有的,无法将其根除,放大器工作时总会存在一定的噪声。评价一个放大器在某一具体应用中的好坏,不仅要看放大器本身噪声的大小,还要将噪声与待测信号的大小对比,即对放大器好坏的评价取决于信号幅度与噪声幅度的相对比例。信号幅度与噪声幅度的比值定义为信噪比,记作S/N。信噪比是放大器的一个重要参数,其值越大越好。

1. 电阻的热噪声

在放大器中,决定噪声大小的主要因素是第一级输入端所接的电阻,因为该电阻产生的噪声电压将得到最大倍数的放大,后面的电阻噪声对总噪声的贡献则相对减小。但在实际放大器中,输入端所接的电阻与输入端的总电容C一般总是并联的,这就使得输入端的噪声电压与单个电阻的噪声电压有很大的不同。利用式(1-27),这时放大器的噪声电压的均方值可写为

$$\overline{\Delta U_{RC}^2} = \frac{4kTR\Delta f}{1 + (2\pi fRC)^2} \tag{2-10}$$

由上式可以看出,并联在R两端的电容C越大,$\overline{\Delta U_{RC}^2}$越小;并且$R$越大,$\overline{\Delta U_{RC}^2}$也越小。这一结果与式(1-27)给出的单个电阻的热噪声不同,这是因为R两端并联电容后就构成了一个RC积分电路,电容对电阻两端的噪声电压起了平滑滤波的作用,噪声电压是一些随机起伏的脉冲信号,因而电容的滤波作用必将减弱其影响。

在放大器的输入端有一定的电容存在时,增大放大器输入电阻,对减小放大器的噪声是有利的。如果信号很弱,在线性脉冲放大器之前需配置低噪声前置放大器时,总是把前置放大器输入电阻选得很大,以减少输入电路的噪声。

2. 晶体管的噪声

对于晶体三极管,当其静态工作点不变时,流过各极的电流i_b、i_c、i_e的瞬时值也会在其平均值上有微小的涨落或起伏,电流越大,涨落的数值也越大。因此,除了热噪声之外,散粒噪声是晶体管噪声的重要来源,而基极电流和集电极电流的散粒噪声则是晶体管的主要散粒噪声。

由晶体管的工艺条件决定的晶体管的表面状态,会造成一定的表面漏电流,漏电流也有涨落,产生$1/f$噪声,这是晶体管低频时的主要噪声来源。

晶体管自身也会产生噪声,使得其输出的信噪比总是小于输入的信噪比。为评价晶体

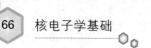

管的噪声大小,人们引入了噪声系数这一概念,它定义为输入信噪比与输出信噪比的比值,用 N_F 表示:

$$N_F = \frac{S_{sr}/N_{sr}}{S_{sc}/N_{sc}}$$

$$= \frac{S_{sr}N_{sc}}{S_{sc}N_{sr}} = \frac{N_{sc}}{KN_{sr}} \tag{2-11}$$

如果以分贝为单位,噪声系数可写为

$$N_F = 10\lg\frac{N_{sc}}{KN_{sr}}, \text{dB} \tag{2-12}$$

N_F 越小,晶体管的噪声也越小,放大弱信号的能力越高。N_F 不能直接表示晶体管的噪声,也不能直接用来表示线性脉冲放大器的噪声性能,只用作选择晶体管时的判断依据。

晶体管的噪声与工作频率 f,工作环境的温度 T,晶体管的参数 r_e(发射结电阻)、α_0(共基极电流放大倍数)、f_α(截止频率)等有关,而 r_e 和 α_0 等除与晶体管性能有关外,还与晶体管的静态工作点有关,即与 I_e、U_{ce} 有关。晶体管噪声系数 N_F 与工作频率 f 的关系如图 2-20 所示,图中 $f_1=1\text{kHz}$,$f_2=\sqrt{1-\alpha_0}\,f_\alpha$。实际工作中,经常需要依据 N_F 与 f 的关系曲线来正确选择晶体管的工作频率 f 和频率范围 Δf。

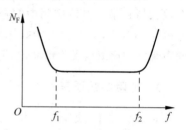

图 2-20　晶体管噪声系数与频率的关系

在设计放大器时,首先要选低噪声管,特别是对第一级更重要。特征频率 f_T 要比上限频率 f_s 大一个数量级。反向截止电流 I_{cbo} 要小,r_b 要小,β 要大。通频带 $f_s - f_x$ 小,噪声也小。在不影响放大信号的要求时,应使通频带窄些,当然,f_x 也不能过低。

其次要选好第一级晶体管静态工作点,I_c 小、U_{ce} 较小时噪声低,一般 I_c 取 0.5～2mA,U_{ce} 取 2～10V,过小易饱和。

3. 结型场效应管的噪声

结型场效应晶体管与双极晶体管的导电机制不同,前者是在栅压控制下仅有一种载流子的沟道导电,后者是在基极电流控制下两种载流子导电。因此结型场效应晶体管的主要噪声为热噪声,同时还存在栅流噪声和 $1/f$ 噪声。

结型场效应管的噪声很低,噪声系数 N_F 通常在 1dB 以下,可在信号源内阻很大的情况下获得低噪声。场效应管的输入电阻很大,可达 $10^{12}\,\Omega$,抗辐射性能远远超过普通双极型晶体三极管。因此,结型场效应管特别适合用作核辐射探测器低噪声前置放大器的输入级。目前,低噪声前置放大器输入级已不再采用双极型晶体管,绝缘栅型场效应管因噪声大通常也不采用。

2.5.2　外界对放大器的干扰

对放大器的干扰属外部因素,严重时会破坏放大器的正常工作。如果采取有针对性的措施,原则上是可以消除外部对放大器的干扰的,具体措施如下。

1. 空间电磁场的干扰

空间电磁场会通过对放大器的输入端或其他部位的电磁感应进入到放大器,产生的干扰信号会叠加在有用信号上造成干扰。电动机、电焊机、变压器、磁饱和稳压器等设备的漏磁漏感都会成为放大器的外部干扰源。

将放大器和干扰源进行妥善隔离和屏蔽可降低干扰;当输入信号弱又需经长线传输时,采用单层或双层屏蔽电缆可有效地屏蔽外部干扰。

2. 电网供电引起的干扰

放大器的直流供电电压是由电网上 50 Hz 交流电经变压器降压、整流、滤波、稳压而获得的。如果直流电源纹波较大,纹波会通过晶体管的基极偏置电阻和集电极负载电阻等耦合到放大器中,经放大后在输出端产生很大的纹波干扰,这种干扰信号叫交流声。

减小交流声的办法是:加强滤波,减小直流供电的纹波;合理安排变压器和放大器器件的相对位置可以减小变压器的交流干扰;将变压器进行有效屏蔽;对变压器交流引进线进行滤波,可以消除电网中脉冲性干扰的窜入。

3. 接地不良引起的干扰

接地电路不正确或放大器各级与公共电源连接不合理都会引起干扰。为消除这种干扰,可将放大器每一级的各个接地点先汇总在一起,然后再分别接到公共地线上,以消除每一级地线上的微小压降对输入端的影响;直流电压的引进线先给后级供电,后给前级供电,以使后级电流不经前级地线先流回直流电源,以消除较大后级电流在前级地线上产生的较大压降对前级输入端的影响;采用低电阻材料制作地线,例如可用镀银的粗铜线或镀银的加宽铜带作地线,以减少地线上压降,降低接地不良引起的干扰。

4. 工艺质量欠佳引起的干扰

虚焊或其他形式的接触不良以及器件质量不好等都会造成干扰。消除这种干扰的办法是:提高焊接工艺、安装工艺、布线工艺的质量,以消除虚焊、假焊、漏焊、接触不良等现象;对器件进行老化、检测、筛选等处理,淘汰质量差、参数不达标的器件。

2.6　放大器的成形电路

探测器输出的脉冲信号不一定能满足后续分析、测量的要求,放大器的任务之一就是把这样的信号成形为一定的形状。对处理能谱信息的线性脉冲放大器而言,成形电路是一种线性电路,它只改变脉冲形状而不改变脉冲幅度分布。成形电路是线性脉冲放大器的重要组成部分,它在线性脉冲放大器中具有十分重要的作用。成形电路不仅可以提高放大器的抗过载性能,而且还可以提高放大器的信噪比 S/N。因此,成形电路在能谱测量中,对提高峰位的稳定性和能量分辨率都是非常重要的。

成形电路对波形的改造主要是通过微分电路使脉冲信号的波形变窄。缩短了脉冲的持续时间,就可以减小基线偏移、消除脉冲重叠的影响,有利于放大器在高计数率下工作。成形后的脉冲幅度有可能会减小,但对序列脉冲而言是按同一比例减小的,因此不会引起脉冲幅度分布的畸变。成形后的波形应能满足线性脉冲放大器的后续电路如脉冲幅度分析器、甄别器、脉冲产生时间分析器等的工作需要,因此成形电路应具有结构简单、调整方便、适用性强等特点。

2.6.1　RC 微分成形电路

RC 微分成形电路最简单,且有较好的性能,是实际中最常使用的成形电路,其原理图如图 2-6 所示。RC 微分成形电路的结构与图 2-12(a)所示的 RC 耦合电路相同,只是微分成形电路的时间常数 $\tau=RC$ 应远小于脉冲信号的时间宽度。

1. RC 微分成形电路的位置

RC 微分成形电路在电路中的位置如图 2-21 所示,探测器输出的窄电流脉冲信号先经并联积分电路 R_0C_0 积分,其中 R_0 代表探测器的负载电阻和前置放大器的输入电阻 r_{sr} 的并联阻值,C_0 则代表探测器的极间电容 C_D、分布电容 C_S、前置放大器的输入电容 C_{sr} 之和。积分后的电压脉冲经前置放大器后,再传给主放大器。

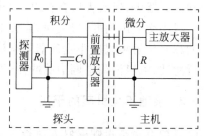

图 2-21　电路中微分成形电路的位置

　　如果单从把脉冲信号变窄来考虑,RC 微分电路可放在放大器内任何位置,实际应用中通常是把 RC 微分电路放在主放大器的输入端。这是因为探测器的输出信号幅度很小,即使有些重叠,也不大可能引起前置放大器幅度过载;RC 微分电路放在这一位置同时也降低了前置放大器的噪声,改善了信噪比。因为前置放大器的噪声是主要的,它要经主放大器各级的放大,降低前端噪声对改善或提高放大器的信噪比是最有利的。

　　如果 RC 微分电路放在主放大器末端,这时,微分电路之前的各级放大器的低频噪声都会被微分电路衰减$((\omega C)^{-1}\gg R)$,因而可以提高信噪比;但是未经微分电路之前的各放大级的输入信号的重叠现象不能改善,经前面各放大级放大后,幅度可能很大,容易引起幅度过载。兼顾脉冲信号重叠引起的幅度过载和改善信噪比的考虑,将微分电路放在主放大器输入端比末端好。

2. RC 微分电路的时间常数

　　相对脉冲信号宽度 t_k 而言,RC 电路用作耦合电路时,其时间常数 $\tau=RC$ 应远大于 t_k;而用作微分电路时,其时间常应远小于 t_k。

　　经过微分后的波形总是有一些反向的突起,为了使成形后的脉冲信号基本上是单向的,经过 RC 微分成形之后,放大器的放大级最好采用直接耦合,或者是后面的放大级耦合电路的时间常数远大于微分电路的时间常数 $\tau=RC$。另外,电路中还应使并联积分电路的时间常数 $\tau_0=R_0C_0$ 远大于微分成形电路的时间常数。由于反向突起的幅度是与 $\tau/\tau_0=RC/R_0C_0$ 成比例的,过大的反向突起有可能使后级放大器被很大信号的反向部分过载,这也会造成基线偏移。

为了减小反向突起,选用小时间常数的微分电路是有利的。RC 电路的时间常数的具体数值应根据探测器的类型、输出波形、计数率以及实际要求等确定,一般应为零点几微秒到几微秒的量级。

3. RC 微分成形电路的作用

(1) 减小脉冲重叠引起的计数率过载。

探测器输出的电流脉冲经积分后,输出的电压脉冲信号的前沿很陡,而后沿则变化缓慢,具有一定的持续时间。当脉冲信号持续时间不是很短并且计数率又较高时,就会出现脉冲重叠现象,信号堆积使脉冲幅度变大并容易产生漏计。微分后,将脉冲信号的持续时间变短,可以消除重叠,恢复脉冲信号的真实幅度。通常,脉冲信号的前沿不是理想的阶梯状而是有一定的上升时间,微分后的脉冲幅度会有一定量的减小,但对序列脉冲而言是按同一比例减少的,不会引起幅度分布畸变,如图 2-5 所示。图 2-5(a)是积分后、微分前的脉冲信号波形,图 2-5(b)是微分后的波形。

(2) 减少基线漂移引起的计数率过载。

在高计数率下,放大器产生的基线漂移会引起信号幅度畸变。微分后,脉冲变窄,减少了基线漂移,从而减少了由基线漂移引起的放大器计数率过载。

(3) 减小低频噪声。

微分电路的时间常数很小,电容 C 对变化缓慢的低频信号的容抗 $X_C = \dfrac{1}{\omega C}$ 很大,远大于电阻的阻值,即 $\dfrac{1}{\omega C} \gg R$。所以,低频噪声信号在电阻 R 上的压降极小,即输出极小。因此,RC 微分电路实际上是一个阻止低频信号通过的高通电路。所以,微分电路还具有降低电路中的热噪声以及晶体管的 $1/f$ 噪声的作用。

4. RC 微分成形电路的优缺点

RC 微分成形电路的优点是最简单并且容易改变时间常数以适应不同的探测器,是最常用的成形电路。缺点是成形后的脉冲具有尖顶的形状和变化较慢的后沿,通常还会形成反向突起。有尖顶形状的脉冲不利于脉冲幅度分析;持续时间较长的后沿也会使高计数率下容易出现脉冲重叠和基线偏移。

微分成形电路总是伴随着一定的积分电路,这个积分电路是由放大器(级)的输出电阻和输出端总电容构成的,因其积分时间常数很小,最后成形的波形仍类似于单个微分电路作用的结果。

2.6.2 极零相消成形电路

探测器输出的电压脉冲信号经过 RC 微分成形后,所产生的尖脉冲的尾部总是有反向突起。对于很大的过载脉冲,微分成形后所产生的反向突起会造成放大器很长时间不能正常工作,特别是在高计数率状态下工作的放大器,所受到的影响会更大。按照数学和网络技术中极零相消方法设计的成形电路,是对简单的 RC 微分成形电路的改良,其电路原理图如图 2-22 所示。

　　经极零相消成形电路成形后的脉冲信号,波形变窄而无反向突起,为单一极性脉冲,并且脉冲下降的时间常数由大变小,如图 2-23 所示。图 2-23 中定性对比了 RC 微分成形电路和极零相消成形电路输出的脉冲信号。简单地说,极零相消成形电路是在 RC 微分电路的电容 C 上并联一个阻值较大的电阻 R_1。探测器输出信号的后沿是按 $\exp(-t/R_0C_0)$ 的形式衰减的,时间常数 R_0C_0 较大,R_0、C_0 的意义见图 2-21。

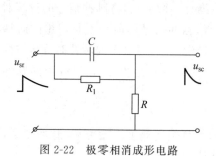

图 2-22　极零相消成形电路

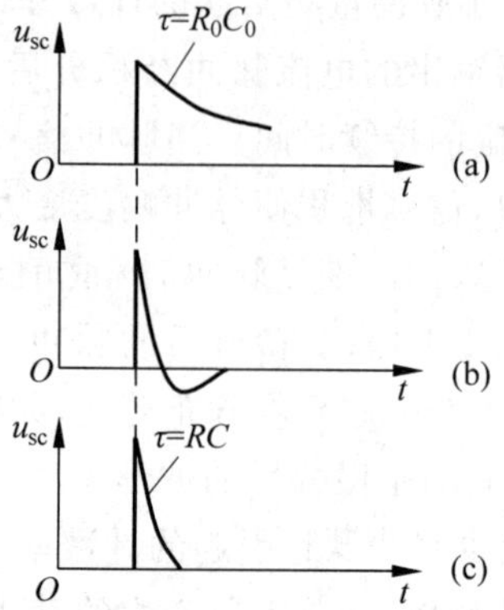

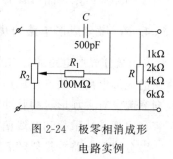

图 2-23　微分与极零相消成形的输出脉冲
（a）探测器输出脉冲；（b）微分成形输出脉冲；
（c）极零相消成形输出脉冲

　　如果 $R_1C=R_0C_0$,并且 $R_1\gg R$,则极零相消成形后,输出信号的后沿的衰减形式可用 $\exp(-t/RC)$ 描述。也就是说,以时间常数为 R_0C_0 按指数规律下降的输入信号（探测器输出信号）经极零相消成形后,就如同一个阶跃输入信号经过一个简单的 RC 微分成形后的输出一样。

　　图 2-24 所示为用于电荷灵敏前置放大器之后的极零补偿电路的一个示例。当 $\tau_1=R_1C/a=\tau_i=R_FC_F$ 时,可达到极零相消目的,式中 a 为电阻 R_2 的分配系数；电阻 R_F 为反馈电阻,其阻值为 $R_F=300M\Omega$；C_F 为反馈电容,其值为 $C_F=1pF$；$\tau_i=3\times10^{-4}s$。对应四个积分时间常数 $0.5\mu s$、$1\mu s$、$2\mu s$ 和 $3\mu s$ 的 R 值分别为 $1k\Omega$、$2k\Omega$、$4k\Omega$ 和 $6k\Omega$。在 FH1021B 型电荷灵敏放大器中,极零相消成形电路与此类似。

图 2-24　极零相消成形
电路实例

　　图 2-25 所示为 FH-4412 型线性脉冲放大器中第一、二放大节之间采用的极零相消技术的 RC 微分电路示意图。这一电路是为输入信号快速上升、下降时间常数为 $50\mu s$ 的情况设计的。微分电路时间常数从 $0.1\mu s$ 到 $12.8\mu s$ 成倍变化。电路中决定微分时间常数的元件是电容 $C_{10}\sim C_{17}$ 以及电阻 R_{29}、R_{31}、R_{33} 和第二放大节的输入电阻 r_{sr2}。电键 K_3 用来改变微分电容,电键 K_{4-1} 用来改变微分电阻,K_{4-1} 同时又用来改变输入串联电阻以实现放大倍数的粗调。

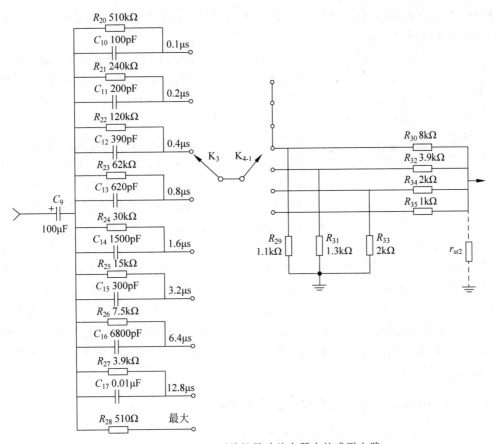

图 2-25   FH-4412 型线性脉冲放大器中的成形电路

2.6.3 *CR-RC*（微分积分）成形电路

经 *RC* 微分或极零相消成形后的脉冲信号的波形为尖顶窄脉冲。为了满足脉冲幅度分析对波形的要求并改善信噪比，往往要在 *RC* 微分成形电路之后再加一级或几级 *RC* 积分电路，使脉冲顶部变得圆滑一些。从波形滤波的最佳效果考虑，对称分布的无限宽尖顶脉冲具有最佳的信噪比，而高斯型波形就具有对称和无限宽的特征，同时波形的顶部相对也比较平坦。因此核探测器输出的脉冲信号成形后一般以高斯型或准高斯型波形为目标。

RC 积分成形电路通常放在 *RC* 微分成形电路之后，二者构成所谓的 *CR-RC* 电路，典型的 *CR-RC* 成形电路原理如图 2-26 所示。图中的 C_d、R_d 组成 *RC* 微分电路，R_i、C_i 组成积分电路，u_{sr} 为探测器后的前置放大器输出的脉冲信号，信号后沿时间常数 $\tau = R_0 C_0$ 较大。微分后脉冲变窄变尖，积分后波形顶部变圆，有利于脉冲幅度分析，但幅度减小了。*RC* 微分电路和 *RC* 积分电路之间的放大器（－*K*）标示了二者的位置，起到了隔离作用，避免了二者的相互影响。

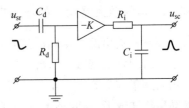

图 2-26   *CR-RC* 成形电路原理

理论分析和实验测量结果均表明，当 $R_d C_d = R_i C_i$ 时，这种成形电路可获得最佳的信噪比。虽然 *CR-RC* 成形电路的信噪比比某些较复杂的但效果更好的成形电路所达到的信噪比要差一些,但 CR-RC 成形电路简单、易调,可适应各种探测器的输出波形的成形,是目前最常用的成形电路之一。

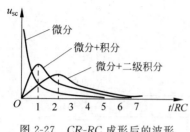

图 2-27　CR-RC 成形后的波形

为了获得更好的成形效果,经常在 RC 微分电路之后增加若干个 RC 积分电路,成为 CR-$(RC)^n$ 成形电路,其中 n 为积分电路的个数,即积分的级次。微分电路和各级积分电路的时间常数均相等,即 $\tau = R_d C_d = R_i C_i = \cdots = R_n C_n$。各级间均用放大器分离,以避免相互影响。积分的级数越多,成形的脉冲顶部越平,前后沿越对称,如图 2-27 所示。由一级 RC 微分电路加四级 RC 积分电路就可获得近似高斯型的脉冲波形。通常用一级积分与微分配合的 CR-RC 成形电路,已可给出足够满意的信噪比。

CR-RC 成形电路除了完成脉冲成形作用外,还可降低噪声。RC 微分电路是高通电路,可降低低频噪声。相反,RC 积分电路是一低通电路,可使高频噪声降低。CR-RC 成形电路中的 RC 微分电路给出了通频带的下限频率 f_x,而 RC 积分电路则给出了通频带的上限频率 f_s,频带宽度则为 $\Delta f = f_s - f_x$。选择合适的时间常数 τ,并使 $\tau = R_d C_d = R_i C_i$,可使放大器的总噪声达到最小,从而提高放大器的信噪比。时间常数要根据探测器输出脉冲的上升时间、放大器抗过载性能、输出幅度、信噪比等因素综合考虑,一般在 $0.1\mu s$ 到几十微秒范围内选取最佳值。

2.6.4　Sallen-Key 滤波器成形电路

Sallen-Key 滤波器(S-KF)是信号处理中常用的有源滤波电路。S-KF 的电路原理图如图 2-28 所示,该滤波电路中采用了部分正反馈技术,因而具有较大的品质因数。将 S-KF 用于核辐射探测器产生的脉冲信号的滤波成形,可以替代 CR-$(RC)^n$ 网络,并去除了许多噪声成分,同时减少 RC 网络中电阻产生的影响,使输出信号的上升沿、下降沿更加陡峭。S-KF 还可以用少量元件实现更多次的积分,使输出波形更接近于高斯形状,改善滤波成形电路的性能。

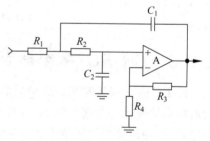

图 2-28　Sallen-Key 滤波器原理图

1. 运算放大器构成的准高斯滤波成形电路

探测器输出的电流脉冲信号经过电荷灵敏前置放大器和极零相消成形电路,变换成为以小的时间常数衰减的指数衰减信号,并消除了反向突起成为单极性脉冲信号。接下来可采用高速集成运算放大器的二级有源 S-KF,如图 2-29 所示。利用这一电路不仅可以完成准高斯滤波成形,同时还可以达到一定的电压放大倍数。

为了解 S-KF 滤波成形电路的性能,利用仿真过程模拟实际的探测器输出的脉冲信号是一个简单易行的方案。如果利用仿真模拟的是宽度为 $0.4\mu s$ 的窄方波电流源,这一宽度远小于成形后的脉冲宽度,假设经极零相消电路后输出信号的上升前沿为 50ns、下降后沿为 $10\sim20\mu s$。按图 2-29 中的电路,为同时满足消除振荡和减小后沿时间的条件,可以取

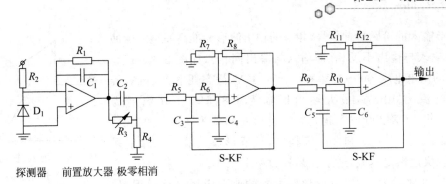

图 2-29　核脉冲放大成形电路原理图

$R_6 = R_{10} = 5R_5 = 5R_9 = 5R$，$C_3 = C_5 = 2C_4 = 2C_6 = 2C$。这里取 $R = 1\text{k}\Omega$，而 C 的取值可在 $0.5 \sim 5\text{pF}$ 的范围内变化以改变 S-KF 的时间常数。仿真结果表明，S-KF 输出波形基本不受输入的指数波形的影响，为主要由时间常数决定的准高斯波形，输出脉冲信号的达峰时间 t_m 与时间常数成正比。仿真结果还显示，二级 S-KF 输出已接近高斯波形，三级、四级的输出除达峰时间成比例延长外，对波形对称性的改善不大。因此，实际应用中采用一级或两级 S-KF 基本可以满足核脉冲信号的成形需要。

2. 集成电路成形放大器

CR-200 是 Cremat 公司出品的成形放大器芯片，其外观与电荷灵敏前置放大器芯片 CR-110 相似，如图 2-30 所示。芯片的外形尺寸为 $0.88\text{in} \times 0.85\text{in} \times 0.14\text{in}$，单排 8 引脚，1 脚处有白点作标志，顺序排列，引线间距 0.100in。CR-200 的等效电路如图 2-31 所示，其内置的输入电容 $C_{in} = 1000\text{pF}$ 和输入电阻 $R_{in} = 1\text{k}\Omega$ 组成了一个 RC 微分电路，后面连接的两级 S-KF，提供了 4 个极点积分和 10 倍的信号增益。

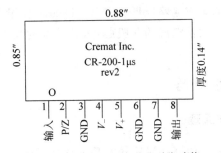

图 2-30　CR-200 的外形及引脚功能

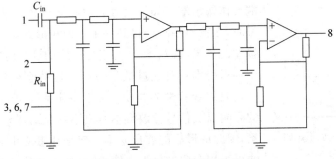

图 2-31　CR-200 的等效电路

对于输入的阶跃脉冲信号,相应的输出波形为准高斯型的脉冲信号,且输入与输出不反相(即输入与输出同相),如图 2-32 所示。CR-200 的供电电压为 6～12V 和－6～－12V,静态耗电为 7mA,最大输出电流为 10mA,最大输出摆幅为 ±8.5V,工作温度为－40～85℃。CR-200 成形放大器按成形时间分为 100ns、250ns、500ns 和 1μs、2μs、4μs 和 8μs 等档次,该成形放大器可滤除很多噪声并能快速恢复基线,适于在高计数率下工作。

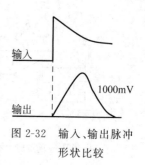

图 2-32 输入、输出脉冲形状比较

图 2-33 所示为 CR-200 成形放大器的典型应用电路原理图,它通过电荷灵敏前置放大器芯片 CR-110 与核探测器相连。根据使用的具体要求,如果需要增大输出信号的幅度,还可在 CR-100 与 CR-200 之间再增加一级交流耦合放大器。图中 1、2 脚间的电阻起极零相消的作用。

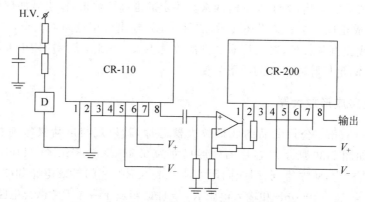

图 2-33 CR-200 成形放大器的典型应用电路

市场上还有其他型号的集成电路成形放大器。Deetee 公司出品的 A225 就是一款高性能电荷灵敏放大器与成形放大器混成的薄膜芯片,其基本的技术指标已在 1.6 节中作过介绍,这里不再重述。

2.6.5 延迟线成形电路

1. 延迟线成形的工作原理

延迟线成形是利用延迟线能够延迟信号的基本特性工作的,其原理如图 2-34 所示。将特性阻抗为 Z_0 的延迟线芯线的一端与屏蔽层短路作为公共地端,芯线的另一端既作输入端又作输出端。如果信号源内阻 $r_i = Z_0$,当输入阶跃电压信号时,在输出端将会得到一个近似矩形的脉冲,其幅度为输入幅度的一半,其宽度 t_k 等于延迟线的延迟时间 t_y 的 2 倍。由于延迟线本身对通过的信号有一定的衰减作用,信号源内阻 r_i 与延迟线特性阻抗 Z_0 又不一定完全匹配,加之分布电容的影响以及信号源波形本身也不一定是理想的阶跃脉冲等因素,因此成形后的波形并不一定是理想的矩形。应用中,延迟线可采用专门的延迟电缆、普通高频电缆、仿真线等。

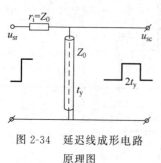

图 2-34 延迟线成形电路原理图

2．延迟线成形的优缺点

如果选用的延迟线延迟时间 t_y 大于探测器输出脉冲信号的上升时间,但远小于信号后沿的下降时间,则成形后的脉冲持续时间将变短且具有平顶部分,这有利于进行脉冲幅度分析以及在高计数率下工作。

延迟线成形的脉冲波形虽好(窄且平),但要对其进行调整则比较复杂。如果要改变成形脉冲的宽度,则需换用具有相应延长时间的延迟线,非常不便。信号源与延迟线也很难达到完全匹配(这会导致成形过程中产生多次反射并伴生幅度较小的假脉冲)。另外,延迟线体积较庞大,信噪比也较差。

如果在延迟成形之后再经过一级 RC 积分电路,并使积分电路的时间常数 $\tau_i = R_i C_i = 2t_y$,电路的信噪比会得到改善,但输出波形则会被展宽,且失去了平顶,结果将如图 2-35 所示。

3．双向脉冲的成形电路

如果采用两个延迟线,就可将探测器的输出脉冲信号成形为双向脉冲,如图 2-36 所示。第一个延迟线成形后的信号经电压放大后,再进行第二次成形,除放大节的输出电阻外,再加上一个外接电阻 R,总的内阻为 $r_{sc} + R = Z_0$,两延迟线特性阻抗及延迟时间均相同。输入的阶跃电压经第一级延迟后成为输出宽度为 $2t_y$ 的脉冲,经放大后向第二延迟线传播,经 t_y 后到达第二延迟线终端。

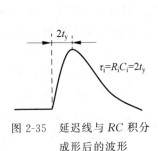

图 2-35　延迟线与 RC 积分
成形后的波形

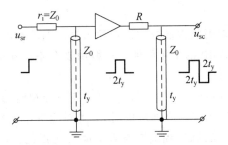

图 2-36　延迟线双向脉冲成形电路原理图

由于第二延迟线的终端也是短路的,因此会有一反向的反射波向延迟线的始端反馈。经过 t_y 时间之后,该反射波到达始端,于是在输出端恰好成形为正负对称、幅度相同、宽度相同的双向脉冲。由于第二延迟线始端是匹配的(当输出端后所接的放大级输入电阻 $r_{sr} \gg Z_0$ 时),信号不再反射了。同时,延迟线之间的电压放大器还起到了隔离作用,避免了二者之间的相互影响。

双向脉冲在很高计数率下不出现基线偏移,因而适用于计数率很高,但信噪比要求不高的场合。

双向脉冲成形也存在调整复杂的困难。双向脉冲总持续时间要比单延迟线增加一倍,因而脉冲重叠数目也会多一些。双向脉冲成形电路的另一缺点是信噪比较低。

2.7　线性脉冲放大器的技术指标

2.7.1　放大倍数的稳定性

1. 放大倍数的确定

放大器放大倍数 K 的大小应根据探测器的输出脉冲幅度,也就是放大器的输入脉冲幅度和所要求的输出脉冲幅度来选择。例如,半导体探测器输出的脉冲幅度为 $1\sim10\mathrm{mV}$,如要求放大器输出的脉冲幅度为 $10\mathrm{V}$,则总放大倍数 K 就应在 $10^3\sim10^4$ 范围。前置放大器的放大倍数通常为 $1\sim100$,如果取电荷灵敏前置放大器的放大倍数为 10,则主放大器的放大倍数就应在 $10^2\sim10^3$ 范围。

放大倍数一般来说是对主放大器而言的。由于不同探测器的输出信号经前置放大器放大后,其幅度通常在 mV 到 V 的数量级,而幅度分析器适于分析的信号幅度大致在 $5\sim10\mathrm{V}$,因而,对于一个通用的线性脉冲放大器来说,其放大倍数应具有调节功能,可具体分为粗调、中调和细调。放大倍数的最大值一般在 10^3 左右。

2. 对放大倍数稳定性的要求

如果放大器的放大倍数不稳定,就会使放大器输出的脉冲信号幅度与输入的脉冲信号幅度之间失去正常的比例关系,进而造成输出的脉冲幅度分布与输入的脉冲幅度分布之间出现差别,使能谱产生畸变,对测量造成干扰。为了减小能谱畸变,要求放大器的放大倍数足够稳定。

通常用放大倍数的稳定性来描述温度和湿度等外界条件或电源电压发生变化时放大器放大倍数 K 的变化程度。一般用放大器在连续工作的一段时间内放大倍数的相对变化量 $\Delta K/K$ 来表示。

探测器的一个重要指标就是能量分辨能力,也就是能量分辨率,它指的是将入射的射线能量转换为输出脉冲幅度时,二者对应关系的精确程度。一般来说,在一定能量范围内,探测器输出的脉冲幅度应与入射能量成正比;对单一能量射线的入射,探测器的输出脉冲信号幅度应该是一条直线,但由于探测器输出幅度的统计性和干扰与噪声的存在,实际输出的信号幅度并不会是严格一致的,而是围绕一个平均值上下波动,存在涨落,波动越小,能量分辨率越好。

因为不同探测器的能量分辨率不同,甚至差别很大,在不影响探测器能量分辨率的前提下,对其后的放大器的放大倍数的稳定性要求也不尽相同。对分辨率高的探测器,要求放大器放大倍数的稳定性也高。对能量分辨率不高的闪烁探测器和正比计数器来说,对放大器放大倍数的稳定性要求也不高,一般只要 $\Delta K/K$ 不超过 $0.5\%\sim1.0\%$ 即可;而对能量分辨率很高的半导体探测来说,通常要求其稳定性 $\Delta K/K$ 不超过 0.1%。

3. 放大倍数稳定性指标的测试

1) 温度系数

温度系数是指温度每变化 $1^{\circ}\mathrm{C}$ 所引起的放大倍数的相对变化。若温度变化 ΔT 时,放

大倍数的改变量为 ΔK，则温度系数可表示为

$$\eta = \frac{\Delta K / K}{\Delta T} \qquad (2\text{-}13)$$

实际使用中，一般要求温度系数 $\eta < 0.1\% \, ^{\circ}\!C^{-1}$。

将放大器置于温度可控的恒温箱内，并从恒温箱内引出输入线、输出线、电源线等。在室温 T_0 下，借助示波器观测，在输入一小脉冲信号时，测量输出信号，并计算出放大器的放大倍数 K_0。然后逐渐升高温度，每次升高 5℃左右，待其达到热平衡后，再次测量其放大倍数 K_i，依次进行，上限温度 T_s 可取 45℃或 50℃。假设上限温度的放大倍数为 K_s，则平均温度系数为

$$\eta = \frac{K_s - K_0}{K(T_s - T_0)} \qquad (2\text{-}14)$$

如果时间允许，也可测试并记录降温时的放大倍数，取升、降温情况下温度系数的平均值会更好些。

2）对电源电压变化的稳定性

电网电压变化会引起直流稳压电源输出电压的变化，从而使放大倍数发生变化。一般用电网电压变化±10%时，放大倍数的相对变化 $\Delta K / K$ 表示这一特征，通常要求相对变化量小于 0.1%。

借助交流调压器，在交流供电电压为 220V 时，测量出放大倍数 K。再将交流供电电压改变±10%，即依次取为 198V 和 242V，分别测量相应的放大倍数 K_- 和 K_+，取 $K-K_-$ 和 $K-K_+$ 之中较大者与 K 相除，所得结果就作为 $\Delta K / K$ 的值。需要指出的是，这种情况下测出的实际是放大倍数的瞬时稳定性。

3）长期稳定性

长期稳定性是指放大器在连续工作一天或 8 小时的情况下，放大倍数的相对变化。这实际是对放大器稳定性的总体评价，其中包括了环境条件和电网波动等因素的影响。一般要求放大器的长期稳定性小于 0.5%。

实际测试时，要在开机稳定半小时之后，每隔半小时或一小时测量一次放大倍数。为了消除测试设备自身带来的影响，每次测试时都要用示波器校验输入信号的幅度。长期稳定性可用 $2(K_{\max} - K_{\min})/(K_{\max} + K_{\min})$ 来衡量，其中 $K_{\max}$ 和 $K_{\min}$ 分别为放大倍数的最大值和最小值。

4. 利用负反馈提高放大倍数的稳定性

所有的放大器，几乎毫无例外地都采用了负反馈技术。负反馈是提高放大器放大倍数稳定性、改善线性等指标最有效和最常用的方法，负反馈越深，即 $1+KF$ 越大，放大倍数的稳定性越高。如何提高放大器的反馈系数 F 和开环放大倍数（无反馈时的放大倍数）K 及其稳定性，对放大倍数的稳定性是很关键的。为了提高反馈深度，具有负反馈的放大单元通常由二级或三级放大器组成，KF 值通常为 50～200，级数过多易产生自激振荡。负反馈放大单元内通常是交流负反馈和直流负反馈并用，有时也会局部地使用正反馈来提高 KF 值，使总的负反馈得到加强。

当 KF 足够大，即深度负反馈时，放大器的反馈放大倍数 K_F 几乎与开环放大倍数 K

无关,而只与反馈系数 F 有关,$K_F \approx 1/F$。因此,决定反馈系数 F 的电阻元件一定要采用高稳定性的电阻。

放大倍数的稳定性还与各放大单元的输出阻抗和输入阻抗的稳定性有关,因为这两个阻抗决定了信号在两放大节之间的传输比,阻抗不稳会引起传输比变化,进而影响放大倍数的稳定性。

稳定、低内阻、小纹波的直流稳压电源对放大倍数的稳定是有益的。

5. 输入脉冲的波形对放大倍数稳定性的影响

放大倍数的稳定性主要取决于放大器本身元器件的稳定性及各元器件使用的合理性、放大器的工作点及其稳定性、反馈深度等内部因素。但外部因素,如输入脉冲信号的波形等,也会对放大倍数的稳定性产生一定的影响。当在放大器的输入端输入一个阶跃电压信号时,由于输出端隐含着 RC 积分电路的积分作用,放大器的输出波形将按指数规律缓慢上升。假设该积分电路的时间常数为 τ,$\tau = RC$,则经过约 5τ 的上升时间后,输出波形趋于稳定,如图 2-37 所示。

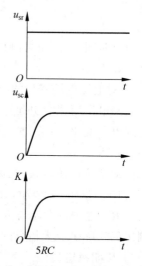

从图 2-37 可以看出,当 $t=0$ 时,输出电压 $u_{sc}=0$,此时放大器的放大倍数 $K = u_{sc}/u_{sr} = 0$。随着时间的推移,放大器输出电压 u_{sc} 逐渐上升,其放大倍数 K 也随之逐渐上升。到 $t \approx 5\tau$ 时,u_{sc} 趋于稳定,K 也达到了稳定值。通常所说的放大器的放大倍数,实际上指的就是这一稳定值。

如果放大器的输入信号 u_{sr} 是一个窄的矩形脉冲信号,其宽度 $t_k \ll 5\tau$,则输出信号 u_{sc} 可能在输入脉冲结束时,尚未达到最大值,但却已经开始缓慢下降了。这就使放大器

图 2-37 输入阶跃电压时的输出
波形和放大倍数的变化

的有效放大倍数 K 小于其稳定值了。当输入信号为尖顶脉冲时,情况会变得更加严重,有效的 KF 值要比输入较宽的脉冲信号时小得多。由于 KF 值降低很多,放大器的负反馈变弱,其稳定性也就变差了。

减小放大器不加反馈时输出信号的上升时间,可改善放大器放大窄脉冲或尖顶脉冲时放大倍数的稳定性,但电路要复杂些;如果能把输入的窄脉冲成形为不太窄的脉冲或用延迟线成形为矩形脉冲信号,结果会好得多。

2.7.2 放大器的线性

为了对核辐射的能谱进行测量和分析,放大器的输出信号幅度应该与输入信号幅度保持正比关系,即要求放大器的放大倍数不随输入脉冲幅度大小而变化,以保证放大后的脉冲幅度分布与探测器输出的脉冲幅度分布相似。线性脉冲放大器的"线性"指的就是它的这一特征。

探测器输出的脉冲信号幅度是与入射辐射的能量成正比的,射线能量不同,输出信号的幅度大小也不同,射线能谱实际上就是通过信号的幅度谱或幅度分布反映出来的。要想使能谱不畸变,就要求放大器对幅度大小不等的输入脉冲具有相同的放大倍数。

决定放大器放大倍数的晶体管参数 β、r_{be} 等都是随发射极电流 I_e 而变化的。晶体管是电流控制器件,当有输入信号时,I_e 会随信号幅度的变化而变化,因而放大倍数也会随输入信号幅度的变化发生变化,这是导致放大器产生非线性失真的主要原因。

1. 放大器的非线性系数

理想的线性脉冲放大器的幅度特性曲线是一条起始于坐标原点的直线,$U_{sco} = K U_{sr}$。但是,实际的线性脉冲放大器总存在着各种导致其产生非线性的因素,因此实际放大器的幅度特性曲线就与理想线性放大器的直线特性间存在着差别,如图 2-38 所示。

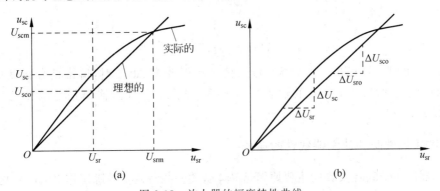

图 2-38　放大器的幅度特性曲线

(a) 实际线性放大器与理想放大器的幅度特性曲线;(b) 微分非线性系数的计算

实际线性放大器的幅度特性曲线与理想线性放大器的特性曲线间的差别越大,放大器的线性也就越差。为了定量地表示放大器的非线性程度,人们引入了非线性系数概念。放大器的非线性系数定义为:在同一输入信号幅度下,实际的幅度特性和理想的直线幅度特性之间输出幅度的相对偏差。如图 2-38(a)所示,对同一输入信号 U_{sr},对应于理想直线幅度特性的输出为 U_{sco},对应于实际幅度特性的输出为 U_{sc},则非线性系数 ε 可表示为

$$\varepsilon = \frac{U_{sc} - U_{sco}}{U_{sco}} \times 100\% \tag{2-15}$$

非线性系数还有另外一种定义。它是用线性脉冲放大器输出绝对变化量 $U_{sc} - U_{sco}$ 除以放大器的额定最大输出幅度(输出信号的最大不失真幅度)U_{scm} 来定义的,为了表述方便,将这样定义的非线性系数记为 ε_i:

$$\varepsilon_i = \frac{U_{sc} - U_{sco}}{U_{scm}} \times 100\% \tag{2-16}$$

在实际测量和计算放大器的非线性系数时,首先要确定出理想线性脉冲放大器的幅度特性直线,按照国际电工委员会推荐的测量方法,理想的幅度特性曲线是用通过坐标原点、U_{scm} 和与之相应的最大输入幅度 U_{srm} 所确定的点 (U_{srm}, U_{scm}) 的一条直线来确定的,如图 2-38 中的直线所示。这样,实际的幅度特性曲线就与理想特性直线有了两个交点:坐标原点和点 (U_{srm}, U_{scm})。确定了理想特性直线之后,才可把实际的幅度特性与之比较,求出输出幅度的绝对变化量 $U_{sc} - U_{sco}$。

由图 2-38 及式(2-15)、式(2-16)可以看出,非线性系数的大小实际上是与输入信号的脉冲幅度有关的,是 U_{sr} 的函数。通常,也常将非线性系数的最大值直接称为放大器的非线性系数。

非线性系数 ε_i 和 ε 并不能反映 U_{sr} 发生小的变化时放大倍数的变化情况,有时也被称为积分非线性系数。在一些产品说明书中,这项技术指标就常被称作积分非线性系数。

为了反映 U_{sr} 变化时放大倍数的相应变化情况,人们引入了微分非线性系数的概念。微分非线性系数是线性脉冲放大器幅度特性曲线的切线的斜率的倒数的相对变化率,通常用 ε_d 表示:

$$\varepsilon_d = \frac{\dfrac{\Delta U_{sro}}{\Delta U_{sco}} - \dfrac{\Delta U_{sr}}{\Delta U_{sc}}}{\dfrac{\Delta U_{sro}}{\Delta U_{sco}}} \times 100\%$$

$$= \left(1 - K\,\frac{\Delta U_{sr}}{\Delta U_{sc}}\right) \times 100\% \tag{2-17}$$

式中,ΔU_{sc} 为实际线性脉冲放大器的输入信号幅度改变 ΔU_{sr} 时,输出信号幅度的变化;ΔU_{sco} 为理想线性脉冲放大器的输入信号幅度改变 ΔU_{sro} 时,输出信号幅度的变化,如图 2-38(b)所示。

2. 改善线性脉冲放大器线性的途径

放大器产生非线性失真的主要原因是晶体管的一些特性参数随工作电流的变化会发生变化,进而使放大器的放大倍数随信号幅度的变化发生变化。采取有针对性的措施,可以使放大器的线性特征得到改善。

1) 采用深度负反馈技术

负反馈能有效地改善放大器放大倍数的稳定性,同时也是改善放大器线性特征的重要措施。因此,在线性脉冲放大器中几乎毫无例外地都采用了具有很深负反馈的线路,主要目的之一就是改善其线性特征。

2) 晶体管参数及静态工作点的选择

对晶体管的选择,应满足其最大集电极电流 I_{cm} 随信号幅度的增大而增大的条件,并且要保证达到最大输出幅度时,为集电极电流的变化量 ΔI_c 留有足够余量。晶体管的工作点应远离饱和区和截止区,选在 β 随 I_c 变化发生的变化比较小的区域。对小功率晶体管,可选在 $I_c = 1\text{mA}$ 左右。适当增大直流供电电压,增大线性区的动态范围,对大信号仍可使晶体管的工作点远离饱和区和截止区。

3) 集电极负载电阻的选择

由于 $\Delta U_{ce} = -\Delta I_c R_c$,因而选用较大的集电极负载电阻 R_c,可使 ΔI_c 变化减少。同时,这也会使晶体管的特性参数 β、r_{be} 的变化减小,有利于改善其线性特性。较大的集电极电阻 R_c 还可使放大器的无反馈放大倍数增大,有利于采用较深负反馈,这也有利于改善线性脉冲放大器的线性特性。值得注意的是,R_c 的增大要受到直流供电电压以及下级输入阻抗的限制。

如果采用恒流源或恒流管替代放大器的负载电阻 R_c,可以获得很大的动态电阻,而且不会增加直流压降。因此,在直流稳压电源中,普遍采用恒流源作为动态负载。

4) 采用自举技术

自举技术的核心就是在电路设计中采用了一种增大动态电阻的设计方案。在小信号放大级加自举电路后,可提高放大器的无反馈放大倍数,从而可加深负反馈,提高放大器放大倍数的稳定性并改善其线性特性。在输出级加自举电路,除改善放大倍数的稳定性外,还可减小放大器的非线性并提高输出幅度。第1章中讨论的电荷灵敏前置放大器电路中,就普遍采用了自举技术,如图1-45、图1-46所示;在设计跟随器时,为提高射极跟随器的输入电阻,电路中也常采用自举技术。

5) 利用 PNP/NPN 双极型晶体管串接组成输出级

FH-430 型线性脉冲放大器的输出级采用了 PNP 和 NPN 管串接组成对称集电极输出电路,可输出大幅度双向脉冲,放大节内深度负反馈,可在很大幅度范围内有良好的线性,是目前常用的一种输出电路。但这种情况下,放大器输出级的电流电压变化范围最大,易引起晶体管参数的变化,导致放大器的放大倍数也会随幅度的变化而变化。因此改善输出级的线性就显得特别重要,最主要的方法是加深负反馈和采用 PNP/NPN 组合输出电路。

2.7.3　输入阻抗和输出阻抗

1. 输入阻抗和输出阻抗

放大倍数、输入电阻和输出电阻是放大电路三个重要的性能指标。输入电阻的大小可以反映放大器对信号源的影响程度,输入电阻越大,放大器的输入电流就越小,输入电压与信号源的电压差别越小。放大电路的输出电阻越小,其输出电压受负载的影响就越小,输出电阻的大小反映了电路的荷载能力。前置放大器的输入电阻比较高,且随探测器的不同而不同。与闪烁探测器相连的前置放大器的输入电阻通常在几十千欧以上;而与半导体探测器相连的电荷灵敏前置放大器,其输入电阻则需达到 $10^7 \sim 10^{10}\,\Omega$。

电流型前置放大器的输入电阻通常很小,一般要小于 $100\,\Omega$,但电流型前置放大器的输出阻抗也较低。前置放大器既起到了信号的预放大作用,也起到了阻抗变换作用。

线性脉冲放大器作为主放大器,一般通过前置放大器与探测器相连。前置放大器将高阻抗的输入信号放大成为低阻抗的输出信号提供给主放大器,由于前置放大器的输出阻抗都比较小,因此对线性脉冲放大器输入电阻要求不高,相对于前置放大器的输出阻抗来说,一般在 $1\mathrm{k}\Omega$ 以上就够了。

线性脉冲放大器的输出电阻取决于后续脉冲幅度分析器的输入电阻大小。通常其输出电阻不大,可适应不同负载的需要。

采用负反馈技术可使放大器的输入/输出阻抗合乎要求和稳定,各放大节的输入/输出阻抗的稳定对传输比、放大倍数的稳定也是很重要的。

2. 上升时间

线性脉冲放大器输出信号的上升时间依据所配用的探测器和使用情况而定,既不能过大,也不能过小。上升时间过大会使信号波形产生严重畸变,而过小则会使电路复杂,还会增加噪声。

如果线性脉冲放大器与闪烁探测器相连,可选取放大器的上升时间与闪烁体发光时间即闪烁时间相等,这样可以减小光电倍增管的噪声。如果放大器与输出脉冲前沿短到几毫微秒量级的探测器相连,放大器输出信号的上升时间也应是毫微秒量级的。

线性脉冲放大器用于能谱测量时,放大器的主要任务是将输入脉冲信号的幅度放大到所要求的数值,并且尽量不使信号幅度分布产生畸变,同时还需对输入脉冲进行一定的成形。这种情况下,并不要求放大后的输出脉冲波形与输入脉冲波形完全相同,即对信号的上升时间的考虑变得次要,而需要考虑的主要就是如何有利于能谱分析,如提高信噪比、减小基线偏移、消除脉冲重叠、提高放大倍数稳定性等。

线性脉冲放大器用作高计数率测量或者作时间分析时,有时最主要的要求就是不使探测器输出的脉冲波形产生畸变,这时放大器的输出信号的上升时间就要求足够小,甚至要小于探测器输出脉冲的上升时间。与此同时,对放大器的线性、放大倍数及其稳定性的要求就相对降低了。

通用线性脉冲放大器的上升时间一般为 $0.1\sim0.3\mu s$。为了改善信噪比,有时可在放大器内部增加改变上升时间的 RC 积分电路,通过这样的变化,可使放大器的上升时间达到微秒的量级。

2.7.4　抗过载性能

1. 抗幅度过载性能

放大器的幅度过载或阻塞现象的实质是过载脉冲导致了耦合电容的快速充电,而过载脉冲过后又缓慢放电所引起的。过载脉冲到来时放大器饱和,结束时反向电压又使放大器截止。因此,过载脉冲破坏了放大器的正常工作,由此造成了脉冲漏计和幅度分布的畸变。提高抗幅度过载能力的主要措施包括:采用差动放大电路;选择合适的工作点;提高工作电压;部分直接耦合;限幅以及成形等。详见 2.2 节。

2. 抗计数率过载性能

放大器的计数率过载与幅度过载的原因基本相同,二者都是由放大器内部耦合电容的充放电过程引起的。计数率过载使得信号的基线不在零电位线上,产生了偏移。由于基线的偏移,信号得不到正常放大,造成幅度分布畸变,使峰位向低能方向移动,而且分辨率变坏。在高计数率下,则易出现信号堆积乃至完全重叠现象,从而产生较大幅度的脉冲,造成漏计,这也易造成幅度过载。大信号生成的小峰位在高能端,是一假峰。如 2.3 节所述,抗计数率过载措施与抗幅度过载的措施也基本相同。

2.7.5　噪声

噪声是放大器内部固有的干扰信号,应尽量予以避免或降低。噪声叠加在有用信号上,使能谱测量分辨率变差,特别是对弱信号的测量,它有很大妨碍作用。信噪比是评价放大器性能的一个重要参数,不同的测量任务对信噪比的要求也不同。

降低放大电路噪声的重点应放在第一级放大器上,可采用低噪声结型场效应管作输入级,尽量提高前级输入电阻,选择合适的工作点等。成形电路有降低噪声的作用,噪声与通频带成正比,CR-RC 成形电路可使通频带变窄,有利于降低噪声。关于放大器的噪声,详见 2.5 节。

2.8　线性脉冲放大器实例

2.8.1　FH-430 型通用线性脉冲放大器

FH-430 型线性脉冲放大器是北京核仪器厂生产的一种台式通用线性脉冲放大器。它与探测器的配合具有很大的灵活性，没有指定专用的前置放大器，通常将其整机用作主放大器，很具代表性。下面首先以 FH-430 作为例子，对线性脉冲放大器做一具体分析。

1. 基本组成

FH-430 型台式线性脉冲放大器全部由分立元件组成，其整机包括 RC 微分成形电路、电阻衰减器、三级放大倍数均为 10 倍的放大节、倒相和输出级等结构单元。整个放大器为负极性输入，正极性输出。供电电压为 ± 24V。

FH-430 型线性脉冲放大器基本组成的框图如图 2-39 所示，该放大器的电路原理图如图 2-40 所示。

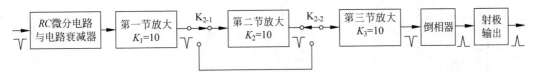

图 2-39　FH-430 型线性脉冲放大器组成框图

2. 电路组成单元简介

1) RC 微分成形电路与电阻衰减器

主放大器的输入脉冲电压信号先经 RC 微分电路成形，微分成形有助于抑制前置放大器的噪声对主放大器的影响。由于前级的噪声要经各级放大出现在输出端上，因此降低前置放大器的噪声是降低主放大器噪声的关键，这也是将 RC 微分成形电路安排在主放大器输入端的主要原因。

图 2-40 中的 C_0 是微分成形电路的电容，微分成形电路的电阻是由 10 个 100Ω 的高稳定性的精密金属膜电阻(RJJ-0.125W)$R_{13} \sim R_{22}$ 串联组成的，这 10 个电阻的总阻值为 $1k\Omega$，组成了一个电阻衰减器。精密金属膜电阻的使用使放大器的放大倍数稳定、减小了干扰和噪声。这些电阻直接焊到波段开关 K_1 上，外边用接地良好的铁壳盒将分压电阻和波段开关整体屏蔽起来。

第一放大节的输入电阻 $r_{sr} \gg 1k\Omega$，不会影响微分电路的时间常数。主放大器的微分成形电路的时间常数一般为 $0.1 \sim 10\mu s$，通常分为若干挡以适应不同工作要求。在输入脉冲计数率较高而脉冲上升时间比较小的情况下，微分成形电路可选用较小的时间常数。改变时间常数可通过波段开关换接 C_0 实现，FH-430 型放大器的微分成形电路的电容 C_0 需外加。

电阻衰减器的分压比是通过波段开关 K_1 来改变的，分压比从 0.1 跳变到 1，这是为了适应探测器输出脉冲幅度不同时，要求不同的放大倍数而设置的。

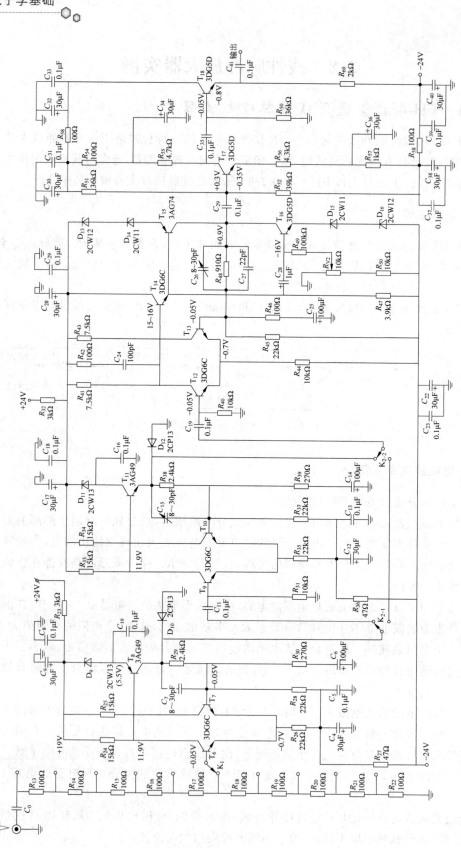

图 2-40　FH-430 型线性脉冲放大器的电路原理

2) 基本放大节

FH-430 型线性脉冲放大器共有三级基本放大节,每个放大节都有很强的负反馈,各放大节的放大倍数均为 10。前两级放大节的电路结构和参数完全相同,均采用差动电路、直接耦合、限幅电路等来提高放大器的抗过载性能。通过采用较高电源电压、深度负反馈、合适的工作点,保证了放大器的动态范围和良好的线性,而且对正负脉冲均能进行线性放大。第三级放大节因其输入信号经前级放大后幅度已经较大,电路结构与前两级相比稍有变化。为了使放大器总的放大倍数有更大的变化范围,利用开关 K_2,既可使第二级放大节接入电路,也可断出。配合电阻衰减器对分压电阻的选择,可使放大器总放大倍数为 10、20、30、…、100、200、300、…、1000 等。

3) 倒相与输出级

以晶体管 T_{17} 为核心的电路构成了倒相器,负反馈则利用大的发射极电阻 R_{56}(阻值为 4.3kΩ)来获得,从 T_{17} 的基极输入负脉冲,从集电极输出正脉冲。倒相器的电压放大倍数略大于 1($K=R_{55}/R_{56}=1.09$)。倒相器后面的晶体管 T_{18} 构成了射极跟随器,其放大倍数略小于 1。这样,倒相器与跟随器二者共同作用的总放大倍数接近于 1。

倒相器有很深的负反馈,稳定性、线性都比较好。为减少放大器的输出阻抗,信号最后经射极跟随器输出。

4) RC 积分成形

图 2-40 中尽管看不到有直接的 RC 积分成形电路设置,但实际上在电路中还是存在的。放大器每一级放大节的输出电阻 r_{sc} 与下一级放大节的输入电容 C_{sr} 之间都构成了 RC 积分电路。假如给放大器输入一个理想的阶跃脉冲信号,输出信号则不会是理想的阶跃脉冲信号,而是有一定上升时间、前沿按指数规律变化的信号,这一结果就是由于输出端实际存在的总电容的充放电过程造成的。

3. 主要性能指标

(1) 放大倍数:最小为 10 倍,最大为 1000 倍。分粗调和中调。

断开第二放大节,利用衰减器,可分十挡调节,各挡相应的放大倍数为 10、20、…、90、100,每挡递增 10 倍。

接通第二放大节,利用衰减器,仍可分十挡调节,而各挡相应的放大倍数则为 100、200、…、900、1000,每挡递增 100 倍。

(2) 放大倍数的稳定性。

温度系数:$\eta<0.1\%℃^{-1}$。当温度在 0～20℃ 范围内变化时,平均温度系数 $\eta<0.1\%℃^{-1}$;在 20～45℃ 范围时,平均温度系数 $\eta<0.05\%℃^{-1}$。

长期稳定:连续工作 8 小时,放大倍数的变化 $\Delta K/K<0.3\%$;电网电压变化 $\pm10\%$ 时,放大倍数的变化 $\Delta K/K<0.1\%$。

(3) 幅度特性的线性:脉冲放大器的输出信号幅度为 0.1～10V 时,积分非线性系数 $\eta<0.5\%$。

(4) 抗幅度过载特性:过载 500 倍(输入电压信号额定幅度 10mV,过载脉冲约 5V)时,放大器反极性脉冲恢复时间(失效时间)小于 5μs。

(5) 噪声:放大倍数最大(10^3)时,输出端噪声折合到输入端的噪声电压均方根值

$\sqrt{\overline{u^2}} = 7\mu\text{V}$，即峰-峰值为 $20\mu\text{V}$。

（6）输入脉冲极性为负极性；输出脉冲极性为正极性。耗电：小于 10W。

（7）最大输出幅度（动态范围）：不小于 12V；上升时间：小于 $0.3\mu\text{s}$。

（8）工作条件。

电网电压允许变化范围：$(220\pm22)\text{V}$；环境温度：$0\sim40℃$；最大允许相对湿度：$90\%,(32\pm2)℃$。

4. 基本放大节

FH-430 型线性脉冲放大器共有三个放大节，其前两个放大节的电路结构和参数完全相同，只是第一放大节的输入端偏置电阻（$R_{13}\sim R_{22}$）是由 10 个 100Ω 的电阻串联组成的衰减器（分压器），而第二放大节输入偏置电阻 R_{31} 则为单一的 $10\text{k}\Omega$ 电阻。第三放大节由于信号经过了前两级放大，幅度较大，电路结构和参数略有改变。由于各放大节的工作原理基本相同，下面以第二放大节为例进行讨论。

1）电路分析

FH-430 型放大器的基本放大节电路如图 2-41 所示，它是由一个差值放大级 T_9、T_{10} 和一个单管放大级 T_{11} 组成的。差值放大级中，晶体管 T_9 的输出信号不经过耦合电容，而是直接加到单管放大级 T_{11} 的基极。T_9 的基极输入信号通过耦合电容 C_{11} 输入，T_{10} 的基极加反馈信号，通过 R_{36} 和 R_{37} 加直流反馈，通过 R_{38} 和 R_{39} 加交流反馈。当 T_9 输入负信号时，U_{b9} 下降，U_{c9} 上升，即 U_{b11} 上升，因 T_{11} 为 PNP 型管，U_{b11} 上升使 I_{c11} 减少，则 U_{c11} 下降，经反馈使 U_{b10} 也下降。

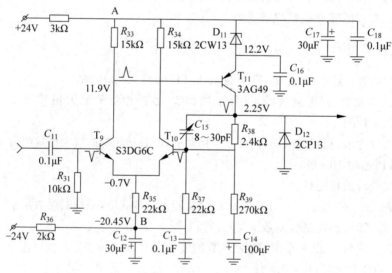

图 2-41　FH-430 型线性脉冲放大器基本放大节电路

差值放大器两个基极电位同方向变化时，输出减少，因此反馈电压使放大倍数减少，所实现的反馈是负反馈。

工作点的选择应使 T_9 集电极电压 U_{c9} 在 $0\sim V_A(18.5\text{V})$ 之间，这样对正负信号均可线性放大，并有一定的动态范围，这就要求 U_{e11} 电位比 $+24\text{V}$ 低许多，通过 D_{11} 稳压管降压来

设置 T_{11} 的静态工作点,并保持 U_{e11} 稳定。

2）静态工作电流和电压的计算

FH-430 型线性脉冲放大器基本放大节中电阻的阻值已在图 2-41 中标出。进一步,假定 $U_{b9} \approx U_{b10} \approx 0$。对硅管,取 $U_{be} = 0.7 \text{V}$;对锗管,取 $U_{be} = 0.3 \text{V}$。三个晶体管的放大倍数 β 值均取 50,稳压管 D_{11}(2CW13)的稳定电压为 $V_z = 6.3 \text{V}$。以这些数据为基础,就可以计算出基本放大节的静态工作电流和电压。具体过程如下。

（1）I_{c9} 的大小

电阻 R_{33} 上的电压降为

$$
\begin{aligned}
U_{R_{33}} &= V_z + U_{be11} \\
&= (6.3 + 0.3)\text{V} \\
&= 6.6\text{V}
\end{aligned}
$$

故

$$
\begin{aligned}
I_{c9} &= \frac{U_{R_{33}}}{R_{33}} \\
&= \frac{6.6}{15000}\text{A} \\
&= 0.44 \times 10^{-3}\text{A} \\
&= 440\mu\text{A}
\end{aligned}
$$

（2）I_e 的大小

由于 $U_{b9} \approx U_{b10} \approx 0, \beta_9 = \beta_{10} = 50$,故

$$
I_{c9} = I_{c10}, \quad I_{e9} = I_{e10}
$$

$$
\begin{aligned}
I_{c9} = I_{b10} &= \frac{I_{c9}}{\beta_9} \\
&= \frac{440}{50}\text{A} \\
&= 8.8\mu\text{A} \\
I_e &= 2(I_{c9} + I_{b9}) \\
&= 2 \times (440 + 8.8)\mu\text{A} \\
&= 897.6\mu\text{A}
\end{aligned}
$$

（3）电阻 $R_{35}(R_e)$ 上的电压降

$$
\begin{aligned}
U_{R_{35}} &= I_e R_{35} \\
&= 897.6 \times 10^{-6} \times 22 \times 10^{-3}\text{V} \\
&\approx 19.75\text{V}
\end{aligned}
$$

（4）电阻 R_{36} 之后的电压降

$$
\begin{aligned}
U_B &= -U_{be9} - U_{R_{35}} \\
&= (-0.7 - 19.75)\text{V} \\
&= -20.45\text{V}
\end{aligned}
$$

（5）I_{c11} 的大小

I_{c11} 等于 I_{b10} 与流过电阻 R_{37} 上的电流之和,其中

$$I_{R_{37}} = \frac{U_{b10} - U_B}{R_{37}}$$

$$= -\frac{U_B}{R_{37}}$$

故

$$I_{R_{37}} = \frac{20.45}{22 \times 10^3} A$$

$$\approx 929.5 \mu A$$

$$I_{c11} = I_{b10} + I_{R_{37}}$$

$$= (8.8 + 929.5) \mu A$$

$$= 938.3 \mu A$$

$$I_{e11} = I_{c11} + I_{b11}$$

$$= \left(938.3 + \frac{938.3}{50}\right) \mu A$$

$$\approx 957 \mu A$$

(6) 电阻 R_{32} 之后的电压降

$$U_A = 24 - R_{33}(I_{c9} + I_{c10} + I_{e11})$$

$$= [24 - 3 \times 10^3 \times (440 + 440 + 957) \times 10^{-6}] V$$

$$= 18.5 V$$

$$U_{c11} = I_{c11} R_{38}$$

$$= 938.3 \times 10^{-6} \times 2.4 \times 10^3 V$$

$$\approx 2.25 V$$

$$U_{c9} = U_{c10}$$

$$= U_A - I_{c9} R_{33}$$

$$= (18.5 - 440 \times 10^{-6} \times 15 \times 10^3) V$$

$$= 11.9 V$$

(7) 电阻 R_{36} 的阻值

$$R_{36} = \frac{U_B + 24V}{I_e + I_{R_{37}}}$$

$$= \frac{-20.45 + 24}{(897.6 + 929.5) \times 10^{-6}} \Omega$$

$$\approx 1.94 k\Omega \approx 2 k\Omega$$

为了参考方便,以上结果已标注在了图 2-41 中。

3) 稳定静态工作点的措施

差值放大器的共发射极电阻的阻值 $R_{35} = 22k\Omega$,取值较大,起到了很深的直流负反馈作用,这也使晶体管 T_9 和 T_{10} 的静态工作点的稳定性较高。差值放大器与单管共射极放大器之间还有闭环直流负反馈,反馈系数为

$$F = \frac{R_{37}}{R_{37} + R_{38}} = 0.9$$

这一结果表明,该差值放大电路有很深的负反馈,深度的负反馈对电路起到了很好的静态稳定作用。

4) 闭环负反馈放大倍数

在有输入信号的动态情况下,可将基本放大节进行简化。凡是只对静态工作点起作用而对交流信号可看作短路的元件,一律可以将其短路或略去。由此,C_{14} 对交流短路,R_{39} 可视为直接接地。D_{11} 是为保证静态工作点而设置的,可视为短路。电容 C_{16} 是为避免因 D_{11} 内阻(约几十欧)负反馈引起 T_{11} 放大倍数的下降而接入的旁路电容,可以略去。C_{15} 容量很小,对 R_{38} 旁路作用不大,只起高频补偿作用并改善上升时间,也可略去。R_{32}、C_{17}、C_{18} 和 R_{36}、C_{12}、C_{13} 是退耦滤波元件,也可略去。$R_{37} \gg R_{39}$,R_{37} 可略去。D_{12} 是限幅二极管,用以改善幅度过载特性,一般情况下处于截止状态不起作用,也可略去。

FH-430 型线性脉冲放大器的基本放大节的交流等效电路如图 2-42 所示。图中的电阻 R_{fz} 代表本放大节的负载电阻,它同时也是下一放大节的输入电阻。对于第一、第二放大节,其负载电阻(即图 2-40 中的电阻 R_{31} 和 R_{40})$R_{fz}=10\text{k}\Omega$。由于各放大节存在反馈,其输入阻抗很高,与 $10\text{k}\Omega$ 的负载电阻 R_{fz} 并联后,第二、第三放大节的输入电阻可认为仍然是 $10\text{k}\Omega$。从等效电路可以看出,基本放大节的放大作用是由一级差值放大器和一级普通单管放大器共同实现的。

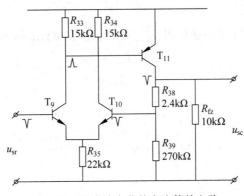

图 2-42 基本放大节的交流等效电路

当输入负极性信号时,按图中标注的极性,加到晶体管 T_{10} 上的反馈信号也是负极性的。晶体管 T_9 和 T_{10} 的发射极相连,R_{35} 为二者的共发射极电阻,对 T_9 而言,T_{10} 的反馈信号起着抵消 T_9 输入信号的作用,故基本放大节是一种负反馈放大电路。

由图中数据可以得到电路的反馈系数为

$$F = \frac{R_{39}}{R_{38} + R_{39}}$$

$$= \frac{270}{2.4 \times 10^3 + 270} \approx 0.101$$

电路的闭环负反馈放大倍数则为

$$K = \frac{1}{F}$$

$$= 9.9 \approx 10$$

5) 闭环负反馈放大倍数的稳定性

为讨论闭环负反馈放大倍数的稳定性,首先计算放大节的开环放大倍数。开环放大倍数 K_0 是差值放大器在没有负反馈时的放大倍数 K_1 与单管放大倍数 K_2 之积,可以看出:

$$K_1 = \frac{\beta_9 (R_{c9} \ // \ r_{be11})}{2r_{be9}} \tag{2-18}$$

式中,β_9 和 r_{be9} 分别为 T_9 管的电流放大倍数和输入电阻,$R_{c9} = 15\text{k}\Omega$ 为 T_9 的集电极负载电阻,r_{be11} 是下级 T_{11} 的输入电阻,系数 1/2 表示差分放大器单端输出的放大倍数或幅度是双端输出的一半。单管放大倍数 K_2 可写为

$$K_2 = \frac{\beta_{11} (R_{c11} \ // \ R_{fz})}{r_{be11}} \tag{2-19}$$

式中,β_{11} 和 r_{be11} 分别为 T_{11} 管的电流放大倍数和输入电阻;$R_{c11} = (2.4+0.27)\text{k}\Omega = 2.67\text{k}\Omega$ 为 T_{11} 集电极负载电阻,

$$R_{c11} \ // \ R_{fz} = \frac{2.67 \times 10}{2.67 + 10}\text{k}\Omega$$

$$\approx 2.1\text{k}\Omega$$

晶体管的输入电阻 r_{be} 可按下式估算:

$$r_{be} = r_b + \frac{(\beta+1) \times 0.026}{I_e}$$

晶体管 T_9 和 T_{11} 的基区扩展电阻 r_{b9}、r_{b11} 可取 200Ω,由前面的计算可得

$$I_{e9} = I_{c9} + I_{b9}$$

$$= 448.8\mu\text{A}$$

$$I_{e11} = 957\mu\text{A}$$

于是有

$$r_{be9} = \left[200 + (50+1) \times \frac{0.026}{448.8 \times 10^{-6}}\right]\Omega$$

$$\approx 3154\Omega$$

$$r_{be11} = \left[200 + (50+1) \times \frac{0.026}{957 \times 10^{-6}}\right]\Omega$$

$$\approx 1585\Omega$$

如果晶体管 T_9 和 T_{11} 的电流放大倍数均取为 50,则开环放大倍数

$$K_0 = K_1 K_2$$

$$= \frac{\beta_9 (R_{c9} \ // \ r_{be11})}{2r_{be9}} \cdot \frac{\beta_{11} (R_{c11} \ // \ R_{fz})}{r_{be11}}$$

$$= \frac{50 \times 50 \times 15 \times 10^3 \times 2.1 \times 10^3}{2 \times 3154 \times (1500 + 1585)} \approx 753$$

如果晶体管的电流放大倍数 β 取得更大些,K_0 的值也会更大。

前面已经计算出了电路的反馈系数 $F = 0.101$,由此可得 $K_0 F \approx 80$ 倍。由于负反馈很深,虽然闭环负反馈放大倍数 $K = 10$,比开环放大倍数少很多,但负反馈放大倍数却很稳定。深度负反馈也使电路的线性提高,$K_0 F$ 较大时,$K = K_0/(1+K_0 F) \approx 1/F$,只取决于反馈系数,与 K_0 几乎无关。这是因为非线性实质上是由于输入信号幅度不同而使放大倍

数发生了变化导致的。

6）二极管的钳位限幅电路

静态时，由于二极管 D_{12} 正端接地，其反向端电压为 $U_{c11}=2.25V$，反向电压使 D_{12} 处于截止状态，不导通。当输出的负信号较小时，可使 D_{12} 上的反向电压降低，但仍处于截止状态，不影响电路正常工作。当输出的负信号较大时，由于二极管的导通阈电压 $U_0=0.5V$，当 $u_{c11}>U_{11}+U_0=(2.25+0.5)V=2.75V$ 时，D_{12} 开始导通。由于 D_{12} 导通后的正向电阻 r_D 值很小，电流很大，而正向压降约为 $0.7V$，这时的输出电压 u_{sc} 被限制在最大值 $U_{max}=U_{11}+0.7V=2.95V$。

限幅电路限制了最大输出电压的幅度，不会引起下级放大器过载，从而提高了放大器的抗过载能力。

7）高频补偿

放大电路中存在着分布电容，在负反馈的作用下，分布电容有可能使输出波形的前沿产生突起或使波顶含有纹波，这会影响测量的精确性。在基本放大节中，采用了高频补偿来改善波形。电路中，在反馈电阻 R_{38} 上并联了一个微调小电容 C_{15} 作为补偿电容（见图 2-40 和图 2-41），以此来改善波形、减少上升时间。以输入信号为矩形脉冲为例，电容 C_{15} 的容量大小会对输出信号波形产生影响，如图 2-43 所示。C_{15} 的容量值过小，输出的波形会有突起和纹波；C_{15} 的容量值过大，虽然消除了突起和纹波，但上升时间明显变坏；当 C_{15} 调至最佳时，输出波形近似为矩形脉冲，上升时间约 $0.1\mu s$。

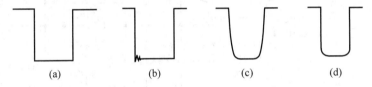

图 2-43　补偿电容 C_{15} 对输出波形的影响

（a）输入信号为负的方波；（b）补偿电容的容值过小时的输出信号；
（c）补偿电容的容值过大时的输出信号；（d）补偿电容的容值适中时的输出信号

8）基本放大节的特点

工作电压比较高，为 $\pm 24V$，保证了放大器具有较大的动态范围和优异的线性性能。工作点选择合适，对正负脉冲均能线性放大，减小了基线漂移的影响，叠加在反向突起上的小脉冲仍能被正常放大。

电路采用了很深的直流负反馈和交流负反馈，使工作点的稳定性、放大倍数的稳定性和线性均处于优良状态。

采用了差动电路，提高了电路的抗过载性能，对于过大的脉冲信号，也不会导致耦合电容 C_{11} 的快速充电或者缓慢放电。如果有过大的负脉冲信号输入，可能会使晶体管 T_9 处于截止状态，电容 C_{11} 的充电时间常数大，充电甚少，不会出现明显的反向电压突起或者基线漂移；如果有过大的正脉冲信号输入，晶体管 T_{10} 会处于截止状态，T_9 的发射极电压会跟随输入脉冲信号上升，不易饱和，C_{11} 的充电时间常数也会很大。即使 T_9 达到饱和，由于 R_{35} 较大，$C_{11}R_{35}$ 也不会很小，通常不会产生过载。

放大节内部采用了直接耦合，不存在电容的快速充电和慢性放电问题，提高了放大节的抗过载能力。采用输出限幅，保证了下级不至于过载。

5. 第三放大节

FH-430 型线性脉冲放大器中,第三放大节的输出脉冲幅度可达±12V,为了适应大动态范围的要求,这一级的电路结构与前两级也有相似之处。

1) 电路结构

FH-430 型线性脉冲放大器的第三放大节电路如图 2-44 所示。如果不考虑晶体管 T_{14} 和 T_{16} 的作用,第三放大节仍可视为是由 T_{12} 和 T_{13} 组成的差动放大器与单管共发射极放大器 T_{15} 直接耦合构成的,与前两节的电路形式基本是相同的。此电路与前两级放大节的不同之处在于由晶体管 T_{15} 和 T_{16} 组成的互补对称集电极输出电路取代了前两级的单管共发射极放大电路,中间还增加了起隔离驱动作用的由 T_{14} 构成的射极跟随器。下面我们重点讨论对称集电极输出电路。

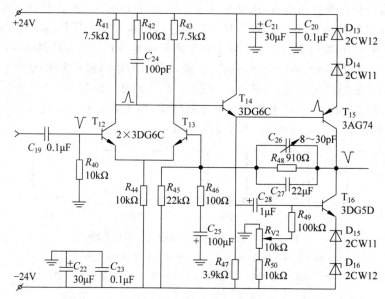

图 2-44　FH-430 型线性脉冲放大器第三放大节电路

为了保证放大器具有正、负对称的输出特性,需要使晶体管 T_{15} 的基极电压达到+15V 以上,而 T_{16} 的基极电压则要在−15V 以下,并使集电极的电压近似为零。这样,也达到了使对称集电极输出电路具有±12V 的动态范围的要求。电路采用了两种不同类型的晶体管,T_{15} 为 PNP 型,T_{16} 为 NPN 型,二者对直流信号是串联的,对交流信号则是并联的,这样可以增加电路的输出电流和输出电压。如果希望放大器既能输出大幅度正脉冲又能输出大幅度负脉冲,利用双极型晶体管串接的放大级具有明显的优点,其静态工作电流可选得很低。晶体管 T_{15} 和 T_{16} 的集电极输出电路的公共直流负载由串接的电阻 R_{45} 和 R_{48} 组成,二者构成了一个分压器,并与晶体管 T_{13} 直接耦合,既是直流负反馈,又是交流负反馈。其直流反馈系数为

$$F = \frac{R_{45}}{R_{45} + R_{48}}$$
$$= 0.96$$

晶体管 T_{15} 和 T_{16} 的集电极输出电路的公共交流负载为 $R_{48}+R_{46}$(R_{46} 通过 C_{25} 电容旁路接地,且 $R_{45} \gg R_{46}$,R_{45} 被旁路),交流反馈系数为

$$F = \frac{R_{46}}{R_{46} + R_{48}}$$
$$= 0.0988$$

图 2-40 所示的电路中,晶体管 T_{15}、T_{16} 的集电极输出电路还有一个公共外负载,即后续电路倒相级的输入电阻,其阻值为 $R_{51} /\!/ R_{52} /\!/ r_{sr17} \approx 18.7\text{k}\Omega$,与 $R_{48} + R_{46} \approx 1\text{k}\Omega$ 相比,其影响可忽略不计。

由于晶体管 T_{15} 和 T_{16} 的交流负载约为 $1\text{k}\Omega$,当达到 -12V 的最大输出幅度时,要求 T_{16} 有 $\Delta i_{c16} = 12\text{mA}$ 的电流输出。设晶体管 T_{16} 的放大倍数 $\beta_{16} = 50$,则其基极电流变化为 $\Delta i_{b16} = 12\text{mA}/50 = 0.24\text{mA}$,还是比较大的。由于电路中增加了一个射极输出器 T_{14},其具有输入电阻大、输出电阻小的特点,因此既可为 T_{15} 和 T_{16} 提供足够的基极电流,又不致影响差动放大器的放大倍数。

晶体管 T_{15} 和 T_{16} 的基极对交流信号来说是并联的,对直流信号则不能并联,电容 C_{28} 的作用是将二者隔开,以保证它们的基极分别有较大的正、负电压。发射极电压靠串接的稳压管提供,并确保其稳定。晶体管 T_{15} 的基极电压跟随 T_{12} 的集电极电压,T_{16} 的基极电压通过电阻 R_{V2} 和 R_{50} 构成的分压器获得,通过调节 R_{V2} 可使集电极电压近似为零。

2) 对称集电极输出回路

当第三放大节电路输出不同极性的大幅度脉冲信号时,对称集电极输出电路中的晶体管 T_{15} 和 T_{16} 将轮流处于工作状态,二者轮流导通与截止,如图 2-45 所示。

当放大节输入负脉冲信号时,T_{12} 的集电极电压上升,T_{14} 的射极电压随之上升,较大的正脉冲同时加到对称集电极输出电路中 T_{15} 和 T_{16} 的基极。由于 T_{15} 的发射极电压被两个稳压管 D_{13} 和 D_{14} 稳压,较大的正脉冲将使 T_{15} 截止,使 T_{16} 导通,电流增大。在 T_{15} 截止时,电流 Δi_{c16} 的通路是由地经 C_{25}、R_{46}、R_{48}、T_{16}、D_{15} 和 D_{16} 后,到达负电源。Δi_{c16} 在动态负载 R_{46} 和 R_{48} 上产生压降,输出负脉冲信号。

当放大节输入正脉冲信号时,T_{12} 的集电极电压下降,T_{14} 的射极电压随之下降,较大的负脉冲同时加到输出电路中 T_{15} 和 T_{16} 的基极。由于 T_{16} 的发射极电压被稳压管 D_{15} 和 D_{16} 稳压,负脉冲将使 T_{16} 截止,使

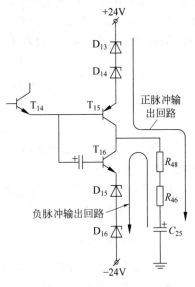

图 2-45　对称集电极输出回路

T_{15} 导通。在 T_{16} 截止时,Δi_{c15} 的通路是由 $+24\text{V}$ 电源经稳压管 D_{13} 和 D_{14}、T_{15} 和 R_{48}、R_{46}、C_{25} 到地。Δi_{c15} 在动态负载 R_{48} 和 R_{46} 上产生压降,并输出正脉冲信号。

3) 放大倍数及稳定性

第三放大节闭环负反馈放大倍数为

$$K_3 = \frac{1}{F} = \frac{R_{46} + R_{48}}{R_{46}}$$
$$= 10.1$$

第三放大节电路具有很深的直流负反馈和交流负反馈,其直流工作点和放大倍数的稳定性也很高。电路的动态范围大,线性良好。这一放大节为线性脉冲放大器的末级,信号幅

度较大, ±24V 的电源没有加退耦滤波电路, 不存在滤波电阻上的压降, 这使得放大节的供电电压高, 有利于提高动态范围, 保证了输出大幅度脉冲的线性。

4）高频补偿

电源都有一定的内阻, 各放大节的电流变化都会在内阻上产生压降, 特别是第三放大节。由于第三放大节上的信号幅度较大, 较大的电流变化会在电源内阻上产生较大的脉冲电压, 耦合到放大电路中就有可能诱发高频振荡。图 2-44 中, +24V 电源与 T_{12} 的集电极之间的电阻 R_{42} 和电容 C_{24} 就是为防止产生高频振荡而设置的。

6. 倒相跟随输出级

FH-430 型线性脉冲放大器电路图 2-40 中的最后两个晶体管构成了倒相跟随输出级, 其中晶体管 T_{17} 形成了倒相器, T_{18} 形成了跟随器。

脉冲幅度分析器是线性脉冲放大器的一种常见后续电路, 它通常要求输入的脉冲信号是正极性的, 但探测器输出的脉冲信号的极性一般为负极性。FH-430 型线性脉冲放大器的三级放大节都是同相输出, 因此放大后的信号极性也是负极性的, 这就需要通过倒相器来改变其极性。晶体管 T_{17} 的发射极电阻 $R_{56} = 4.3\mathrm{k}\Omega$, 与集电极电阻 $R_{55} = 4.7\mathrm{k}\Omega$ 相差不多。T_{17} 组成的工作单元实际上是具有很强负反馈的共发射极电路, 放大倍数 $K \approx 1/F = R_{55}/R_{56} = 1.09$, 略大于 1。所以, T_{17} 的作用不是放大而是变换信号的极性, 通常把这种电路叫倒相器。由图 2-40 可以看出, 倒相器的输入电阻为

$$r_{\mathrm{sr}} = R_{51} /\!/ R_{52} /\!/ r_{\mathrm{sr}17}$$
$$= R_{51} /\!/ R_{52} /\!/ [r_{\mathrm{be}17} + (\beta+1)R_{56}]$$
$$\approx R_{51} /\!/ R_{52}$$
$$= 18.72\mathrm{k}\Omega$$

r_{sr} 与第三放大节的交流负载电阻 $R_{48} + R_{46} \approx 1\mathrm{k}\Omega$ 相比, 要大很多, 因而基本上不会影响前级的正常工作。

应该注意的是, 图 2-40 中的倒相器只对负脉冲信号起倒相作用。倒相器的放大倍数略大于 1, 而射极跟随器的放大倍数略小于 1, 两者组合起来的放大倍数近似为 1。

7. 退耦滤波电路

线性脉冲放大器或其他实际应用电路中, 和电源相连的放大单元或其他单元的许多地方都加有由电阻和电容组成的滤波电路, 一般称作退耦滤波器或去耦滤波器。

1）退耦滤波器的作用与电源的等效电路

退耦滤波器的作用就是减少电路各单元之间通过公共的直流电源产生的有害的寄生耦合。直流稳压电源总是存在一定的内阻的, 电路的各单元上电流的脉动变化都会在电源的内阻上产生脉动电压, 特别是最后一级放大节, 由于其上的电流变化较大, 在内阻上产生的脉冲电压也大。直流稳压电源可看成一个理想的电池和内阻 r_{i} 的串联, 电路中还包括交流电压成分 V_{g}。

直流电源的等效电路如图 2-46 中虚线 AB 左侧部分所示。交流成分可通过晶体管的集电极电阻、基极电阻等被耦合到放大管输入端引起寄生反馈, 这种反馈很复杂也难以控制, 级数过

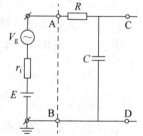

图 2-46　直流电源等效电路

多时还可能形成正反馈,产生高频振荡,破坏电路正常工作或增大干扰,引起波形变坏等。抑制交流成分的办法是在电路中增加一个 RC 退耦滤波环节,如图 2-46 中虚线 AB 右侧部分所示。应用中通常取较大的电容,使其容抗 $X_C \ll R$。这样,交流成分在 RC 上分压,大电容 C 对交流成分的阻碍作用很小,于是在电路的 CD 端会获得较理想的直流电压,交流成分将得到有效的抑制。

2)退耦滤波电路的几种形式

退耦滤波器可以是 Ⅱ 形电路,如图 2-47(a)所示;也可以是 Γ 形电路,如图 2-47(b)和图 2-47(c)所示。Ⅱ 形电路多用在靠近电源进线的单元或中间单元,而 Γ 形电路则常用于中间单元。在印刷电路板上,集成电路芯片的电源脚也通常需要就近对地添加一个 $0.01\mu F$ 或 $0.1\mu F$ 小电容进行滤波,如图 2-47(d)所示。值得注意的是,这个小电容在实际电路原理图上通常不会画出。

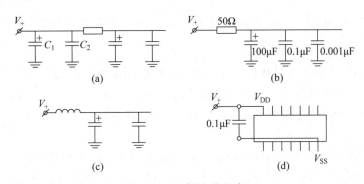

图 2-47 退耦滤波电路

退耦滤波器的电阻越大、电容越大,滤波效果越好。但是电阻大了,其上的压降也大了,使工作单元的工作电压降低。因此,实际设计中,应根据电源的供电电压和单元电路所需的工作电压来决定该电阻的取值。对低压供电的晶体管电路,电阻的取值范围可从几十欧到几千欧不等,应由其上的电压降和电流来决定。滤波电容的取值范围从几微法到几百微法。由于大容量的电容本身都存在一定的感抗,因此对快速变化的高频成分的纹波电压,滤波效果并不理想。通常滤波电容用两个,一大一小,大的是微法量级的电解电容,小的可取 $0.01\mu F$ 或 $0.1\mu F$。有时也有用三个电容的,即再加一个 1000pF 或 100pF 的电容,如图 2-47(b)所示。这样,大、中、小电容分别对低频、中频、高频纹波有良好的滤波效果。

为了提高滤波效果又不产生过大的电压降,也可以用电感来代替电阻,使之与接地电容构成 LC 型滤波电路,如图 2-47(c)所示。电感大小的选取应该与所用的电容相匹配,使感抗 $\omega L \gg \dfrac{1}{\omega C}$。

对负极性电源的退耦滤波应注意容量大的电解电容或钽(Ta)电容的极性。为提高滤波效果,应选用等效串联电阻(ESR)小的电容,Ta 电容为首选。

2.8.2 FH1002A 型线性脉冲放大器

FH1002A 型线性脉冲放大器是一种两个道宽的标准 NIM 插件,可插入 FH0001A 型插件机箱,用于脉冲信号放大。FH1002A 型线性脉冲放大器是由五级负反馈放大节组成的,其成形电路包括一级采用极零相消方法的 CR 微分电路和四级 RC 积分电路。FH1002A 型线性脉冲放大器除了适用于闪烁谱仪外,也经常用作高分辨率的半导体探测器谱仪和正比计数器谱仪的主放大器,使所组成的探测系统具有良好的信噪比并具有较高的稳定性、线性和抗过载能力。

1. 主要技术指标

(1) 增益。

粗调:有 RC 成形(在相等的微分、积分时间常数下)电路情况下,按二进制 8、16、32、…、512 分挡可调。无 RC 成形电路情况下,按二进制 32、64、…、2048 分挡可调。

细调:从 1～2 连续可调。

(2) 增益的稳定性:在标准电网电压(～220V、50Hz)下连续工作 8 小时,增益变化 $\Delta K/K \leqslant 0.3\%$(典型值 0.1%);环境温度在 0～40℃ 范围内变化时,增益变化 $\dfrac{\Delta K}{K\Delta T} \leqslant 0.03\%℃^{-1}$(典型值 $0.01\%℃^{-1}$)。

(3) 输入/输出:输入脉冲极性可正可负;输出脉冲极性为正,输出阻抗 50Ω。

供电电源:$+24V,85mA$;$-24V,68mA$;$+12V,9mA$;$-12V,9.2mA$。

(4) 非线性失真系数:输出 0.1～10V 时,积分非线性在 -0.3%～0.3% 之间(典型值为 0.1%)。

(5) 噪声:折合到输入端的噪声(均方根值)不大于 $10\mu V$(典型值 $5\mu V$)。

(6) 过载:输入信号幅度比额定幅度大 100 倍时,输出脉冲信号展宽 2.5 倍处恢复至基线的 1%(约为 200mV)。

(7) 成形时间常数(μs)

微分时间常数:0.1、0.2、0.4、0.8、1.6、3.2、6.4。

积分时间常数:0、0.1、0.2、0.4、0.8、1.6、3.2、6.4。

(8) 使用环境:温度 0～40℃,相对湿度 90%($+30$℃)。

(9) 外形尺寸:两个标准插道宽。

2. 组成框图

图 2-48 所示为 FH1002A 型线性脉冲放大器的整机方框图。输入信号极性可正可负,由开关 K_2 来选择,第一级输出为正极性,最终输出为正脉冲。整个放大器由 5 个负反馈放大节组成,各放大节的形式基本相同。

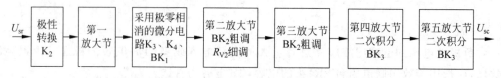

图 2-48　FH1002A 型线性脉冲放大器组成框图

FH1002A 型线性脉冲放大器在第一放大节之后采用了带极零相消的微分电路,微分电路的时间常数可调,可以从 $0.1\mu s$ 到 $12.8\mu s$ 成倍变化,可以通过波段开关 BK_1 对时间常数加以选择。

放大倍数粗调是用开关 BK_{2-1} 和 BK_{2-2} 来改变第二、三放大节输入端串联电阻实现的，细调是通过调节第二放大节反馈电路中的 R_{V2} 实现的。积分电路安排在第四、五放大节中，每节进行二次积分，一次在输入端，另一次在反馈电路中。两次积分的时间常数相等，从 $0.1\mu s$ 到 $6.4\mu s$ 成倍地变化并通过开关 BK_3 加以选择。

3. 第一负反馈放大节

第一放大节由五个晶体管 $T_1 \sim T_5$ 组成，其原理图如图 2-49 所示。为适应正、负极性的输入信号，第一放大节采用了双端输入的差动放大器，由晶体管 T_1、T_2 构成。开关 K_2 负责对两种极性输入信号的选择，输出信号为正极性。T_2 的集电极输出接到 T_3 的发射极。T_3 构成共基极电路，发射极输入，集电极输出。共基极电路没有电流放大作用，有电压放大作用，这种电路使信号的前沿上升时间快、频率特性好，输出阻抗高。当集电极的负载电阻很大时，可获得很高的开环放大倍数。

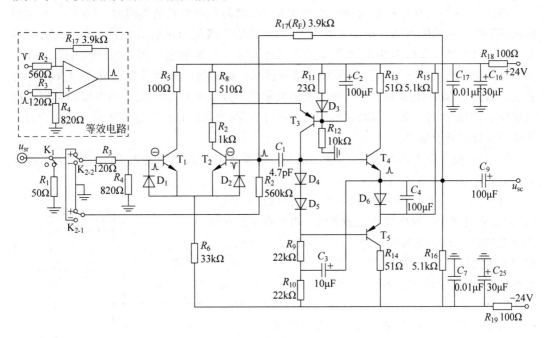

图 2-49　FH1002A 型脉冲放大器第一放大节电路原理图

晶体管 T_4、T_5 构成互补的射极跟随器，用以改善输出信号前沿、后沿及频率特性，并能保证双向输出和高的负载能力。T_4 的射极输出经电容 C_3 耦合到 T_3 集电极电阻 R_9、R_{10} 的中间节点上，构成自举电路，使 R_9 的动态电阻大大提升，从而大大提高了放大节的开环放大倍数，以加深放大节的负反馈。

为了使同相输入和反相输入具有相同的放大倍数，在同相输入端加有由电阻 R_3、R_4 构成的电阻分压器。在很深负反馈情况下，差动放大器两基极静态电位近似相等，信号电压也近似相等；输入电阻大，不影响分压比，因此，在同相输入时，有

$$u_{sr} \cdot \frac{R_4}{R_3 + R_4} = u_{sc} \cdot \frac{R_2}{R_2 + R_{17}} \tag{2-20}$$

根据图 2-49 中所标的各电阻的阻值,可计算出 $K = u_{sc}/u_{sr} = 6.95$。在反相输入时,$K = R_F/R_b = R_{17}/R_2 = 6.96$。

放大节内采用了很深的直流负反馈和交流负反馈,因此,保证了静态工作点的稳定和放大倍数的稳定,并具有良好的线性。放大节内部各级间均采用直流耦合,供电电压较高,动态范围大并具有双向放大作用,从而提高了抗过载能力。

二极管 D_1、D_2 用来保护晶体管发射结免遭反向大信号的损坏;D_3 用于 T_3 发射结温度补偿;D_4、D_5 用来适配 T_4、T_5 静态工作点;D_6 用作 C_4 的放电通路,放掉因 T_5 导通致使 C_4 上积累的多余电荷。

小电容 C_1 形似积分电容,跨接在输出端和反相输入端之间。开关 K_1 用于选择匹配电缆的特性阻抗。

4. 其他各放大节

FH1002A 型线性脉冲放大器的五个放大节电路的基本形式是相同的,只是第一放大节输入级采用了双端输入的差动放大器,其他四节的输入级均为单管放大器。第一放大节放大后的信号经微分和极零相消网络加到第二放大节。其原理也如图 2-25 所示,$R_{20} \sim R_{27}$ 构成极零相消网络,通过开关 K_3 来控制是否接入。调节第二放大节反馈支路的 R_{V1} 使之适应后沿大于 $35\mu s$ 的输入信号。极零相消可使信号经微分后不产生反向电压而单调地回到基线上,因此改进了放大器的抗幅度过载和计数率过载能力,使之适用于高分辨率和高计数率的分析测量设备中。

第二、三放大节为两个增益级,通过改变二级输入电阻来粗调放大倍数,改变第二级反馈电阻 R_{V2} 来细调放大倍数。

第四、五放大节为两个积分级,每个积分级由输入 RC 网络和反馈 RC 网络实现二次积分,四次积分由波段开关 BK_3 统调积分时间常数。使用四次积分可保证在相等的微分、积分时间常数下,使脉冲波形近似对称,呈准高斯型,进而得到较好的信噪比。图 2-50 所示为二次积分电路的原理图,输入端积分电路的时间常数 $\tau_1 = R_1C_1/2$,反馈网络积分电路的时间常数 $\tau_2 = (R_2 + R_3)C_2$,且 $\tau_1 = \tau_2$。

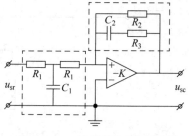

图 2-50　二次积分电路原理图

整个放大器仅在第一放大节输出(通过 C_9)和第二放大节输出,采用了两个交流耦合,且耦合电容很大,输入、输出以及其他各级间都是直流耦合,这使得放大器适于在高计数率下工作。输出端直流电平基本为零,从而可与后续电路如单道分析器等进行直流耦合。

每个放大节除有很深的直流负反馈和交流负反馈外,从第五放大节输出到第三放大节输入也加有直流负反馈,从而保证了直流工作点的稳定、放大倍数的稳定和较好的线性。

2.8.3　BH1218 型线性脉冲放大器

BH1218 型线性脉冲放大器是一个单位宽度的 NIM 标准核仪器插件。它主要用于闪烁探测器、正比计数管、裂度室及半导体探测器等输出信号的成形和放大,除具有 FH-1001A、FH-1002A 放大器的一般特性外,还具有更好的线性和稳定性,是取代以上两种放大器的升级换代产品。

1. 主要技术指标

（1）放大倍数：5～750 倍连续可调。

长期稳定性：不大于 0.1%。

温度稳定性：不大于 $0.02℃^{-1}$。

积分非线性：不大于 0.2%。

折合到输入端的噪声：不大于 $15\mu V$。

（2）过载：过载 200 倍，在 2.5 倍非过载脉冲宽度处恢复至基线的 2%。

（3）输入/输出：输入极性为正或负；输出极性为正；输出阻抗 50Ω；

（4）成形时间常数（μs）：0、0.5、1、2、3、4、5、6。

（5）使用环境：仪器在相对湿度为 90%（30℃）条件下能正常工作。

2. 电路工作原理

BH1218 型线性脉冲放大器由输入极性转换、一次微分、四级放大、积分级和基线恢复器等电路单元组成。图 2-51 所示为 BH1218 型线性脉冲放大器的电气组成框图，图 2-52 所示为 BH1218 型放大器的电路原理图。

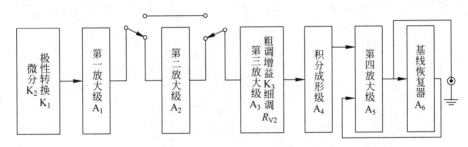

图 2-51　BH1218 型线性脉冲放大器电气组成框图

微分成形：来自探测器或前置放大器的信号在被进一步放大之前，首先要经过一次微分和极零相消成形补偿网络，通过调节波段开关 K_2，可以得到大小为 $0\mu s$、$0.5\mu s$、$1\mu s$、$2\mu s$、$3\mu s$、$4\mu s$、$5\mu s$ 和 $6\mu s$ 等不同的微分时间常数，从而可得到不同宽度的脉冲信号。K_2 处于"0"位置时，给出的是与输入脉冲相等的衰减时间。通过调节电位器 R_{V1} 可消除微分后的后沿。

第一放大级 A_1 与极性转换：经微分成形后的信号通过极性转换开关 K_1 加到第一放大级 A_1 的输入端。当输入信号极性为负时，通过 K_1 从 A_1 的反相端输入，输出正极性，其放大倍数由 R_9、R_{10} 决定。当输入信号极性为正时，从 A_1 的同相端输入，输出正极性，其放大倍数由 R_{11}、R_{12}、R_9 和 R_{10} 决定。不论输入信号为正或是负，输出都是正极性，且具有相同的增益。

第二放大级 A_2 与增益粗调：增益粗调分六挡——10、20、50、100、200 及 500，用波段开关（K_3）实现。增益粗调为 10、20、50 挡时，断开第二放大极 A_2，A_1 的输出越过 A_2 与 A_3 的反相端相接。增益粗调为 100、200、500 挡时，A_1 的输出与 A_2 的同相端相接，A_2 为同相放大器，信号不倒相，其放大倍数由 R_{14} 和 R_{15} 决定。

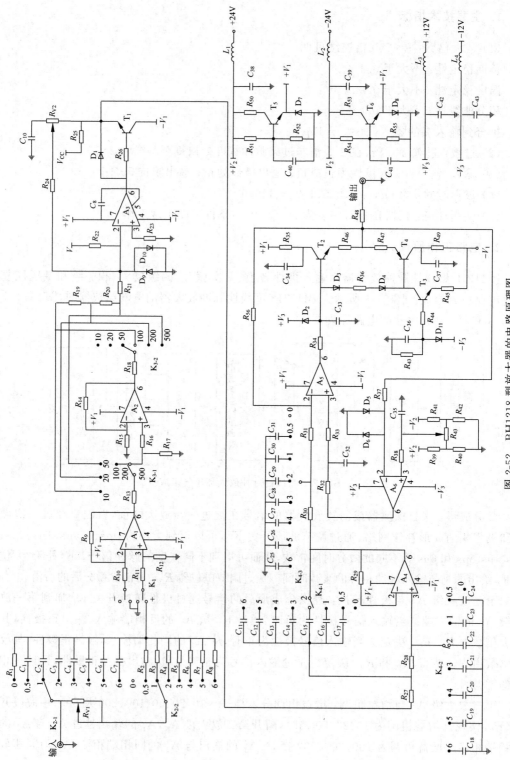

图 2-52　BH1218 型放大器的电路原理图

第三放大极 A_3 与增益调节：A_3 构成反相放大级。为提高对下级（积分级容性负载）的驱动能力，A_3 经跟随器 T_1 输出信号。通过波段开关（K_3）可以改变 A_3 反相输入端的输入电阻 R_{19}、R_{20} 和 R_{21}，从而改变放大倍数，实现对增益的粗调。通过调节电位器 R_{V2} 可实现增益的细调。

积分成形级 A_4：电路的积分成形级是一个有源积分器，同相输入，同相输出。该电路由三级积分成型电路组成，分别位于输入回路、反馈回路和输出回路。通过波段开关（K_4）可以改变积分电路的时间常数，以获得不同的脉冲宽度和较好的信噪比。积分时间常数可分别取为 $0\mu s$、$0.5\mu s$、$1\mu s$、$2\mu s$、$3\mu s$、$4\mu s$、$5\mu s$ 和 $6\mu s$，K_4 处于"0"位置时，上升时间为 $0.05\mu s$。

第四放大级 A_5：A_5 为反相放大级，其放大倍数由 R_{56}、R_{30} 和 R_{31} 决定。为了提高 A_5 输出的负载能力，A_5 经由 T_2、T_3 和 T_4 组成的互补跟随器输出，电路形式与图 2-49 类似。输出极性为正，输出电阻为 50Ω。

基线恢复器 A_6：基线恢复器是为保证输出直流电平的稳定而设置的，A_6 与 A_5 构成负反馈回路。当输入信号的基极电位偏移时，例如 A_5 的反相端产生负偏移时，则在 A_5 的输出端就会产生正向偏移，该正向偏移反馈到 A_6 的反相输入端，这就使 A_6 的输出端即 A_5 的同相输入端产生负向偏移，差分放大器两输入端向同方向变化，输出减小，从而达到了稳定输出直流工作点的效果。通过调节电位器 R_{V3} 可改变放大器输出的直流电平。

3. 工作状态调节

输入信号：输入极性转换开关应与输入脉冲信号的极性一致。当输入正脉冲时，开关与正向接通；当输入负脉冲时，开关与负向接通。这样就能保证输出极性为正。

增益调节：

粗调：当将微分、积分电路的时间常数设置为相等时，增益粗调分为 10、20、50、100、200、500 六挡。

细调：从 0.5 到 1.5 连续可调，与粗调结合放大器总增益在 5～750 范围内连续可调。

微分控制及极零补偿：微分成型电路的时间常数可以通过波段开关（K_2）来设置，其值为 $0\mu s$、$0.5\mu s$、$1\mu s$、$2\mu s$、$3\mu s$、$4\mu s$、$5\mu s$ 和 $6\mu s$。极零补偿适用于衰减时间大于或等于 $50\mu s$ 的脉冲，对于不同衰减时间的脉冲，可调节极零补偿电位器，以得到最佳脉冲。

积分控制：积分控制通过波段开关（K_4）来设置，积分时间常数也为 $0\mu s$、$0.5\mu s$、$1\mu s$、$2\mu s$、$3\mu s$、$4\mu s$、$5\mu s$ 和 $6\mu s$。用户可根据具体工作要求选择适当的微、积分时间常数，以获得最佳的信噪比、过载性能和分辨率。

输出：一般来说，线性脉冲放大器的输出脉冲极性应为正，这也是一般的共同要求。当需要负脉冲输出时，若输入脉冲为正，则极性转换开关放在"－"位置；若输入脉冲为负，则极性转换开关放在"＋"位置。

注意事项：输入为直流耦合，最大直流工作电压不能超过 $15V$，第一级最大输入脉冲不得超过 $2.5V$，否则将使第一级饱和，从而产生非线性。放大器的输出也为直流耦合，输出端的静态电压近似为零。

2.9 线性集成电路的应用

2.9.1 线性集成电路的基本用法

线性集成电路是一种输入信号与输出信号成比例关系的模拟集成电路,也常被直接称为运算放大器。线性集成电路使用灵活方便,只需外接少量元件就可实现多种多样的功能,因此得到广泛的应用。线性集成电路在实际应用中,总是在输出端和反相输入端接入反馈电阻构成闭环工作状态。在核仪器中常用的几种基本电路包括反相放大、同相放大、差值放大、积分和微分等。

1. 反相放大器

反相放大器是指输入信号与输出信号相位相反的放大器,也称倒相放大器,如图 2-53 所示。输入信号经偏置电阻 R_1 加至反相输入端,反馈电阻 R_2 接在输出端和反相输入端之间构成反馈。图中 R_3 为同相输入端偏置电阻,为同相端提供基极电流通路,通常取 $R_3 = R_1 /\!/ R_2$,这可使输入偏置电流失调的影响降至最低。当运算放大器输入阻抗很高时,反相放大器的放大倍数 K 为

$$K = \frac{R_2}{R_1} \tag{2-21}$$

如果取 $R_1 = R_2 = R, R_3 = R/2$,则放大倍数为 $K = -1$,反相放大器将变为倒相器,如图 2-54 所示。

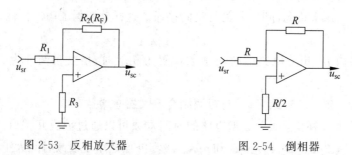

图 2-53 反相放大器   图 2-54 倒相器

如果在图 2-53 的反相输入端再加一路输入信号,反相放大器将变为加法器,如图 2-55 所示。加法器的输出电压 u_{sc} 为两路输入信号放大后之和,当输入偏置电阻 $R_1 = R_1'$ 时,加法器的输出电压 u_{sc} 为

$$u_{sc} = -(u_{sr1} + u_{sr2}) \frac{R_2}{R_1} \tag{2-22}$$

输入信号可正可负,相互之间没有影响,也可进行多路相加。

2. 同相放大器

同相放大器是指输入和输出相位相同的放大器。如图 2-56 所示,输入信号 u_{sr} 经偏置电阻 R_3 接到同相输入端,并取 $R_3 = R_1 /\!/ R_2$。同相放大器的放大倍数也仅与电阻比值有

关,可表示为

$$K = 1 + \frac{R_2}{R_1} \tag{2-23}$$

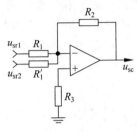

图 2-55 加法器

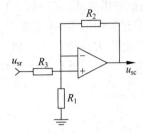

图 2-56 同相放大器电路原理图

如果取 $R_3 = R_2$ 并去掉 R_1,则同相放大器将变为(电压)跟随器(如图 2-57(a)所示),也可去掉所有电阻构成跟随器(如图 2-57(b)所示)。跟随器与同相放大器相同,均具有极高的输入电阻。

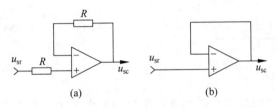

(a)　　　　　　(b)

图 2-57 跟随器电路

3. 差值放大器

差值放大器也称减法器,它与加法器正好相反,对两个输入信号进行的是减法运算。差值放大器电路如图 2-58 所示,两输入信号分别加到运算放大器的同相输入端和反相输入端,将双端输入的差值信号变换成单端输出信号,并对共模信号有很高的抑制能力。差值放大器的输出电压 u_{sc} 为

$$u_{sc} = (u_{sr2} - u_{sr1}) \frac{R_2}{R_1} \tag{2-24}$$

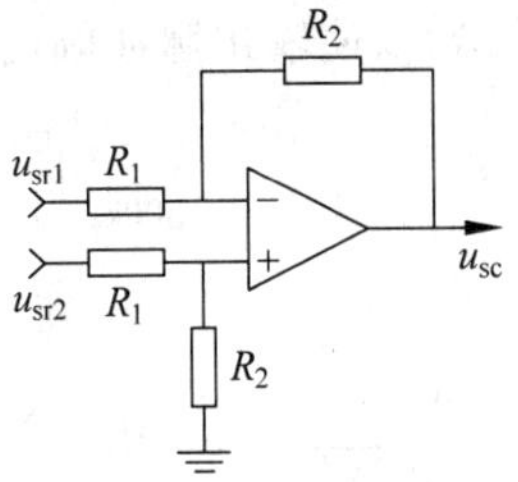

图 2-58 差值放大器电路原理图

2.9.2 核仪器中常用的几种运算放大器

所有的运算放大器都可作电压放大器或直流放大器,但并非所有的运算放大器都可作脉冲放大器,只有那些响应速度快的高速运算放大器才可作线性脉冲放大器,以获得较快的上升时间。

(1) INA110 是一种场效应管作输入级的运算放大器,它具有较好的动态响应和精度、极高的输入阻抗、极低的输入偏置电流。内部增益电阻可提供 10、100、200、500 的固定增益,通过外接增益电阻可提供任意增益。由于它响应时间快,因此是高速或多路数据采集系统的理想放大器。它适用于多路输入数据采集系统、快速差模脉冲放大器、高速增益模块、

高阻抗放大器、信号源内阻很高及输入级有低通滤波器的电路。

图 2-59 所示为 INA110 双列直插式引脚功能图,其基本接法如图 2-60 所示。增益电阻端 3(RG 端)与 13(×10)、12(×100)、16(×200)、11(×500)中的一个相连,可选择不同的固定增益。电源电压可从 ±6V 到 ±18V,正负供电需就近滤波。在一般应用时可不外接调整电路,如需调整失调电压时,通常只需调整 R_1 和 R_2 其中之一即可:在高增益($G>100$)时,调输入失调电阻 R_2(接在 4、5 脚之间);在低增益时,调输出失调电阻 R_1(接在 14、15脚之间)。失调电压的调整会增加漂移,通常可不加。

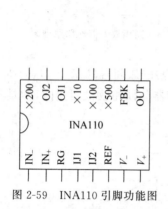

图 2-59　INA110 引脚功能图

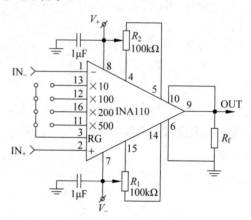

图 2-60　INA110 的基本接法

图 2-61 所示为用于闪烁探测器的含有 INA110 运算放大器的脉冲电压放大器电路原理图。输入信号 u_{sr} 为 50～70mV,加到反相输入端,取 $G=100$,输出脉冲极性为正,幅度为5～7V。其后接电压比较器 LM311,调节甄别器的甄别阈可以剔除噪声和干扰信号,以获得核辐射射线的积分强度。电压比较器 LM311 的供电由电压变换器 LP2950 输出的 +5V供给,以使输出脉冲幅度与 TTL 电平兼容。

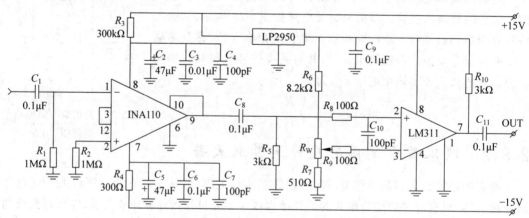

图 2-61　INA110 用于脉冲放大的应用电路

(2) A275 是一款脉冲放大器,图 2-62 所示为其引脚功能图。图 2-63 所示为由三级A275 脉冲放大器构成的主放大器的电路原理,输入信号来自电荷灵敏前置放大器 A250 并经极零相消后给出。

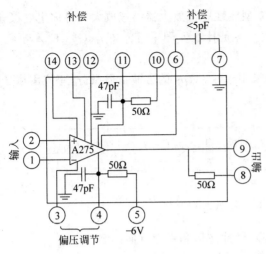

1—反相输入端

2—同相输入端

3—对4脚偏压调节，外加$R>3\mathrm{k}\Omega$

4—$-V_s$，直接接入

5—$-V_s$，通过内部50Ω和47pF退耦滤波

6—对7脚补偿，外加$C(0\sim5\mathrm{pF})$

7—外壳和地

8—通过内部50Ω输出

9—直接输出

10—$+V_s$，通过内部50Ω和47pF退耦滤波

11—$+V_s$，直接接入

12~14—补偿：$G>10$短路；$G<10$开路

图 2-62　A275 引脚功能图

（3）A225 是高性能的电荷灵敏前置放大器与成形放大器混成的薄膜芯片，它与 A206 电压放大器/低电平甄别器组合可构成非常简单又非常紧凑的线性脉冲放大器，非常适合便携式多道分析器。

高斯成形放大器 CR-200 与电荷灵敏前置放大器 CR-110 组合可非常容易地组成一个放大测量系统。这类放大器在第 1 章中已经介绍，这里不再重复。

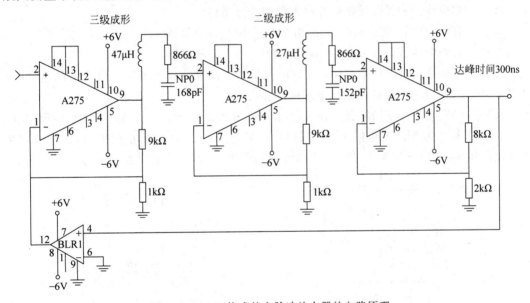

图 2-63　A275 构成的主脉冲放大器的电路原理

习　题

2.1　参照图 2-41，定性分析 FH-430 型线性脉冲放大器基本放大节的工作原理和电路特点，并指出图中 $C_{11}\sim C_{16}$ 和 D_{11}、D_{12} 的作用。

2.2 参照图 2-44,定性分析 FH-430 型线性脉冲放大器第三放大节对称集电极输出电路的工作原理。该电路有几个公共负载？各是什么？图中 T_{14}、C_{25}、C_{28}、C_{26} 与 C_{27}、R_{42} 与 C_{24}、D_{13} 与 D_{14} 各起什么作用？

2.3 图 2-64 中的几个 RC 电路,如果用于 $t_k = 1\mu s$ 的方波信号微分,应该用哪个电路？如果耦合到放大器输入端则应该用哪个电路？

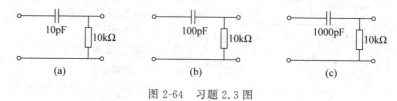

图 2-64 习题 2.3 图

2.4 微分、极零相消、积分成形电路对脉冲波形和噪声有何影响？

2.5 图 2-65 所示的电路中,当探测器输出的等效电流源为 $i(t) = I_0 e^{-\frac{t}{\tau}}$ 时,求此脉冲电流源在探测器输出回路上的输出波形,并讨论 $R_0 C_0 \gg \tau$ 的情况。

2.6 放大器的输入耦合电容对放大电路有何影响？

2.7 放大器的输出电容对放大电路有何影响？

2.8 如何提高线性脉冲放大器的抗幅度过载能力？

2.9 如何减小放大器的外部干扰？

2.10 如何改善和提高线性脉冲放大器的线性指标？

2.11 有两个信号 U_{sr1} 和 U_{sr2},画出 $2(U_{sr1} + U_{sr2})$ 的电路。

2.12 有两个信号 U_{sr1} 和 U_{sr2},画出 $4(U_{sr1} - U_{sr2})$ 的电路。

2.13 用运算放大器的形式简化 FH1002A 型线性脉冲放大器第一放大节的电路(参考图 2-49),并标出起主要作用的几个元件的参数。

2.14 参照图 2-63,用 INA110 作脉冲放大器,画出放大倍数为 200 的放大电路的原理图。

2.15 图 2-66 所示为高输入阻抗双运算放大器 LF412 的引脚功能图。电流电离室采用正高压供电,输出电流为 $1.2 \times 10^{-8} A$,画出输出为 4.8V 的电路并标清脚号。

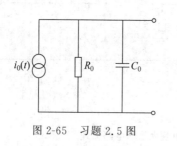

图 2-65 习题 2.5 图

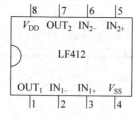

图 2-66 习题 2.15 图

2.16 如果探测器的反向漏电流 $I_D = 10^{-8} A$,后级电路的频率宽度为 5MHz,那么其散粒噪声是多少？

2.17 微分成形电路放在线性脉冲放大器的什么位置好,为什么？

2.18 线性脉冲放大器的主要技术指标是什么？

第 3 章

单道脉冲幅度分析器

脉冲幅度分析器是用来测量核辐射探测器输出脉冲幅度分布的仪器。多数探测器输出脉冲信号的幅度与入射辐射的能量成正比,经前置放大器和线性脉冲放大器后,输出脉冲信号的幅度分布反映了核辐射的能量分布,即反映了核辐射的能谱。分析输出脉冲信号的幅度就可以了解入射辐射的能量。脉冲幅度分析器置于线性脉冲放大器之后(如图 2-1 所示),将输出的脉冲信号按其幅度大小加以分类,并记录每类信号的数目用于分析。

脉冲幅度分析器分为两类,只测量一个幅度间隔内的脉冲的分析器称为单道脉冲幅度分析器,能同时对多个幅度间隔(或者把待分析的整个幅度范围划分为若干个间隔)进行分析测量的分析器称为多道脉冲幅度分析器,而将被分析的幅度间隔的大小称为道宽。多道脉冲幅度分析器将在第 8 章进行介绍,本章主要介绍单道脉冲幅度分析器,而以单道脉冲幅度分析器为核心组成的能谱仪叫单道能谱仪或单道谱仪。

3.1　脉冲幅度甄别器概述

甄别器或鉴别器电路是核电子仪器中很常用的电路,它的作用是对探测器的输出脉冲信号加以鉴别。鉴别的内容主要有两个方面:脉冲幅度鉴别和脉冲波形鉴别。能完成幅度鉴别作用的电路叫幅度鉴别器;能完成波形鉴别作用的电路叫波形鉴别器。

脉冲幅度甄别器的作用就是将幅度超过(或低于)某一设定电平的输入脉冲信号转换成幅度和宽度符合一定标准的输出脉冲信号,而将低于(或超过)此电平的任何输入脉冲信号予以剔除。多数探测器的输出脉冲幅度与入射辐射的能量成正比关系,因此脉冲幅度甄别器是能谱测量中不可缺少的一部分电路。用于核辐射测量设备中的脉冲幅度甄别器通常设有一个可调节的阈电压 U_y,称为甄别阈。当输入脉冲幅度 $u_{sr} < U_y$ 时,甄别器不被触发,无输出;只有当 $u_{sr} \geq U_y$ 时,甄别器才会有输出,如图 3-1 所示。

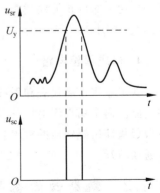

图 3-1　脉冲幅度甄别器的输入与输出信号

3.1.1 脉冲幅度甄别器的作用

1. 精确测量脉冲幅

如果用示波器直接对脉冲信号进行观测,测量的精度通常不会很高。利用脉冲幅度甄别器可将对脉冲信号幅度的测量转化为对直流电压的测量,提高测量精度。将待测脉冲信号加到甄别器的输入端,调节甄别阈 U_y 使输出端刚好有输出,这时 U_y 的大小就代表了输入的脉冲幅度 u_{sr}。为了便于测量阈电压,实际使用的甄别器大多利用带有刻度盘的精密多圈线绕电位器来调节阈电压,电位器刻度盘可以直接显示出阈电压 U_y 的数值,非线性误差一般小于 $\pm 0.1\%$。

2. 剔除干扰和噪声

放大器的输出信号总是伴随有小幅度的干扰信号和噪声信号,在进行计数或强度测量时,干扰和噪声信号是不应当被记录的。如果在放大器之后或计数电路之前增设一个脉冲幅度甄别器,通过适当调节甄别阈电压,就可将小幅度的干扰和噪声信号去除。考虑到脉冲幅度分布的统计性,甄别阈的大小选择要适当,过大容易损失小幅度的有用信号,过小则不易剔除干扰和噪声,两者需兼顾。实际应用时,通常利用示波器粗略地观测放大器的输出信号,大致确定出干扰和噪声的幅度界限。

3. 测量脉冲幅度分布的积分谱

利用甄别器测量脉冲计数率与幅度的关系可以得到脉冲幅度分布的积分曲线。测量时,由小到大逐次等间距改变甄别阈 U_y,在不同的甄别阈 U_y 下,测量出在相同的时间间隔 Δt 内脉冲幅度 $u_{sr} \geqslant U_y$ 的脉冲总数 N,由此可以得出计数率

$$n = \frac{N}{\Delta t} \tag{3-1}$$

脉冲个数 N 或计数率 n 是随 U_y 的增大而逐渐减小的。脉冲幅度分布的积分曲线指的就是 n(或 N)随 U_y 的变化曲线,如图 3-2 所示。

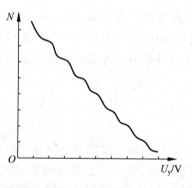

图 3-2 脉冲幅度分布的积分曲线

4. 构成报警电路

在工业用检测仪表和射线剂量仪器中常附有报警电路,利用甄别器可很容易地组成这种电路。通常用直流电压信号来触发甄别器,当信号高于或低于某一确定值(即甄别阈,也叫报警阈)时,甄别器的输出状态(由低到高或由高到低)发生改变,进而可控制报警信号的接通或断开。

3.1.2 甄别器的基本要求

1. 甄别器的灵敏度

甄别器的灵敏度是指能甄别的最小脉冲幅度。灵敏度既受甄别电路回差的限制,也受

干扰和噪声的限制。通常,对灵敏度的要求并不太高,以免甄别器被干扰信号触发,输出假脉冲。有些情况下,也希望甄别器的灵敏度高些,这样可扩大甄别小幅度脉冲的下限范围,也可对前级的放大倍数要求低一些。

2. 甄别阈的调节范围

甄别阈的调节范围应该覆盖待测量的脉冲信号幅度的整个范围,即调节范围应由待测量幅度范围的上、下限来决定。甄别阈的最大值主要受甄别器晶体管发射结反向击穿电压的限制,一般在 5～7V,最大甄别阈通常取 5V。当输入脉冲幅度上限为 10V 时,可在甄别器前加一级 2∶1 的衰减器。

在实际应用中,往往还需要关注甄别阈上限与下限的比值,该比值越大,对灵敏度的要求越高。

3. 甄别阈的稳定性

甄别阈作为测量信号幅度的基准应当很稳定,如不稳定会带来额外的测量误差。造成甄别阈不稳定的主要因素是环境温度的变化。通常用甄别阈的温度系数,即温度每变化 1℃引起的甄别阈的平均变化量来衡量甄别阈的稳定性。一般甄别器的温度系数通常为 0.1～2.0mV/℃。

甄别阈的供电稳定性也很重要,通常要将电源电压经高稳定性稳压管稳压后,再为甄别阈供电。

4. 甄别阈的线性

甄别阈的线性不好会使测量的幅度分布产生畸变,产生非线性的原因往往是调阈的多圈电位器及其刻度盘的精度不够,或者甄别器电路本身的影响。甄别阈的非线性一般为 ±10%左右。

5. 高计数率对甄别器的影响

甄别器的输入脉冲一般是经 RC 耦合电路加入的。当计数率发生变化时,加在电容上的平均直流电压也会随之发生变化。即使是等幅脉冲输入,通过电容 C 后,脉冲正向部分的高度也会发生变化,所导致的结果就像甄别阈随计数率的变化发生了变化一样。另外,甄别器被触发后总是需要恢复时间的,在恢复时间内触发灵敏度也会变化。因此,当计数率很高以致后一个输入脉冲会在触发器的恢复时间内到达时,所造成的结果也如同甄别阈发生了变化一样,严重时会漏记。在高计数率下使用甄别器应采取适当措施以尽量减少可能产生的能谱畸变和计数误差,例如,FH-441 型单道脉冲分析器中,在衰减器之后就加了一级基线恢复器,详见 3.4 节。

6. 甄别器对不同波形输入脉冲的适应能力

甄别器测量不同波形的输入脉冲时,其测量准确度是不同的,这是由于甄别器存在翻转时间的原因,脉冲波形(很宽、很窄、前沿快、前沿慢、尖顶、平顶等)不同,触发甄别器的超阈电压也不同,其后果相当于甄别阈随输入脉冲波形的变化而改变。在实际测量中,应根据具体的测量要求有针对性的解决,如采取适当的成形电路等。

7. 甄别器对过载脉冲的适应能力

甄别器输入的脉冲幅度是不均齐的,有大有小,当测量小幅度脉冲时,那些伴随的大幅度脉冲往往会使甄别器的阈值在一段时间内发生变化,甚至在一段时间内不能正常工作。对此在电路设计和选择上应予以充分考虑。

8. 甄别器的输入阻抗

甄别器的输入阻抗应尽量高些,以免对前级电路产生影响。

3.1.3　脉冲幅度甄别器的种类

甄别器的种类很多,有跟随触发器(施密特触发器)、二极管甄别器、截止差值放大器、电压比较器等。作为例子,下面我们重点介绍由分立元件组成的跟随触发器和集成电路电压比较器。

1. 跟随触发器

跟随触发器是最常用的一种幅度甄别器,也称为施密特触发器。

1) 跟随触发器的工作原理

图 3-3 所示为一种典型的跟随触发器电路,它是以两个三极管为基础构成的,二者共用一个射极电阻 R_e。它与一般的单稳态和双稳态电路有相似之处,静态时都是一个晶体管导电,一个晶体管截止。

（1）初始状态

初始稳态时,跟随触发器可看成两个分别由晶体管 T_1、T_2 构成的放大器,两管共用一个发射极电阻 R_e。电路的初始状态是 T_1 截止,T_2 导通。当晶体管 T_1 截止时,T_2 的基极电阻为 $R_{c1}+R_1$,工作点是由 $R_{c1}+R_1$ 和 R_2 构成的分压器及电阻 R_e 决定

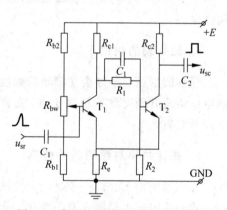

图 3-3　典型的跟随触发器电路原理图

的。为得到稳定的甄别阈电压,T_2 通常不工作在饱和状态而是工作在临近饱和的放大区。为了使甄别阈有较大调节范围,应选用阻值较大的电阻 R_e 使 U_{e2} 较大。要使 T_1 截止,T_1 发射结应加反向电压,即

$$U_{b1} < U_{e1} = U_{e2} = U_e \tag{3-2}$$

电路的甄别阈 U_y 可表示为

$$U_y = U_0 + U_{be1} = U_0 + (U_{e1} - U_{b1}) \tag{3-3}$$

式中,U_0 为晶体管 T_1 导通的阈电压,对于硅型晶体三极管,$U_0 = 0.5\text{V}$;对锗型晶体三极管,$U_0 = 0.2\text{V}$。

（2）触发过程

当输入信号 $u_{sr} \geqslant U_y$ 时,T_1 导电,使 i_{c1}、i_{e1} 增大,u_{c1} 下降,通过 R_1 和 R_2 分压使 U_{be2}

明显下降,同时也使 I_{c2} 下降。此时 I_{c1} 和 I_{c2} 都通过 R_e 产生压降,$U_e = (I_{c1} + I_{c2})R_e$。在正常情况下,由于 T_2 的放大作用,I_{c2} 的减少量的大小比 I_{c1} 的增加量大,即 $\Delta I_{c2} > \Delta I_{c1}$,因此 U_e 下降。对 T_1,由于 u_{sr} 是给定的,U_e 下降,U_{be1} 上升,导致 T_1 迅速导电、T_2 迅速截止,U_{c2} 由低电平迅速变成高电平。

这一过程是一个正反馈过程,是由 U_e 下降引起的。在 u_{sr} 刚达到 U_y 的瞬间发生极快的翻转过程,翻转后如果 u_{sr} 依然超过 U_y,电路就不会返回初始状态。

两晶体管共用的发射极电阻 R_e 在电路中也起到了正反馈作用。如果用 K 表示无反馈电压放大倍数,F 表示反馈系数,对于加有正反馈的跟随触发器,当 $KF < 1$ 时,它实际上是一个放大器;当 $KF \geqslant 1$ 时,它才是一个真正的触发器。实际使用中,两晶体管不是处于截止状态就是导通状态,具体计算 K、F 与电路参数的关系并不必要,定量表示 KF 的大小,只是说跟随触发器如果没有正反馈或正反馈很弱,它就成为放大器了。R_e 起正反馈或负反馈作用取决于电路的具体形式和电路参数。

为了使电路中的正反馈充分发挥作用,除了要求 R_e 的阻值足够大之外,也要求 R_{c1} 的阻值足够大。

(3) 返回过程

当输入信号 u_{sr} 减到阈电压 U_y 时,电路还不能立即返回到初始状态,只有当 u_{sr} 减小到比阈电压 U_y 还低 ΔU 的一定电压时,电路才会发生与触发过程方向相反的快速翻转过程,如图 3-4 所示。这一延迟现象叫作跟随触发器的滞后现象,而 ΔU 称作滞后电压或回差,是两次翻转所对应的输入电压之差,其大小通常在几十毫伏至几百毫伏之间,并因具体电路而异。

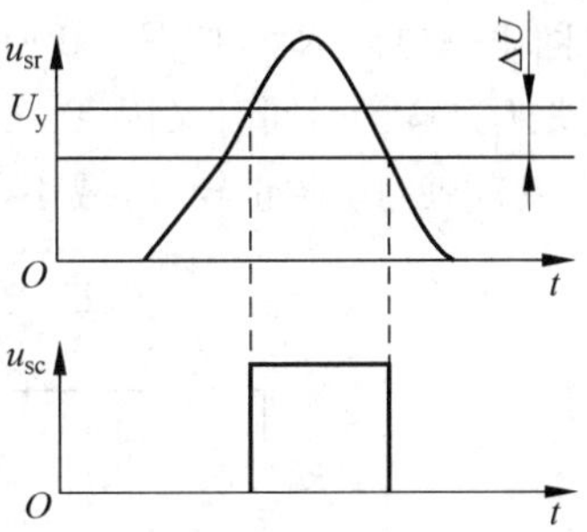

2) 滞后现象

(1) 滞后现象的产生

在初始状态,当 u_{sr} 上升到接近 U_y,电路即将翻转但尚未翻转时,$U_{e1} = U_{e2} = U_e$,其值由 I_{e2} 给出,此时,晶体管 T_2 的 $U_{be2} = U_{b2} - U_e = 0.7\text{V}$,$U_{b2}$ 是由 $R_{c1} + R_1$ 与 R_2 构成的分压器从电源 E 分压获得的。

翻转后,当 u_{sr} 从大于 U_y 的值减小到接近 U_y 时,U_e 虽有变化但与初始值相差不多,可视为不变,但 U_{b2} 却比初始值低很多。由于 T_1 导通,因此有

$$u_{c1} = E - i_{c1}R_{c1} < E \tag{3-4}$$

被电阻 R_1 与 R_2 分压的不是电压 E,而是 $E - i_{c1}R_{c1}$,这就使得 U_{b2} 明显低于其初始值。这时 $U_{be2} = U_{b2} - U_e$ 不仅低于 0.7V,甚至要比导电阈 0.5V 还要低,因此晶体管 T_2 并不能导通。

只有当 u_{sr} 降到 U_y 以下,并比 U_y 还低一个滞后电压 ΔU 时,U_{be1} 减小,i_{c1} 减小,u_{c1}、U_{b2} 上升,同时 U_e 也随 i_{c1} 的减小而减小,使 $U_{be2} \geqslant U_0 = 0.5\text{V}$,$T_2$ 才能导通。在正反馈作用下,T_2 迅速导通、T_1 迅速截止,回到初态。

从上述过程可以看出,滞后的产生是由于触发后,导通管 T_2 截止过深、发射结上的反向电压过大造成的。滞后现象与正反馈有着密切联系,是电路内部因素造成的,不能完全消除,只能在一定程度上减小。

图 3-4 跟随触发器返回过程的信号变化

（2）减小滞后电压的方法

采取适当措施,尽量减少回差 ΔU 对提高幅度甄别器的性能是很重要的,甄别器所能鉴别的最小电压不会低于回差,减小回差可提高甄别器鉴别小幅度信号的灵敏度。针对滞后现象的产生原因,可采取以下相应措施减小回差。

① 减少 T_1 集电极电阻 R_{c1}

晶体管 T_1 的集电极电阻 R_{c1} 过大时,使回差增大,灵敏度变差。减少 R_{c1},可使翻转后 u_{c1} 比 E 降低较小,从而提高了经 R_1、R_2 分压后的电压 U_{b2},减小了 T_2 发射结反向电压。但 R_{c1} 过小,不能保证 $KF \geqslant 1$ 的条件,跟随触发器容易成为放大器。为了不增大回差,又达到 U_{c1} 变化幅度小的目的,可在 R_{c1} 上并联一个二极管和小电阻串联支路,如图 3-5 所示。

当 T_1 导电较充分时,随着 U_{c1} 下降而使二极管导通,其正向电阻 r_D 很小,两个并联支路的总电阻也就很小了（相当于减小了正反馈后 R_{c1} 的动态电阻）,从而使 U_{c1} 的下降幅度减小,而不至于使 U_{b2} 下降很多,这样既保证了回差小、灵敏度高,又没有过多地减小 R_{c1},保证了 $KF \geqslant 1$ 的条件,有利于触发和快速翻转。

② 减小触发后的 U_{e2}

为减小触发翻转后的 U_{e2},使 $U_{e2} < U_{e1}$,可在晶体管 T_1 发射极与公共的发射极电阻 R_e 之间串一电阻 R_{e1},如图 3-6 所示。这种情况下,可使晶体管 T_1 导通、T_2 截止,此时 U_e（也就是 U_{e2}）较低,同时又因 T_1 的发射极电阻加大,使 i_{c1} 减小,U_{c1} 增高,从而使 U_{b2}、U_{be2} 提高,这就使 T_2 截止较浅,减小了回差。当然,R_e、R_{e1} 也不能太大,以免变成放大器。

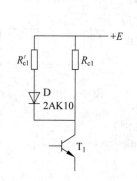

图 3-5　R_{c1} 并联二极管支路

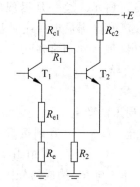

图 3-6　T_1 发射极串接电阻 R_{e1}

采用以上两种方法,都可以使正反馈的强度减弱。由于跟随触发器存在的回差现象与电路的正反馈特性有着内在联系,因此,能减弱正反馈的任何措施,几乎都能同时使电路的回差减小。

3）翻转时间

跟随触发器的触发翻转并不是在信号幅度达到条件后立即完成的,而是需要一定的翻转时间（t_F）。这是因为在触发电路内部总存在着分布电容,分布电容使电路内部隐含着积分电路,如图 3-7 所示。在翻转时,由于分布电容的充放电过程,各点电位的变化受相应的时间常数 RC 的影响,不能突然变化,而是需要一定的时间才能完成翻转。

（1）翻转时间与触发电路的内在关系

作为触发器,必须要满足的条件是 $KF \geqslant 1$。但在放大器中,即使输入的是一阶跃电压

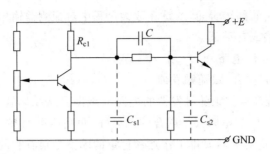

图 3-7 分布电容对跟随触发器的影响

u_{sr}，其输出电压 u_{sc} 也是从 0 逐渐增加到稳定值的，如图 2-37 所示。由于 $K = u_{sc}/u_{sr}$，因此放大倍数 K 也是从 0 逐渐增加趋于稳定值的。显然，当 $K = 0$ 或 K 为较小值时，是不能满足 $KF \geqslant 1$ 的条件的。KF 的值也会随时间变化，若在 $t = t_0$ 时 $KF = 1$，则触发器在 t_0 时刻才能满足触发条件，完成翻转。由此可见，正反馈的深度对翻转时间有很大的影响。一般来说，KF 越大，越容易做到一触即发，翻转时间 t_F 会越小，但回差也大了。

从电路参数来说，常常希望 RC 电路的积分时间越小越好。例如，要减小 $R_{c1}C_{s1}$ 的值，可以通过减小 R_{c1} 来实现，但减小 R_{c1} 会降低电路的放大倍数，影响正反馈深度。另外，过小的 R_{c1} 会使 $KF < 1$，实际上成了一个放大器，这反而使 t_F 变大。

另外，在分压电阻 R_1 上并联的加速电容 C 的作用也很大。在不连接电容 C 时，翻转时间 t_F 值很大。在电路中连接了加速电容 C 后，可使跟随触发器的翻转迅速可靠、减小翻转时间 t_F，并能改善输出波形的前后沿。加速电容 C 的容值一般取几十皮法到几百皮法。但如果加速电容的容值过大，会使分辨时间变坏，也会使回差增大。选用高频管和高速开关管对减小翻转时间也是有利的。

（2）翻转时间对窄输入脉冲的影响

探测器输出的脉冲信号通常要进行微分后再放大，因此甄别器输入的脉冲信号往往是很窄的尖顶脉冲或者三角形的脉冲，虽然其底部较宽，但上部却很窄。按照幅度来说，超出甄别阈的信号就应该能触发甄别器使其翻转，但是如果脉冲宽度小于翻转时间时，有可能电路还没来得及翻转，触发脉冲就过去了，因此甄别器还是没能正常翻转，这样的脉冲就会被漏记。要想不漏记就应使输入幅度超出阈值多一些，超出阈值部分（$u_{sr} - U_y$）叫超阈电压。所需的超阈电压与翻转时间 t_F 有关，t_F 越小，超阈电压也越小。

一般来说，当阈值和翻转时间一定时，能够触发甄别器的脉冲信号的幅度与超阈电压和阈值处的脉冲宽度的乘积有关。脉冲宽度越大，超阈电压越小；反之，脉冲宽度越小，超阈电压越大。也就是说，如果用足够宽的输入脉冲来触发甄别器时，要求的超阈电压就小，即脉冲幅度 U_{sr} 比阈值稍大就可触发，这时 $U_{sr} \approx U_y$，说明用阈值 U_y 来代表脉冲幅度 U_{sr} 是比较准确的。

如果用较窄的输入脉冲触发甄别器时，要求的超阈电压就大，即触发甄别器的输入脉冲幅度 U_{sr} 与阈值 U_y 之间就有了较大的差别，这样，用阈值 U_y 来代表脉冲幅度 U_{sr} 就会产生较大误差。

总之，输入触发脉冲的宽度不同时，为了触发翻转所要求的超阈电压并不相同。这样，用甄别阈 U_y 来确定输入脉冲幅度时，触发脉冲越窄，误差越大。减少脉冲幅度测量误差的有效方法一是减小电路的翻转时间,二是在放大过程中对探测器输出信号进行合理成形,使触发脉冲顶部圆滑一些或有平顶。

4) 跟随触发器的变形电路

(1) 交流耦合(电容耦合)跟随触发器

图 3-8 所示为交流耦合的跟随触发器的电路原理图。从晶体管 T_1 的集电极到晶体管 T_2 的基极,是通过电容 C 和电阻 R_{c1} 耦合的。另外,两晶体管的基极电压 V_{b1} 和 V_{b2} 是由同一组分压器供给的,这对灵活安排工作点和稳定的阈值是很有利的。

这个交流耦合的跟随触发器电路的工作原理与直流耦合的典型跟随触发器电路很相似,电容 C 两端的电压在触发脉冲作用期间基本保持不变,触发脉冲引起的 u_{c1} 变化由电容 C 全部耦合到 T_2 基极。

(2) 直接耦合的跟随触发器

直接耦合的跟随触发器的电路原理图如图 3-9 所示。与图 3-3 所示的典型的跟随触发器电路相比,该电路中去掉了电阻 R_1、R_2、R_{c2} 及电容 C,而在晶体管 T_2 的发射极串接了一个电阻 R_{e2},并用 R_{e1} 来调节阈值。该电路简单,还有较好的特性和很小的滞后电压。

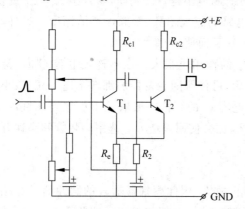

图 3-8　交流耦合跟随触发器电路原理图

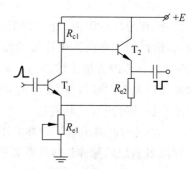

图 3-9　直接耦合的跟随触发器
电路原理图

初始时的状态是:晶体管 T_1 截止而 T_2 导通,此时有

$$E = I_{b2}R_{c1} + U_{be2} + I_{e2}(R_{e1} + R_{e2}) \tag{3-5}$$

式中 $I_{e2} \approx I_{c2} = \beta_2 I_{b2}$,于是有

$$I_{e2} = \frac{E - U_{be2}}{\dfrac{R_{c1}}{\beta_2} + R_{e1} + R_{e2}} \tag{3-6}$$

$$U_{e1} = I_{e2}R_{e1} = \frac{R_{e1}(E - U_{be2})}{\dfrac{R_{c1}}{\beta_2} + R_{e1} + R_{e2}} \tag{3-7}$$

当输入正脉冲幅度超过甄别阈电压 U_y 时,T_1 开始导通,硅管导通阈电压 $U_0 = 0.5\mathrm{V}$,甄别阈电压 $U_y = U_{e1} + U_0$。若 $U_{be2} = 0.7\mathrm{V} \ll E$,而 $\dfrac{R_{c1}}{\beta_2} \ll R_{e1} + R_{e2}$,则有

$$U_{\mathrm{y}} \approx U_0 + \frac{R_{\mathrm{e}1}E}{R_{\mathrm{e}1} + R_{\mathrm{e}2}} \tag{3-8}$$

当 $u_{\mathrm{sr}} \geqslant U_{\mathrm{y}}$ 时，T_1 导通，$u_{\mathrm{c}1}$ 降低，使 $U_{\mathrm{be}2}$ 减小，而 $i_{\mathrm{e}2}$ 减小幅度更大，从而使 $U_{\mathrm{e}1}$ 减小，这更有利于晶体管 T_1 导通，正反馈最终使 T_1 完全导通而 T_2 截止。若信号源内阻 r_{i} 的阻值比 $\beta R_{\mathrm{c}1}$ 小，则 T_1 导通后饱和。

当 u_{sr} 减小时，会使 $i_{\mathrm{c}1}$ 减小，$u_{\mathrm{c}1}$ 升高，而 $U_{\mathrm{be}2}$ 升高，于是 T_2 开始导通，此过程很快使电路恢复到初态。从开始触发到系统恢复到初态，输出一负矩形脉冲。

电路参数 $R_{\mathrm{c}1}$ 按信号源内阻 r_{i} 来选择，因触发后 T_1 饱和，$R_{\mathrm{c}1} > r_{\mathrm{i}}/\beta$，取 $R_{\mathrm{e}1} \approx R_{\mathrm{c}1}$ 可有效地减小回差。

2. 电压比较器

能够实现对两个或多个数据项进行比较以确定它们是否相等，或确定它们之间的大小及排列顺序的装置称为比较器。电压比较器就是对输入信号进行鉴别与比较的基本电路，它既可用作模拟电路和数字电路的接口，也可用作波形产生和变换电路等，它可将正弦波变为同频率的方波或矩形波。

电压比较器的基本功能是比较两个电压的大小：当"＋"输入端电压高于"－"输入端时，比较器的输出为高电平；反之，其输出则为低电平。可以说，电压比较器就是一个 A/D 转换器，但这个转换器的输出仅为一位。电压比较器通常由集成运放构成，由于比较器的输出只有低电平和高电平两种状态，所以其中的集成运放通常工作在非线性区。从电路结构上看，运放常处于开环状态，是为了使比较器输出状态的转换更加快速，以提高响应速度。一般在电路中接入正反馈。

由于集成电路电压比较器的构成电路简单、元件少、体积小、性能稳定可靠、调整方便、使用灵活，因而用作脉冲幅度甄别器可给使用带来很大方便。实际应用中，电压比较器的规格型号很多，性能各异。

电压比较器的封装多为双列直插式，管脚有 8 脚、14 脚、16 脚等形式，也有贴片式和圆帽式结构等。每个封装系统内所含电压比较器的数目也很不同，有含一个、两个、四个等不同结构。

电压比较器的供电系统有的是单电源的，有的是正负双电源的。最低电源电压有的可以是 ＋5V，个别的甚至还可以更低。电压比较器通常有两个差动输入端，一个是同相输入端（＋），另一个是反相输入端（－）。

电压比较器输出端电平是与数字电路相适应的。多数电压比较器的输出端是开路的，使用时输出端需经上拉电阻与正电源相连。也有的电压比较器含有两个互补的输出端 Q 和 $\overline{\mathrm{Q}}$，输出为一正一负，可灵活选用。

实际使用的电压比较器除了电源、两个输入端和一个输出端之外，有的还附有平衡调节、选通、频率补偿等引脚，使用时需参照产品使用说明灵活掌握和运用。电压比较器通常是工作在开环状态的。

1）电压比较器的两种输入方式

分立元件的跟随触发器多为一个输入端，输入脉冲信号和甄别阈一起加在这个输入端上；而电压比较器有两个输入端，输入脉冲信号和甄别阈通常是分别加在两个输入端上的，因此有两种接法，如图 3-10 所示。两种接法的输出极性也不相同，给使用者带来了很大方便。

图 3-10(a)所示为输入脉冲信号 u_{sr} 加在同相输入端,阈电压 U_y 加在反相输入端的情形,输出为正极性脉冲;图 3-10(b)所示为输入脉冲信号 u_{sr} 加在反相输入端,而阈电压 U_y 加在同相输入端的情形,输出信号为负极性脉冲。在具体应用中,也有将输入信号和阈电压加在同一输入端的情况。

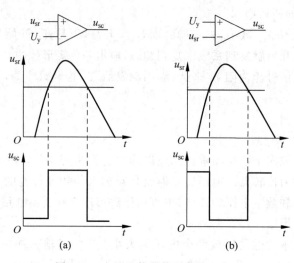

图 3-10　电压比较器的两种输入方式

(a) 脉冲信号同相端输入;(b) 脉冲信号反相端输入

2) 常用集成电路电压比较器的引脚功能

集成电压比较器的封装结构及引脚形式多种多样,封装系统内所含电压比较器的个数也不尽相同。图 3-11 所示为几种实际使用中常见的集成电路电压比较器的引脚功能示意图。

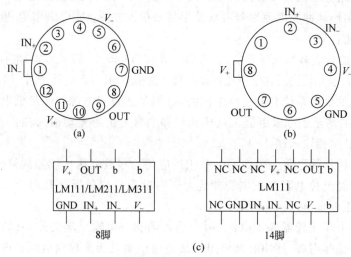

图 3-11　常见的集成电路电压比较器的引脚功能

(a) BG307;(b) J631;(c) LM111/LM211/LM311 高性能电压比较器;

(d) LM393A/LM293A/LM2903 低失调电压双路比较器;

(e) LM139A/LM239A/LM339A/LM2901/LM3304 四路单电源比较器;

(f) MC3405/MC3505 双运算放大器和双比较器;

(g) LM710;(h) MAX907/908/909 高速低功耗比较器

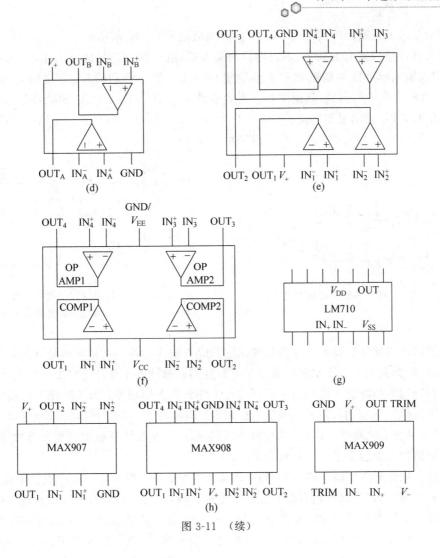

图 3-11 （续）

3.2 单道脉冲幅度分析器的工作原理

幅度甄别器可用来鉴别和测量脉冲幅度,连续改变甄别阈,还可以测出脉冲幅度分布的积分曲线,如图 3-2 所示。在能谱测量中,人们更感兴趣的常常是脉冲幅度分布的微分谱而不是积分曲线。脉冲幅度分布的微分谱是指在很小的阈值范围 ΔU_y 内,输出的脉冲数目 ΔN 与阈电压 U_y 的关系曲线。

虽然利用甄别器测得的积分曲线也可求出相应的微分谱,但过程烦琐,所得结果的误差也较大,精度低。实际应用中,可以用甄别器作为基本组成的核心单元构成所谓的单道脉冲幅度分析器,来完成微分谱的测量工作。

3.2.1 单道脉冲幅度分析器的基本组成和工作原理

单道脉冲幅度分析器是由两个甄别器(分别叫下甄别器和上甄别器)和一个反符合电路组成的,如图 3-12 所示。两个甄别器各自独立设置自己的甄别阈(阈电压、阈值),下甄别器

的阈值为 U_y，上甄别器的阈值为 U_y+U_k，两阈值之差 U_k 称为道宽。

输入脉冲信号同时加到上、下甄别器的输入端，由于脉冲信号幅度大小不一，服从统计分布，因此输入脉冲信号幅度相对上甄别阈 U_y+U_k 和下甄别阈 U_y 而言可分为三类，如图 3-13 所示。第一类信号，其幅度 U_{sr} 满足条件 $U_{sr}<U_y$（图 3-13 中的脉冲信号 1、5、6）；第二类信号，其幅度满足 $U_y{\leqslant}U_{sr}<U_y+U_k$（图 3-13 中的脉冲信号 2、4）；第三类信号，其幅度则满足 $U_{sr}>U_y+U_k$（图 3-13 中的脉冲信号 3、7）。

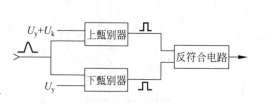

图 3-12　单道脉冲分析器基本组成框图

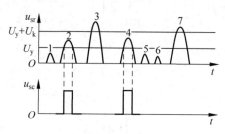

图 3-13　单道脉冲分析器的输入信号
　　　　　与相应的输出信号

单道脉冲幅度分析器的工作目的要求它只允许输入脉冲幅度落在两甄别阈之间的脉冲产生输出，而幅度大于上甄别阈或者小于下甄别阈的脉冲均不能产生输出。显然，输入幅度小于下甄别阈的脉冲既不能触发下甄别器也不能触发上甄别器；而幅度介于两甄别阈之间的脉冲则可触发下甄别器但不能触发上甄别器；但幅度大于上甄别阈的脉冲既可触发下甄别器，又可触发上甄别器。因此，只有两个甄别器，还不足以实现幅度分析所需的功能，于是在两甄别器的后面加上了一个反符合电路。

反符合电路有两个输入端，一个输入端称为"通过输入端"，它与下甄别器的输出相连；另一个输入端称为"反符合输入端"，也叫禁止输入端，它与上甄别器的输出相连。反符合电路的功能是：只有在通过输入端单独有信号时它才会有信号输出，而在其他情况下不会有信号输出。因此，反符合电路相当于一个开关控制电路，反符合输入端无信号时，它允许通过输入端的信号通过；而反符合输入端有信号时，它则禁止通过输入端的信号通过。这样，反符合电路的存在就使上下甄别器被超过其上阈的信号同时触发时，并不产生输出信号，满足了所需的脉冲幅度分析的要求。

如果把下甄别阈 U_y 从小到大等间距阶梯形改变并保持道宽不变，逐点测量输出脉冲数 ΔN，所得到的 u_{sr}（近似为 U_y）与 ΔN 的关系曲线就是脉冲幅度分布的微分曲线，它比用甄别器得到的积分曲线更适于能谱分析。

3.2.2　单道脉冲幅度分析器的基本要求

单道脉冲幅度分析器的技术要求与脉冲幅度甄别器的技术要求基本相同，稍有不同的是单道分析器必须用两个甄别器，而且要求两个甄别器的阈值不同，这样就多了一个参数：道宽（两个甄别器的阈值之差）。所以，单道分析器的技术指标中，除了甄别器的技术指标外，还多了道宽的稳定性和道宽的调节范围这两个性能指标。

道宽的稳定性是单道脉冲幅度分析器的一项重要技术指标。如果道宽不稳会使测量的脉冲幅度分布产生误差。道宽的不稳定主要是由上、下甄别阈的不稳定引起的，究其原因，主要还是因为温度的变化引起了阈值的变化,进而导致了道宽的不稳定。一般来说,道宽的变化和阈值的变化是同量级的,温度系数一般在 $0.1\sim2.0\text{mV}/℃$ 的量级。如果能设法使上、下甄别阈的变化量大小相近、方向相同,则可使道宽的变化量减小。在 FH-421 型单道脉冲幅度分析器中,甄别阈和道宽取自同一分压器,对提高道宽和阈值的稳定性是很有利的。但是,由于道宽比阈值小很多,即使道宽和阈值的变化量是同量级的,道宽的相对变化量也比阈值的相对变化量大很多。

输入脉冲的波形对道宽的稳定性也有影响。输入脉冲都有上升时间和下降时间,波形的底部宽、上部窄,如图 3-14 所示。可以看出,甄别阈不同时,所对应的脉冲宽度会有很大的不同。随着阈值 U_y 的增加,超阈部分的宽度随电位的升高而逐渐变窄,而对输入脉冲上越窄的区域,甄别器所需的超阈电压就会相应地越大。而上、下甄别器的甄别阈并不相同,因而所需的超阈电压也不同,结果就相当于道宽发生了变化。减小上、下甄别触发器的翻转时间,提高对窄脉冲的适应能力,可以有效地减小甄别阈的变化对道宽的影响。

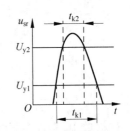

图 3-14 输入脉冲超阈宽度与阈值的关系

道宽的调节范围要与具体的测量任务相适应,在一般的能谱测量中,道宽的调节范围在零到零点几伏就足够了,而在某些工业测量中,道宽的调节范围需要在零到几伏的区域,有时需要的道宽范围甚至更大。

3.2.3 单道脉冲幅度分析器的工作方式

脉冲幅度甄别器是脉冲幅度分析器的核心组成单元,二者的技术要求类似,但二者的实际功能却有较大的差别。

脉冲幅度甄别器是一个基本的电路单元,只有一个阈电压,其功能是幅度鉴别,只有当输入脉冲幅度超过阈电压时,脉冲信号才能通过甄别器。脉冲幅度甄别器也可用于脉冲幅度分布的积分曲线测量,因此,有时把它称作积分甄别器。它不能自成体系。

单道脉冲幅度分析器的组成单元中有两个甄别器,因而有两个不同的阈电压,而上、下甄别器的阈电压之差就是道宽。单道脉冲幅度分析器的功能虽然也是幅度鉴别,但不同的是它只允许幅度介于两个阈电压之间的脉冲信号通过。这样,单道脉冲幅度分析器就能从幅度大小不等的输入脉冲中把落在道宽中的那些脉冲挑选出来。而幅度不在道宽范围之内的脉冲,则不论是大是小,一律不能通过。

当下甄别阈从小到大等间距(如等于道宽)改变,并使上甄别阈也随之改变(通常保持道宽固定不变)时,就可把所有的输入脉冲逐段地分选出来,达到脉冲幅度分析的目的。这种测量方式是在较大的辐射能量范围内,给出单位辐射能量 E 范围内的脉冲信号数量 ΔN 随 E 或者脉冲幅度 u_{sr} 的变化,得到能谱分布。单道脉冲幅度分析器的这种幅度分析方式称作微分法,所测得的脉冲幅度谱称为微分谱,因此有时它也被称为微分甄别器。实际上,通常所称的能谱指的都是微分谱。值得注意的是,与积分甄别器不同,微分甄别器通常指的是整个单道脉冲幅度分析器。

在绝大多数的单道脉冲幅度分析器产品中,在前面板或其他某个地方都设有"微分""积分"选择开关,开关拨在"微分"位置是单道脉冲幅度分析器的正常工作状态,即微分工作方式,可用于能谱测量;而开关拨在"积分"位置时,则只有下甄别器工作,此即积分工作方式,可用于积分曲线的测量或总计数强度的测量。

核辐射测量中,以单道脉冲幅度分析器为核心的单道能谱仪的组成顺序框图如图 3-15 所示。

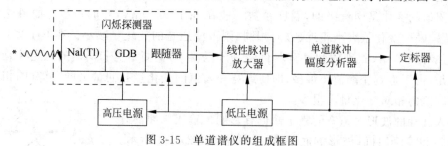

图 3-15　单道谱仪的组成框图

3.3　反符合电路

核物理中,有许多同时发生或在短时间间隔内发生并有内在因果联系的相关事件,这些事件称为符合事件。测量符合事件的电子学系统称为符合系统。相反的,有些测量则要排除这样的符合事件,这种系统称为反符合系统。

除了甄别器之外,构成单道脉冲幅度分析器的另一个重要组成单元就是反符合电路。在单道脉冲幅度分析器中,反符合电路的作用是:只允许那些幅度介于上、下甄别阈之间,也就是那些只能触发下甄别器而不能触发上甄别器的输入脉冲信号产生输出;而幅度超过上甄别阈或低于下甄别阈的那些输入脉冲信号则不能产生输出。

3.3.1　反符合电路的作用和时间配合问题

通常,输入到幅度分析器的脉冲信号并不是理想的矩形脉冲,有非零的上升时间和下降时间,形似三角波。因此,如果用跟随触发器作甄别器,当输入脉冲幅度超过上甄别阈时,两甄别器同时有信号输出,但上甄别器输出的脉冲信号 U_s 较窄,下甄别器输出的脉冲 U_x 较宽,并且比上甄别器的输出脉冲出现的早而结束的晚,不完全重叠,如图 3-16 所示。对于准高斯型的输入脉冲信号,情况也与此类似,上、下甄别器的输出信号也不能相互覆盖。上、下甄别器输出信号在时间上的这种不匹配,会影响到反符合电路功能的实现,输出虚假信号,造成单道脉冲幅度分析器给出错误结果。

由图 3-16 可以看出,在输入脉冲信号的前沿上升到超过下甄别阈 U_y 但还没达到上甄别阈 $U_y + U_k$ 的时候,下甄别器已经有了输出信号 U_x(如图 3-16(b)所示),而此时上甄别器还没有输出。这时,如果不采取进一步的控制措施,反符合电路很可能就会产生一个输出脉冲信号 U_F(如图 3-16(d)

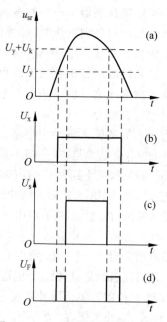

图 3-16　上、下甄别器的输出信号
(a) 输入信号;(b) 下甄别器输出信号;
(c) 上甄别器输出信号;(d) 可能的输出信号

所示），该信号直到输入脉冲信号的前沿上升到超过上甄别阈为止。

同样，当输入脉冲信号的后沿从超过上甄别阈状态缓慢下降时，也会出现类似的现象。按反符合电路设计要求，对幅度超过上甄别阈的输入脉冲信号，幅度分析器是不应该有信号输出的，但由于上升、下降时间的存在却有了输出，而且还不只是一个输出信号，而是两个，这就造成了脉冲幅度分析器的误测。

在反符合电路中，系统是根据上甄别器的输出信号（输出信号加到反符合电路的反符合输入端）与下甄别器的输出信号（输出信号加到反符合电路的通过输入端）的协同情况来控制反符合电路自身，确定其是否允许信号通过的。因此，控制的有效性是反符合电路十分重要的技术指标。

对于那些幅度超过上甄别阈的输入脉冲信号，为了有效地实现反符合控制，必须根据输入信号的特点使上、下甄别器的输出信号在时间上相互协调匹配。也就是说，必须设法使下甄别器的输出完全处于上甄别器的控制范围（宽度）之内。为了达到这样的目的，就需要对上、下甄别器的输出信号进行适当的变换和改造，比如可以将下甄别器的输出信号进行适当的成形或延时，使其能够完全被代表上甄别器输出信号的控制信号所覆盖，从而保证控制的可靠性。

由上面的分析可以看出，反符合电路的功能不仅要体现出开关控制作用，还要使上、下甄别器的输出信号形成密切的时间配合关系。

反符合电路实质上是一个时间控制电路，其实际电路形式多种多样。为了达到控制结果与待分析的输入脉冲相一致，上、下甄别器输出极性也很灵活，有的用两个正极性输出，有的用两个负极性输出，也有的用一正、一负的输出。反符合电路的最终输出极性的选择取决于反符合控制电路，有正极性输出，也有负极性输出。

3.3.2　利用串接晶体管构成的反符合电路

图 3-17 所示为 FH-421 型单道脉冲分析器的反符合电路，该电路由串接的两个晶体管 T_{11} 和 T_{12} 组成，±15V 电源供电。晶体管 T_{12} 的基极为负向偏置，T_{11} 的基极为正向偏置。常态下，T_{12} 导通，T_{11} 截止，整个串接电路是不导通的，反符合电路的输出端即 T_{11} 的集电极电平为低电平，$-15V$。

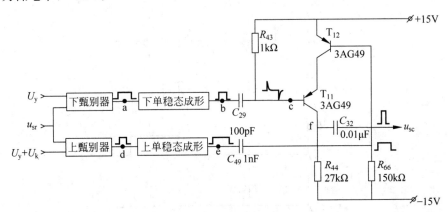

图 3-17　FH-421 型单道脉冲分析器的反符合电路

在图 3-17 所示的电路中,两甄别器的输出信号均为正极性脉冲,上甄别器的输出脉冲较窄,下甄别器的输出脉冲较宽。用甄别器的输出信号前沿去触发成形单稳态,单稳态的输出信号也均为正脉冲。下成形单稳态的输出脉冲较窄,经 C_{29}、R_{43} 微分电路加至晶体管 T_{11} 的基极,上成形单稳态的输出脉冲较宽,经 C_{49}、R_{66} 耦合电路加至晶体管 T_{12} 的基极。当输入脉冲幅度 u_{sr} 大于下甄别阈 U_y 而小于上甄别阈 U_y+U_k 时,只有下甄别器被触发,输出信号经成形微分后,前沿正尖脉冲仍使 T_{11} 截止,后沿负尖脉冲可使 T_{11} 导通,此时 T_{12} 是导通的,因此,串联电路导通,输出端电位上升,输出一正脉冲。

当输入脉冲幅度 u_{sr} 大于 U_y+U_k 时,上、下跟随触发器均被触发,上成形单稳态输出的正极性脉冲较宽,经 RC 耦合电路加至晶体管 T_{12} 的基极,使 T_{12} 截止。在 T_{12} 截止期间到来的下甄别器的信号(成形微分后的后沿负尖脉冲)被封锁,无输出。

这里的时间配合是通过成形单稳态输出脉冲的宽度不同来解决的。下成形脉冲宽度 $t_{kx}=0.5\mu s$,经微分后,负向尖脉冲比前沿晚出现 $0.5\mu s$,而上成形脉冲宽度 $t_{kx}=1\mu s$。只要输入脉冲前沿即上升时间 $t_s<0.5\mu s$,当上下甄别器均被触发时,代表下甄别器输出的负向尖脉冲就会出现在代表上甄别器输出的正向成形脉冲出现之后,结束之前,因此,能对输出起作用的负尖脉冲信号完全落在了对 T_{11} 起封堵作用的正向成形脉冲宽度之内,保证了无信号输出。

图 3-18 所示为图 3-17 所示电路中各相应点的波形图,利用这个示意图,可以更好地理解反符合电路所需的时间配合关系。

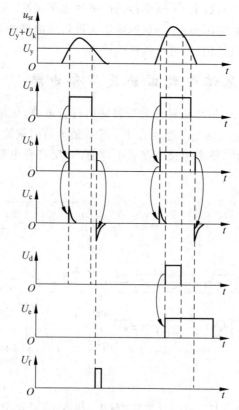

图 3-18　电路图 3-17 中各相应点的波形图

由前面的分析可知,图 3-17 中反符合电路的时间配合条件是

$$t_{ks} > t_{kx} > t_s \tag{3-9}$$

只有在满足式(3-9)给出的条件时,才能保证经过下甄别器成形后的输出脉冲信号的后沿,在时间上落在上甄别器成形后输出脉冲的宽度范围之内,这样就可以保证反符合电路的正常工作。

3.3.3 利用 RS 双稳态触发器控制的反符合电路

图 3-19 所示为利用 RS 触发器构成的反符合电路原理框图。在这一电路中,为了电位配合方便,上甄别器输出为负脉冲,下甄别器输出为正脉冲。在常态下,双稳态 Q 输出端为低电平并开启反符合或非门。

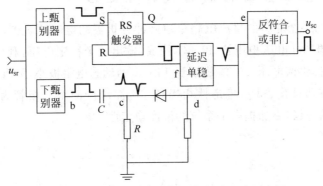

图 3-19 双稳态触发器控制的反符合电路原理图

当输入脉冲信号的幅度只能触发下甄别器时,其输出的正脉冲经 CR 电路微分后,二极管允许其后沿(负向尖脉冲)通过并加到反符合输入端和单稳态延迟电路输入端,由于反符合或非门的控制端为低电平,因此有一正脉冲输出。负尖脉冲经延时 t_y 后,输出一负脉冲,用其下降沿使 RS 触发器复位,为下一输入脉冲做准备。

当输入脉冲幅度超过上阈同时触发上、下甄别器时,上甄别器输出的负脉冲前沿(下降沿)使 RS 触发器置位,输出端 Q 为高电平,封锁了反符合或非门,使下甄别器的后沿负尖脉冲不能输出。该负尖脉冲经延时 t_y 后,使 RS 触发器复位,为下一输入脉冲做准备。图 3-20 给出的是图 3-19 所示的反符合电路各点的波形图。这种反符合电路工作比较可靠,也能适应高计数率下的输入脉冲。

有时也可以利用 RS 触发器和与非门配合,构成反符合电路,如图 3-21 所示。电路中利用下甄别器输出的后沿触发单稳态成形,成形后的输出信

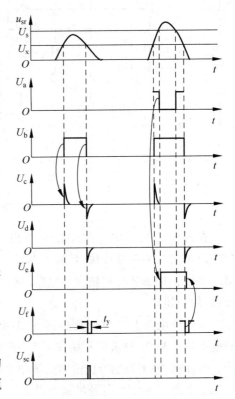

图 3-20 电路图 3-19 中各相应点的波形图

号为正脉冲,其后,反符合用与非门控制,输出负脉冲。

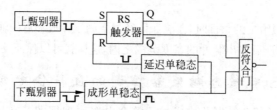

图 3-21   利用 RS 触发器及与非门构成的反符合电路

3.3.4   利用 D 触发器构成的反符合电路

图 3-22 所示为一个完整的集成电路单道脉冲分析器的电路原理图。分析器的阈值调节电路由三端可调基准电压稳压管 TL431 构成,输出一个稳定电压,利用两个并联的电位器为上、下甄别器提供阈电压。三端稳压管 TL431 的动态电阻极小,只有 0.2Ω,在 $0\sim70℃$ 温度范围内电压波动只有 2mV,稳定性相当高。电路中的两个二极管为 TL431 的温度变化提供了进一步的补偿,更加提高了系统的温度稳定性。

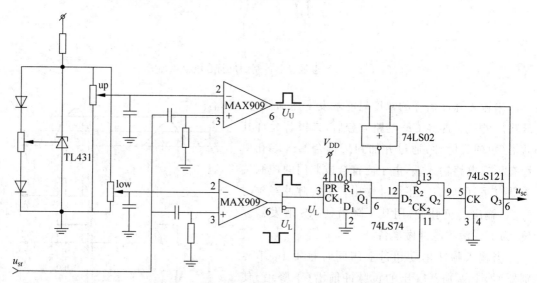

图 3-22   高速单道脉冲分析器的电路原理图

在图 3-22 所示的电路中,上、下甄别器均采用了高速低功耗电压比较器 MAX909。MAX909 具有响应速度快、传输延迟短、上升时间小、输入动态范围大、输入偏流小等特点。MAX909 的内部还带有施密特电路,回差小,$\pm5\text{V}$ 电源供电,输出 TTL 电平,不需外加正反馈,使用简单。

反符合电路由双 D 触发器、单稳态成形电路以及反符合门组成。为了使反符合电路控制电平相互配合,输入信号加在了上、下甄别器的同相输入端,因此,被触发时,上甄别器输出正极性脉冲,下甄别器也输出正脉冲并通过倒相同时给出一个互补的倒相负脉冲。图 3-23 给出了原理图 3-22 中各处的波形图。

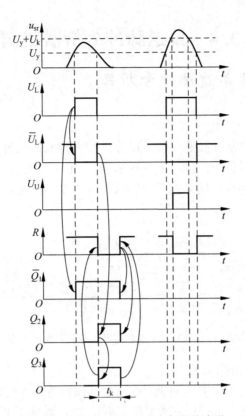

图 3-23　图 3-22 所示电路中各处的波形

在常态时，上、下甄别器均无输出，$U_U=0$，$U_L=0$，$\overline{U}_L=1$，单稳态的输出 $Q_3=0$，复位信号 $R=1$。

当输入脉冲信号的幅度高于下阈但低于上阈时，只有下甄别器被触发，$U_U=0$，$U_L=1$，$\overline{U}_L=0$。由于 D_1 接地，$D_1=0$，U_L 的上升沿作为触发时钟，使第一个 D 触发器呈 0 状态，$Q_1=0$，$\overline{Q}_1=1$，$\overline{Q}_1$ 与 D_2 相连，因此 $D_2=1$，$\overline{U}_L$ 的上升沿（即 U_L 的下降沿）作为触发时钟使第二个 D 触发器呈 1 状态，$Q_2=1$，$\overline{Q}_2=0$，Q_2 触发单稳态成形电路，单稳态成形电路的输出端 Q_3 输出宽度一定的正脉冲。这个正脉冲 $Q_3=1$ 马上使两个 D 触发器复位（R 为低电平复位），并准备下一次计数。

当输入脉冲信号的幅度高于上阈时，上、下两个甄别器均被触发，$U_U=1$，$U_L=1$，$\overline{U}_L=0$。由于上甄别器输出脉冲晚于下甄别器输出脉冲的前沿、早于其后沿，在 $\overline{U}_L$ 的上升沿（也就是 U_L 的下降沿即后沿）使 $Q_2=1$ 之前，两个 D 触发器已被 $U_U=1$ 所复位，$Q_2=0$，$Q_3=0$，无输出。

该电路完全在上甄别器输出脉冲宽度小于下甄别器输出脉冲宽度的前提下工作。这种情况下，上甄别器输出必然出现在下甄别器输出之后，并在下甄别器输出结束之前结束。电路没有延迟元件，可在高计数率下工作。

3.4 单道脉冲分析器实例

3.4.1 FH-421型单道脉冲分析器

1. 主要技术性能

FH-421型单道脉冲分析器是一款采用分立元件构成的能谱仪。FH-421型分析器的整个电路由两级怀特跟随器、分压器、上下甄别器、上下单稳态成形器、反符合电路、成形电路及跟随器等电路单元组成。图3-24所示为FH-421型单道脉冲分析器的组成框图,其整机的电路原理如图3-25所示。

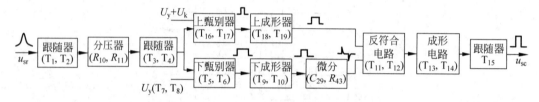

图 3-24 FH-421 型单道脉冲分析器组成框图

FH-421 的主要性能指标如下。

(1) 阈值范围:0.1~10V 连续可调;在给定的阈值范围内线性优于 0.5%;供电电压变化±10%时阈值漂移小于 5mV,连续工作 8 小时,阈值漂移小于 10mV。

(2) 道宽范围:10mV~2V;在 10mV~2V 范围,线性好于 3%;电网电压变化±10%时道宽漂移小于 5mV,连续工作 8 小时道宽漂移 10mV。

(3) 输入脉冲正极性,脉冲前沿 0.1~1μs,宽度 0.3~100μs;输出脉冲 6V,正极性,脉冲前沿约 0.1μs,宽度 0.8μs;输入阻抗约 30kΩ。

(4) 对双脉冲分辨时间小于 1μs;最大计数率为 500kHz;相对于正常温度(20±5)℃,在 0~40℃范围内,温度系数的阈值为 1mV/℃、道宽 1mV/℃。

(5) 仪器带有线性率表和自动扫谱输出端,供外接记录仪用,扫谱时间为 10min、20min两挡。率表量程为 10cps、30cps、100cps、300cps、1kcps、3kcps、10kcps。线性率表时间常数为 1s、3s、10s 和 30s 四挡。

2. 怀特跟随器与分压器

单道脉冲幅度分析器的输入信号为正极性脉冲,幅度 10V 左右,来自前级线性脉冲放大器的输出。甄别器的最大阈电压受晶体管基极-发射极反向击穿电压 U_{cbo} 的限制,只能取 5V 左右。为此需将输入信号进行 2∶1 衰减,变成 5V。第一级怀特跟随器可使整个仪器获得很高的输入阻抗,同时有很小的输出电阻。怀特跟随器的输出电阻阻值较低,因而允许其后面的电阻分压器采用比较小的阻值,如图 3-26 所示。电路中两个分压电阻 R_{10}、R_{11} 的限值均取为 510Ω,阻值较小但实现了 2∶1 的分压。分压电阻 R_{11} 与下级输入电阻 r_{sr} 并联,由于 R_{11} 阻值小,并联后的总电阻为

$$R_{11} /\!/ r_{\text{sr}} \approx R_{11} \tag{3-10}$$

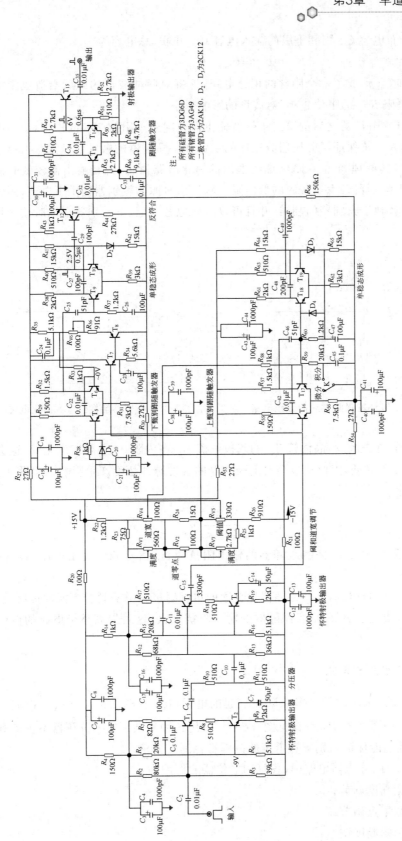

图 3-25 FH-421 型单道脉冲分析器电路原理图

而 R_{11} 两端的分布电容 C_S 则和下级的输入电容 C_{sr} 并联,总电容为

$$C_0 = C_S + C_{sr} \tag{3-11}$$

这样,R_{11} 和 C_0 形成了一个隐含的积分电路,这将对脉冲波形的前后沿造成影响。由式(3-10)可知,电阻 R_{11} 的阻值越小,对波形的影响越小。

电路中,设计在分压器之后的第二级怀特输出器也起到了阻抗变换的作用,第二级怀特输出器较高的输入阻抗保证了分压器分压比的稳定性。甄别器的触发信号源是由第二级怀特输出器输出的,其原理如图 3-27 中虚线框内的简化电路所示,怀特输出器较低的输出阻抗则保证了上、下甄别器触发信号源的低内阻。触发信号源为甄别器提供了电流,而触发信号源的低内阻则有利于甄别器的翻转,并且可以有效地避免上、下甄别器在同时被触发时的相互影响。

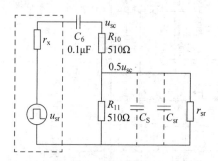

图 3-26　第一级怀特跟随器后的分压电路

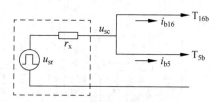

图 3-27　甄别器触发信号源简化电路

假定下甄别器首先触发,晶体管 T_5 的基极电流 i_{b5} 在内阻 r_x 上要产生压降,这会使信号源的输出电压 u_{sc} 降低,因此这也会对上甄别器的触发脉冲幅度产生影响。假设 T_5 的输入电阻为 r_{sr5},则

$$u_{sc} = \frac{r_{sr5}}{r_{sr5} + r_{sc}} u_{sr} \tag{3-12}$$

由式(3-12)可以看出,第二级怀特跟随器的输出阻抗越低,信号源的输出电压的降低就越小,影响也就越小。

我们在 1.3 节中介绍过,怀特跟随器比普通的单管射极跟随器具有更深的负反馈,因此其输出阻抗更小,线性也更好,而且跟随器的输入阻抗更大,这对提高整个电路的性能是很有利的。

3. 阈值和道宽调节电路

甄别阈和道宽是采用同一组串并联在一起的电阻($R_{22} \sim R_{26}$、$R_{V1} \sim R_{V5}$)构成的分压器来进行调节的,如图 3-28 所示(详见图 3-25)。采用这种复杂形式的分压器不仅有利于道宽的稳定性,而且还能保证甄别阈和道宽的范围符合测量要求。

在图 3-28 所示的分压器电路中,各可调电位器的作用为:

R_{V1} ——道宽满度调节;

R_{V2} ——道宽零点调节;

R_{V3} ——甄别阈满度调节;

R_{V4}——道宽调节；

R_{V5}——甄别阈调节；

R_{V6}——甄别阈零点调节。

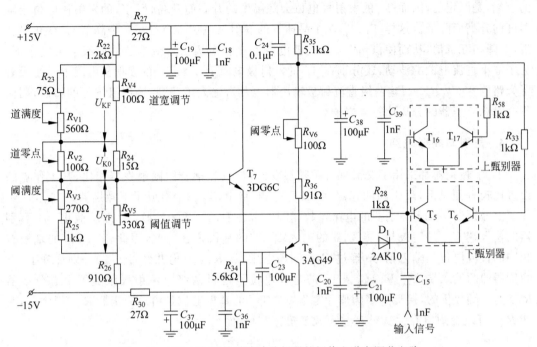

图 3-28　FH-421 型单道脉冲分析器的阈值和道宽调节电路

在图 3-28 所示的电路中,通过调节与电位器 R_{V5} 并联支路(R_{V3} 和 R_{25})中的电阻 R_{V3},使 R_{V5} 两端的电压为 $U_{YF}=5\text{V}$。这样,当 R_{V5} 的滑动触头从一端滑动到另一端时,就可以甄别出 $0\sim5\text{V}$ 范围内的脉冲。类似地,通过调节与电位器 R_{V4} 并联支路(R_{V1} 和 R_{23})中的 R_{V1},可以使 R_{V4} 两端的电压 $U_{KF}=2\text{V}$。

调节电阻 R_{V2} 可以改变 U_{K0} 的数值,用以调节零道宽来补偿上、下甄别器电路参数的微小差别。如果将道宽调节电位器 R_{V4} 调至零道宽,则上甄别阈等于下甄别阈,上、下甄别器应当被相同幅度的输入脉冲所触发,但实际上可能仍然会有差别。这时,通过调节 R_{V2},就可以改变 U_{K0},进而使甄别器的触发阈发生一个微小的变动,达到补偿上、下甄别器的微小差别的目的。

甄别阈零点的调节尽管与分压器有联系,但主要还是在分压器之外的电位器 R_{V6} 上完成的。下甄别器的晶体管 T_6 的基极电位是通过两级直流射极跟随器 T_7、T_8 供给的。晶体管 T_7 的基极电位取自总分压器 R_{V5} 的上端,此即零甄别阈。T_7 的发射级与 T_8 的基极相连,T_7(NPN 型)的发射极电位比其基极电位约低 0.7V,T_8(PNP 型)的发射极电位比其基极电位约高 0.3V。再通过调节 T_8 的射极上的电位器 R_{V6} 及 R_{36},可使 T_6 的基极电位与 T_7 的基极电位大致相等,近似等于零甄别阈。

如果调节 R_{V5} 使甄别阈变为 0.1V,这时若输入一个幅度恰好是 0.1V 的脉冲,调节 R_{V6} 就可使下甄别器刚好被这个输入脉冲触发。这样,通过调节 R_{V6} 来改变 T_6 的基极电位,就可以调节和校准甄别小信号时,甄别阈刻度盘上刻度的准确性。很明显,这一调节过程实际上是通过调整下甄别器中的 T_5、T_6 两晶体管的基极电位之差实现的。

采用两个不同类型的晶体管 T_7、T_8 组成的二级直流跟随器，可以稳定 T_6 的基极电位。T_7、T_8 的基极-发射极电位 V_{be} 具有相同的负温度系数。T_7 的基极电位取自总分压器 R_{V5} 的上端，是固定的，因而 T_7 的发射极电位会随温度的升高而升高，但 T_8 的发射极电位会随温度的升高而降低。这样 T_7、T_8 两个晶体管的发射极电位一个升高一个降低，且变化量相近，升降相互抵消，从而使供给 T_6 的基极电位不变。对提供直流电位的两级射极输出器，为了减小直流电位的波动，还分别在 T_7 的发射极电阻 R_{34} 和 T_8 的发射极电阻 R_{35} 上设置了旁路电容 C_{23}、C_{24}。这两级直流射极输出器也具有输入阻抗高、输出阻抗低的特点，因而不会对总分压器的分压比带来影响。

4. 甄别与成形电路

上、下甄别器都采用了交流耦合跟随触发器，与直流耦合跟随触发器相比，其工作点的设置比较方便灵活，甄别阈的稳定性也较高。电路中，T_5、T_6 组成了下甄别器，T_{16}、T_{17} 组成了上甄别器，上、下甄别器的电路参数相同。常态下，T_6、T_{17} 导通，T_5、T_{16} 截止。上甄别器的输入端 T_{16} 的基极与下甄别器的输入端 T_5 的基极连在一起，因此，T_5、T_{16} 的基极有相同的直流电位。输入信号（经过 C_{15}）和阈电压（从 R_{V5} 取出并经过 R_{28}）分别加到上、下甄别器的两输入端 T_{b5} 和 T_{b16}。T_6 的基极电位是通过两级直流射极跟随器由总分压器 R_{V5} 的上端提供的，接近于零阈值和零道宽。T_{17} 的基极电位是由总分压器 R_{V4} 提供的，改变 R_{V5} 可改变阈值 U_y，改变 R_{V4} 可改变道宽 U_k。而

$$U_{b5} = U_{b16} = U_y$$
$$U_{b17} - U_{b6} = U_k$$

在静态时，U_{b5} 略低于 U_{b6}，而 U_{b16} 低于 U_{b17}。

在甄别器中，晶体管 T_5、T_{16} 的集电极负载电阻均为 150Ω，阻值都较小，这有利于减少电路中的回差。二极管 D_1 用于直流恢复。上、下甄别器的输出均为正脉冲。

成形电路都采用发射极耦合单稳态触发器。T_9、T_{10} 组成了下成形电路，T_{18}、T_{19} 组成了上成形电路，上、下成形电路中除了决定输出脉冲宽度的电容 C_{27}、C_{48} 之外，其余各相应元件的参数完全相同。电路中利用电阻分压器为基极提供直流电位，U_{b9} 比 U_{b10} 低，二者之差等于二极管 D_2 的正向压降；U_{b18} 比 U_{b19} 低，其差等于两个二极管 D_3、D_4 的压降之和。因此，平时静态时，T_{10}、T_{19} 导通，T_9、T_{18} 截止。上、下甄别器输出的正脉冲分别经 RC 微分电路（C_{25} 与 R_{37}，C_{46} 与 R_{60}）进行微分，微分后的正尖脉冲（即甄别器的输出脉冲）的前沿分别触发单稳态成形电路。

对于由晶体管 T_9、T_{10} 组成的单稳态触发器，被触发后的 T_9 由截止状态变为导通，T_{10} 则由导通状态变为截止。由于 T_9 的集电极电阻 $R_{38} = 2k\Omega$，阻值很大，这就使电路有很大的回差。另外，由于静态时的基极电压 U_{b9} 仅比 U_{b10} 低一个二极管的结压降，因此当窄的触发信号结束，而 U_{b9} 恢复到静态电位时，电路不能跟随输入的脉冲信号马上翻转，U_{b10} 仍然处于低电位。随着定时电容 C_{27} 放电电流的减弱，当其大小不足以使晶体管 T_{10} 截止时，T_{10} 将导通，电路这时才能重新翻转，恢复到初始状态。晶体管 T_{10} 的集电极电位由导通时的低电位变到截止时的高电位，然后再回到导通时的低电位，并输出一个正脉冲。T_{10} 输出的这个正脉冲宽度不受输入的触发信号宽度的影响，只由定时电容 C_{27} 和定时电阻 R_{41} 决

定。成形后的脉冲宽度 $t_{kx} \approx 0.5\mu s$，幅度约 2.5V。

单稳态触发器中，D_2 有两个作用：一是减小恢复时间，二是使 U_{b9} 比 U_{b10} 低一个结压降。因此当触发信号过后，T_9 重新截止时，通过 R_{38}、正向电阻很小的 D_2 以及 C_{26} 的支路，C_{27} 被快速充电到初始状态时的电压。

由 T_{18}、T_{19} 组成的上单稳态触发器的定时电容 $C_{48}=200pF$，大小是下单稳态成形电路的定时电容 $C_{27}=100pF$ 的两倍，定时电阻 R_{41} 与 R_{64} 阻值相同，均为 $15k\Omega$，因此，上单稳态电路输出的脉冲宽度也大一倍，$t_{kx} \approx 1\mu s$。

5. 反符合电路

FH-421 的反符合电路如图 3-29 所示，它由串接的 T_{11}、T_{12} 组成，两个晶体管都是 PNP 型管。静态时，T_{12} 的基极为负偏置而导通，T_{11} 的基极为正偏置而截止，T_{11} 的集电极电位为 $-15V$。下成形电路的输出经微分电路 C_{29}、R_{43} 加到 T_{11} 的基极，上成形电路的输出经耦合电路 C_{49}、R_{66} 加到 T_{12} 的基极。

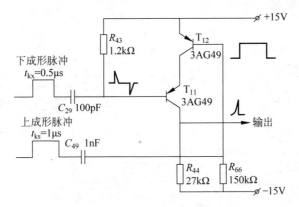

图 3-29　FH-421 中的反符合电路

假定单道脉冲分析器的输入脉冲上升时间为 t_s，为实现反符合，应满足 $t_{ks} > t_{kx} > t_s$，以使 t_{kx} 包含在 t_{ks} 之内。

如果只有下甄别器有输出信号，成形后的正脉冲信号经过微分后，会形成正、负两个尖脉冲。其中信号前沿的正的尖脉冲仍然会使晶体管 T_{11} 截止，而信号后沿的负的尖脉冲则会使 T_{11} 导通，这时两个晶体管 T_{11}、T_{12} 均处于导通状态，晶体管 T_{11} 的集电极电位上升，输出一个正脉冲。

如果上下甄别器均有输出，上成形的正脉冲使 T_{12} 截止，因其宽，截止时间长，在此期间到来的下成形脉冲经微分后的正负尖脉冲不管能使 T_{11} 截止还是导通，均因 T_{12} 截止而无输出。由于反符合电路不理想，虽然 T_{12} 截止，但在此期间加到 T_{11} 的负尖脉冲仍会使 T_{11} 集电极产生小的正向脉冲。

由于反符合电路输出脉冲波形不够好，加之上下甄别器均被触发时，反符合电路仍会有数百毫伏的小幅度脉冲输出，这是应当去除的，因此需对反符合电路输出进一步成形。由 T_{13}、T_{14} 组成的跟随触发器，使甄别阈大于 1V 就可去除不该要的小脉冲。跟随触发器的输出再经一单管（T_{15}）射极输出器输出，可以减小单道脉冲分析器的输出电阻。其后可接定标器或计数率表。

在图 3-25 所示的电路原理图中,如果微分、积分选择开关 K 置于微分位置,整个仪器就是单道脉冲幅度分析器。如果开关 K 置于积分位置,由负电源通过 R_{59} 将 T_{18} 的基极电位进一步拉低,使上甄别器的输出脉冲幅度不足以触发上单稳态触发器,也就没有上成形输出信号了。因此,反符合电路就将不受反符合信号即上成形器输出信号的控制,整个仪器就变成了脉冲甄别器,可用于积分测量或强度测量。

3.4.2 FH-441 型单道脉冲幅度分析器

1. 电路组成

与 FH-421 型分析器不同,FH-441 型单道脉冲幅度分析器是采用集成电路和分立元件混合组成的,整个电路由衰减器、基线恢复器、阈值道宽对称调节电路、上下甄别器、上下成形电路、双稳态反符合电路、输出电路等单元组成。图 3-30 所示为 FH-441 型分析器的组成简图,图 3-31 为其电路原理图。

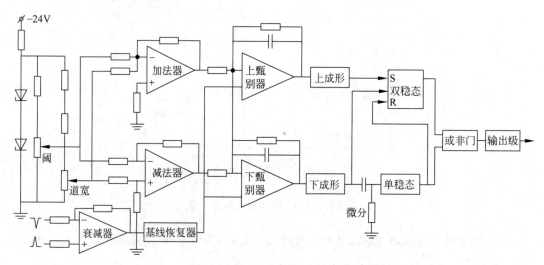

图 3-30 FH-441 型单道脉冲幅度分析器的组成

输入的脉冲信号经 2∶1 衰减器后,可使分析信号的幅度扩大到 10V。衰减后对信号进行基线恢复,可使高计数率下不产生明显的能谱峰位移动。借助加法器和减法器可实现对称调节道宽,如果道宽的中心值为 U_y,则下甄别阈为

$$- \left(U_y - \frac{1}{2} U_k \right)$$

上甄别阈为

$$- \left(U_y + \frac{1}{2} U_k \right)$$

这样的阈值范围,对于峰面积的测量是十分有利的。

利用转换开关,也可将对称调节转换为非对称调节,这样的阈值设定对射线强度的测量是很有利的。FH-441 采用集成电路的上、下甄别器和成形器使电路得到简化,采用双稳态触发器控制的反符合电路解决上、下甄别器输出脉冲信号的时间配合问题。

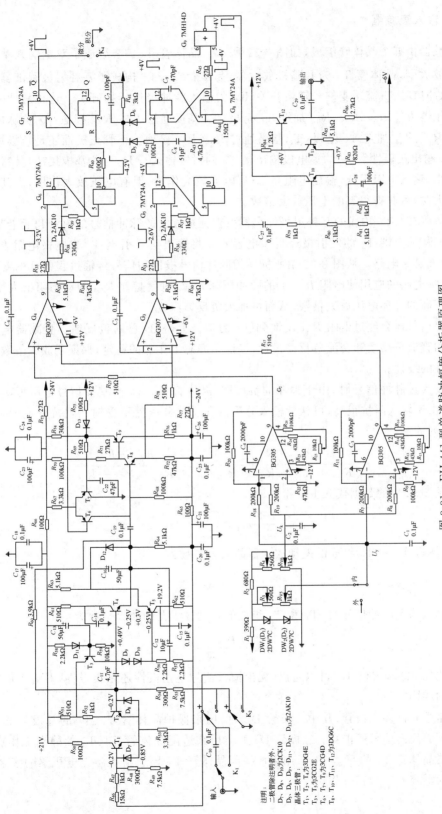

图 3-31 FH-441 型单道脉冲幅度分析器原理图

2. 输入衰减器

衰减器由五个晶体管组成,如图 3-32 所示。晶体管 T_1、T_2 组成了双端输入单端输出的差动放大器,晶体管 T_3 为共基极放大器,晶体管 T_4、T_5 构成了互补射极跟随器。开关 K_1 为脉冲信号、直流缓变信号转换开关,K_2 为输入脉冲极性转换开关。选正脉冲时,输入通过分压器 R_{46}、R_{47}、R_{48}、R_{49} 加至 T_1 基极,T_2 基极通过 R_{54}、R_{55} 接地;选负脉冲时,输入通过 R_{55}、R_{54} 加至 T_2 基极,T_1 基极通过 R_{46}、R_{47} 接地。不管正极性还是负极性输入,均由 T_2 输出正极性。T_2 的集电极输出接 T_3 的射极输入。T_3 为共基极接法,其特点是上升时间小,输入电阻很低,输出电阻高,没有电流放大作用,但有电压放大作用,当其集电极电阻很大时,可获得很高的电压放大倍数。

晶体管 T_4、T_5 构成的互补射极输出器可保证被放大的脉冲信号的前沿和后沿都很好,不拖长。从输出端 T_4 的发射极经自举电容 C_{12} 将输出信号引至 T_3 集电极电阻 R_{56}、R_{57} 之间,形成自举电路。从图 3-32 中所标注的脉冲信号极性和信号传输过程幅度的变化可以看出,自举电路的应用使电阻 R_{56} 上的脉冲压降大减,也就是使 R_{56} 的动态阻值大增,因此可获得很高的开环电压放大倍数,从而可加大负反馈深度。

输出信号还会经过电阻 R_{60} 反馈到 T_2 的基极上,构成总的负反馈。衰减器电路采用了很深的直流负反馈和交流负反馈设计,保证了静态工作点的稳定,保证了放大倍数的稳定性和良好的线性。

当输入正脉冲信号时,由于很深的负反馈,晶体管 T_1、T_2 两基极信号电压可认为近似相等,又由于输入阻抗很高,可认为输入分压器和反馈分压器不受输入阻抗分流的影响,因此,有下列关系:

$$u_{sr} \frac{R_{48}+R_{49}}{R_{46}+R_{47}+R_{48}+R_{49}} \approx u_{sc} \frac{R_{54}+R_{55}}{R_{54}+R_{55}+R_{60}} \tag{3-13}$$

将图 3-32 中的数据代入上式得

$$\frac{2.8}{23.8}u_{sr} \approx \frac{7.8}{11.7}u_{sc} \tag{3-14}$$

因此,晶体管 T_1 和 T_2 组成的差动放大器的放大倍数为

$$K^+ = \frac{u_{sc}}{u_{sr}} \approx 0.5 \tag{3-15}$$

当输入为负脉冲信号时,T_1 和 T_2 组成的差动放大器的放大倍数为

$$K^- \approx \frac{R_{60}}{R_{54}+R_{55}} = 0.5 \tag{3-16}$$

由式(3-15)和式(3-16)可以看出,无论输入信号是正极性还是负极性,对输入信号的衰减比例均相同。

电路中有许多二极管,其中二极管 D_7、D_8 用来保护晶体管 T_1、T_2 的基极与发射极间不被过大的反向信号所击穿;二极管 D_9、D_{10} 用来适配晶体管 T_4、T_5 的静态工作点;D_{11} 用来补偿晶体管 T_3 的 U_{be3};D_{12} 用来放掉因晶体管 T_5 导通给 C_{16} 充电积累的多余电荷。电路中的电容 C_{11} 起积分作用。

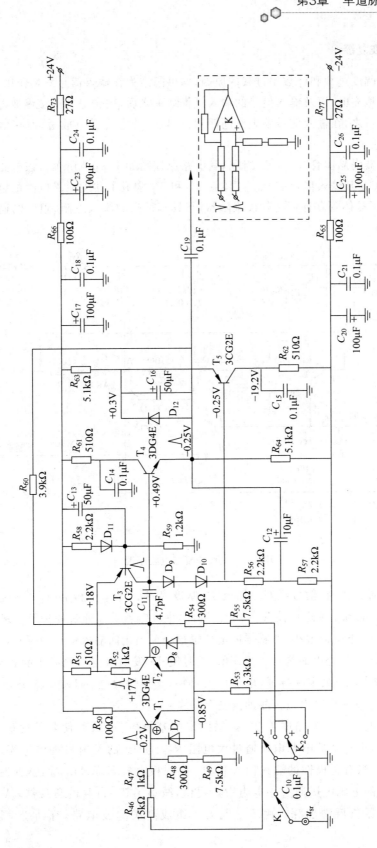

图 3-32 FH-441 型单道分析器的衰减器单元

3. 基线恢复器

放大器的幅度过载和计数率过载的原因,均可归结为在输入信号发生作用的过程中,耦合电容被快速地充电,以及输入信号的输入过程结束之后,耦合电容的缓慢放电。基线恢复器则反其道而行之,在输入信号发生作用期间,使耦合的电容充电放缓,而在信号结束后却使其放电加快。

基线恢复器由晶体管 $T_6 \sim T_9$ 组成,其电路原理图如图 3-33 所示。该电路接在衰减器之后,电容 C_{19} 是其输入耦合电容。晶体管 T_6 和 T_7 构成了共发射极电阻的电流源,而 T_8 和 T_9 则组成了晶体管互补怀特射极跟随器,它具有很高的输入电阻、很低的输出电阻以及良好的线性。

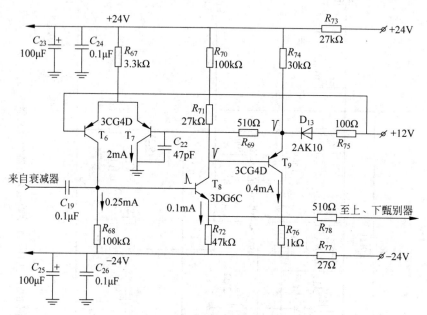

图 3-33　基线恢复器电路原理图

当有正脉冲输入时,信号经 C_{19} 加至 T_8 基极,导致 T_8 集电极和 T_9 发射极电位降低,从而使 T_7 导通电流增加进而使 T_6 截止。因此,耦合电容 C_{19} 通过怀特射极跟随器极高的输入电阻充电,充电电流很小,所积累的电荷也很小。当正向输入信号结束时,T_8 的基极电位下降并因 C_{19} 少量充电而稍低于静态值,同时使 T_9 发射极电位稍高于静态电位,从而使 T_7 导通电流减小,T_6 又重新导通,电流增大,使 C_{19} 很快放电。于是,T_8 基极电位迅速恢复到静态值,T_8 发射极输出电位随即恢复至基线。

+12V 的电源电压为晶体管 T_6 提供固定的基极电位,从而使共发射极电路的电流恒定。静态时,+24V 的电源电压通过大电阻 R_{74} 为 T_9 的发射极提供电流,二极管 D_{13} 反向,不导通。当有正极性的输入信号时,T_9 发射极电位下降,D_{13} 导通,此时 T_9 发射极电流由 +12V 的电源电压通过小电阻 R_{75} 提供,减小了 T_9 自身的负反馈,从而可使整个怀特射极输出器负反馈加深。由 R_{69} 与 C_{22} 组成高频滤波电路,有助于消除高频寄生振荡。

4. 阈值和道宽调节电路

FH-441 型单道脉冲幅度分析器的阈值和道宽调节电路是基于加法器/减法器设计的，其电路原理如图 3-34 所示。上、下甄别器的阈电压分别由加法器和减法器提供，加法器和减法器均以运算放大器 BG305 为核心组成。运算放大器 BG305 用负压供电。为了简化电路，在图 3-34 中已经去掉了图 3-31 中的供电电源、零点调节电路以及经过频率补偿后的加法器和减法器。

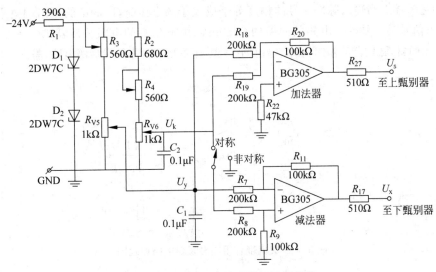

图 3-34　加法器与减法器阈压调节器

−24V 的电压经 R_1 和两个串接的稳压管 D_1、D_2（2DW7C）稳压成 −12.5V 左右，后接两个独立的分压器支路，分别由两支路中的 R_{V5}、R_{V6} 提供直流参考电压 U_y 和 U_k，并加到加法器和减法器的输入端，在其输出端可分别获得上、下甄别器的阈电压 U_s 和 U_x。

加法器的输出 U_s 用作上甄别器的阈电压，其大小为

$$U_s = -\frac{1}{2}(U_y + U_k) \tag{3-17}$$

式中的 U_y 和 U_k 为对地电压，为负值，因而反向后的 U_s 为正值。为了减小运算放大器失调电流的影响，加法器的同相端对地电阻 $R_{22} = 47\text{k}\Omega$，其大小等于反相端对地的总电阻 $R_{18} /\!/ R_{19} /\!/ R_{20}$。

减法器的输出 U_x 用作下甄别器的阈电压。在对称调节情况下，U_y 加在反相输入端，U_k 加在同相输入端，减法器的输出电压为

$$U_x = -\frac{1}{2}(U_y - U_k) \tag{3-18}$$

因为 U_y 和 U_k 均为负电压，反向后 U_x 为正。道宽为 $U_s - U_x = -U_k$。

利用开关 K_3，可在道宽的对称调节和非对称调节之间进行转换。在非对称调节情况下，减法器同相端接地，减法器就是一倒相器，输出电压 $U_x = -U_y/2$ 也是正值。道宽将是 $U_s - U_x = -U_k/2$，也是正值。非对称调节时道宽只为对称调节时的道宽的一半。

调节道宽使 U_s 和 U_x 的值一个增加，一个减小，但二者变化的大小相等，因此能够始终

保持道宽中心不变。至于加法器和减法器传输系数均设计为 $1/2$,是因为 U_s 和 U_x 不需那么高的电压。

5. 集成电路甄别器和成形电路

1）集成电路交流耦合跟随触发器用作甄别器

FH-441 的上、下甄别器均采用了电压比较器 BG307,并配用少量外部元件接成了交流耦合跟随触发器的形式,如图 3-35 所示。阈电压加在了 BG307 的同相输入端,输入脉冲信号加在了反相输入端。当输入脉冲信号的幅度等于或大于阈电压时,BG307 的输出端电平发生负跳变,输出信号为负脉冲。电路的回差约为 $50\mathrm{mV}$,由输出端的电阻分压器 R_{33}、R_{34} 和 R_{29}、R_{30} 决定。通常,甄别器的输出负脉冲幅度不够大,还不足以可靠触发后级电路,需进一步成形。

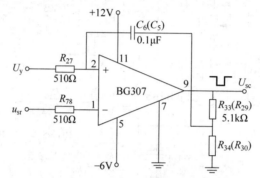

图 3-35　交流耦合跟随触发器电路原理图

2）集成电路跟随触发器成形电路

用集成电路与非门构成的跟随触发器与用分立元件构成的跟随触发器相比,其电路具有结构简单、翻转速度快、波形好、功耗低等特点。这种成形电路可由两个二输入端与非门来构成,它是利用与非门的转移特性工作的,其工作原理如图 3-36 所示,图中的两种画法是等价的。电路的状态主要由与非门 M_1 决定,当输入正脉冲时,正脉冲分成两路,一路直接接到 M_1 的一个输入端 a,另一路通过 R_1、D 间接接到与非门 M_1 的另一输入端 b。b 端电位上升到开门电平（触发阈）时翻转,M_1 输出低电平,与其输出相连的 M_2 输出高电平,D 截止。当正脉冲信号结束时,a 端电位下降到关门电平,M_1 输出变为高电平,M_2 输出变为低电平。M_2 的输出随输入而变。

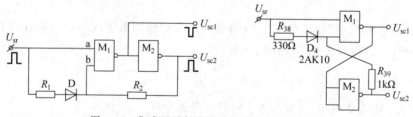

图 3-36　集成跟随触发器成形电路的两种画法

3）单稳态触发器成形电路

单稳态触发器做成形和延迟电路在核仪器中应用很广。用集成电路与非门构成的单稳态触发器有多种多样的形式,但就其工作原理来分,主要有微分型和积分型两种。

图 3-37 所示为典型的微分型单稳态触发器电路,它由两个二输入端的与非门交叉连接构成,图中左右两种画法是等价的。该电路是用负跳变(下降沿)来触发的,因此正、负脉冲信号都能触发该电路。由 $R_g > R$ 设定的初始状态是 M_1 输出为低电平,M_2 输出为高电平。当输入正脉冲信号时,由于 M_1 在稳态(初态)时已处于开门状态,因此正跳变并不能改变电路的状态;在后沿负跳变到来时,由于 C_g 上的电压不能突变,则 A 点产生的负跳变使 M_1 状态改变,输出高电平,于是 B 点也跟随上跳为高电平,这又引起 M_2 的状态改变而输出低电平,这个低电平又去封锁 M_1,使 M_1 输出维持高电平,电路处于暂稳态。随后 M_1 的高电平通过 R 给 C 充电,使 B 点电位按指数规律下降。

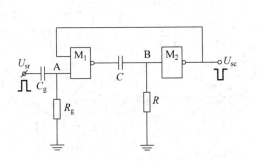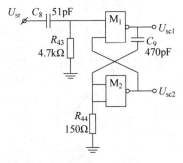

图 3-37 典型的微分型单稳态触发器电路

当 B 点的电位下降到比 M_2 的开门电平稍低时,电路进入正反馈状态,使 M_2 的状态改变,恢复到初态高电平。从输入正脉冲信号的后沿开始,输出一负脉冲,其宽度由时间常数 RC 决定。

图 3-38 所示为典型的积分型单稳态触发器电路,它两个二输入端的与非门和 RC 积分电路组成。该电路是用正脉冲(上升沿)触发。输入为正脉冲,输出为负脉冲,但是输出脉冲宽度小于输入脉冲宽度。如果输出要求为正脉冲,可再加一级倒相器。

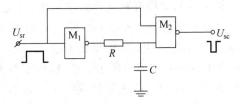

图 3-38 典型的积分型单稳态触发器电路

在图 3-38 中,电路的下甄别成形采用集成电路双与非门 G_5(7MY24A)构成,由 12 脚输出 4V 的正脉冲;上甄别成形是由 G_6(7MY24A)构成的,由其第 10 脚输出 $-4.2V$ 的负脉冲。

6. 双稳态置位反符合电路

反符合电路是由 RS 双稳态触发器 G_7、微分型单稳态触发器 G_8 和或非门 G_9 组成的,如图 3-39 所示。上成形的负脉冲信号加至 RS 触发器的置 1 端,即 S 端;下成形的正脉冲信号经 R_{42}、D_5 加至 RS 触发器的置零端(R 端),该信号经过 C_8、R_{43} 微分后,也加给单稳态触发器输入端。

静态时,RS 触发器的 R 端被 $-6V$ 拉低,S 端则为高电平,G_7 的 Q 输出端为低电平。反符合或非门的开门信号为低电平,关门信号则为高电平,输出为正极性。单稳态触发器 G_8 有两个电阻接地,由于 $R_{44} < R_{43}$,因此在静态时,R_{44} 输入端低电位,G_8 输出端 10 为高电位、12 为低电位。

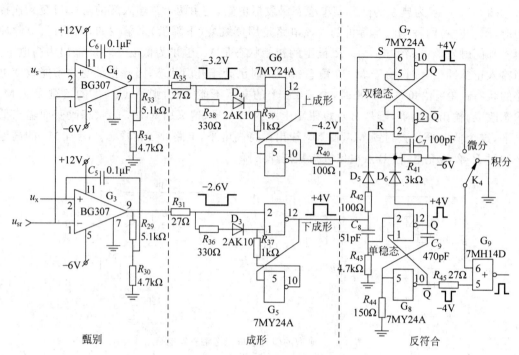

图 3-39　甄别成形与反符合电路

当下甄别器被触发而上甄别器未被触发时,下成形器 G_5 输出的正脉冲同时加到 RS 触发器 R 端和单稳态触发器的输入端,但此正脉冲不能使 RS 触发器翻转,微分后的后沿负尖脉冲触发单稳态触发器 G_8,单稳态触发器 G_8 的正输出经 D_6 虽然又加到 RS 触发器的 R 端,但仍不起作用;负输出加至或非门 G_9。此时 G_9 两输入端均为低电平,因此输出端转为高电平,如图 3-40(a)所示。G_9 输出正脉冲宽度由定时电容 C_9 和定时电阻 R_{44} 决定,幅度为 $+4V$。D_5、D_6 构成复位或门,C_7 对 G_5 正脉冲和 G_8 正脉冲有延迟作用,使两正脉冲没有间隙,G_5 的下降沿与 G_8 的上升沿相重合,以防止逻辑错误。

当上、下甄别器同时被触发时,下成形器 G_5 输出的正脉冲信号先加到 RS 触发器 G_7 的 R 端,但不起作用;而上成形器 G_6 输出的负脉冲则加至 RS 触发器 G_7 的 S 端,使其翻转,输出高电平并加到或非门 G_9 的一个输入端,封锁了或非门。只要 G_7 的输出维持在高电平,或非门就无输出信号。下成形器输出的正脉冲信号经过微分的后沿负尖脉冲会触发单稳态触发器 G_8,G_8 的正输出又加到 RS 触发器的 R 端,不起作用,G_7 的输出仍维持高电平,封锁或非。与此同时,G_8 的负输出虽然也加到了或非门的另一输入端,但因或非门被封锁而不能输出,如图 3-40(b)所示。当 G_8 的正输出结束时,其后沿负跳变使 RS 触发器 G_7 复位,准备接收下一个输入信号。

从图 3-40(b)中可以看出,如果下成形 G_5 的正脉冲结束得稍早,而单稳态 G_8 的正脉冲出现较晚,则两者之间会出现延迟,使得 RS 触发器提前复位,造成逻辑错误。与此类似,如果单稳态的正输出结束得稍早,其后沿负跳变可能在单稳态的负输出后沿结束前稍早使 RS 触发器复位,这也有可能使或非门稍早结束封锁,而产生有输出的误动作。为防止出现逻辑错误,在 RS 触发器 R 端和 $-6V$ 电源之间加一小电容 C_7 使下成形的正输出和单稳态的正输出脉冲后沿延长。

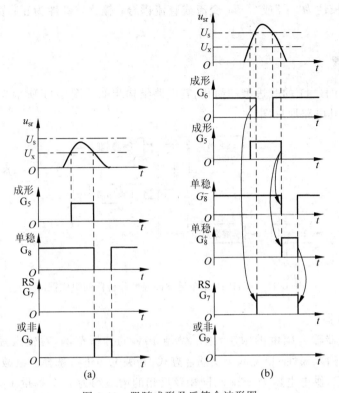

图 3-40　跟随成形及反符合波形图

(a) 输入脉冲只触发下甄别器；(b) 输入脉冲同时触发上、下甄别器

FH-441 分析器的输出级由不对称的差动截止放大器 T_{10}、T_{11} 和射极输出器 T_{12} 组成。静态时 T_{10} 由 R_{81}、R_{82} 提供 $-1V$ 的偏压而截止，可阻止因反符合不完善而产生的微小漏信号引起的输出。当或非门有信号输出时，经放大输出幅度为 6V 的正向脉冲。再经射极输出器 T_{12} 输出，输出阻抗也不大。

3.4.3　BH1219 型单道脉冲幅度分析器

BH1219 型单道脉冲幅度分析器是一个单位宽度的 NIM 标准核仪器插件，它具有高的稳定性，响应速度快。它用于脉冲幅度分析，是单道谱仪的组成部分。供电电源为 $\pm24V/25mA$，$+12V/27mA$，$+6V/45mA$。

1. 技术指标

(1) 动态范围。阈值：0.1～10V；道宽：0～5V(非对称)，0～10V(对称)。

(2) 线性。阈值：积分线性好于 0.4%；道宽：从 0.1～5V 线性好于 0.5%(非对称)，从 0.2～8V 线性好于 1%(对称)。

(3) 稳定性：8 小时阈值和道宽的漂移均小于 10mV；温度系数：从 0～50℃，阈值和道宽的漂移均小于 1.5mV/℃。

(4) 分辨时间：对双脉冲分辨时间小于 $0.5\mu s$；最高计数率：对均匀脉冲不小于 1Mcps。

（5）输入：极性为"＋"或"－"；交流或直流耦合；输出：极性为正；宽度约 $0.3\mu s$；幅度为 TTL 电平。

2. 工作原理

BH1219 是 FH441 的改进型和简化，其电路结构相似。图 3-41 所示为 BH1219 的组成框图，图 3-42 是其电路原理图。

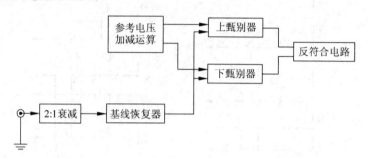

图 3-41　BH1219 型单道脉冲幅度分析器的组成框图

1）输入衰减器

由于受甄别器输入幅度的限制，为了做到 10V 的分析范围，对输入幅度进行 2：1 衰减。输入端可对输入极性（开关 K_5）及耦合方式（开关 K_4）进行选择。衰减器由集成运算放大器 LM318 构成，供电电压为 $\pm 24V$，同相及反相的增益约为 0.5，提供了 2：1 衰减。不论输入极性为正或负，通过极性选择，使输出极性为正。

2）基线恢复器

BH1219 型单道脉冲幅度分析器的基线恢复器是一种由四个晶体管组成的有源恢复器，其中晶体管 T_1、T_2 构成组合管跟随器，晶体管 T_3、T_4 构成共发射极电阻的恒流源。当有正脉冲信号输入时，会引起晶体管 T_1 的集电极和 T_2 的发射极电位下降，促使晶体管 T_4 导通，于是使电流增加，迫使 T_3 截止。T_1 和 T_2 构成的跟随器的输入电阻非常高，耦合电容 C_{22} 通过该输入电阻和电阻 R_{40} 充电，充电电流很小，所积累的电荷也就很小；当正脉冲结束时，耦合电容放电，使晶体管 T_1 的基极电位略有下降，同时使 T_1 的集电极和 T_2 的发射极电位上升。这促使晶体管 T_4 的导通电流减小（趋向于截止），T_3 重新导通，使耦合电容迅速放电，保持了输出基线的稳定。

3）参考电压运算器

由稳压管稳压电路提供的阈值 $U_y（W_2）$ 和道宽 $U_k（W_4）$ 经加法器和减法器后，为上、下甄别器提供参考电压，即甄别阈电压。加法器和减法器由集成运算放大器 LM3140 构成，$\pm 12V$ 电源供电，由于 U_y 和 U_k 是从两个串联稳压管上取得，而甄别器又不需要那么大的阈电压，所以加法器和减法器的增益设计成 0.5。

加法器 A_1 为上甄别器（同相端）提供上阈电压，大小为

$$U_s = -0.5(U_y + U_k) \tag{3-19}$$

减法器 A_2 以对称/非对称两种工作状态为下甄别器（同相端）提供下阈电压 U_x。当开关 K_2 置于非对称位置时，它相当于一个倒相器，

$$U_x = -0.5U_y \tag{3-20}$$

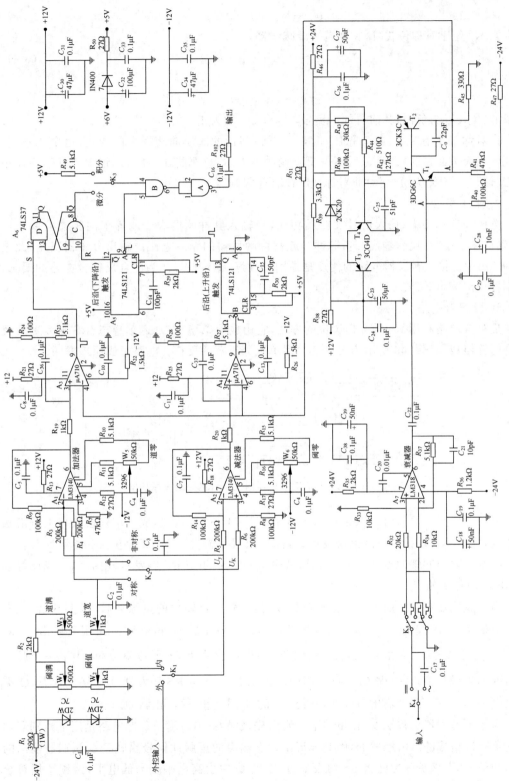

图 3-42 BH1219 型单道脉冲幅度分析器的电路原理图

道宽为

$$U_s - U_x = -0.5 U_k$$

当 K_2 位于对称位置时,它才是一个减法器,

$$U_x = -0.5(U_y - U_k) \tag{3-21}$$

道宽为

$$U_s - U_x = -U_k$$

这里 U_y 与 U_k 为负值,其前再加一负号,U_s 和 U_x 均为正。

在对称工作情况下,调道宽 U_k 时,上、下甄别器的阈压向相反方向变化,道中心不变,因此作峰面积测量时,调道宽后不需要再调阈值 U_y。应当指出,在对称情况下,U_y 不能小于 U_k,即 U_x 不能为负,而对非对称情况没有此限制。

4)上下甄别器

电压加在同相端,输入信号加在反相端,当输入脉冲幅度大于或等于同相端的阈电压时,输出端发生负跳变,输出一负脉冲。施密特触发器的滞后电压由输出分压器决定,此电压约 50mV。接成触发器电路的优点是甄别特性好,稳定性好。为配合反符合电路的要求,甄别器输出为负脉冲。

5)反符合电路

反符合电路利用 RS 触发器置位的方法,它由成形单稳态、延迟单稳态、RS 触发器及反符合门等组成。图 3-43 所示为 BH1219 型单道分析器的反符合电路组成原理框图。

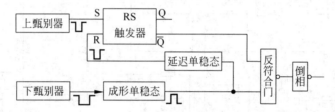

图 3-43　BH1219 型单道分析器的反符合电路组成原理框图

单稳态电路由可再触发双单稳态多谐振荡器 74LS123 构成,成形单稳态接成上升沿触发形式,延迟单稳态接成下降沿触发形式,都是用后沿触发。RS 双稳态触发器和反符合门由四组 2 输入与非缓冲器 74LS37 构成,其中用 C、D 门组成 RS 触发器,用 B 门组成反符合门,用 A 门作倒相。

当下甄别器被触发而上甄别器未被触发时,下甄别器输出的负脉冲后沿(上升沿)触发成形单稳态,并由 Q 端(A_5 的 13 端)输出正脉冲。该正脉冲分两路,一路用其后沿(下降沿)触发延迟单稳态,并由 $\overline{Q}$ 端(A_5 的 12 端)输出负脉冲使 RS 触发器复位,为下一个脉冲信号的到来做准备;另一路给反符合门(A_6 的 B 门),此时 RS 触发器处于复位状态,$\overline{Q}$ 端为高电平,开反符合门,输出负脉冲,并经 A_6 的 A 门倒相,输出正脉冲。

当上下甄别器均被触发时,虽然下甄别器先被触发,但成形单稳态电路是用下甄别器输出的负脉冲信号的后沿触发的,因此成形单稳态输出的正脉冲信号要晚于上甄别器输出的负脉冲信号,而该负脉冲已将 RS 触发器置位,其 $\overline{Q}$ 端由高电平变为低电平,封锁了反符合门,阻止下甄别器的输出,实现了反符合。下甄别器的输出经成形、延迟单稳态产生的负脉

冲使 RS 触发器复位,为下一个脉冲信号的到来做准备。

3. 使用方法及注意事项

输入信号可允许两种极性,可以通过前面板上的双刀开关(K_5)来转换。可以采用交流耦合或直接耦合,也通过前面板上的开关(K_4)转换。

道宽调节分对称型和非对称型。对称型道宽为指示值的两倍,即为非对称型的两倍,非对称型十圈度盘指示为 10 圈时,道宽读数为 5V,而对称型则为 10V。对称型工作时,阈值度盘必须在 5 圈处,道宽度盘指示(圈数)不能大于阈值度盘指示(圈数)的一倍,否则下阈为负值不能正常工作。

阈值控制可以用内部或外部电平来实现,通过后面板上的开关来选择。当用外部电平控制时,外电平输入至后面单芯插座,电平为负。它可以配 FH1010A 线性扫描器做自动扫谱。

应注意十圈度盘的调节和读数不要出错。调节时要轻轻旋转,不要用力过大过猛。当指示为 0 或 10 时,应分清并正确判断调节方向,如果调节不动,不要使劲旋转以免损坏十圈电位器,可以变个方向轻轻调节。

3.5 定时单道脉冲幅度分析器

核事件具有随机性,核辐射探测器的输出信号与普通的周期信号存在着明显的差别,通常是一系列幅度分布大小不等、波形不尽一致、疏密分布不均匀、出现的时间具有随机性等特点的信号。核事件的许多信息都是以时间形式记录在探测器的输出信号中的,例如信号出现的时刻就反映了粒子进入探测器的时刻,单位时间内的脉冲信号数量与单位时间内进入探测器的平均粒子数成正比,而核激发态的寿命则表现为连续两个信号之间的时间间隔分布。有时,通过对信号波形的分析,还可以得出有关射入探测器的粒子种类的信息。时间分析是核电子学重要的基本技术之一,分辨时间(或时间分辨率,即所能够分辨的最小时间间隔)是时间信息的获取和处理系统的重要技术指标。

3.5.1 定时电路

核事件发生后,所产生的粒子进入探测器并产生相应的电信号,信号经前置放大器、主放大器等处理后,将进入时间分析电路。在时间的测量和分析中,首先要确定的就是粒子进入探测器的时间。定时电路就是根据接收到的来自放大器的随机脉冲信号,产生定时逻辑脉冲,进而确定输入信号到达的时间。定时电路也称为时间检出电路或者定时甄别电路,人们已经发展出了多种定时方法,比如前沿触发定时、过零定时、恒比定时以及幅度和上升时间补偿定时等。

1. 前沿触发定时

前沿触发定时是最简单的定时方法,它与前面讨论过的脉冲幅度甄别的工作原理类似。前沿触发电路利用接收到的来自放大器的随机脉冲信号,直接触发一个阈值固定的触发电路,当输入脉冲信号的前沿上升到超过触发电路设定的阈值时,产生输出脉冲作为定时信号,如图 3-44 所示。脉冲信号 u_{sr} 自 $t=0$ 开始输入,定时电路的输出信号延迟时间 t_L 后开始产生。

从图 3-44(b)中可以看出,触发电路的阈值 V_T 越小,定时电路的输出信号的延迟时间 t_L 也越小。但 V_T 的减小会受噪声等因素的影响,如果 V_T 小于噪声,噪声就会触发电路,产生虚假信号。另外,由于触发器(特别是施密特触发器)存在滞后效应,回差的存在也使得 V_T 不能太小。

实际上,各种能够影响 t_L 的因素都会影响定时的准确性,产生误差。例如,输入信号的幅度和波形的变化会影响其前沿上升到 V_T 值所需的时间,使

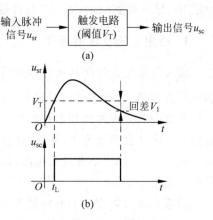

图 3-44   前沿触发定时电路示意图

（a）工作原理；（b）输出信号

定时电路输出信号的延迟时间 t_L 发生变化。这种由输入信号的幅度和波形的变化引起的定时误差称为时间游动。类似地,系统各部分产生的噪声、探测器输出信号的统计涨落等也会影响 t_L,如此产生的定时误差称为时间晃动。探测器和定时电路中有些元件对环境温度、电源电压比较敏感,容易老化,也会引起定时误差,称为时间漂移。时间漂移是一种慢变化误差,影响相对较小,常可忽略。

2. 过零定时

在前沿触发定时方法中,输入信号幅度的变化会影响该信号的大小达到阈值 V_T 所需要的时间,产生定时误差,即时间游动。为了克服这一缺点,人们发展出了过零定时方法,如图 3-45 所示。为讨论方便,假定输入信号的形状相同,仅存在幅度上的差别,如图 3-45(a)

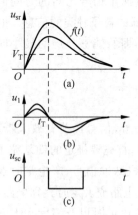

图 3-45   过零定时波形图

（a）输入信号的幅度不同；

（b）改变输入信号形状,使其达峰时间为重新成形信号的过零时间；

（c）输出信号的定时点不再受输入信号幅度的影响

所示。设输入信号的形状可以用函数 $f(t)$ 表示,则幅度不同的输入脉冲信号可统一表示为

$$u_{sr}(t) = Af(t) \tag{3-22}$$

式中 A 为信号的幅度。

由式(3-22)可知,不同输入脉冲的过阈时间 t_L(输入脉冲信号的前沿超过阈值 V_T 的时间,即输出信号延迟时间)由方程

$$Af(t_L) - V_T = 0 \tag{3-23}$$

确定。若 $V_T \neq 0$,除非 $f(t)$ 为阶跃函数,否则不同幅度信号的过阈时间不可能相同。

由式(3-23)以及图 3-45(a)可以看出,对任意形状的输入信号,只有 $V_T = 0$ 时,不同幅度信号的过阈时间才会相同,此时 $t_L = 0$。因此,若要使不同输入信号的过阈时间 t_L 相同,不受信号幅度的影响,可能的方法是取 $V_T = 0$,即以信号超过零的时间为定时点。这就是过零定时这一名称的由来,而用于过零定时的甄别器则称为过零甄别器。

但是,从对图 3-44 的讨论中我们已经知道,直接取 $V_T=0$ 而将输入信号开始时刻作为定时点,噪声等因素会产生较大的影响,因此是行不通的。实际上,人们是将输入脉冲信号重新成形,即改变 $f(t)$ 的函数形式,使输入脉冲信号成为具有共同过零点的另一个波形。由于原输入脉冲信号的波形相同,因而它们的达峰时间相同,重新成形的信号通常就以原来的达峰时间作为过零点时间 t_T,如图 3-45(b)所示。由成形后信号的过零点触发过零甄别器,输出信号的定时点就不受输入脉冲信号幅度的影响,如图 3-45(c)所示。

3. 恒比定时

粒子进入探测器后,探测器产生输出信号的时间、信号的幅度和波形都存在统计涨落,为了定量分析不同因素对定时误差的影响,引入了触发比的概念,其定义为

$$f=\frac{V_T}{A} \tag{3-24}$$

式中,A 为输入脉冲信号的幅度,V_T 为触发电路的触发阈值。对于一定的探测器,它可能存在一个最佳的触发比,在此触发比下工作,探测器输出信号的时间晃动最小。过零定时方法中,由于触发阈 V_T 取为零,它所对应的实际是输入信号的峰值,因此过零定时的触发比是确定不变的。为了能将触发比调整到最佳值,发展出了恒比定时方法。

要使触发比可调,触发阈 V_T 不应是固定不变的,而且还应与输入信号的幅度有关。如果使触发阈 V_T 与输入信号的幅度 A 成正比,即

$$V_T=PA \tag{3-25}$$

式中,P 为常数,则此时的触发比为 $f=P$,称为恒比定时。调节 P 的大小,就可使触发比达到最佳值。将式(3-25)代入式(3-23)得

$$Af(t_T)-PA=0 \tag{3-26}$$

由上式可以看出,输入脉冲的过阈时间 t_T 仍然与信号的幅度无关,保留了过零定时的优点。同时由于恒比定时可以将触发比调为最佳,有效地减小了时间晃动的影响,因此成为应用较多的定时方法。

图 3-46 所示为一种恒比定时电路的原理框图。输入脉冲信号 u_{sr} 被分成两路,一路经延迟电路延迟时间 t_d,成为信号 $Af(t-t_d)$;另一路经衰减、倒相后成为信号 $-PAf(t)$。两路信号经加法器后形成了一个双极信号,该信号从负极性变为正极性(输入信号为负脉冲),而且过零点时间 t_T 与输入脉冲信号的幅度无关。此双极信号输入给过零甄别器,信号的过零点就是恒比定时点。

图 3-46　恒比定时原理框图

4. 幅度和上升时间补偿定时

幅度和上升时间补偿定时简称为 ARC 定时,它是由恒比定时发展而来的。恒比定时消除了输入信号的幅度 A 的变化对定时的影响,为了进一步消除信号上升时间引起的时间

游动,可以使触发阈 V_T 不仅与输入信号的幅度 A 成正比,也与输入信号的函数形式 $f(t)$ 成正比,即

$$V_T = PAf(t) \tag{3-27}$$

于是,式(3-26)成为

$$Af(t_T - t_d) - PAf(t_T) = 0 \tag{3-28}$$

式中 t_d 为延迟时间。假设输入信号的前沿随时间线性增长,达峰时间为 t_M,则在输入信号的上升时间内有

$$f(t) = \frac{t}{t_M}, \quad t \leqslant t_M \tag{3-29}$$

将式(3-29)代入式(3-28)得

$$A\frac{t_T - t_d}{t_M} - PA\frac{t_T}{t_M} = 0 \tag{3-30}$$

由上式就得到了与达峰时间 t_M、输入信号幅度 A 均无关的定时时间

$$t_T = \frac{t_d}{1 - P} \tag{3-31}$$

对于前沿随时间线性增长的输入信号,用这种方法定时对信号幅度的变化和上升时间的变化都给予了补偿,消除了时间游动,因而称为幅度和上升时间补偿定时。ARC 定时弥补了恒比定时的不足,但其电路原理与恒比定时基本相同。

3.5.2 定时单道分析器

定时单道脉冲幅度分析器就是具有定时功能的单道脉冲幅度分析器,它的输出信号不仅包含输入信号的能量(脉冲幅度的大小)信息,还与输入信号有固定的时间关系。定时单道分析器的种类很多,有的定时精度高,有的精度低。而定时方法上,有的采用前沿定时,有的则采用过零定时或恒比定时。

FH1007A 型定时单道分析器是一种单位宽度的标准核仪器插件(NIM 插件)。FH1007A 分析器除了具有一般单道分析器的功能之外,还具有定时功能,所采用的定时方法是前沿定时。FH1007A 单道分析器既可作一般单道使用,也可以在符合测量或时间测量系统中用于脉冲幅度分析。

1. 主要技术性能

FH1007A 型定时单道分析器的主要性能指标如下。

(1) 阈值范围:0.2~10V;道宽范围:0.1~5V;阈值线性:好于±0.5%。

(2) 稳定性:8 小时长稳;阈值及道宽漂移小于 15mV;延时漂移小于 15ns。温度系数:阈值及道宽小于 1.5mV/℃;延时小于 1.5ns/℃。

(3) 延时范围:0.3~4.0μs。分辨时间:延时+0.5μs。

(4) 定时精度:输入脉冲在 1.0~10V 范围内变化,输出脉冲时间移动小于上升时间的 1/5。

(5) 输入阻抗约为 15kΩ,输入正极性脉冲,幅度 0.2~10V;输出正极性脉冲,幅度不小于 4V,宽度 0.4ns,输出阻抗约 50Ω。

（6）外选通脉冲：正极性,幅度 3V,直流耦合,选通时间大于或等于所选定的延时(以输入脉冲峰值为起算点)。

FH1007A 型定时单道分析器是由分立元件和集成电路混合组成的。整个电路包括输入信号的衰减电路,上、下甄别器,用于定时的前沿甄别器,上、下 RS 双稳态触发器,复位与门,延迟和成形单稳态触发器,反符合门,上、下放大输出级,以及和成形单稳态触发器相接的道放大输出级等部分组成。图 3-47 所示为 FH1007A 的组成框图,图 3-48 为其电路原理图。

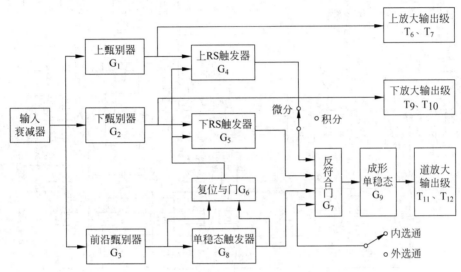

图 3-47　FH1007A 型定时单道分析器组成框图

定时单道分析器具有与一般单道分析器相类似的工作原理。假定分析器的下甄别器的阈值为 U_x,上甄别的器阈值为 U_s,则道宽为 $U_s - U_x = U_k$。只有当输入脉冲信号的幅度落在道宽以内时,单道分析器才有输出。因此当道宽 U_k 选定后,连续改变阈值 U_x,便能测出脉冲幅度分布。

除具有一般单道分析器的功能外,定时单道分析器还具有前沿定时特性,定时特性由定时阈值 U_t 决定。由于定时阈值很低,输入脉冲首先触发定时甄别器,其输出负脉冲前沿经倒相后,由正跳变触发延时单稳态,延时单稳态输出的负脉冲将反符合门封锁,阻止了定时甄别器的输出。

如果输入的脉冲信号只能触发下甄别器而不能触发上甄别器,则下甄别器输出的负脉冲信号会将下 RS 触发器 G_5 置位,其输出端(G_{5-8})的正跃变就解除了对反符合门 G_{7-9} 输入端的封锁。延时单稳态 G_8 经过延迟 τ_d 时间后,达到稳态,G_8 的输出端上升到高电平,并开放反符合门 G_{7-9} 的输入端。由于此时下 RS 触发器尚未复位,因此反符合门 G_7 将输出一个负跳变信号,经过成形单稳态 G_9 成形、放大后输出一个正脉冲信号。这样,输出脉冲对输入脉冲便有一个确定的延迟时间,基本上是延迟单稳态的脉冲宽度 τ_d。由于定时甄别是仅甄别掉噪声的低电平甄别器,因此不同小幅度的输入脉冲,其输出脉冲的延时基本上被 G_7 封锁,没有输出。

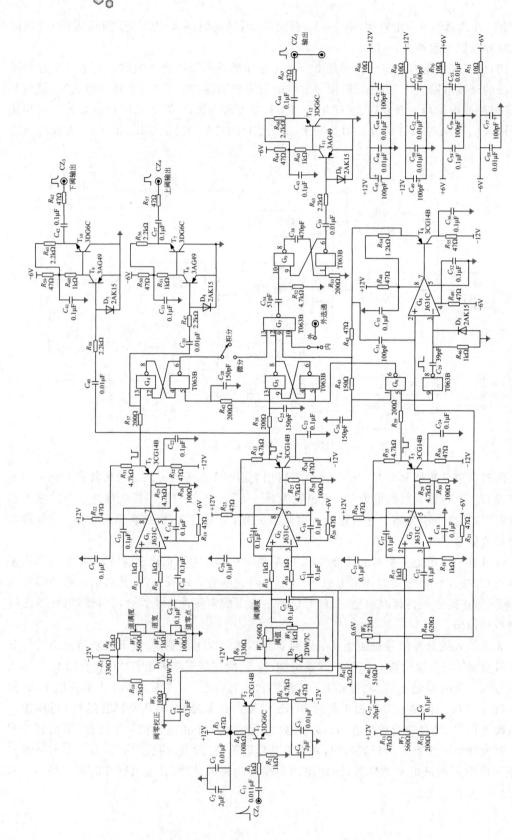

图 3-48　FH1007A 型定时单道分析器电路原理图

2. 电路概述

1) 输入衰减电路

由于电压比较器(甄别器)的阈值只在 5V 左右,为了实现 10V 的分析范围,在其输入端引入了由电阻 R_1 和 R_2 组成的 2：1 衰减器,其后接由互补管 T_1、T_2 组成的复合跟随器,旨在获得好的负载能力和高的传输系数。跟随器的输出同时加到上、下甄别器和定时甄别器上,如图 3-49 所示。

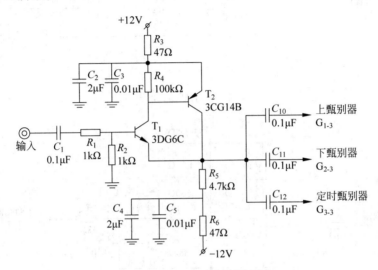

图 3-49　输入衰减电路原理图

2) 阈值和道宽调节电路

阈值和道宽调节电路如图 3-50 所示,+12V 的源电压通过电阻分压器 R_{11}、W_7、R_{12} 为定时甄别器提供阈值电压 U_t。

稳压管 D_2 把+12V 的电位稳压成 6.3V,再经两个并联的电阻分压器,一路为上下甄别器提供阈电压 U_x,另一路为延迟单稳态触发器 G_8 提供约 0.6V 的参考电压即阈压。经稳压管 D_1 把-12V 的电位稳压成-6.3V,再经两个并联的电阻分压器,一路为上甄别器提供道宽电压 U_k,另一路为下甄别器提供低阈值校正电压。

由电位器滑动点输出的参考电压对地接一小电容,如 C_6、C_7、C_8、C_9,有效地减少了波动的影响,稳定了参考电压。阈值和道宽均由带刻度盘的 1kΩ 十圈线绕电位器提供,以获得高稳定性的参考电平。

3) 甄别器

上、下甄别器和定时甄别器(G_1、G_2、G_3)形式上均是由线性组件电压比较器 J631C 接成交流耦合的跟随触发器(施密特电路)。用这种线性组件构成的甄别器具有良好的甄别特性和较高的稳定性。输入信号均加至反相输入端,阈压加至同相输入端。当输入信号等于或大于阈压时,输出由高电平向低电平跳变,输出负脉冲。为提高驱动能力,甄别器的信号通过一单管射极输出器输出,如图 3-51 所示。

三个甄别器的电路结构和参数完全相同,只是输入端略有不同。输入信号都加到三个甄别器的反相输入端。定时甄别器的同相端接阈电压 U_t;反相端除接信号外还通过 R_{18}

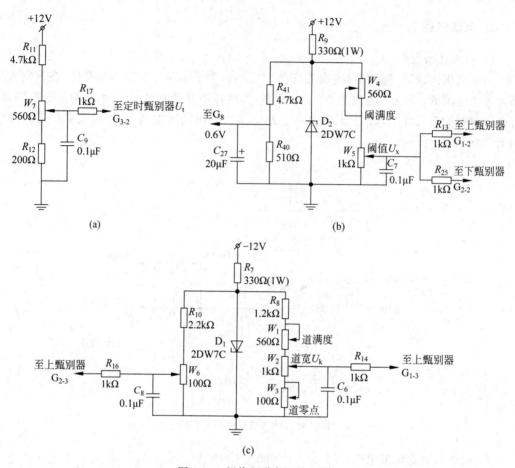

图 3-50　阈值和道宽调节电路

(a) 控制电压的分压器；(b) 阈电压调控；(c) 道宽调控

接地。下甄别器同相端接阈电压 U_x；反相端除接信号外还接有低阈校正电压,即所谓的零阈电压。上甄别器同相端也接阈电压 U_x；反相端除接信号外还接有道宽电压 U_k,因 U_x 与下甄别器相同且为正,而 U_k 为负,因此上甄别器的实际阈值

$$U_s = U_x + | U_k |$$

4）延时单稳态触发器

延时单稳态触发器 G_8 与甄别器一样,都采用了线性组件电压比较器 J631C。延时单稳态触发器与交流耦合施密特电路结构大体相同（如图 3-51 所示）,只不过输入电路采取了微分措施。静态时,延时单稳态触发器的同相输入端从阈值电路（如图 3-50 所示）中获得的约 0.6V 的参考电压作为阈压,其反相输入端通过 R_{46} 接地,输出端为高电平,也经过单管射极输出器给出。

延时单稳态触发器需要正阶跃信号触发,因此将定时甄别器输出的负脉冲经 G_6 倒相后,经过微分后用其前沿正尖脉冲来触发,触发后输出端由高电平变为低电平。延时单稳态触发器的翻转与甄别器的工作过程不同,它是依靠定时电容 C_{31} 的充放电时间来控制的,同时起到了宽度成形的作用。

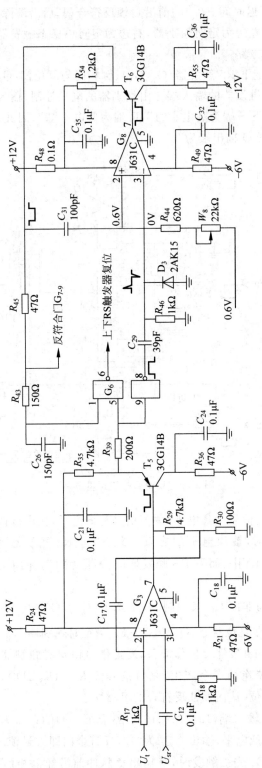

图 3-51　定时甄别器（左）与定时单稳态（右）电路

电路的延时时间或翻转时间由 C_{31}、W_8、R_{44} 来决定,调节 W_8 便可改变单稳态输出脉冲宽度,即脉冲前沿的延迟时间。G_8 的前沿封锁反符合门,后沿解除封锁,其宽度为下甄别器输出的延迟。图 3-51 左边为定时甄别器,右边为定时单稳态触发器。

5) 反符合控制逻辑电路

反符合控制部分由上下 RS 触发器(G_4、G_5)、倒相门与复位门(G_6)、反复合门(G_7)等组成,如图 3-52 所示。RS 触发器的输入端 S 由甄别器的电平控制,输入端 R 作为复位端由复位与非门 G_6 控制,常态下 S 端为高电平"1",R 端为低电平"0",因此,上 RS 触发器 $\overline{Q}$ 输出端为"1",而下 RS 触发器 Q 输出端为"0"。

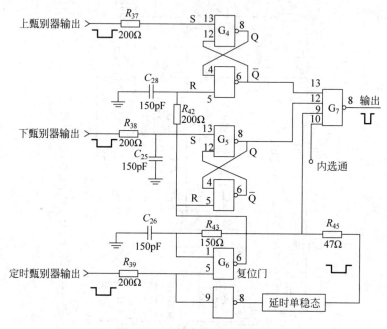

图 3-52　反符合控制逻辑电路

反符合与非门的开门信号为高电平,关门信号为低电平,输出极性为负。当有负跳变信号触发 S 输入端(置位)时,输出电平随之发生跳变,上 RS 触发器的 $\overline{Q}$ 端为"0",并加至 $G_{7\text{-}13}$,起封锁反符合门的作用;而下 RS 触发器的 Q 端为"1",并加至 $G_{7\text{-}12}$,起开放反符合门的作用。

复位是通过双输入与非门 G_6 来控制的,常态下,$G_{6\text{-}1}$、$G_{6\text{-}5}$ 均为"1",输出 $G_{6\text{-}6}$ 为"0",使 RS 触发器处于常态,即复位状态,$Q=0$,$\overline{Q}=1$。当定时甄别器 G_3 被触发时,$G_{6\text{-}5}$ 为"0",使 $G_{6\text{-}6}$ 为"1",为上下 RS 触发器置位作准备,复位信号由定时甄别器复位的正阶跃和延时单稳态复位的正阶跃中较晚的一个产生,复位信号经 R_{42}、C_{28} 延时,使上 RS 触发器在下 RS 触发器复位之后再复位,从而保证反符合的可靠性。

反符合门 G_7 的四个输入端(13、12、9、10)在常态下,只有 $G_{7\text{-}12}$ 为"0",其余三个输入端全为"1"。输入端只要有低电平,输出 $G_{7\text{-}8}$ 为"1",反符合门即被封锁。

当只有定时甄别器 G_3 先被触发时,其输出负脉冲前沿经倒相后用上升沿触发延时单稳态触发器,由于下 RS 触发器先封锁反符合门($G_{7\text{-}12}$ 为"0")和延时单稳态触发器输出负

脉冲对 G_{7-9} 的封锁,无输出。

如果输入信号触发下甄别器 G_2 而没触发上甄别器 G_3 时,下甄别器的输出经 R_{38}、C_{25} 延时后对下 RS 触发器置位,使 G_{7-12} 由"0"变为"1",虽然解除了对 G_{7-12} 的封锁,但由于定时阈比下甄别阈低,所以定时甄别器比下甄别器先触发,延时单稳态触发器输出的负脉冲使 G_{7-9} 由"1"变为"0",首先封锁反符合门,此时无输出。只有等到延时单稳态触发器结束延时恢复初态后,在下 RS 触发器复位前这段时间内,G_7 的四个输入端全为"1",反符合门输出端才由"1"变为"0",产生负脉冲输出。这个输出脉冲对输入脉冲有一个确定的延时。图 3-53 所示为 FH1007A 定时单道分析器的工作波形图。

当上甄别器也被触发时,上 RS 触发器置位,$\overline{Q}$ 为 0,封锁了 G_{7-13},在其复位前,始终封锁 G_7,使 G_7 没有输出,完成了符合逻辑。

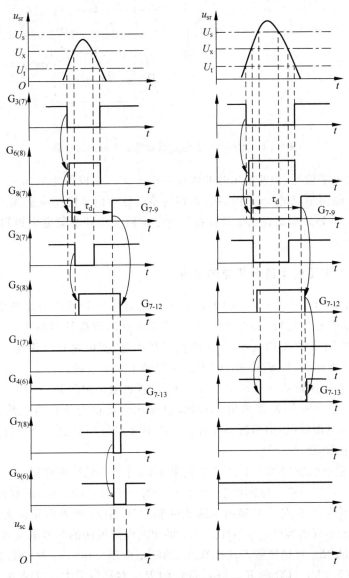

图 3-53 FH1007A 定时单道分析器工作波形

6）成形单稳态触发器与道放大输出级

反符合门输出的负脉冲需进一步成形和放大，成形器采用微分型单稳态触发器，由 G_9 的双与非门组成，如图 3-54 所示。输入由反符合门输出的负跃变触发，输出为负脉冲，宽度约 $0.4\mu s$。

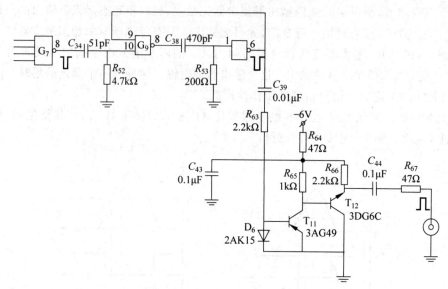

图 3-54　成形单稳态触发器和道放大输出级电路

因组件输出电平较低，为使输出脉冲幅度不小于 4V，在成形之后加了一个由单管截止放大器和射极跟随器组成的放大输出级，得到的输出脉冲信号极性为正，幅度不小于 4V，宽度约 $0.4\mu s$。上、下甄别器的输出负脉冲都经过了电路结构和参数完全相同的放大输出级，给出正脉冲输出。

3. BH1007A 型定时单道分析器的改进

BH1007B 型定时单道分析器是 FH1007A 型定时单道分析器的改进型号，其用途、使用的环境条件、主要技术性能、插件宽度、组成的原理框图等都基本相同。二者的主要差别在于 BH1007B 所用器件与 FH1007A 相比做了些改进，使电路有所简化。图 3-55 所示为 BH1007B 的电路原理图，与 FH1007A 相比，主要做了如下改进。

（1）用高速电压比较器 $\mu A710$ 替代 J631C，并省去输出跟随器。

上、下和定时三个甄别器都采用 $\mu A710$，也接成交流耦合施密特电路形式，供电也是 +12V 和 −6V 双电源供电，但引脚不兼容。$\mu A710$ 之后分别省去三个单管射极跟随器，从输出端（9 脚）直接输出。

（2）延时单稳态触发器用 74LS121 替代 J631C，并省去输出跟随器。

74LS121 由 +5V 的单一电源供电，而 J631C 则由 +12V 和 −6V 的双电源供电。两者供电不同，引脚不兼容，但是二者都用正跳变触发。74LS121 的外电路极为简单，只接定时电阻（$W_8 + R_{44}$）和定时电容（C_{31}），另外，J631C 的定时电阻所接的参考电压约为 $0.6V$（$4.7k\Omega$ 的 R_{41} 与 510Ω 的 R_{40} 对稳压管 D_2（2DW7C）的稳定电压分压），而 74LS121 的定时电阻所接的参考电压约 $5.2V$（750Ω 的 R_{41} 与 $4.7k\Omega$ 的 R_{40} 对稳压管 D_2（2DW7C）的稳定电压分压）。74LS121 的输出为 TTL 电平。

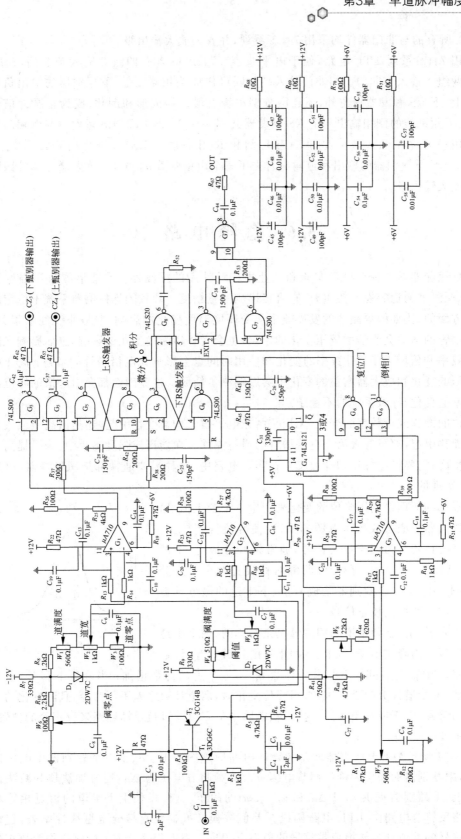

图 3-55 BH1007B 型定时单道分析器电路原理图

(3) 所有的与非门器件均采用 74LS 系列,并省去放大输出级。

采用 74LS 系列 TTL 电路,便于电平兼容。74LS00 含有四组 2 输入与非门,74LS20 则含有两组 4 输入与非门。与非门输入端并联可构成倒相器。上、下甄别器的输出负脉冲除了对上、下 RS 触发器置位外,还经微分型单稳态触发器成形和倒相,成为正脉冲信号输出。上、下甄别器的倒相输出与上 RS 触发器共用一片 74LS00,下 RS 触发器与倒相门和复位门共用一片 74LS00,微分型单稳态与倒相共用一片 74LS00,符合门用二分之一片 74LS20。上、下甄别器的输出和道输出省去了三个由单管截止(倒相)放大器与单管跟随器组成的放大输出级。

3.6　稳峰电路

闪烁探测器是一种在科学实验和工业中广泛使用的探测器。在能谱测量和强度测量中,闪烁探测器的稳定性至关重要,它直接影响测量精度。导致闪烁探测器系统不稳定的因素是多方面的,比如闪烁晶体的发光效率会受环境温度变化的影响,并呈非线性依赖关系;光电倍增管的增益会受倍增偏压变化的影响,也会受环境温度变化的影响,进而影响光阴极的转换效率和倍增因子;计数率的变化和使用时间也会影响光电倍增管的增益;高压电源输出电压的变化和放大器增益的变化也会影响测量精度。这些因素都会引起谱的峰位漂移和计数率的变化,导致系统的不稳定。

峰位的漂移或计数率的变化,无论是由光电倍增管增益变化引起,还是由高压或放大器增益的漂移引起,都可等效为光电倍增管的增益漂移。在能谱或强度测量中,为了提高测量结果的精度,需要稳定峰位和计数率。在实际电路中,这种需要通常都是用稳峰器(单道或电路)来实现的。

稳峰器的原理是利用峰位的变化来产生一个校正信号,去控制放大器的增益或高压电源的输出,使峰位得到校正,达到稳峰的目的。为产生校正信号,通常将峰分成上、下两个半道,如图 3-56 所示。在峰位两侧对称设置两个单道分析器(由上、中、下三个甄别器构成),上、下半道的微分计数之差就可作为调控的校正信号。

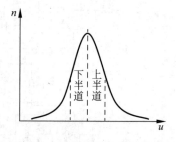

图 3-56　峰位左右半道的设置

一般来说,上、下两半道的相对峰位是对称的,两个半道的宽度相等。当峰位不变时,上、下两半道的计数相等,计数之差为零;当峰位上移时,下半道的计数减小,上半道的计数增加;当峰位下移时,下半道计数增加,上半道计数减小。因此,当峰位变化时,两道计数之差不再为零,且随变化的方向有不同的符号(大于或小于零)。这样,在电路中就可以通过负反馈回路来校正峰的位置,使之维持不变。

图 3-57 所示为调节放大器增益的稳峰电路原理图。上、中、下三个甄别器由电压比较器构成,中甄别器的阈压为峰位调节电压 u_0,道宽调节电压为 Δu,通过加法器和减法器可分别为上、下甄别器提供 $u_0 + \Delta u$ 和 $u_0 - \Delta u$ 的阈压,这样可使上下半道的道宽相等和对称。两路反符合电路由 TTL 电路构成。差值数模转换器为直接充电型线性率表,它将两半道带符号的差值计数转换成带符号的模拟电压量。率表积分电容上的电压作为校正信号

加到金属-氧化物半导体场效应管(MOSFET)的栅极,控制放大器的增益,实现稳峰目的。差值率表输出的模拟电压可实现三种调整功能。

(1)内稳:调整阈值和道宽。

(2)外稳1:调整光电倍增管的工作高压。

(3)外稳2:调整高压电源的输出高压。

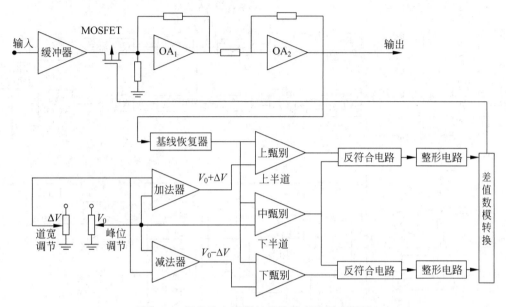

图 3-57　调节放大器增益的稳峰电路原理框图

图 3-58 所示为调节光电倍增管工作的高压稳峰电路原理图。上、下半道微分计数之差经差值率表转换为模拟电压输出,并作为校正信号加到调整三极管的基极,控制光电倍增管阴极电位 V_k 的高低,实现稳峰目的。通常可取 $V_k = 50V$,调节高压输出 V_H,使 $V_H - V_K$ 等于光电倍增管的正常工作电压。当峰位漂移时,用带符号的差值率表输出的模拟电压调控三极管的工作状态,从而改变 V_K,也就是改变光电倍增管的工作电压。这样,通过负反馈回路稳定了峰位。

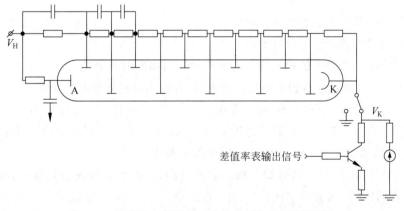

图 3-58　调节光电倍增管工作的高压稳峰电路原理图

图 3-59 所示为作为插件使用的 FH1038 型稳峰单道分析仪的组成框图。FH1038 可与线性脉冲放大器、高压电源、线性率表或定标器以及 γ 闪烁探头配合使用,组成自稳系统,进行放射性强度的稳定测量;也可用于其他测量系统,起稳定作用。

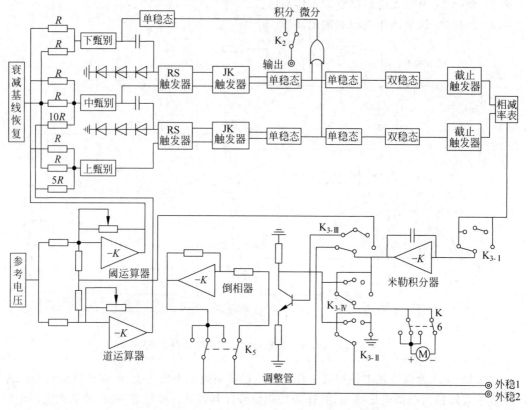

图 3-59　FH1038 型稳峰单道分析仪的组成框图

习　　题

3.1　脉冲幅度甄别器有什么作用?

3.2　画出单道能谱仪的组成框图。

3.3　画出电压比较器的两种输入方式和输入与输出的波形关系。

3.4　画出用 RS 触发器构成的反符合电路,并说明反符合电路的功能。

3.5　图 3-60 所示为由串接晶体管组成的反符合电路,输入信号的上升时间 $t_s = 0.4\mu s$,上甄别、成形后输出的正脉冲宽度 $t_{ks} = 2\mu s$,下甄别、成形后输出的正脉冲宽度 t_{ks} 取多少合适? 并给出图中两个电容 C_s 和 C_x 的取值范围。

3.6　对图 3-61 所示的微分型单稳态成形电路,如果用正方波信号触发,画出图中 a、b、c、d、e 各点的波形,并说明图中 R_1、R_2 的关系。成形后输出的脉冲宽度由哪些参数决定?

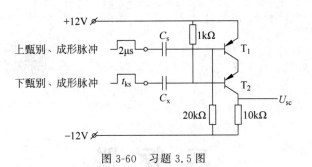

图 3-60 习题 3.5 图

3.7 对图 3-62 所示的积分型单稳态成形电路,如果用正方波信号触发,画出图中 a、b、c、d 各点的波形,并说明输入与输出脉冲宽度的关系。成形后输出的脉冲宽度由什么参数决定?

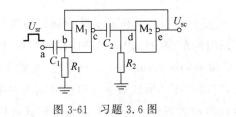

图 3-61 习题 3.6 图

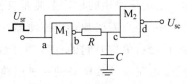

图 3-62 习题 3.7 图

第4章

定 标 器

定标器是最早使用的核辐射测量仪器之一,它是用来记录和显示脉冲数目的仪器。在核辐射测量中,经常需要测量出探测器在一定的时间范围内输出的脉冲信号的数目,这一任务过程称为计数,单位时间的计数叫计数率(单位为 cps,count per second)。计数率计(简称率表)就是能完成计数任务的一种电路设备,它以电压的形式表示出单位时间内由探测器输入的脉冲信号的平均数,尽管它在射线剂量仪器和放射性工业检测仪表中得到了广泛的应用,但早期的率表往往计数不够精确。近代定标器一般都具有自动控制和自动操作等功能,通过计数电路以数字形式给出一定时间内输入的脉冲信号的绝对数目。只要用足够长的一段时间来测量探测器输出脉冲的数目,再求出单位时间的脉冲数目即计数率,就可以减小统计涨落的影响,给出精确的辐射强度。

从定标器的作用来看,定标器至少要包括计数与显示电路、计时电路和控制电路等组成部分。计数与显示电路用来记录被测脉冲数目并显示出来,这就要由控制电路来控制开始计数和停止计数;计时电路用来给出精确的定时时间即测量时间,通过控制电路在计时开始时刻启动计数,在计时结束时刻停止计数;控制电路是定标器的核心,起着协调和控制的功能。为适应不同的使用要求,定标器的电路组成和结构形式多种多样,有简有繁,可有很大的不同。

实际工作中,使用者对定标器的要求往往不尽相同。通用的定标器应具有较强的自动操作和自动控制功能,可适应各种条件下的工作,如手动计数、半自动计数、自动计数、定时计数、定数计时、预置及可逆计数等,因此控制电路的逻辑功能要强。作为一台通用的定标器,除了具有计数、计时、控制三大系统外,还应有为这三部分供电的低压电源。为了配合探测器的使用,定标器内还附有高压电源。

计数电路对输入的脉冲幅度是有一定要求的,如果输入信号来自单道脉冲幅度分析器的输出,可直接输入给计数电路;如果输入信号来自探测器,则还要附有输入电路,把探测器的输出信号改造(放大)成适合计数电路所要求的脉冲,并要甄别掉干扰和噪声等杂乱的小脉冲。定标器的主要技术指标有计数容量、计时调节范围和控制功能等。图 4-1 所示为定标器的组成框图。

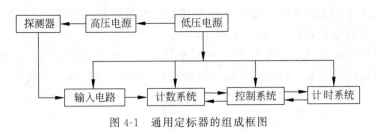

图 4-1　通用定标器的组成框图

4.1　计　数　系　统

计数系统的作用是记录下被测量的脉冲信号的数目,并把记录的结果显示出来,它是定标器的中心部分。计数系统一般由计数门、计数器、译码器、显示器等部分组成,图 4-2 所示为一个典型计数系统组成的原理框图。根据需要,计数系统有时也会和打印机等其他设备相连接。

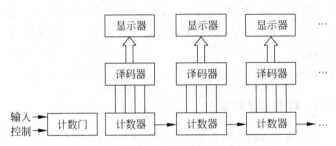

图 4-2　定标器的计数系统组成框图

4.1.1　计数器

计数器就是用来记录输入的脉冲信号数目的器件,广泛用于放射性强度测量、时间测量、分频等技术领域。计数器按其计数的进制可分为二进制计数器、十进制计数器和 N 进制计数器。目前,常见的计数器一般都是十进制的。双稳态触发器(如 RS 触发器、JK 触发器、T 触发器、D 触发器等)就是广泛用于二进制计数器电路中的典型器件。用四个双稳态触发器级联,可构成十六进制计数电路。十进制计数器的基本计数单元就是在十六进制电路中加入适当的反馈控制环节形成的。

用分立元件构成十进制计数器电路复杂,占用空间大,调试不便。目前,低、中速计数系统中大多采用 MOS 或 TTL 集成电路,而高速计数系统中则多采用 ECL 集成电路。集成化的计数电路种类很多、性能优良,为计数电路的设计带来了极大的方便。但实际使用集成器件时,应注意产品的型号、功能等有关参数,做到灵活运用。

计数器能够记录的输入脉冲信号的最大数目叫作计数器的计数容量,也称为计数长度或模。对于二进制计数器,如果用 n 表示其中的触发器的个数(二进制数的位数),这个二进制计数器的容量就是 $M=2^n$。十进制计数器的每一个计数单元(计数位)原理上讲是由四个级联的双稳态触发器级联形成的。通常采用 BCD 码(binary-coded decimal,亦称二-十进制代码,或称为二进码十进数)。计数器的每一计数位有 4 个输出端 Q_1、Q_2、Q_3 和 Q_4,

其权数分别为 1、2、4、8，4 个输出端的不同形状组合代表了数字 0、1、2、……、9。若一个十进制计数器有 n 个计数位，则其计数容量为 $10^n - 1$。

除了按照计数的进制加以分类之外，对计数器还可以按照其逻辑功能分为加法计数器、减法计数器以及既可作加计数又可作减计数的可逆计数器（也叫双向计数器）。如果按照工作方式分类，则可分为同步计数器、行波计数器（亦称为异步计数器）和环形计数器等。

同步计数器的工作方式是在同一个输入脉冲信号作用下，使计数器的各级（四级二进制）输出同时发生变化，因此，它具有较快的工作速度，同时减小了各输出端由于传输延迟时间所引起的尖峰。同步型计数器又可分为同步加计数器、同步可逆计数器、同步 $1/N$ 计数器等。

行波计数器的工作方式是下一级触发器翻转依赖于前一级输出端的变化，逐级推动。这种形式的计数器一般都是二进制计数器，电路简单，通常总是集成较多的级数。由于逐级推动，延迟时间较长，限制了在高速下工作。这种电路常用在分频器、计时电路和简单的 D/A 变换器中。

环形计数器是采用移位方式进行计数的，并常与译码器一起，组成环形脉冲分配器。这种计数器按数制可区分为十进制（如 CC4017）和八进制两种（如 CC4022）类型。环形计数器可在较高的速率下工作，并且仅需两个输入与门就可译出 $0 \sim 9$（十进制）或 $0 \sim 7$（八进制）的输出，并无尖峰伴随输出。

下面我们给出几个十进制计数器的实例。

1. C180、CC4518 同步加计数器

C180 采用的是扁平贴片式封装，内含一个 BCD 计数器；CC4518 采用是双列直插式封装，内含两个 BCD 计数器。C180、CC4518 的引脚功能如图 4-3 所示。C180 与 CC4518 的逻辑电路图以及波形图类似，如图 4-4、图 4-5 所示。表 4-1 所示为二者的功能真值表。表中："⎍"代表上升沿，"⎍"代表下降沿，"1"代表高电平，"0"代表低电平，"×"代表 1 或 0 任意，后文同。表 4-2 所示为二者的输出真值表。

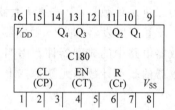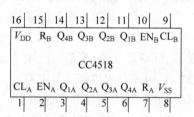

图 4-3　C180、CC4518 的引脚功能图

这两种计数器的输入端口包括时钟端 CL（clock）、时钟允许端 EN（enable）和复位端 R（reset）。输出端有四个（$Q_1 \sim Q_4$）。当复位端 R 置 1（高电平）电位时，计数器清零，即 $Q_1 \sim Q_4$ 均为 0（低电平）；当 R=0 时，若输入计数脉冲从时钟端 CL 输入时，要求时钟允许端 EN 接 1，才能允许 CL 进入计数器，时钟的上升沿引起计数器计数；反之，若输入计数脉冲从 EN 端输入时，要求 CL 接 0，这时输入脉冲的下降沿引起计数器计数。当输入 10 个脉冲时，计数器输出端全回复到 0 并进位。进位脉冲 Q_4 的下降沿与第十个 CL 脉冲的上升沿对应。

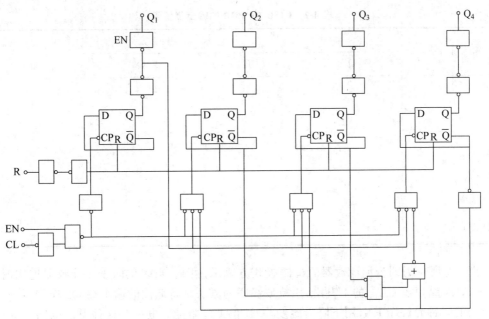

图 4-4 C180、CC4518 的逻辑电路图

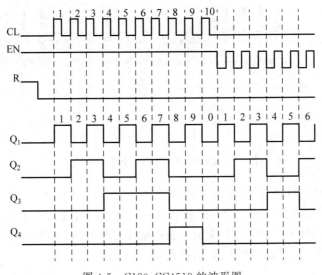

图 4-5 C180、CC4518 的波形图

表 4-1 C180、CC4518 的功能表

CL	EN	R	功　能
⌐	1	0	加计数
0	⌐	0	加计数
⌐	×	0	不变
×	⌐	0	不变
⌐	0	0	不变
1	⌐	0	不变
×	×	1	$Q_1 \sim Q_4 = 0$

表 4-2 C180、CC4518 的输出真值表

输入脉冲数	输　　出			
	Q_4	Q_3	Q_2	Q_1
0	0	0	0	0
1	0	0	0	1
2	0	0	1	0
3	0	0	1	1
4	0	1	0	0
5	0	1	0	1
6	0	1	1	0
7	0	1	1	1
8	1	0	0	0
9	1	0	0	1

图 4-6 所示为同步加计数器的行波级联方式示意图。当多位同步加计数器连用时,逢 10 进 1,Q_4 结束于 CL_{10} 的上升沿,用行波级联的方法是将低位的输出端 Q_4 连到下一高位计数器的时钟允许端 EN,用下降沿触发,高位的 CL 端接 0 电平。这种方法电路简单但速度不高。复位端 R 接低电位时工作,接高电位时清零。

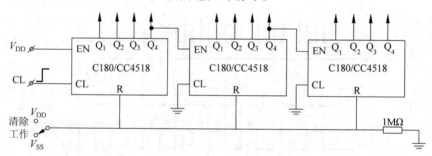

图 4-6 C180、CC4518 的行波级联方式

图 4-7 所示为同步加计数器的同步级联方式示意图。当多位同步加计数器连用时,用同步级联的方法是将计数时钟脉冲输入到全部电路各位的时钟允许端 EN,除第一级 CL 端接 0 电平外,其余各级的时钟端 CL 受低一位的输出译码控制,对 BCD 同步计数器,相应译出 9、99、999 分别作高位的时钟端 CL 的控制输入。

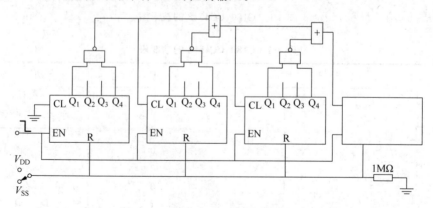

图 4-7 C180、CC4518 的同步级联方式

2. C181、CC40192 同步可逆计数器（双时钟型）

C181、CC40192 可预置数 4 位 BCD 可逆计数器（双时钟型）的输入端有加时钟 CL_U、减时钟 CL_D、预置数输入 $J_1(2^0)$、$J_2(2^1)$、$J_3(2^2)$、$J_4(2^3)$、预置数选通 $\overline{PE}$ 和复位 R；输出端有 $Q_1 \sim Q_4$ 以及进位输出 $\overline{C}_0$ 和借位输出 $\overline{B}_0$。C181 和 CC40192 的引脚功能如图 4-8 所示。

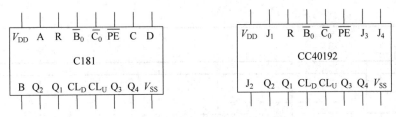

图 4-8　C181、CC40192 的引脚功能图

C181、CC40192 同步可逆计数器的真值表和功能表分别如表 4-3 和表 4-4 所示。复位端 R 置 1 电平时可逆计数器清除，$Q_1 \sim Q_4$ 均为 0。作加计数时，计数时钟脉冲从 CL_U 端输入而 CL_D 端必置 1；作减计数时，计数时钟脉冲从 CL_D 端输入而 CL_U 端必置 1。计数时，内部触发器是上升沿（上跳边）触发，其输出也在时钟上跳变时变化。预置数选通端 $\overline{PE}$ 置 0 时，预置数 $J_1 \sim J_4$（或 $A_1 \sim A_4$）分别进入可逆计数器内部对应的单元触发器中。进位输出端 $\overline{C}_0$ 在该可逆计数器内部状态为 9(1001) 时，同步于输入加时钟 CL_U 的下降沿输出 0 电平，在 CL_U 时钟脉冲的下一个上升沿到来时 $\overline{C}_0$ 端恢复为 1 电平；借位输出端 $\overline{B}_0$ 在该可逆计数器内部状态为 0(0000) 时，同步于输入减时钟 CL_D 的下降沿输出 0 电平，在 CL_D 时钟脉冲下一个上升沿到来时 $\overline{B}_0$ 端恢复为 1 电平。因此，在进位或借位时，$\overline{C}_0$ 和 $\overline{B}_0$ 仅输出半个时钟宽度的低电平。图 4-9 所示为 C181、CC40192 的波形图，波形图中 $Q_1 \sim Q_4$ 的电平与真值表 4-3 在上升沿后是完全一致的。

表 4-3　C181、CC40192 的输出真值表

加法计数	输入脉冲数	输出				借位
		Q_4	Q_3	Q_2	Q_1	
	0	0	0	0	0	
	1	0	0	0	1	
	2	0	0	0	1	0
	3	0	0	1	1	
	4	0	1	0	0	
	5	0	1	0	1	
	6	0	1	1	0	减法计数
	7	0	1	1	1	
进位	8	1	0	0	0	
	9	1	0	0	1	

表 4-4　C181、CC40192 的功能表

CL_U	CL_D	$\overline{PE}$	R	功能
⤒	1	1	0	加计数
⤓	1	1	0	不变
1	⤒	1	0	减计数
1	⤓	1	0	不变
×	×	0	0	置数
×	×	×	1	清除

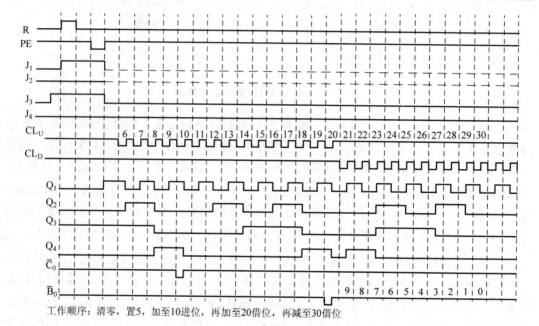

工作顺序：清零，置5，加至10进位，再加至20借位，再减至30借位

图 4-9　C181、CC40192 的波形图

图 4-10 所示为多位可逆计数器的行波级联，连接方式是将低位进位端 $\overline{C}_0$ 与相邻高位的加计数时钟输入端 CL_U 相连，低位的借位端 $\overline{B}_0$ 与相邻高位的减计数时钟输入端 CL_D 相连。其他输入端按工作需要进行适当处置。

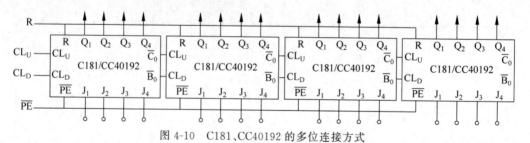

图 4-10　C181、CC40192 的多位连接方式

单时钟和双时钟变换电路的原理图如图 4-11 所示。输入时钟经两次倒相后相位不变。单变双时，控制端为高电平时，开 CL_U 门，经倒相封闭 CL_D 门，加计数；控制端为低电平时，封锁 CL_U 门，经倒相开启 CL_D 门，减计数。双变单时的控制过程与单变双是一样的，控制端为高电平时，加计数；控制端为低电平时，减计数。表 4-5 列出了几种同步 BCD 计数器的主要参数。

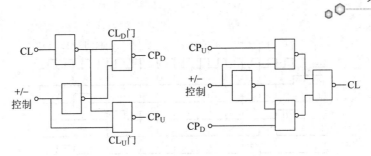

图 4-11　单时钟和双时钟的变换

表 4-5　同步 BCD 计数器的主要参数

参 数 名 称	符号	单位	测 试 条 件	C180B	CC4518	C181	CC40192
工作电压范围	V_{DD}	V		5～15	5～15	5～15	5～15
静态电流	I_{DD}	μA	$V_{DD}=10V$，$R_L=\infty$	30	10	30	10
输出高电平	V_{OH}	V	$V_{DD}=10V$，$R_L=20M\Omega$	9.9	9.95	9.9	9.95
输出低电平	V_{OL}	V	$V_{DD}=10V$，$R_L=2M\Omega$	0.1	0.05	0.1	0.05
驱动电流	$I_{OH,OL}$	μA	$V_{DD}=10V$	300	2600	300	1100
最高输入频率	f_m	MHz	$V_{DD}=10V$	2	6	2	4
最小脉冲宽度	t_W	ns	$V_{DD}=10V$	250	100	250	300
最小复位脉冲宽度		ns	$V_{DD}=10V$		110		300
最小置位脉冲宽度		ns				500	170
传输延迟时间		ns		500	230	500	120

3. C187、CC4017 环形计数器/0～9 译码器

C187 和 CC4017 电路都由 5 个 D 型触发器组成移位寄存器，由 10 个二输入端与门分别译出“0～9”10 个 BCD 输出。C187/CC4017 的引脚功能如图 4-12 所示，二者的逻辑电路原理如图 4-13 所示，图 4-14 所示为它们的波形图。表 4-6 所示为它们的功能表，表 4-7 所示为图 4-13 中五个 D 触发器的真值表。

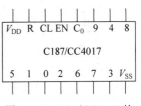

图 4-12　C187/CC4017 的
引脚功能图

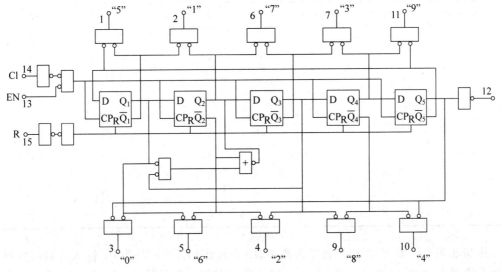

图 4-13　C187/CC4017 的逻辑电路原理图

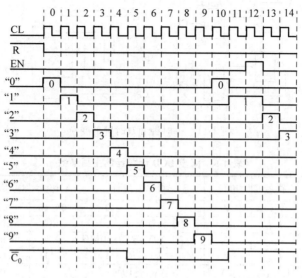

图 4-14　C187/CC4017 的波形图

表 4-6　C187/CC4017 的功能表

CL	EN	R	译码输出
0	×	0	n
1	1	0	n
⌐	0	0	$n+1$
⌐	1	0	n
1	⌐	0	$n+1$
1	⌐	0	n
×	×	1	清除,置零

表 4-7　C187/CC4017 中 D 触发器真值表

输入脉冲数	Q_1	Q_2	Q_3	Q_4	Q_5
0	0	0	0	0	0
1	1	0	0	0	0
2	1	1	0	0	0
3	1	1	1	0	0
4	1	1	1	1	0
5	1	1	1	1	1
6	0	1	1	1	1
7	0	0	1	1	1
8	0	0	0	1	1
9	0	0	0	0	1

　　由功能表可以看出,复位端置 1 为清零,10 个输出端"0~9"均为 0;输入计数时钟脉冲的上升沿触发计数,时钟允许端 EN 为 0 时允许计数时钟脉冲输入,EN 为 1 时禁止计数时

钟脉冲输入。进位输出为 0 电平,以 $\overline{C}_0$ 表示。

图 4-15 所示为多位 C187/CC4017 的级联方法,将低位的进位端 $\overline{C}_0$ 与高一位电路的时钟输入端 CL 相连,利用低位的进位端 $\overline{C}_0$ 在计满 10 个数回到 1 时的上升沿使下一高位计数,其他输入端 R 和 EN 均按功能表的要求接地。

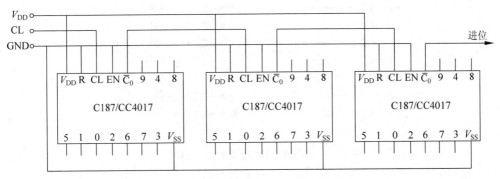

图 4-15 多位 C187/CC4017 的串行级联

C187、CC4017 的多位级联可用于十进制分频,输入脉冲频率为 f 时,第一级输出为 $f/10$,第二级输出为 $f/100$,依次类推。当把多位级联用于译码时,只用一位可以译出 $0\sim9$ 这 10 种状态,用二位可译出 $0\sim99$ 这 100 种状态,用三位则可译出 $0\sim999$ 共 1000 种状态,依次类推。这类环形 BCD 计数/译码器可用于计时电路。

4.1.2 显示器

仪表用数字显示器有以发光二极管(LED)为基础的半导体数码管、液晶显示器(简称 LCD)、荧光数码管等。

1. LED 数码管

LED 数码管是由发光二极管显示字段的显示器件,呈长方块形,也称为显示块。LED 显示块中共有八个发光二极管,有时也把它叫作八段显示器。八个发光二极管中的七个拼成了互不相连的七笔字型 ，根据这七个二极管发光情况的不同,可以显示出 0、1、2、…、9 十种不同的数字字符。第八个发光二极管在正面的右下角,当小数点(dp)用,在一组显示器中只能选用一个,有时也可能一个都不用。这 字的七个笔段由上开始按顺时针排列,标号依次为 a、b、c、d、e、f、g。图 4-16 所示为 LED 数码管笔段定义和引脚功能图,其上、下方各有五个引出脚,上、下方的中间脚相连,可接 +5V(共阳极)或 GND(共阴极)。也有在两侧引出引脚的。

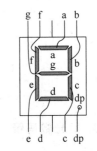

图 4-16 LED 数码管笔段定义和引脚功能

LED 数码管有共阳极和共阴极之分,如图 4-17 所示。共阳极 LED 显示块的发光二极管的阳极连在一起,接 +5V 电位,当某个发光二极管的阴极为低电平时,该二极管被点亮,如图 4-17(a)所示。共阳极时,与发光二极管外串的电阻起限流作用,其阻值一般可取 $300\sim500\Omega$。共阴极 LED 显示块的发光二极管的阴极连在一起,接地电位,当某个发光二极管的阳极为高电平时,该二极管被点亮,如图 4-17(b)所示。选哪种 LED 取决于所选的计数译码电路。如果译码器输出高电平有效(正逻辑),应选共阴 LED;反之,应选共阳 LED。

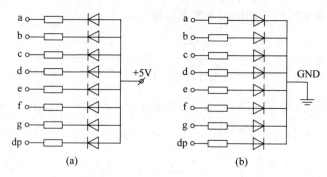

图 4-17　共阳极(a)和共阴极(b)LED 数码管

2. 液晶显示器

液晶显示器(LCD)为平行玻璃板结构,在上、下玻璃电极之间封入液晶材料,电极可做成文字、数字、图形等符号。当上、下电极加一定电压后,液晶分子由平行排列转成垂直排列,按照光学原理就可显示出相应字符。

LCD 的数字笔段也由七段电极构成,其笔段命名与 LED 完全相同。LCD 某字段(笔段)上两个电极的电压相位相同时,两电极的相对电压为零,该字段不显示;当该字段上两个电极的电压相位相反时,两电极的相对电压不为零,可显示。因此,为使 LCD 能正常工作,应在 COM 端加上占空比为 50% 的方波电压作为相位控制信号(PH)。图 4-18 所示为内含 4N07F 型 LCD 的引脚功能图。

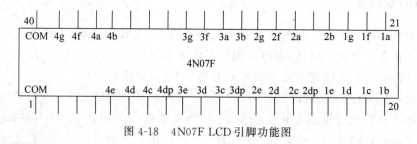

图 4-18　4N07F LCD 引脚功能图

3. 荧光数码管

荧光数码管为玻璃外壳数码管,常用型号如 YS30-3 有 13 个引脚,与配套管座相连。图 4-19 所示为荧光数码管的引脚功能图,图 4-20 所示为其电气连接图。供电电压为 ±12V,+12V 接到控制栅极(7 脚)上,−12V 接到灯丝之一端,灯丝电压 $V_f = 1.2V(AC)$。八段笔画可与译码器(如 C305)的 8 个输出端 Q_a、Q_b、……对应连接,计数器的状态就可通过译码后在荧光数码管上显示出来。

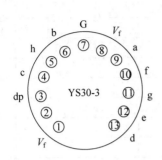

图 4-19　荧光数码管的引脚功能图

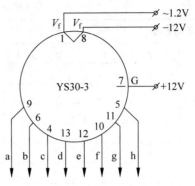

图 4-20　荧光数码管的电气连接图

4.1.3　译码器

在数字电路中,传递的所有信息都是由数码或者代码表示的,实际上就是用高电平表示代码"1",而用低电平表示代码"0"。利用数字电路将一些操作、二进制数或者十进制数用编排出的一些代码来表示,就是编码;将表示信息的代码翻译或者说转换成原来编码的原意,就是译码。译码包括时序译码和字段译码,为配合计数器显示,这里只介绍字段译码。字段译码器就是将计数器的状态输出($Q_1 \sim Q_4$)译成能驱动显示器相应字段,并显示出计数器状态所代表的数字的器件。

显示译码器也有多种,应根据驱动不同的显示器件来选择。一般来说 LED 显示器需要较大的驱动电流和较低的直流工作电压(+5V);LCD 显示器需要极小的驱动电流和交流脉冲电压;荧光显示管需要较高的直流工作电压(±12V)和较小的驱动电流。

译码器的功能经过扩展后,又可区分为带锁存器的显示译码器、带有计数的显示译码器、带有计数锁存器的显示译码器以及带有显示器的组合器件等。下面就以 C302、C305 两种 8 段显示译码器为例来说明译码器的工作方式。

C302、C305 都是扁平封装的贴片器件,驱动电流约 0.3mA,适于驱动荧光数码管。图 4-21所示为 C302/C305 的引脚功能图,有 4 个输入端 A、B、C、D,分别与计数器的输出端 Q_1、Q_2、Q_3、Q_4 相连;有 8 个输出端 a、b、c、d、e、f、g、h,分别与显示器的相应字段相连,其中 h可不接,如需要接只能选定一个相应的数位当作小数点。表 4-8 所示为 C302/C305 的功能表。

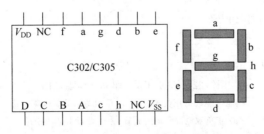

图 4-21　C302/C305 的引脚功能图

表 4-8　C302/C305 的功能表

十进制数据		0	1	2	3	4	5	6	7	8	9
八段字符状态	a	1	0	1	1	0	1	1	1	1	1
	b	1	1	1	1	1	0	0	1	1	1
	c	1	1	0	1	1	1	1	1	1	1
	d	1	0	1	1	0	1	1	0	1	1
	e	1	0	1	0	0	0	1	0	1	0
	f	1	0	0	0	1	1	1	0	1	1
	g	0	0	1	1	1	1	1	0	1	1
	h	0	0	0	0	1	0	0	0	0	0
显示		0	1	2	3	4	5	6	7	8	9

图 4-22 所示为 C302/C305 驱动显示器的电路原理图。为了简化电路,图中以 a 字段为例,只画出了一个字段的驱动。图 4-22(a)、(b)、(c)分别为驱动荧光数码管的电路,其中图 4-22(a)为较低电压的单一电源供电驱动较低电压的荧光管,供电电压为 10～12V;图 4-22(b)为较高电压的单一电源供电驱动较高电压的荧光管,供电电压为 20～24V,经稳压管稳压后的电压加至译码器的 V_{SS} 端,以降低译码器的工作电压;图 4-22(c)为正负双电源供电驱动的荧光管,这样做既不会增大译码器的工作电压,又增大了荧光管的电压,灯丝电压既可采用交流也可采用直流,$V_F = 1.0 \sim 1.5V$。

图 4-22(d)、(e)、(f)分别为 C302/C305 驱动 LED 数码管的电路,其中图 4-22(d)为驱动共阴 LED 电路,因译码器驱动能力较弱,先经同相缓冲器 CC4010 再驱动以提高驱动能力;图 4-22(e)为驱动共阳 LED 电路,译码器输出高电平先经反相缓冲器 CC4009 倒相为低电平再驱动;图 4-22(f)也是驱动共阳 LED 电路,与图 4-22(e)不同的是利用三极管将译码器输出的高电平倒相成低电平再驱动,这样可以提高译码器的驱动能力。

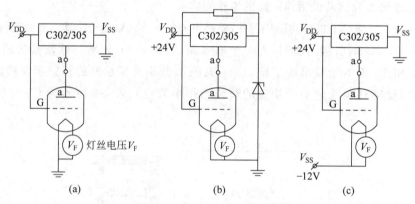

图 4-22　C302/C305 驱动显示器电路

(a) 单电源驱动低压荧光管;(b) 单电源驱动高压荧光管;

(c) 正负双电源驱动荧光管;(d) 驱动共阴 LED;

(e) 驱动共阳 LED;(f) 驱动共阳 LED

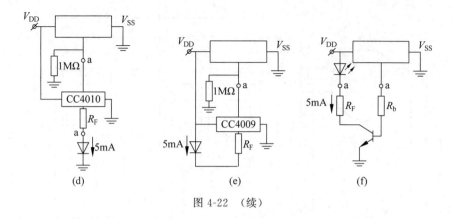

图 4-22　（续）

LED 的限流电阻

$$R_F = \frac{V_{DD} - V_{ce} - V_F}{I_F}$$

式中，V_F 为发光二极管正向压降，其大小约 $1.7 \sim 1.8\text{V}$；V_{ce} 为三极管饱和压降，其大小约 $0.1 \sim 0.3\text{V}$；I_F 为发光二极管工作电流，其大小约 $5 \sim 10\text{mA}$。

4.1.4　计数显示电路

图 4-23～图 4-25 所示为 3 种 4 位可逆计数器的电路原理图，三者的电路功能有些类似，它们是应用不同译码器和显示器的典型电路范例。

图 4-23 所示的电路中使用了 BCD-8 段显示译码器 C305 驱动荧光数码管 YS300-3；图 4-24 的电路中使用了 BCD-7 段锁存/译码器/驱动器 CC14511 驱动发光二极管 LED 显示器 LC5051 或 LC5011；而图 4-25 所示的电路中则使用了 BCD-7 段锁存/译码器/液晶驱动器 CC14543 驱动液晶 LCD 显示器 4N07F。

可逆计数器的 4 个预置输入端 A、B、C、D 分别通过相应的电阻（阻值在 $100\text{k}\Omega \sim 1\text{M}\Omega$ 范围内）接地，因而均处于 0 电平状态。当需要预置时，可以通过 4 位拨盘开关 KBP 进行十进制数的设置，按 8、4、2、1 编码的四个输入端中会有相应的位段处于高电平。在 $\overline{\text{PE}}$ 作用下，设置的十进制数会反映在可逆计数器的四个输出端的状态上，经译码后也会出现在显示器上。

在控制电路和定时电路配合下，这样的计数电路可执行加计数、减计数、乘法运算，可用数字方法来解线性函数的值。

当不设预置数，也就是预置数为全零时，控制电路将使它作加法计数。若在计时电路设定的时间 t 内总计数为 N，则计数率 $n = N/t$。

当计数器上有设定的预置数时，控制电路就会使它先作减法计数。当被设定的预置数被减至各数位全为零时，它又会自动转为加计数。4 位可逆计数器的输出端通过四个或非门和一个与非门，在计数器被减至全零时会产生一减加变换信号 $\overline{\text{ASC}}$。对第 $i(i = 1, 2, 3, 4)$ 个计数位，若令

$$Q_i = \overline{Q_{iA} + Q_{iB} + Q_{iC} + Q_{iD}} \tag{4-1}$$

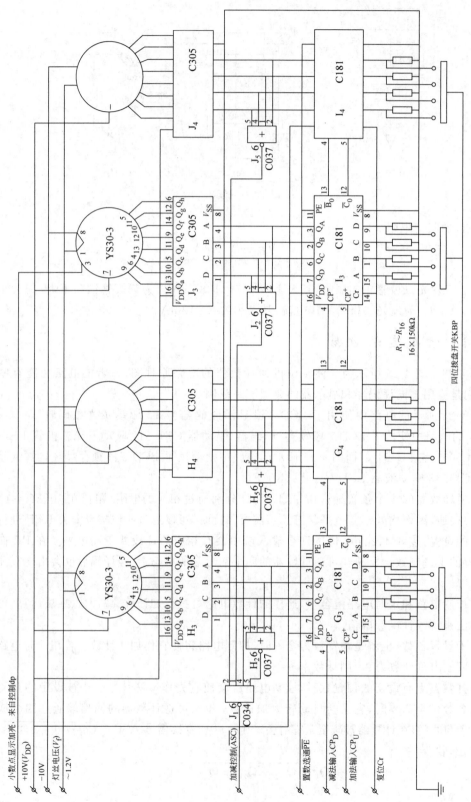

图 4-23 荧光数码管显示的可逆计数器电路

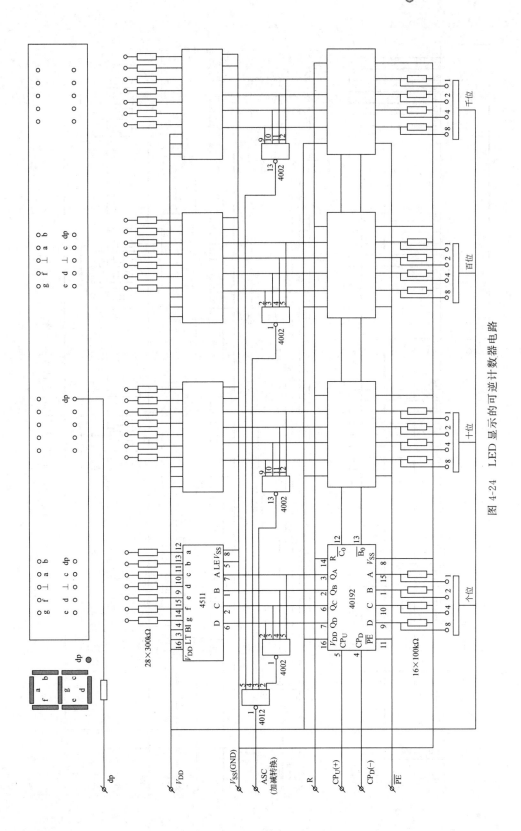

图 4-24 LED 显示的可逆计数器电路

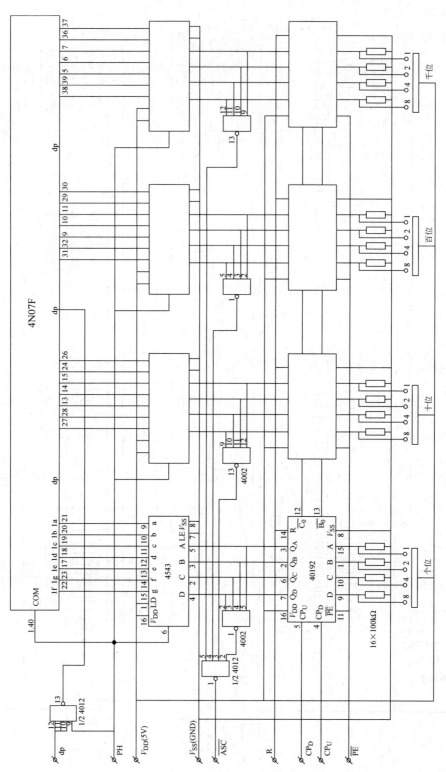

图 4-25　LCD 显示的可逆计数器电路

则

$$\overline{\mathrm{ASC}} = \overline{\overline{Q}_1 \times \overline{Q}_2 \times \overline{Q}_3 \times \overline{Q}_4}$$

$$(4\text{-}2)$$

这样,利用这个减加变换信号 $\overline{\mathrm{ASC}}$ 去控制电路,改变计数门的输出,也就改变了减加计数的方式。如果作为定标器来使用,只有四位的计数容量显然是不够的。实际上,这个电路是为特殊用途而设计的,在输入脉冲信号进入计数器之前,已进行了适当的分频。在需要时还可以使用小数点,其用途还有很多。输入端 $\mathrm{CP_U}$、$\mathrm{CP_D}$、$\overline{\mathrm{PE}}$、dp 以及相位端 PH 均来自控制电路。

4.2　计 时 系 统

在放射性强度的测量中,为提高测量的准确性和减少统计涨落的影响,需要一确定的测量时间。计时系统就是用来准确设定测量时间的电路系统(有时也称为定时系统),是定标器的重要组成部分。定标器在进行计数测量时,首先由控制电路同步启动计数电路和计时电路开始工作,当预先设定的测量时间结束时,计时系统会给出一个计时结束信号,关闭计数电路和计时电路。

计时电路需有能代表时间的、周期合适的时钟信号及时间设定和译码电路。图 4-26 所示为计时系统的组成框图。

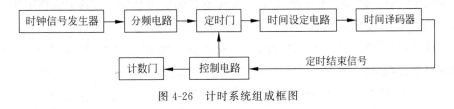

图 4-26　计时系统组成框图

4.2.1　分频电路

任何周期稳定的系列脉冲信号都可用来作为设定时间的时钟信号。核电子学仪表使用的计时时钟信号通常是利用石英晶体振荡器产生的,石英晶体振荡器的振荡频率较高,一般可以达到几千赫甚至数百兆赫,而且频率的稳定性极高。石英晶体振荡器的规格型号很多,可以满足不同的要求。

石英晶体振荡器可以很方便地与相关器件配合,在相关电路中产生所需要的时钟信号。晶体振荡器通常用符号"$\dashv\Box\vdash$"表示。图 4-27(a)所示为 6MHz 或 12MHz 晶体振荡器与 89C52 等单片机配合,产生内部所需时钟信号的电路。89C52 单片机本身就是一个复杂的同步时序电路,其内部有一个用于构成内部振荡器的高增益反相放大电路,XTAL1、XTAL2 分别是该放大器的输入端和输出端(XTAL1 也是内部时钟工作电路的输入端)。图 4-27(b)所示为石英晶体振荡器与 14 级行波进位二进制计数器 CC4060 组成的振荡器并经适当二进制分频而输出的外用时钟信号的连接电路。

因为石英晶体振荡器的频率很高,周期太小,在实际应用中,经常需要周期较大的时钟信号,因此要对稳定的晶振频率进行适当的分频。一般而言,分频就是用一个时钟信号通过

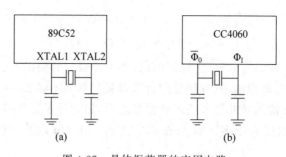

图 4-27　晶体振荡器的应用电路
(a) 与 89C52 芯片的连接；(b) 与 CC4060 计数器的连接

一定的电路转变出不同频率的时钟信号。通常，分频电路的作用就是将周期较小(频率高)的时钟信号变成周期较大(频率低)的时钟信号。例如，二分频就是通过有分频作用的电路结构，在时钟信号每触发 2 个周期时，使电路只输出 1 个周期的信号。

对于振荡频率为 2^{22} Hz(即 4.194304MHz)的晶体产生的振荡信号，如果用两级 14 位二进制计数器(如 CC4060 或 CD4060 等)进行 22 级二分频的话，可得到秒信号。如果计时的最低单位为秒，使用这种晶体产生振荡信号，经分频后作为时钟信号是很方便的。还有一种振荡频率为 2^{15} Hz(即 32768Hz)的晶体，产生的振荡信号经 15 级二分频后，也可以得到秒信号。分频电路也常采用十进制计数器来实现，每级分频使频率降为前级的 1/10(周期则为前级的 10 倍)。经多级十分频后，信号频率会较相同级数的二分频下降得更快。

C186 是一款行波型可编程四位二进制串行加计数器，在用于计数或分频时，不需要外加门电路，仅靠对自身管脚进行适当的逻辑组合，就可以实现 2～16 之间任意一种进制的计数和分频。图 4-28 所示为 C186 的引脚功能图，四个输出端 Q_1、Q_2、Q_3、Q_4 与三个反馈输入端 A、B、C(是三输入与非门的三个输入端，编号可互换)在芯片同一侧，方便反馈端与输出端的连接。表 4-9 所示为 C186 的功能表，表 4-10 所示为 C186 用于 $N(16 \geqslant N \geqslant 2)$ 进制时的接线方案。

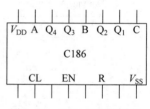

图 4-28　C186 的引脚功能

表 4-9　C186 的功能表

CL	EN	R	功　　能
⌐	1	0	加法计数
0	⌐	0	加法计数
⌐	×	0	不变
×	⌐	0	不变
⌐	0	0	不变
1	⌐	0	不变
×	×	1	清除,$Q_1 \sim Q_4 = 0$

表 4-10 C186 用于 N 进制的接线方案

N	2	3	4	5	6	7	8	9	10	11	12	13	14	15	16
A	Q_1	Q_2	Q_1	Q_3	Q_1	Q_2	Q_1	Q_4	Q_1	Q_2	Q_1	Q_3	Q_1	Q_2	0
B	1	1	Q_2	1	Q_3	Q_3	Q_2	1	Q_4	Q_4	Q_2	Q_4	Q_3	Q_3	0
C	1	1	1	1	1	1	Q_3	1	1	1	Q_4	1	Q_4	Q_4	0

C186 的复位端 R 置 1 时,计数器清零,此时四个输出端均为 0。时钟输入端 CL 为上升沿触发。时钟允许端 EN 为 1 时,允许计数时钟脉冲进入计数器;EN 为 0 时,禁止计数时钟脉冲输入。级间连接与 4518/C180 相同(见 4.1 节关于计数器的介绍)。$N \geqslant 8$ 时从 Q_4 输出;$8 > N \geqslant 4$ 时从 Q_3 输出;$4 > N \geqslant 2$ 时从 Q_2 输出。

由于 C186 有三个反馈输入端,可不另加控制门,仅将反馈输入端 A、B、C 与输出端 Q_1、Q_2、Q_3、Q_4 按表 4-10 作相应的连接,就可构成 2~16 之间的任意进制的计数器。为连接方便,A、B、C 的编号可就近互换,缩短连线。不用的反馈输入端接高电平。

分频电路的输出端有用于时间设定的可用部分(后级)和不用部分(前级),定时门可放在晶振之后,分频之前,也可放在分频电路的中间,即放在分频输出信号可用于计时设定和不用于计时设定之间。

4.2.2 计时设定电路

计时设定电路要依据测量要求的最小计时时间和测量的时间范围来设计。在计时范围内,计时设定电路可以设计成时间可以连续改变的,也可以设计成不能连续改变而是分挡改变的。

1. 可连续改变计时设定的计时电路

图 4-29 所示为计时范围在 0.01~99.99s 的计时电路。定时门设在晶体振荡器之后,分频电路之前。分频电路采用七级串接的 BCD 同步计数器 C180 实现。采用 ZXB-2 型晶体振荡器,频率为 100kHz。经前三级十分频后,频率由 100kHz 降为 100Hz,即周期变成了 0.01s,并以之为最小计时时间。再经后四级 C180 进一步分频,而后四级的输入时钟周期则分别为 0.01s、0.1s、1s 和 10s。后四级 C180 计数器用 BCD 译码器 C301 译码,C301 译码器的四个输入端 A、B、C、D(或 A_0、A_1、A_2、A_3)分别与计数器对应的输出端 Q_A、Q_B、Q_C、Q_D(或 Q_1、Q_2、Q_3、Q_4)相连。C301 的 10 个输出端“0~9”分别与计数器 C180 的十进制数的输出状态相对应。

四位译码器 C301 的输出分别与四个十输入的拨盘开关 KBP1-1 相连,拨盘开关的公共端与被选定的输入端相连,四个公共端通过四输入与非门给出计时结束信号 $\overline{t_e}$ 去控制电路,封锁计数门和定时门,结束计数和计时。计时设定可在 0.01~99.99s 之间任意选择,电路启动后只要到了设定时间就给出一低电平计时结束信号。如果在前面再加一级 C180,计时范围就由 0.01~99.99s 变到了 0.1~999.9s。

图 4-30 所示为用环形计数器/十进制译码器 CC4017 组成的计时与控制电路原理图。环形计数器又称移位寄存器型计数器,它是由移位寄存器加上一定的反馈电路构成的,其输出类似于将一个触发器的输出在时钟信号的作用下不断循环移位形成的。CC4017 是由十进制计数器电路和时序译码电路两部分组成的,具有十进制分频和译码的双重功能。

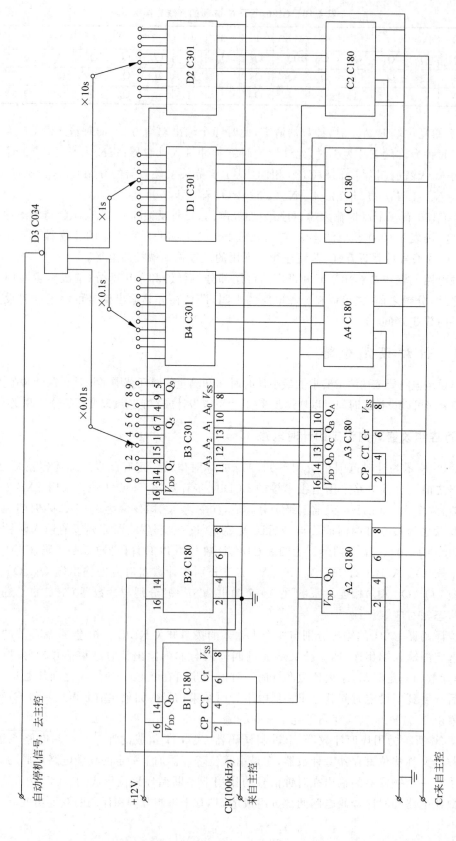

图 4-29　计时范围可在 0.01～99.99 s 连续改变的计时电路

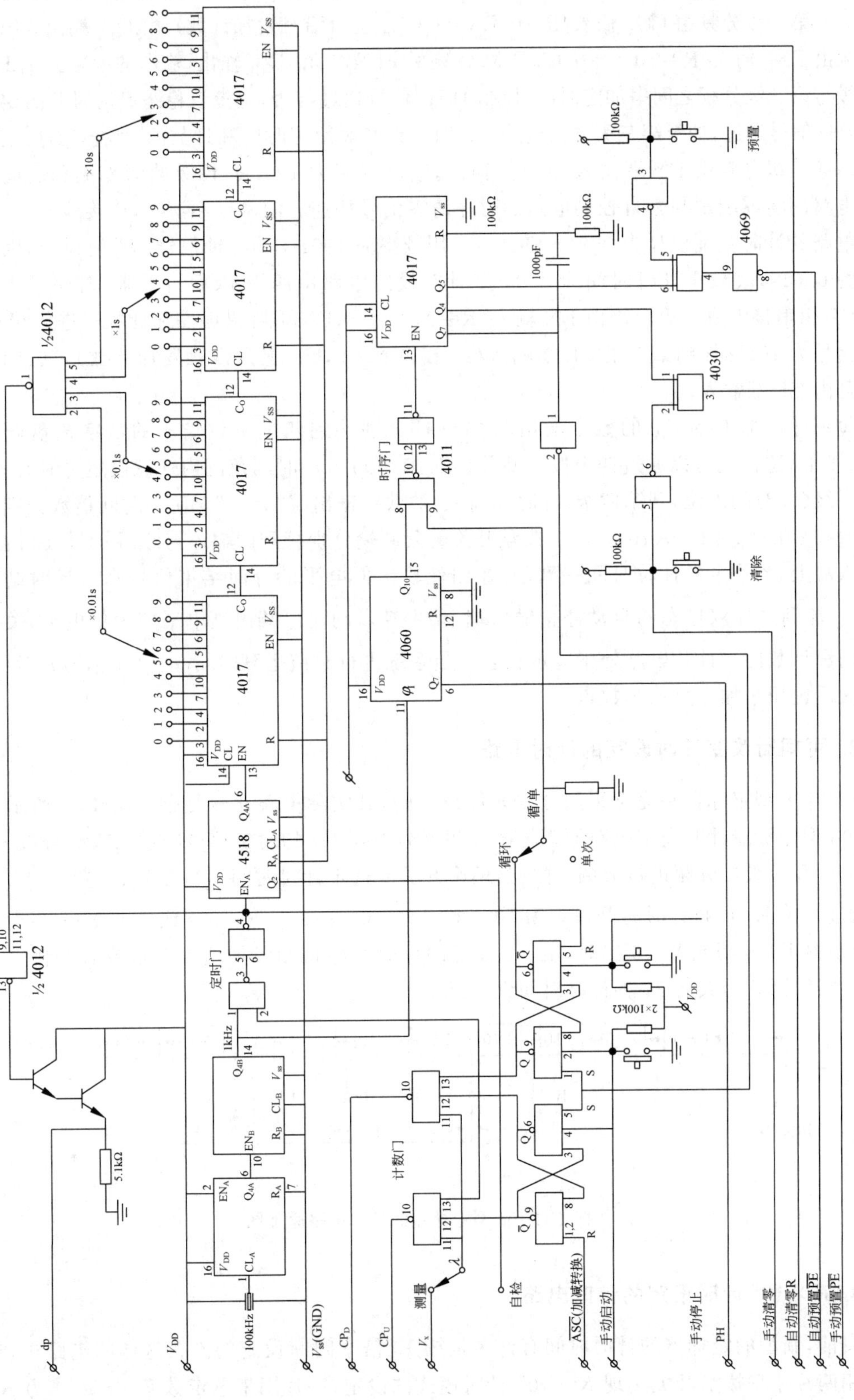

图 4-30 计时与控制电路原理图

时钟信号的频率也为 100kHz,经过三级 BCD 加法计数器 CC4518(双 BCD 加法计数器)加以分频。第一级分频由 CL_A 输入($R=0$,$EN=1$,CL_A 上升沿触发加计数),由 Q_{4A} 输出。第二级分频由 EN_B 输入($R=0$,$CL=0$,EN 下降沿触发加计数),由 Q_{4B} 输出,输出的频率为 1kHz。第二级与第三级分频之间串加定时门,控制 1kHz 信号通过与否,主控双稳态启动时开启定时门,1kHz 信号通过,加至第三级分频电路。计时结束时关闭定时门和计数门,禁止 1kHz 信号通过。第三级分频由 EN 端输入,由 Q_4 输出,输出频率为 100Hz,该级的清零端和后面的计时电路的清零端都与来自控制电路的时序清零信号相连。前两级不清零,R 接地。

电路的计时范围设计为 0.01~99.99s。用频率为 100Hz 的时钟信号作计时设定,因其周期为 0.01s,故最小计时时间为 0.01s。计时设定电路由四级 BCD 计数器/时序译码器 CC4017 相串接组成。第一级由 EN 输入($R=0$,$CL=1$,EN 下降沿触发加计数),进位端 C_0 输出信号为 10Hz 加到第二级 CL 端输入($R=0$,$EN=0$,CL 上升沿触发加计数),三、四两级也都由 CL 端输入。

每级译码器 CC4017 的数字输出端"0~9"分别接到四个十位输入的数字拨盘开关 KBP1-1 上,这样就可以通过四个拨盘开关在 0.01~99.99s 时间范围内任意设定定时时间。由第一级(计时的末位)到第四级(计时的高位)的数字输出端"0~9"对应的时间倍数分别为 $\times 0.01s$、$\times 0.1s$、$\times 1s$、$\times 10s$。四个拨盘开关的公共端分别接到四输入与非门 CC4012 的四个输入端上,当设定的计时时间一到,与非门便输出低电平的计时结束信号 $\bar{t}_e$。计时结束信号 $\bar{t}_e$ 加到主控双稳态的自动停止输入端上,主控启动输出端由高电平变为低电平,关闭定时门和计数门。计数电路处于显示状态。当系统进行数值运算时,计时结束信号 $\bar{t}_e$ 经电流放大后也用来加亮显示小数点。

2. 可间断改变计时设定的计时电路

FH-408 型定标器是完全采用分立元件设计的,其实际电路比较复杂。图 4-31 所示为 FH-408 型定标器计时设定电路原理框图。频率为 100kHz 的时钟信号经过八级十分频、一级三分频和一级二分频进行分频,并通过两个开关来选定计时时间。当开关 K_2 置于 $\times 1$ 挡时,通过开关 K_1 可将计时时间设定为 $10^{-3}s$,$10^{-2}s$,0.1s,1s,10s,100s 或者 1000s;当开关 K_2 分别置于 $\times 3$ 挡或者 $\times 6$ 挡时,由 K_1 设定的计时时间将相应地增大 3 倍或者 6 倍。这样,两个开关结合,共有 21 种计时时间供选择。

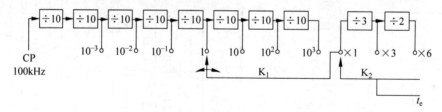

图 4-31 FH-408 型定标器的计时电路原理图

3. $K \times 10^n$ 计时设定的计时电路

目前,新型的定标器的计时时间有许多是按 10 倍率间断设定的。在这样的电路中,通常采用两片小型拨盘开关实现 $K \times 10^n$ 计时模式的设定,一片用来选定数字 1~9,作为 K;

另一片用来选定分频倍率,作为 n。用计数器/十进制译码器 4017 构成的 $K \times 10^n$ 计时设定电路原理图如图 4-32 所示。

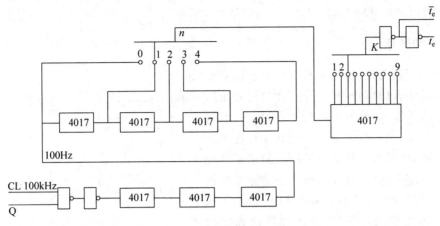

图 4-32 $K \times 10^n$ 计时设定电路原理图

图 4-32 所示的电路中,定时门的一个输入端接频率为 100kHz 的时钟信号,CL 端输入,另一个输入端接主控双稳态的 Q 端,高电平开门。100kHz 的时钟信号经三级 4017 计数器分频后,频率变成 100Hz,然后再经过多级 10 分频。从第四级的输入及以后的进位,输出依次设为 $0,1,2,3,\cdots$,供开关 n 选择;从与开关 n 相接的最后一级 4017 计数器的译码输出端引出数字端 $1 \sim 9$,供开关 K 选择。最小计时时间为 0.01s,没有取 0 的数字端。从计时启动开始至时间到达测量时间设定值时,与非门输出一个计时结束信号 $\overline{t}_e$,使主控双稳态复位,关闭计数门和定时门。

实际使用中,FH463B、BH1220、FH1093 等定标器都是先设定 n,后设定 K,最小计时单位为 0.01s。

4.3 控制系统

控制系统是用来协调计数系统和计时系统的工作中枢系统,使定标器执行手动操作和半自动与自动操作功能。

4.3.1 控制系统的基本功能

控制指令都是通过高电平("1")、低电平("0")及其组合(编码)发出的。定标器的控制系统需对计数系统和计时系统发出启动指令,启动两系统同步工作,也要能够接收计时系统的结束信号并发出停止指令。定标器控制系统的基本单元通常采用双稳态触发电路,图 4-33 所示为用两个三输入与非门构成的 RS 双稳态触发器,它的置位端 S 是手动启动和自动启动的输入端,它的复位端 R 是手动停止和自动停止的输入端,它有两个输出端 Q

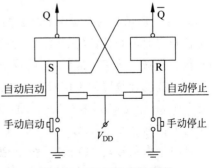

图 4-33 RS 双稳态触发器

和 $\overline{Q}$,有两种状态。R、S 端都通过电阻接高电位 V_{DD},当手动按下启动按钮时,置位端 S 为低电平 0,使 RS 触发器置位,$Q=1$,$\overline{Q}=0$;当手动按下停止按钮时,复位端 R 为低电平 0,使 RS 触发器复位,$Q=0$,$\overline{Q}=1$。

1. 手动操作

手动按下启动按钮,此时 $Q=1$,由主控双稳态触发器发出开门信号,同时开启计数门和定时门,如图 4-34 所示,此时允许计数脉冲 CL 通过进入计数系统,也同时允许计时时钟 CL 通过进入计时系统,计数系统开始记录输入的信号脉冲数目。经一定时间后,再人工按下手动停止按钮(虽然有计时系统,但并不启用),$Q=0$,由主控双稳态触发器发出关门信号,关闭计数门和定时门,禁止信号通过,记录下在这段时间(秒表计

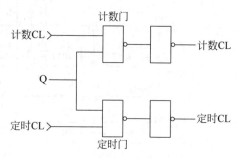

图 4-34　手动控制计数门和定时门

时)内的输入的脉冲信号总数 N。然后再手动按下复位按钮,使计数系统和计时系统复位到 0 状态,准备开始第二次测量。

2. 半自动(单次)操作

控制系统的半自动操作或者单次操作过程与手动操作过程基本相同,它们之间的差别仅在于在半自动操作中启用了计时系统,以此取代了人工读表计时的过程。也就是说,半自动操作启用了计时系统,用计时结束信号 $\overline{t}_e$ 去改变主控双稳态触发器的状态,自动关闭计数门和定时门。

3. 自动(循环)操作

与半自动操作相比,自动操作(或称循环操作)不仅利用计时结束信号 $\overline{t}_e$ 去改变主控双稳态触发器的状态,使其自动停止工作(即主控双稳态复位),而且还利用计时结束信号 $\overline{t}_e$ 去完成自动复位、自动置数、自动启动的任务,使定标器不断重复工作,不断显示出这段时间内的测量结果。

4.3.2　控制系统组成框图

图 4-35 所示为一个实用的具有简单运算功能的控制电路框图。电路由主控双稳态触发器控制定时和计数门的开启与关闭,计数器采用了可预置的可逆计数器。计数器在有预置数而作减计数工作情形下,当减至全零时会输出一减加变换信号 $\overline{ASC}$,通过副(减加)双稳态来改变计数器的工作状态,由减计数自动转为加计数,直到计时终了,因此,计数门实际是两个,一个是 CP_U 输出,一个是 CP_D 输出,主控双稳态触发器用于开门信号,副双稳态用于选择信号。

计时结束信号 $\overline{t}_e$ 共经过三级单稳态延迟电路延时。第一级的延迟时间较长,大约有 $2\sim10\mathrm{s}$,这为操作人员记录下显示的数据预留了足够的时间。

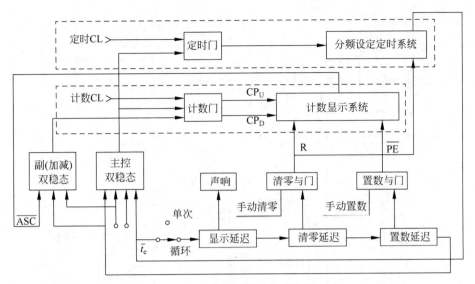

图 4-35　控制系统的组成框图

为提醒操作人员及时记录,在计时结束时还设有声响告知电路。控制系统利用第一级延迟输出脉冲的后沿实施自动复位,利用第二级延迟输出脉冲的后沿实施自动置数,利用第三级延迟输出脉冲的后沿实施自动启动。

4.3.3　控制电路实例

图 4-36 所示为一个实际使用的控制电路的原理图,图中器件标号是器件在电路板中的坐标位置。在图 4-36 所示的电路中,主控双稳态触发器由两个三输入与非门 C035(图中的 F_{3-1} 和 F_{3-2})组成,副(减加控制)双稳态触发器(图中的 F_{2-1} 和 F_{2-3})和计数门(图中的 E_{2-1} 和 E_{2-2})也分别是由两个三输入与非门 C035 组成的。

手动启动系统时,主控双稳态置位,与非门 F_{3-2} 输出的高电平开启计数门 E_{2-1} 和 E_{2-2};与非门 F_{3-1} 输出低电平,经反相器 C033(图 4-36 中的 E_{1-3})倒相为高电平去开定时门 C036(图 4-36 中的 F_{1-4} 和 F_{1-3})。计数门的输出还受计数器的初始状态控制,当计数器不设预置数,即计数为全零时,计数器给出的加减变换信号 $\overline{ASC}$ 为低电平,它使副双稳态(减加控制双稳态)触发器复位,F_{2-3} 输出高电平,开启 CP_U 门;而 F_{2-1} 输出低电平,关闭 CP_D 门,计数器进行加法计数。当计数器设预置数时,先进行减法计数,当预置数被减至全零时,计数器受 $\overline{ASC}$ 反馈控制,由减计数立即转为加计数。

计时结束时,计时系统产生的计时结束信号 $\overline{t}_e$ 为低电平,并使主控双稳态触发器复位。F_{3-1} 输出的高电平经 E_{1-3} 反相为低电平,关闭定时门;F_{3-2} 输出低电平,关闭计数门;计数器停止计数进入显示状态。

计时结束信号 $\overline{t}_e$ 还同时用来触发由两个输入与非门 C036(图 4-36 中的 F_{4-1} 和 F_{4-2})组成的显示单稳态延迟电路。F_{4-1} 的输出信号为负脉冲,脉冲的宽度(即显示时间)由电容 C_2 和电阻 R_7 确定的时间常数决定。宽的负脉冲经 C_3 和 R_8 微分,微分的前沿(负向)尖脉冲因通过 R_8 接地,因而对倒相器 F_{4-4} 不起作用;微分的后沿(正向)尖脉冲经倒相后,输出负脉冲信号,该负脉冲通过清零与非门 F_{4-3} 后,输出正脉冲。该正脉冲在对计数系统和计时

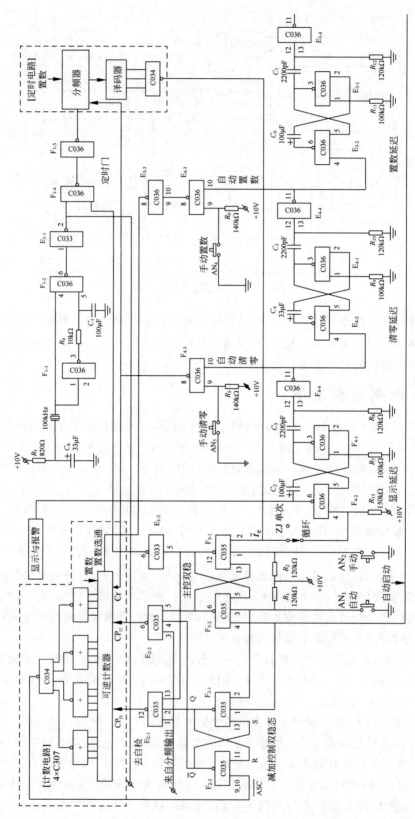

图 4-36　一个实际应用的控制电路的电路原理图

系统执行自动清零复位的同时,还去触发下一级清零单稳态延迟电路 E_{4-1} 和 E_{4-2}。E_{4-1} 输出的负脉冲宽度比显示时间要小一些,经 C_5 和 R_{10} 微分,其后沿(正向)尖脉冲经 E_{4-4} 倒相成为负脉冲,该负脉冲经置数与非门 E_{4-3} 和倒相器 E_{3-3} 输出,对计数系统执行自动置数的同时,还去触发下一级置数单稳态延迟电路 E_{3-1} 和 E_{3-2}。E_{3-1} 输出的负脉冲经 C_7 和 R_{12} 微分,后沿经 E_{3-4} 倒相产生的负脉冲到达主控双稳态触发器,实施自动启动。整个过程重复自动进行。

清零与门 F_{4-3} 和置数与门 E_{4-3} 除了能执行自动清零和置数操作外,还都配有手动清零和手动置数按钮,可实行手动清零和手动预置。在显示期间,利用显示单稳态延迟电路中 F_{4-2} 输出的高电平,可以启动声响电路。

计时结束信号 $\overline{t}_e$ 如果只用来对主控双稳态触发器复位,而不去触发接续的单稳态延迟电路,定标器就处于半自动操作的工作状态。由于电路中已经包含了计时系统,用手工计时方式的操作显然是不必要的。因此,图 4-36 所示的控制系统只设置了单次(半自动)操作和循环(自动)操作两种工作方式。没经过定时门的计时时钟信号也可用作自检信号来检查电路的工作情况。

可以看出,图 4-30 所示的电路中,其控制电路在功能上与图 4-36 所示的电路基本是相同的,但二者的电路结构略有差别。图 4-36 中采用单稳态延迟电路实施自动清除、自动置数和自动启动,没有使用占空比为 50% 的交流方波信号 PH,因而只能适用于荧光管显示器和 LED 显示器,不能用于 LCD 显示器。图 4-30 中采用时序分配器实施自动清除、自动置数和自动启动,为使用 LCD 显示器提供了相位控制信号 PH,可与使用各种显示器的计数系统配合。

图 4-30 所示的电路中,控制电路的主控双稳态触发器也是由两个三输入与非门 4023 交叉连接组成的,其启动/停止既可手动控制,也可自动控制。按下手动启动按钮(使 S 端低电位),可使主控双稳态触发器置位,Q 端输出的高电平同时开启计数门和定时门。计数门为加、减两个独立的三输入与非门,它除受主控双稳态触发器控制外,还受副控双稳态触发器,即加减控制双稳态的控制。副控双稳态触发器也是由两个三输入与非门交叉连接组成的,它的置位端(S)与主控双稳态触发器的置位端相连,它的复位端(R)与计数系统的加、减变换信号 $\overline{ASC}$ 相连。因此,哪个计数门开启同时还取决于计数器的初始状态。当计数器初始状态为全零,没有置数时,计数器给出的加、减变换信号 $\overline{ASC}$ 为低电平,使副控双稳态触发器复位。

$\overline{Q}$ 端输出的高电平与主控双稳态触发器 Q 端输出的高电平同时开启加计数门,而副控双稳态触发器的 Q 端输出低电平封锁了减计数门,因此,计数器进行加计数。当计数器有预置数时,$\overline{ASC}$ 为高电平,启动时,主副双稳态触发器均置位,两个 Q 端均输出高电平,并同时开启减计数门,而副控双稳态触发器的 $\overline{Q}$ 端为低电平封锁了加计数门,因此计数器进行减计数。当进行减计数并且在预置数被减至全零时,计数器给出的 $\overline{ASC}$ 为低电平使副控双稳态触发器复位,其 $\overline{Q}$ 端由低电平变为高电平,开启加计数门,而 Q 端输出由高电平变为低电平封锁减计数门,因此计数器立即由减计数转为加计数。

计时结束时,计时系统发出低电平的计时结束信号 $\overline{t}_e$,这就是自动停止信号,它加给主控双稳态触发器的复位端,使主控双稳态触发器复位,其 Q 端输出低电平同时关闭计数门和定时门,计数器处于显示状态。

主控双稳态触发器的 $\overline{Q}$ 端是用来控制时序门的。系统启动时,主控双稳态触发器被置位,$\overline{Q}$ 为 0,时序门被封锁;当计时结束时,计时结束信号 $\overline{t}_e$ 使主控双稳态触发器复位,$\overline{Q}$ 变为 1,时序门被开启。在时序时钟信号作用下,控制电路将依次自动完成显示、清除、置数、再启动的循环动作。

时序时钟信号周期约为 1s,它是由频率为 100kHz 的计时时钟信号得到的,该信号经二级 10 分频后变为 1kHz,并在定时门之前取出,再经 14 级二进制计数器 4060 分频,由 Q_{10} 输出,频率为 $1kHz/2^{10}=0.9766Hz$,周期为 1.024s。

图 4-30 中的时序时钟信号通过时序门加给 BCD 计数器/时序译码器 4017 的输入端 EN,由 4017 的相关时序输出端依次自动完成显示、清除、置数、再启动的循环过程。从计时结束算起,显示的时间约为 4s。清零信号由 Q_4 输出的高电平承担,并与手动清零信号经半加器(四异或门 4030)输出作为复位信号 R,并为计时系统和计数系统清零。清零 1s 后,由 Q_5 输出的高电平作置数信号,并与手动置数信号经半加器输出和倒相变为低电平,作为计数器的预置信号 $\overline{PE}$。

预置 2s 后,由 Q_7 输出的高电平作自动启动信号,它需经倒相变为低电平再加给主控双稳态触发器的自动启动端(置位端),自动启动主控双稳,Q=1,重新启动计数门和定时门,同时 $\overline{Q}=0$,关闭时序门,时序电路停止工作。Q_7 的输出除作重新启动信号外,它还经微分电路微分和延迟,用其前沿对 4017 自身进行复位,等待执行下次新的时序。

循环/单次开关置于"循环(自动)"可自动循环完成上述动作;若将开关置于"单次(半自动)",时序门控制端通过接地电阻而被关闭,计时结束后只单次长久显示,没有上述循环过程,也不能自动启动,如再启动需手动启动。

计数系统如用 LCD 显示器,可从 4060 的 Q_7 输出端取得占空比为 50%、频率为 7.8Hz 的交流方波信号作相位控制信号。

在图 4-30 和图 4-36 所示的控制电路中,加减计数门除了受主控双稳态置位输出端 Q 控制外,还分别受副控双稳态的输出端 Q 和 $\overline{Q}$ 的控制。在两图中,主控双稳态和计数门均采用三输入端与非门构成,图 4-30 中采用的是双列直插式封装三路 3 输入与非门 CD4023;图 4-36 中采用扁平封装三路 3 输入与非门 C035。主控双稳态用了一个封装中的两个门,剩下一个门,计数门也是用了一个封装中的两个门,剩一个门。在印刷电路中,为不增加芯片数量,用两个剩余门组成一个副控双稳态触发器来控制加或减计数。

理论上,也可以不使用副控双稳态触发器来控制加、减计数,这时只需将剩余的一个门接成反相器的形式,就可完成对加、减计数的相应控制,如图 4-37 所示。图 4-37(a)所示为利用后沿触发计数的电路,图 4-37(b)所示为利用前沿触发计数的电路。通常,可逆计数器要求用上升沿触发计数。

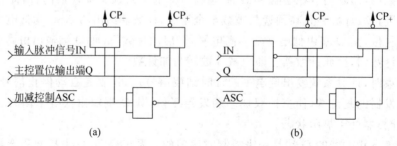

图 4-37 不用副控双稳态触发器控制计数门的电路原理
(a)后沿触发计数;(b)前沿触发计数

4.4 定标器实例

4.4.1 BH1220型自动定标器

BH1220型自动定标器是两个NIM单位宽度的标准核子仪器插件。该插件是一种脉冲计数装置,配合有关探头和设备,可作α、β、γ等放射性计数的测量,也可作为一般的频率计使用。BH1220是新一代主要采用中规模集成电路的通用核子插件,具有线路先进、体积小、显示清晰、耗电省、计数周期固定、计时准确范围宽、采用同步控制逻辑、逻辑可靠、重复测量精度高等特点。供电为NIM电源,电压有±6V、+12V和+24V几种。

1. 主要技术指标

(1) 甄别阈可调范围:0.1～5V,带保护±25V。

甄别阈温度系数:0～50℃情形下,为1mV/℃。

甄别阈过载能力:5倍。

(2) 输入脉冲极性为正或负(前后面板均可输入);输入脉冲宽度为0.1～100μs。

(3) 双脉冲分辨时间300ns;最高计数率高于2Mcps;计数容量为10^6-1。

(4) 计时范围:$K \times 10^n (K=1\sim9, n=0\sim3)$。

(5) 打印输出:8421码正输出。

命令信号输出:正脉冲,脉宽约5ms,幅度大于3V。

回答信号输出:负脉冲,宽度大于100μs,幅度大于3V。

(6) 最大瞬时功耗为27W。

2. 工作原理

BH1220型自动定标器是由输入电路、定标电路、时序控制电路、(开机)复位电路等电路单元组成的。图4-38所示为BH1220型自动定标器的组成框图,其电路原理图如图4-39所示。

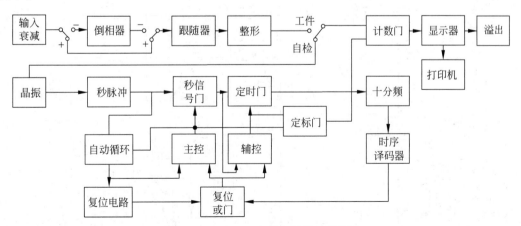

图4-38 BH1220自动定标器组成框图

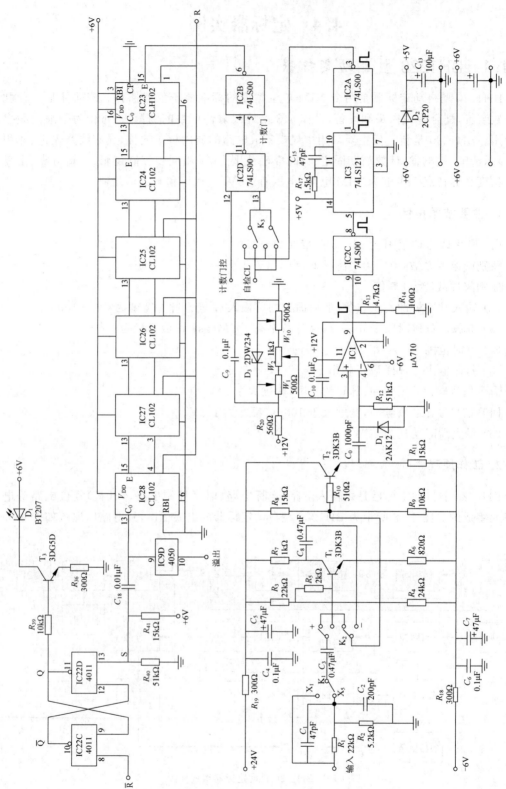

图 4-39　BH1220 自动定标器输入与显示电路

1) 输入电路

输入电路包括衰减器、倒相器、跟随器、甄别器、整形器等,如图 4-39 的下半部分所示。输入信号经衰减开关 K_1、极性转换开关 K_2 及倒相器 T_1 后,由跟随器 T_2 输出。当输入信号为正极性时,不经过倒相器,而由跟随器直接输出;当输入信号为负极性时,经过倒相后成为正极性,再经由跟随器输出,这样就可以保证为甄别器提供正极性的输入信号。电阻 R_1 与 C_1、电阻 R_2 与 C_2 构成了脉冲分压器,可形成 5∶1 的衰减。当 $R_1C_1 = R_2C_2$ 时,衰减后波形不产生畸变。

甄别器采用的是高速电压比较器 μA710,接成交流耦合跟随触发器形式,同相端接阈电压,反相端接正极性输入信号,输出为负极性。负极性脉冲经 IC2C(74LS00)倒相后,用上升沿即前沿触发单稳态触发器 IC3(74LS121)进行整形,单稳态触发器输出负脉冲,再经 IC2A 倒相为正脉冲,经工作/自检开关 K_3 加到计数门 IC2D 和 IC2B。整形脉冲宽度由时间常数 R_{17}、C_{15} 决定,约 0.17μs,以获得规范的计数脉冲。由于用前沿触发单稳态,计数脉冲与输入信号之间没有延迟。

阈电压由稳压管 D_3(2DW234)稳压电路提供,阈电压范围通过调节 W_2 给出,为 0.1～5V,W_{10} 用来调阈零点,W_1 用来调阈满度。

2) 计数电路

图 4-39 的上半部分为定标电路,即计数电路,共有六级(位),计数容量为 10^6-1。定标单元采用计数、译码、驱动、显示四合一的光电组合器件,第一级为快速定标单元 CLH102,其最高计数率大于 $2.5\times10^6\,\mathrm{s}^{-1}$,第二级到第六级采用中速定标单元 CL102,其最高计数率大于 $2\times10^5\,\mathrm{s}^{-1}$。

自检工作选择开关 K_3 置于"自检"时,输入信号来自晶振,其频率为 32768Hz,当计时为 1s 时,按下计数键,显示应为 32768,表明计数器工作正常。开关 K_3 置于"工作"时,输入信号来自甄别成形电路的输出。无论开关 K_3 置于"自检"还是"工作",输入信号都要经过计数门之后,加给定标电路的第一级 IC23(CLH102)的输入端。

显示器会消耗较大的驱动电流,电流主要消耗在显示部分上。为了减小功耗,通过硬件电路的连接,可以使无效零即有效数字之前的零不显示,从而达到减小 NIM 电源供电电流的目的。

当定标电路的六位输出达到并显示为 999999(最大计数容量 10^6-1)时,如果再来一个脉冲信号,计数器将发生溢出。这时,最后一级进位端 C_0 将输出一个正脉冲信号,溢出正脉冲的后沿即下降沿使溢出双稳态触发器 IC22C 和 IC22D 置位,Q 输出端的高电平将使晶体三极管 T_3 导通。于是,作为溢出指示灯的发光二极管 D_1(BT207)变亮,表示计数已经溢出。整机复位时,$\overline{R}$ 变为低电平,使溢出双稳态触发器复位,Q 输出端为低电平,晶体管 T_3 截止,溢出指示灯熄灭。

3) 逻辑控制电路

BH1220 型自动定标器的逻辑控制电路的原理图如图 4-40 所示。该电路用 IC10(5C702)构成多级二分频电路,其作用是将频率 $2^{15}=32768$Hz 的信号分频为秒脉冲信号,并用作计时时钟。

晶体振荡器的频率为 $2^{15}=32768$Hz,振荡信号经过二级同相缓冲器 IC9F、IC9E(4050)后作为自检时钟信号;再经 IC10(5C702)分频获得秒信号,并作为计时时钟信号和自动循环的时序控制电路的时钟信号。

图 4-40 所示的逻辑控制电路中,IC18C、IC18D(4011)为主控双稳态,IC18B、IC18A 为辅控双稳态。IC15B、IC15C 为秒信号门,IC15D、IC15A 为定时门,IC21A、IC21B 为定标门,IC2D、IC2B 为计数门。IC7、IC8(4518)和 IC13(4017)为计时电路。IC23～IC28(CLH102、CL102)为定标电路。IC21D 为循环门,IC14(4017)为循环时序控制电路。IC19D、IC19C 为复位电路。IC12A(4098)为计时结束信号成形电路。IC20D、IC20C 为打印双稳态,IC12B (4098)为打印命令成形电路,IC20A、IC20B 为打印回答门。IC22C、IC22D 为溢出双稳态触发器。

(1) 复位电路。

复位电路包括上电复位(亦称开机复位)、手动复位和自动复位。复位信号 R 为高电平有效。上电复位电路由电阻 R_{44} 和 R_{45}、电容 C_{23} 以及与非门 IC19C(4011)构成。开机瞬间,电容 C_{23} 不能立刻充电到高电平,即 IC19C 的输入端 9 为低电平,其输出即复位信号 R 为高电平,整机复位。当 C_{23} 逐渐充电到高电平时,由于另一输入端 8 为高电平,则复位信号 R 为低电平。

手动复位是通过复位开关 K_7 实现的,K_7 置于复位状态时,IC19C 的输入端 9 瞬间变为低电平,复位信号为高电平,整机复位。当断开复位开关 K_7 时,输入端 9 又回到高电平,复位信号为低电平。电路的自动复位是依靠循环时序控制电路实现的。当计数停止并显示 4s 之后,由时序控制电路 IC14 的输出端 10 输出的正脉冲经 IC19D 后倒相为负脉冲,并加到 IC19C 的另一输入端 8 来实现复位。

复位信号为整机复位,除对计数器和计时器复位外,还与计时结束信号一起通过或门 IC16A 和倒相器 IC19B 对主、辅双稳态复位。

复位信号通过倒相器 IC19A 产生 $\bar{R}$,$\bar{R}$ 对溢出双稳态 IC22C、IC22D 复位,使溢出指示灯 D_1(BT207)熄灭;IC20A、IC20B 是打印回答门,在非复位期间 $\bar{R}$ 为高电平,作为打印回答信号的开门电平。

(2) 主、副双稳态电路。

主控双稳态触发器由两个 2 输入端与非门 IC18C、IC18D(4011)交叉连接而成,副控双稳态触发器由 IC18B、IC18A(4011)交叉连接构成。主、副控双稳态触发器二者的复位端 R 相连,同时受到手动停止操作的控制,另外还通过或门 IC16A(4072)和非门 IC19B(4011),受计时结束信号(IC12A 的输出端 Q)或复位信号(IC19C 的输出端 10)的自动控制。主控双稳态的置位端 S 受手动计数控制;还通过电容 C_{19} 受时序控制电路 IC14(4017)的 10 脚输出的正脉冲下降沿的自动控制。副控双稳态触发器的置位端 S 通过电容 C_{21} 受秒信号下降沿自动控制。

主控双稳态触发器的输出端 Q 用来开启自动定标器的秒信号门和定标门,而其输出端 $\bar{Q}$ 则用于封锁循环门。副控双稳态触发器的输出端 Q 用于开启定标门、定时门和计数指示灯 D_5(BT207)。

(3) 自动循环。

按下计数按键 K_5 时,主控双稳态触发器与低电平接通并使其置位,此时其 Q 端输出高电位。Q 端的输出信号被分成了两路,其中一路加给秒信号门 IC15B、IC15C,使秒信号通过;另一路加给定标门 IC21A、IC21B,为开启定标门作准备。经过约 1s 时间后,秒信号的

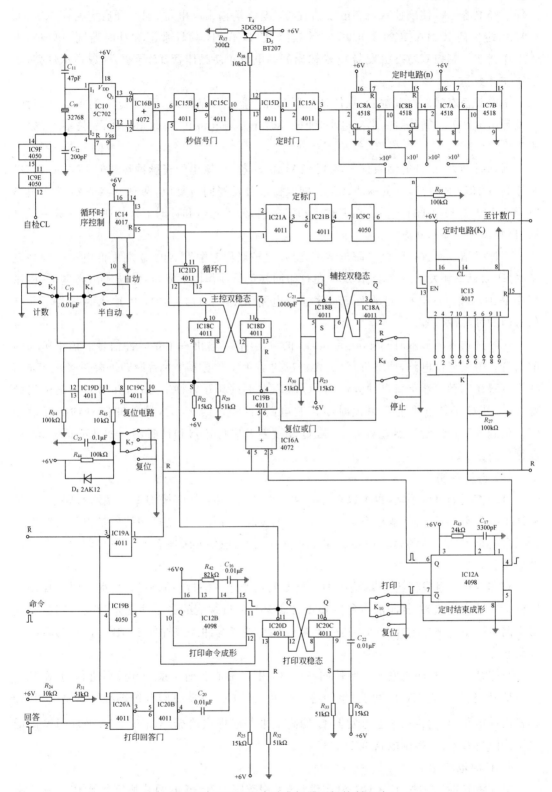

图 4-40 BH1220 自动定标器逻辑控制电路

下降沿经电容 C_{21} 使副控双稳态触发器置位,其 Q 端输出高电位,同时开启定时门 IC15D、IC15A,定标门 IC21A、IC21B、IC9C 与计数门 IC2D、IC2B,使计数器和计时器同时启动,进入工作状态。副控双稳态触发器 Q 端输出的高电位还使晶体管 T_4 导通,计数指示灯亮,表示正在计数。

主控双稳态触发器置位后,在使计数器和计时器工作的同时,因其 $\overline{Q}$ 端为低电平,封锁了循环门 IC21D。循环门输出高电平,使循环时序控制电路 IC14 即 4017 的复位端 15 置 1,不工作。

当计时结束时,计时结束信号经 IC12A(4098)整形,输出的正脉冲经或门 IC16A(4072)和非门 IC19B(4011)形成负脉冲,使主、副双稳态触发器同时复位,两触发器的 Q 端均由高电平变为低电平,关闭秒信号门、定时门和定标门,使计数器和计时器停止工作,计数指示灯灭,计数器处于显示状态。

当计时结束而且打印机打印也结束之后,主控双稳态触发器的 $\overline{Q}$ 端由低电平变为高电平,打印双稳态触发器 IC20D、IC20C 在打印回答负脉冲作用下复位,$\overline{Q}$ 端输出高电平,使循环门 IC21D 输出低电平,启动循环时序控制电路 IC14(4017)。4017 的输入时钟为不经秒信号门的秒脉冲信号。

在经过预置的显示时间 4s 之后,4017 的输出端 10 输出一个正脉冲信号。该正脉冲的前沿自动触发复位电路,使整机复位,再经过约 1s 后,该正脉冲的后沿即下降沿经电容 C_{19} 使主控双稳态触发器重新自动置位,其 Q 端高电平重新开启秒信号门,并为开启定标门做好准备,其 $\overline{Q}$ 端低电平重新封锁时序控制电路,再经过约 1s 后,秒脉冲信号的下降沿经 C_{21},使副控双稳态触发器重新置位,其 Q 端重新开启计数器和计时器。如此周而复始,自动循环下去。

(4) 打印控制。

打印控制既可以手动,也可以选择自动。手动时,按下打印按键 K_{10} 接通打印端,由于接通了低电平,会使打印双稳态触发器 IC20D、IC20C 置位。自动打印信号是由计时结束信号成形电路 IC12A(4098)的 $\overline{Q}$ 端输出负脉冲控制的,该信号经电容 C_{22} 使打印双稳态触发器置位。

打印双稳态触发器的 $\overline{Q}$ 端输出的负跳变的功能之一是封锁循环门,使循环时序控制电路保持在不工作状态,打印前由主控 $\overline{Q}$ 封锁循环门;负跳变的另一功能是触发打印命令成形电路 IC12B(4098),进行成形,其输出端 Q 输出的正脉冲经缓冲器 IC9B 输出作为打印命令信号。

打印结束后,打印机发出负脉冲回答信号。打印是在计时结束和复位后进行的,$\overline{R}$ 开启回答信号控制门 IC20A、IC20B。负回答信号经电容 C_{20} 后使打印双稳态触发器复位,其 $\overline{Q}$ 端输出高电平,与主控双稳态触发器 $\overline{Q}$ 端高电平一起提供给循环门 IC21D,循环门输出低电平,开启循环时序控制电路 IC14。

4) 计时电路

电路的计时时间按 $K \times 10^n$ 模式设定,采用数字为 0~9 的两片拨字轮操作。一片用来设定 K,取值为 1~9;另一片用来设定 n,取值为 0~3。通过拨字轮上的"+""-"按键来增减数字,调节计时时间。电路的最小计时时间设计为 1s,最大计时时间设计为 9000s。

计时电路是由两片双 BCD 同步加计数器 4518(IC7、IC8)和一级 BCD 计数器/时序译码器 4017(IC13)组成的。计时时钟信号为秒脉冲信号,经秒信号门和定时门加到串接的十分频电路的输入端,经三级十分频后,可获得时间倍率分别为 10^0、10^1、10^2 和 10^3 的信号,即指数 n 可取为 0、1、2 或者 3。信号再经过时序译码器 4017 译码,可按序获得数 $1\sim9$,此即为 K 的取值。n 和 K 的输出均为高电平。

由前述可知,循环周期即总逻辑时间可表示为

$$T = 定时时间 + 显示时间 + 复位时间 + 1s$$
$$= (K \times 10^n + 4 + 1 + 1)s$$
$$= (K \times 10^n + 6)s$$

式中 K 取 $1\sim9$,n 取 $0\sim3$。

BH1220 型自动定标器的时序控制逻辑波形图如图 4-41 所示。当按照预先设定的时间,计时时间结束时,计时电路由 IC13(4017)输出一正脉冲计时结束信号,用其前沿即上升沿触发单稳态成形电路 IC12A(4098)进行成形,成形脉冲的宽度由时间常数 $R_{43}C_{17}$ 决定,约为 $10\mu s$。

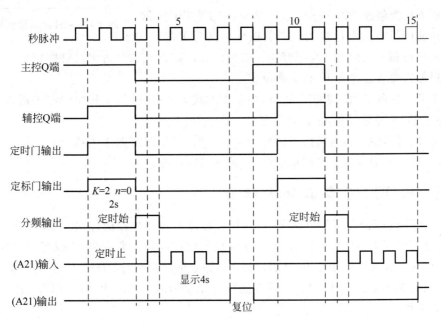

图 4-41 BH1220 自动定标器时序控制逻辑波形图

单稳态成形电路 IC12A 的 Q 端(6 脚)输出的正脉冲或复位电路输出的复位正脉冲经或门 IC16A 和非门 IC19B 使主、副控双稳态触发器复位,副控双稳态的 Q 端为低电平,关闭定时门和定标门,停止计时和计数。单稳态的 $\overline{Q}$ 端(7 脚)输出负脉冲,作为打印命令的启动信号。

3. 使用方法

1) 自动自检方式

BH1220 型自动定标器插件前面板布局如图 4-42 所示。按下"自动"键和"自检"键,计时拨字轮拨到 $K=1,n=0$。开机后全机应复位,最低位显示 0,其他位不显示。然后自动计数(第一次计数可按下"计数"键),计数指示灯亮 1s。计时 1s 后,计时自动停止,计数指示灯灭,定标器显示 32768,经 4s 后全机复位(第一次复位可按下"复位"键),再等 2s 后重新计数,以后循环往复。

2) 半自动自检方式

抬起"自动"键,按下"自检"键,计时时间设定为 1s。开机后全机应复位,最低位显示 0,其他位不显示。然后按下"计数"键,计数开始,计数指示灯亮,1s 后计数停止,计数指示灯灭,定标器显示 32768,并一直维持下去。如若再计数,需按下"复位"键,全机复位,再次按下"计数"键,重新计数。

3) 自动与半自动工作方式

使用方法类似前面的 1) 和 2),只是要将"工作"键抬起。信号可从前面板或后面板输入。正负极性转换开关拨到与输入脉冲极性相一致位置。衰减开关一般拨到 ×1 位置,当信号过大时可拨到 ×5 位置。计时时间根据需要通过改变 K 和 n 来设定。

由于该定标器采用同步控制逻辑,当工作方式为半自动时,手按"计数"键后,要过一段时间(小于 1s)才开始计数,是正常现象。

当需要打印计数时,只需按下插件前面板上的"打印"键(图中未画出)即可。不需要打印时,应从插件后面板拔下打印机电缆,并抬起"打印"键。

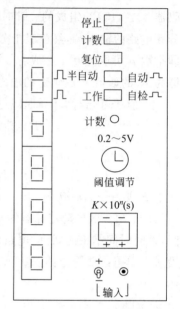

图 4-42　BH1220 前面板布局

4.4.2　FH1093B 型三路定标器

FH1093B 型三路定标器是四个 NIM 单位宽度的核子仪器插件,是一种脉冲自动计数装置,配合有关探头和设备,可进行 α、β、γ 等放射性射线的计数测量,不仅可用来作符合测量,还可作为一般的频率计使用。FH1093B 三路定标器具有与 BH1220 自动定标器相同的特点,可同时测量显示三路计数,三路性能指标完全相同。供电为 NIM 电源,电压有 +6V 和 ±12V 两种。

1. 主要技术指标

(1) 甄别阈可调范围为 0.2～5V;甄别阈过载能力为 5 倍。

(2) 输入脉冲极性为正;输入脉冲宽度大于 0.1μs。

(3) 双脉冲分辨时间小于 300ns;最高计数率大于 $2\times10^6 s^{-1}$;计数容量为 10^7-1。

(4) 计时范围: $K\times10^n$($K=1\sim9,n=0\sim4$)。

2. 工作原理

FH1093B 型三路定标器由输入电路、定标电路、计时电路、时序控制电路、复位电路等单元组成，通过一套时序控制系统，可同时控制三路完全相同的输入电路和三路完全相同的计数显示电路工作。FH1093B 的工作原理、电路结构、使用方法等与 BH1220（单路）自动定标器几乎完全相同，并有所简化。以下主要介绍各部分的简化和差别。

1）输入电路与计数门

FH1093B 三路定标器的输入电路是由跟随器、甄别器、成形器等电路单元组成的，其电路原理如图 4-43 所示。由于只允许正极性输入，图 4-43 所示的电路中省去了极性转换开关和倒相器。

电路中，跟随器由集成运算放大器 LM318 构成，甄别器由高速电压比较器 μA710 构成，成形电路则由单稳态触发器 74LS121 构成。输入信号经甄别器后去掉噪声，再经成形电路得到规范的计数信号。甄别器的阈电压由稳压管稳压电路提供，其阈值范围为 $0.2 \sim 5$V，电路中省去了零阈调节电位器。三路的输入电路完全相同，第一路元件编号前加 1，第二路元件编号前加 2。

计数门电路和甄别输出倒相电路均采用双四输入与非门 74LS20，当四个输入端并联使用时构成倒相器，当有两个输入端并联时构成三输入与非门，当输入端两两并联时构成二输入与非门。输入线上标有两个脚号的表示该两个输入端并联，输入线上标有四个脚号的表示该四个输入端并联。

计数门由 A4A、A4B、A2B 构成。A4A 为工作门，接成三输入与非门，输入信号（甄别整形输出）受来自控制电路的开门高电平信号 Y_2 和工作高电平信号控制，输出低电平，经 A2B 倒相为高电平，加到定标电路第一级 CLH102 的输入端 15，进行工作计数。A4B 为自检门，也接成三输入与非门，自检信号 Y_1（来自时序控制电路）受开门高电平信号 Y_2 和自检高电平信号控制，输出低电平，也经 A2B 倒相为高电平，也加到 CLH102 的输入端 15，进行自检计数。

2）定标电路

FH1093B 定标器的定标电路（即计数显示电路，共设七级）由计数、译码、驱动、显示四合一高度集成的光电组件构成，计数容量为 $10^7 - 1$，第一级采用高速定标单元 CLH102，第二级到第七级采用中速定标单元 CL102，最高计数率不低于 $2 \times 10^6 \text{s}^{-1}$，定标单元的电路原理如图 4-44 所示。

由于定标单元比 BH1220 多一级，提高了计数容量，因此该插件未设溢出电路，这样就省去了相关的溢出指示、溢出缓冲输出、溢出双稳态及复位 $\bar{\text{R}}$ 电路。

3）计时电路

FH1093B 型定标器的时序控制电路与计时电路的电路原理如图 4-45 所示。可以看出，FH1093B 定标器的计时电路结构与 BH1220 的计时电路基本相同，但它将 BH1220 的一级十分频电路也用上了，它的十分频为四级，$n = 0 \sim 4$，计时范围为 $1 \sim 9 \times 10^4$s，比 BH1220 定标器高一个数量级。

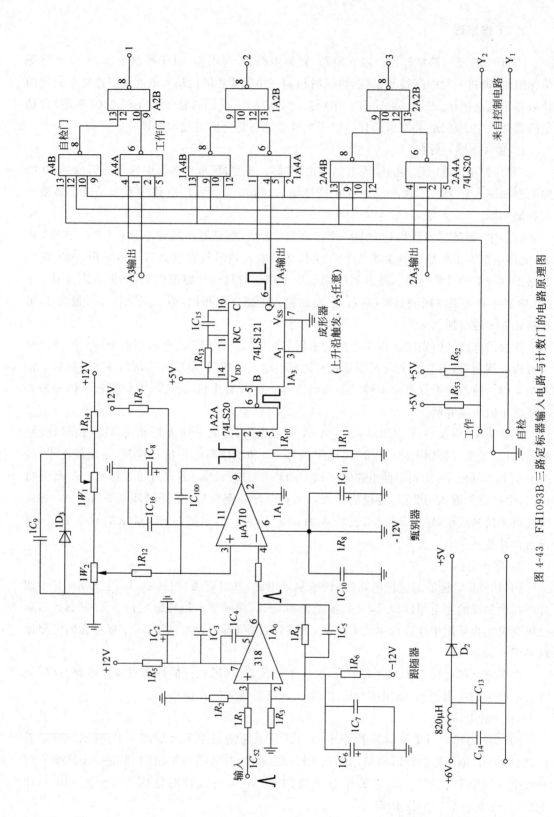

图 4-43　FH1093B 三路定标器输入电路与计数门的电路原理图

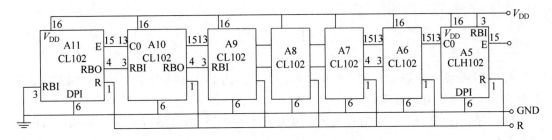

图 4-44 FH1093B 三路定标器定标单元电路原理图

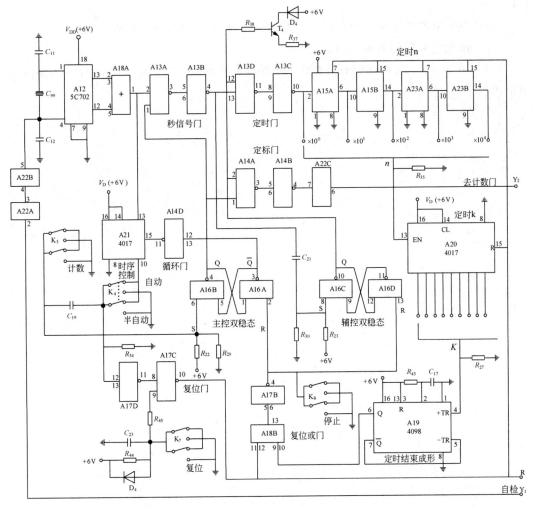

图 4-45 FH1093B 三路定标器的时序控制与计时电路原理图

4）时序控制电路

FH1093 的时序控制电路结构与 BH1220 相同。由于不接打印机,省去了相应的打印开关、打印双稳态电路、打印命令成形电路、打印回答电路及复位 $\overline{R}$ 电路。循环门的控制由主控双稳态及打印双稳态联合控制变为由主控双稳态单独控制。控制电路加给定标电路的控制信号有计数门开门信号 Y_2、复位信号 R 及自检信号 Y_1。

习 题

4.1 参照图 4-3、图 4-5、图 4-6 和表 4-1、表 4-2,用 BCD 同步加法计数器和 LED 显示器画出三位计数器电路原理图。

4.2 振荡频率为 2^{22} Hz 的石英晶体构成一个 35s 的计时电路,画出其电路图并给出计时结束信号 $\overline{t}_e$。

4.3 参照图 4-28 以及表 4-9 和表 4-10,用任意进制计数器 C186 画出 50 分频的电路图。

4.4 利用基本控制单元自行设计一个控制计数门和定时门的电路。

4.5 画出定标器的组成框图。

4.6 用频率为 100kHz 的石英晶体的振荡信号作时钟,画出 $K \times 10^n$ 型计时电路的组成框图。

第 5 章

线性率表电路

　　率表是用于连续显示平均计数率的电子仪器,又称作计数率计。定标器是用来记录一定时间内输入信号数的设备,而多数率表则是通过将脉冲数转变成模拟量来连续显示计数率。如果将脉冲数用数字形式处理并以数字形式显示计数率,则相应的率表称为数字计数率计。若计数率计的刻度与计数率成正比,则称为线性计数率计(线性率表);若其刻度与计数率的对数成正比,则称为对数计数率计(对数率表)。在实际应用中,用得最多的是线性率表。

　　在核辐射测量中往往需要测量放射性物质的辐射强度,即单位时间内的核衰变次数。核辐射经探测器转变成电脉冲信号,再经放大、整形,进而转换成模拟量并显示其平均计数率。若用已知辐射强度的放射源对计数率电路进行校准(刻度或标定),则计数率电路即可用来测量放射性强度。在核工程和核试验中,以及在辐射剂量防护仪器中,经常需要用计数率电路完成各种测量与监测任务。计数率计的主要优点是电路简单、成本低、功耗低、读数方便、易于制成便携式仪器,可方便地用于工厂、矿山、地质等部门的定量偏差指示,地质勘探和剂量监测等领域。

　　将脉冲电压信号变成直流电压信号,通常都是利用电容的充放电实现的。最简单的方法是利用 RC 积分电路,这个简单方法对输入脉冲幅度和宽度的一致性要求高,对电路的时间常数要求也大,这不仅增大了读数建立时间即测量时间,而且高值电阻、电容的稳定性也差,增大了测量误差,影响电路的应用范围和线性关系。

　　计数率计的核心单元是积分器,典型的计数率计的组成框图如图 5-1 所示。探测器输出的脉冲信号经放大、甄别、整形后,变成幅度和宽度均相等的整齐的输出脉冲信号。这些信号再经过积分器后,输出信号可形成正比于脉冲平均计数率的直流电压信号,这样的直流电压信号可用电压表进行连续测量与显示,也可用记录仪来连续记录或监测。积分器通常采用晶体管积分电路,它的一个重要参数是电路的积分时间常数或响应时间,非线性误差也是线性率表的一个重要指标。

图 5-1　计数率计的组成框图

5.1   二极管计数率计电路

二极管计数率计电路原理图如图 5-2 所示,其形式与二倍压整流电路非常相似,不同的是倍压整流电路输入的是双极性交流电压或双极性脉冲电压,而计数率计电路输入的则是单极性脉冲电压。在二极管计数率计电路中,核心单元为 RC 积分电路,此外还有定量电容 C_D 和两个二极管,r_i 为信号源内阻(即整形电路的输出电阻)。

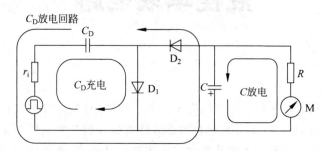

图 5-2   二极管计数率计电路原理

当输入端加有正脉冲输入信号 u_{sr} 时,相当于对二极管 D_1 加上正向电压,使其处于导通状态,对 D_2 而言则相当于加上了反向电压使其处于截止状态。这样输入信号 u_{sr} 通过 D_1 对 C_D 充电,忽略二极管很小的正向电阻,电容 C_D 充电的时间常数可近似表示为

$$\tau_{cd} = r_i C_D \tag{5-1}$$

于是,经过 $(3\sim5)\tau_{cd}$ 的时间之后,就可以认为 C_D 的充电过程已经完毕。充电过程中,输入脉冲 u_{sr} 给 C_D 充的电荷量为

$$\Delta q = C_D u_{sr} \tag{5-2}$$

充完电后 C_D 上的电压达到输入信号 u_{sr} 的幅度,电压的极性为左正右负,如图 5-2 中所示。当输入脉冲结束时,C_D 上的电压对二极管 D_1 而言是反向电压,使其处于截止状态;但对 D_2 而言是正向电压,使其处于导通状态。这样,C_D 充电结束后,会经二极管 D_2 和电容 C 的回路放电,同时给电容 C 充电,C_D 上的电荷会有一部分转移到 C 上。在二极管计数率电路中,通常 $C \gg C_D$,C 的放电时间常数很大,对于较短的时间(τ_{cd})而言,可不考虑 C 的放电问题。

由于 C_D 的放电过程同时也对电容 C 充电,电容 C_D 上的电压下降而 C 上的电压升高,当两电容上的电压相等时,C_D 的放电过程(C 的充电过程)结束,二极管 D_2 处也由导通转变为截止。就是说,C_D 放电结束时,其上电荷量不会全部转移给电容 C,C_D 上会有一定的残余电压。

当输入端输入第二个脉冲信号时,由于电容 C_D 上残余电压的存在,其有效的充电电压不再是 u_{sr},而是 u_{sr} 与残余电压之差。当第二个脉冲信号对 C_D 充电结束时,C_D 将再次对电容 C 充电,使 C 上的电压再升高一些。于是,当 C_D 放电结束时,其上的残余电压也会比前次升高一些。

如此进行下去,当下一个输入脉冲信号到来时,经过 C_D 的充、放电过程,电容 C 上的电位会不断升高,最后可能会达到与输入脉冲信号 u_{sr} 的幅度相同。实际上,电容 C 也会通过

电阻 R 放电,因而 C 上的电位 u_C 并不会一直上升,当 C 每秒通过电阻 R 放出的电荷量等于其每秒从 C_D 充入的电荷量时,其充放电速度达到平衡,电容 C 上的电压 u_C 将不再升高,并稳定在一个平衡值上。

电容 C 的充放电速度达到平衡后,C_D 上的残余电压也为 u_C,此时每次给 C_D 充电的有效电压也变成了 $u_{sr}-u_C$。

假定输入脉冲信号在时间上是均匀分布的,其重复频率为 f(即每秒输入的脉冲信号的个数)。在电容 C 充、放电达到平衡时,电容 C_D 每秒从输入脉冲信号获得的电荷量 q_1 与 C_D 给 C 充电的电荷量相等,即

$$q_1 = (u_{sr} - u_C)C_D f \tag{5-3}$$

电容 C 通过电阻 R 每秒放掉的电荷量 q_2 等于平均放电电流 i,于是

$$q_2 = i = \frac{u_C}{R} \tag{5-4}$$

由于电容 C 充放电平衡时,$q_1 = q_2$,由式(5-3)和式(5-4)得

$$f = \frac{u_C}{C_D R(u_{sr} - u_C)} \tag{5-5}$$

$$= \frac{i}{C_D(u_{sr} - u_C)}$$

可以看出,电容 C 上的平衡电压 u_C 或平均放电电流 i 与信号输入频率 f 之间不是线性关系。只有在 $u_C \ll u_{sr}$ 时,可近似看成线性关系:

$$f \approx \frac{1}{C_D R u_{sr}} u_C = \frac{i}{C_D u_{sr}} \tag{5-6}$$

近似线性关系式(5-6)的成立需要一系列条件。根据前面的讨论,可以把这样的条件归纳起来,如下所述。

1. 输入脉冲信号要足够宽

输入脉冲信号的时间宽度 t_k 足够大,在脉冲信号的作用时间内才能使电容 C_D 有效充电。同时,输入脉冲的周期 T 也要足够长,以便使 C_D 有足够长的时间对电容 C 充电,这也就是要求脉冲的间隔比较长,即脉冲信号的频率不能太高。总体而言,就是要求脉冲信号的时间宽度 t_k 应满足

$$T \gg t_k > (3 \sim 5)\tau_{cd} \tag{5-7}$$

式中,$\tau_{cd} \approx r_i C_D$。

2. 输入脉冲信号的幅度应足够大

由于已经假设了 $u_C \ll u_{sr}$,同时也忽略了二极管的导通阈电压 U_0(即二极管的正向压降),因此,脉冲信号的幅度应满足条件

$$u_{sr} \gg u_C \tag{5-8}$$

和

$$u_{sr} \gg U_0 \tag{5-9}$$

3. 电容 C 的容值要远大于 C_D

条件 $u_{sr} \gg u_C$ 意味着当电容 C_D 向 C 充电时,电容 C_D 上的残余电压很小,因而残存的电荷量也很小。这样,每个输入脉冲信号给 C_D 充的电荷量就近似等于 C_D 转给 C 的电荷量。由于 $Q = CU$,要满足条件 $u_{sr} \gg u_C$,也就意味着要满足

$$C \gg C_D \tag{5-10}$$

对于图 5-2 所示的二极管计数率计电路,从测量开始到电容 C 上的电压达到稳定平衡电压 u_C,需要经过一段时间,这段时间叫作读数建立时间,或者称为响应时间、反应时间。读数建立时间的长短取决于电路的积分时间常数 RC,一般取 $t = (3 \sim 5)RC$。实际电路中,通常会与积分电阻(或限流电阻)串接一微安表,微安表上显示出的电流可以反映输入脉冲的平均计数率或重复频率。

二极管计数率计电路的非线性误差较大,非线性误差主要是由电容 C_D 放电不充分引起的,C_D 上残存的电荷量与达到平衡时电容 C 上的电压 u_C 有关。

5.2 晶体管计数率计电路

5.2.1 共基极晶体管计数率计电路

共基极晶体管计数率计也叫电荷转移充电型计数率计。用 NPN 型晶体管正压供电的共基极接法的计数率计电路的原理图如图 5-3 所示。图中 r_i 为信号源内阻,R_i 为微安表 M 的内阻,r_D 为二极管正向电阻,定量电容 C_D 连接在发射极回路,积分电容 C 设置在集电极回路,R 为积分电阻。电路中,C 上的电压不影响电容 C_D 的放电过程,有效地克服了 C_D 上放电不充分所产生的非线性效应。

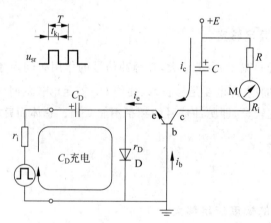

图 5-3 正压供电的共基极晶体管率表电路原理

共基极电路的特点是输入电阻 $r_{sr} = r_{be}/\beta$ 很小,几乎没有电流放大,集电极电流 i_c 的放大倍数 α 接近并小于 1,$i_c = \alpha i_e$。假定输入的是正极性脉冲,信号的宽度为 t_k,重复频率为 f,周期 $T = 1/f$。在此信号下,二极管 D 正向偏置而导通,三极管发射结反向偏置而处于截止状态,因此,输入脉冲 u_{sr} 通过二极管给电容 C_D 充电,充电时间常数为

$$\tau_{cd} = (r_i + r_D)C_D$$

$$\approx r_i C_D \tag{5-11}$$

如果信号的宽度 $t_k > (3 \sim 5)\tau_{cd}$，则在输入脉冲信号作用时间内，$C_D$ 可充满电，所获得的电荷 q_1 为

$$q_1 = u_{sr} C_D \tag{5-12}$$

输入脉冲结束后，C_D 上的充电电压使二极管反向偏置而截止，三极管正向偏置而处于导通状态。C_D 通过三极管放电，产生发射极电流 i_e，集电极电流 i_c 也同时给电容 C 充电。C_D 放电回路中包含有三极管的输入电阻 r_{sr} 和信号源内阻，放电时间常数为

$$\tau_{fd} = (r_i + r_{sr})C_D$$

$$\approx r_i C_D \tag{5-13}$$

只要输入脉冲信号之间的时间间隔足够长，$T - t_k > (3 \sim 5)\tau_{fd}$，$C_D$ 就可充分放电，恢复到初始状态，为下一个输入脉冲做准备。发射极电流 i_e 给 C_D 反向充电（即放电）的电荷量，应等于输入脉冲 u_{sr} 给 C_D 充电的电荷量 q_1。由于电容 C 的放电时间常数 $\tau = (R + R_i)C \approx RC$，通常很大，因此可只考虑 C_D 的充、放电过程和电容 C 的充电过程，而忽略 C 的放电问题。这样，集电极电流 i_c 在每个输入脉冲信号周期给 C 充电的电荷量就是

$$q_2 = \alpha q_1 \tag{5-14}$$

因此第一个输入脉冲信号在电容 C 上的充电电压 u_C 为

$$u_C = \frac{q_2}{C} = \alpha u_{sr} \frac{C_D}{C} \tag{5-15}$$

当输入第二个脉冲信号时，将重复上述充放电过程，积分电容 C 上再次被充上电荷量 $q_2 = \alpha u_{sr} C_D$，这时电容 C 上累积的电荷量为 $2q_2$，而电压则为 $2\alpha u_{sr} C_D / C$。如果每秒钟输入的脉冲信号数为 n 个，则电容 C_D 和 C 每秒均被充电 n 次，C 上的电压 u_C 和集电极电流 i_c 将分别为

$$u_C = n\alpha u_{sr} \frac{C_D}{C} \tag{5-16}$$

$$i_c = nq_2 = n\alpha u_{sr} C_D \tag{5-17}$$

受电源电压 E 和晶体管饱和电压 U_{ces} 的限制，电容 C 上的电压不能无限制地上升。由于 $E - u_C \geqslant U_{ces}$，因此电容 C 上电压的最大值应满足

$$U_{Cm} \leqslant E - U_{ces} \tag{5-18}$$

电容 C 通过电阻 R 和 R_i 放电时，需经 $5\tau = 5(R + R_i)C \approx 5RC$ 的时间，积分电容 C 的充电和放电可达到平衡，u_C 也就达到了一个稳定值 U_{Cm} 不再上升了，C 的放电电流 i_{fd} 就等于电表的电流。当电容 C 的充放电达到平衡时，放电电流可表示为

$$I = i_{fd}$$

$$= \frac{U_{Cm}}{R + R_i} \approx \frac{U_{Cm}}{R} \tag{5-19}$$

当电容 C 的充、放电过程达到平衡时，C 上的放电电流 i_{fd} 与三极管的集电极电流 i_c 相等，此时有

$$i_c = i_{fd} = I$$

$$= n\alpha u_{sr} C_D = \frac{U_{Cm}}{R} \tag{5-20}$$

由上式可得

$$U_{Cm} = n\alpha u_{sr} R C_D$$

$$n = \frac{I}{\alpha u_{sr} C_D} \tag{5-21}$$

由以上分析可知,当积分电容 C 充、放电平衡后,C 上的最高电压 U_{Cm} 或电流表上的电流 I 与输入脉冲信号的重复频率或平均计数率 n 成正比。因此,只要测出积分电容 C 上的平衡电压 U_{Cm} 或放电电流 I,就能得到输入脉冲的计数率 n。

从电路的工作过程可以看出,输入脉冲信号并不是对积分电容 C 直接充电,而是先给定量电容 C_D 充电,然后再通过共基极晶体管电路把 C_D 上的电荷转移到积分电容 C 上,因此按这个电路的原理制成的计数率计也叫电荷转移充电型线性率表。由于定量电容 C_D 设置在发射极回路,而积分电容 C 设在集电极回路,C_D 放电不受 C 上电压的影响。因此,这种电路有效地克服了由于 C_D 放电不充分,其残存的电荷所引起的非线性。该电路的线性好于 1%,温度稳定性也很好。

图 5-4 所示为负压供电的 NPN 型共基极晶体管线性率表电路的原理图,与图 5-3 所示的电路相比,因电源极性的变化改变了二极管的接法,而且积分电容 C 上的电压 U_{Cm} 是以地电位作参考点的。二者所用的晶体管都是 NPN 型管,也都是共基极接法,均适用于对正极性的输入脉冲信号的计数。

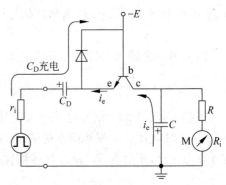

图 5-4　负压供电的共基极晶体管率表电路图

图 5-5 和图 5-6 所示为采用 PNP 型晶体管构成的共基极晶体管线性率表电路的原理图,二者的主要区别也在于供电电源的极性以及积分电容的极性不同,二者均适用于负极性输入脉冲信号。

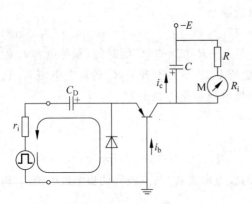

图 5-5　负压供电的 PNP 管率表电路

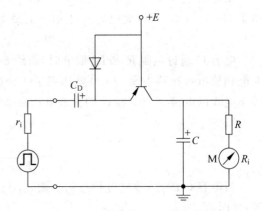

图 5-6　正压供电的 PNP 管率表电路

5.2.2 直接充电型线性率表电路

图 5-7 所示为直接充电型线性率表的电路原理图,图中 r_i 为信号源内阻,r_D 为二极管正向电阻,R_i 为电表 M 的内阻,R 为积分电阻,C 为积分电容,C_D 为定量电容。输入脉冲信号的极性为正。电路在没有输入脉冲信号、处于初始状态时,定量电容 C_D 和积分电容 C 上都没有电荷积累,二者的端电压均为零,呈开路状态。二极管 D 和三极管也因没有电流流过而处于截止状态。

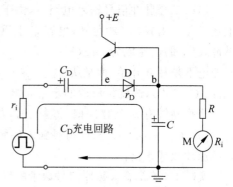

图 5-7 直接充电型线性率表电路图

当有正脉冲信号(宽度为 t_k,周期为 T)u_{sr} 输入时,二极管因正向偏置而导通,三极管则反向偏置而处于截止状态,因此,当输入的正脉冲信号通过 r_i 和二极管 D 的正向电阻 r_D 时,同时给 C_D 和 C 直接充电。若忽略二极管 D 上的压降和内阻 r_i 上的压降,输入脉冲对 C_D 和 C 的直接充电过程,实际上就是由 C_D 和 C 构成的电容分压器对输入脉冲电压 u_{sr} 进行分压。充电过程结束后,C_D 和 C 上的端电压 u_{C_D} 和 u_C 分别为

$$u_{C_D} = u_{sr} \frac{C}{C + C_D} \tag{5-22}$$

$$u_C = u_{sr} \frac{C_D}{C + C_D} \tag{5-23}$$

通常,积分电容和定量电容间满足 $C > C_D$,这就使二者的端电压 $u_{C_D} > u_C$。充电的时间常数为

$$\tau_{cd} = (r_i + r_D) \frac{CC_D}{C + C_D} \tag{5-24}$$

由于 $r_i \gg r_D$,若 $C \gg C_D$,则 $\tau_{cd} \approx r_i C_D$。

为保证有足够的时间使 C_D 和 C 充分充电,输入脉冲信号的宽度应满足

$$t_k > (3 \sim 5)\tau_{cd} \approx (3 \sim 5)r_i C_D \tag{5-25}$$

当正脉冲信号结束时,由于电容的端电压不能突变,二极管因反向偏置而截止,三极管则由于正向偏置而处于导通状态。因此,晶体三极管通过 r_i 对 C_D 进行与输入脉冲充电方向相反的反向充电,也就是使 C_D 放电,放电时间常数 $\tau_{fd} = r_i C_D$。

为保证有足够的时间使电容 C_D 放电并达到稳定状态,相邻的输入脉冲信号之间的时间间隔应满足

$$T - t_k > (3 \sim 5)\tau_{fd} \tag{5-26}$$

电容 C 也会通过电阻 R 放电。由于放电时间常数 RC 很大,放电也很缓慢。为了讨论方便起见,可以忽略在 $T - t_k$ 期间电容 C 上的放电。晶体三极管对 C_D 起着反向充电的作用,输入脉冲过后,发射极电流 i_e 便对 C_D 进行反向充电,当电压满足 $U_b = U_e + U_0$ 时,晶体三极管达到截止状态。设 U_0 为三极管的导通阈电压,对硅管 $U_0 = 0.5V$,对锗管 $U_0 = 0.2V$。由于 U_0 较小,可近似认为当 $U_e = U_b$ 时,三极管截止。

当三极管截止后,电容 C_D 和 C 上的电压大小相等,从输入端看进去,二者电压方向相反, $-u_{C_D}=u_C$。电容 C_D 和 C 串联总电容上的电压为零,即 $u_{C_D}+u_C=0$,因而没有残余电荷。在效果上,电路此时的状态与初始状态基本相同。

当第二个脉冲信号输入电路时,由于整个电路已经基本恢复到了初始状态,因而将重复上述过程。由式(5-22)可知,电容 C 上重新又充得大小为 $u_{sr}C/(C_D+C)$ 的电压,经第二个脉冲, C 上的电压成为 $2u_{sr}C_D/(C_D+C)$;而 C_D 充得的电压仍为 $u_{sr}C/(C_D+C)$,不过这时充电不是从 0 开始,而是从 $-u_{sr}C_D/(C_D+C)$ 开始的。到充电结束时,电压成为 $u_{sr}(C-C_D)/(C_D+C)$,这就是所谓的定量充电。

当每秒钟有 n 个脉冲信号输入时,如不考虑电容 C 的放电作用, C 上的电压将成为 $u_C=nu_{sr}C_D/(C_D+C)$。即每秒输入的脉冲信号数目越多, C 上的电压就越高,其大小与输入的脉冲数成正比。

实际上,随着输入脉冲信号数量的增加,积分电容 C 上的电压 u_C 并不会无限制地增长下去,电压 u_C 还要受源电压 E 和晶体管的饱和电压 U_{ces} 的限制,由于 $E-u_C \geqslant U_{ces}$,因此 u_C 的最大值 U_{Cm} 满足

$$U_{Cm} \leqslant E-U_{ces} \tag{5-27}$$

如果考虑电容 C 通过 R_i 放电的情况,由于电容 C 是一边充电,一边放电的,而放电的时间常数 $\tau=(R+R_i)C \approx RC$,因此约需 $(3 \sim 5)\tau$ 的时间,充电和放电可达到平衡,这时充电电流 i_{cd} 等于放电电流 i_{fd},电容上的电压 u_C 达到一稳定值 U_{Cm}。如果每秒钟输入的脉冲数为 n,积分电容 C 每秒钟充电的电荷量为 q,则电容 C 的充电电流 i_{cd} 为

$$i_{cd}=q=Cu_C$$

$$=nu_{sr}\frac{CC_D}{C+C_D} \tag{5-28}$$

如果 $C \gg C_D$,则有

$$i_{cd}=nC_Du_{sr} \tag{5-29}$$

而放电电流 i_{fd} 即为微安表指示的电流 I,于是

$$i_{fd}=I=\frac{U_{Cm}}{R+R_i}$$

$$\approx \frac{U_{Cm}}{R} \tag{5-30}$$

$$nC_Du_{sr}=\frac{U_{Cm}}{R} \tag{5-31}$$

由此可得

$$U_{Cm}=nu_{sr}RC_D \tag{5-32}$$

$$I=nu_{sr}C_D \tag{5-33}$$

由式(5-32)、式(5-33)两式可以看出,积分电容 C 上的稳定电压 U_{Cm} 或微安表的指示电流与输入脉冲的计数率 n 成正比。

图 5-7 所示的电路中,由于输入脉冲同时对定量电容 C_D 和积分电容 C 直接充电,所以该电路被称为直接充电型线性率表电路;由于发射极电流 i_e 对定量电容 C_D 进行与输入脉冲方向相反的反向充电,使其放电,所以该电路又称为反向充电型线性率表电路。

利用 PNP 型晶体管也可以构成直接充电型线性率表,其电路原理图如图 5-8 所示。这种直接充电型线性率表与图 5-7 所示的线性率表的工作原理基本相同,只是要求输入的脉冲信号为负极性。

图 5-9 所示为一个实用的直接充电型线性率表电路。为适应不同的计数率,用双刀六掷波段开关 S_1 将 $0 \sim 10^5$ cps 的测量范围分设六挡,用 S_{1-1} 刀切换定量电容 C_D,用另一刀 S_{1-2} 切换满度校准电位器,六挡的定量电容分别是 $0.015 \mu F$、$0.047 \mu F$、$0.1 \mu F$、$0.47 \mu F$、$1 \mu F$ 和 $4 \mu F$,对应的满

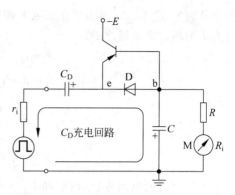

图 5-8　负压供电的直接充电型率表电路图

量程计数率分别为 10^5 cps、3×10^4 cps、10^4 cps、3×10^3 cps、10^3 cps 和 3×10^2 cps。S_2 为积分常数 τ 的转换开关,分两挡,积分电容分别为 $100 \mu F$ 和 $330 \mu F$,积分时间常数 τ 分别为 5s 和 15s。S_3 为复位开关。定量电容之后串一小电阻 470Ω,起限流和保护晶体管的作用,也有助于改善线性和减小前一级的负载负担。

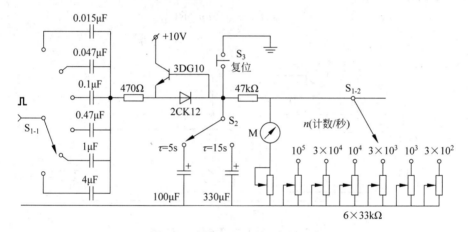

图 5-9　直接充电型实用率表电路

5.2.3　差值率表电路

在放射性测量和数据处理中,有时会遇到两个独立的计数率相减的问题。例如,本底计数是任何放射性测量都不可避免的问题,为了得出被测样品的纯计数率就需将实测的计数率减去本底计数率;又如,在有 γ 本底时,为求出纯 β 计数率,需在计数结果中减去对屏蔽掉 β 的 γ 的计数。采用差值率表电路可以很方便地完成相减工作并把差值显示出来。实际使用中,差值率表电路也有不同的形式。

图 5-10 所示为由两个直接充电型线性率表构成的差值率表电路,一个直接充电型线性率表使用 NPN 管,正压供电,正脉冲输入;另一个直接充电型线性率表使用 PNP 管,负压供电,负脉冲输入。图中左、右两部分电路的两个输入端被两个三极管各自的发射结完全隔离,两部分电路共用一个 RC 积分电路。当左右两个直接充电型线性率表电路都有脉冲信号输入时,它们在积分电容 C 上所积累的电荷符号正好相反。假设两边的输入脉冲信号计

数率分别为 n_1 和 n_2，当达到充放电平衡后，充电电流 i_{cd} 等于放电电流 i_{fd}，流过安培表的电流 I 为两放电电流之差：

$$
\begin{aligned}
I &= i_{fd1} - i_{fd2} \\
&= n_1 C_{D1} u_{sr1} - n_2 C_{D2} u_{sr2} \\
&= \frac{U_{Cm}}{R + R_i} \\
&\approx \frac{U_{Cm}}{R}
\end{aligned}
\tag{5-34}
$$

如果两边的电路参数对称，即 $C_{D1} = C_{D2} = C_D$，$u_{sr1} = u_{sr2} = u_{sr}$，则积分电容 C 上的稳定电压 U_{Cm} 为

$$
U_{Cm} = (n_1 - n_2) u_{sr} R C_D
\tag{5-35}
$$

图 5-11 所示为由两个电荷转移充电型率表构成的差值率表电路原理图，图中左边与图 5-4 所示的负压供电的共基极 NPN 三极管率表电路相同，右边则与图 5-6 所示的正压供电的共基极 PNP 型三极管率表电路相同。如果两边电路的参数对称，当充放电平衡后，积分电容 C 上的电压 U_{Cm} 为

$$
U_{Cm} = (n_1 - n_2) \alpha u_{sr} R C_D
\tag{5-36}
$$

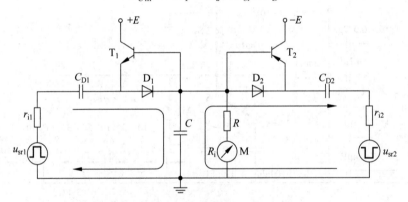

图 5-10　直接充电型差值率表电路

左侧部分：正压供电，正脉冲输入；右侧部分：负压供电，负脉冲输入

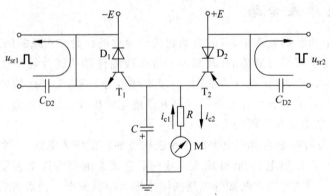

图 5-11　共基极电路差值率表

左侧部分：负压供电，正脉冲输入；右侧部分：正压供电，负脉冲输入

5.2.4　线性率表的误差

线性率表多以电压或电流来表示平均计数率,但在实际应用中,率表的示值与真实的计数率之间往往并不能一致,会存在一定的误差。产生误差的原因是多方面的,了解产生误差的原因对于采取相应措施来减少误差是十分重要的。

1. 率表电路自身的误差

线性率表的示值与计数率成正比。在分析电路的工作原理时,我们的分析结果给出了率表的示值电压或电流与计数率成正比的结论。需要注意的是,这一结论是在许多假设的基础上得出的。这种通过合理假设来简化处理实际过程的方法,是理论分析中经常使用的。概括起来,关于率表的示值与计数率成正比的结果,是在下面这些假设的基础上得出的:

(1) 忽略了电路中二极管的正向电阻,也忽略了微安表的内阻以及共基极三极管电路的输入电阻;

(2) 忽略了电路中二极管和三极管的导通阈电压 U_0;

(3) 假定积分电容 C 远大于定量电容 C_D,即 $C \gg C_D$;

(4) 对脉冲宽度、周期的要求中忽略了信号时间分布上的统计性。

这些假设是依实际情况做出的,大体合理,是实际情况的近似。可以认识到,这些假定带来的近似一定会体现在率表电路的显示结果上。另外,对一些测量范围很宽的率表,实际上往往要分成许多挡位,这也会导致换挡误差的产生。

2. 器件参数引起的误差

在电压或电流的表达式中,一般都会出现共基极电流放大倍数 α、定量电容 C_D 等。另外,还有一些未在表达式中直接出现的参数,如晶体管导通阈电压 U_0 等。这些参量通常都会随温度的变化而变化。实际应用中,应尽量选择温度系数小的器件,或者在必要时在电路中进行温度补偿。

微安表通常是按满刻度误差进行分级的,比如 2.5 级、1.5 级等,实际电路中应尽量选刻度误差小的表头。

电源电压的稳定性关系着脉冲幅度的稳定,因此,也要求供电电源足够稳定。

3. 计数统计涨落引起的误差

放射性原子核的衰变遵循统计规律,存在统计涨落。一定强度的放射源在不同时刻的衰变也是有涨落的。探测器输出的脉冲信号与射线粒子在时间上的分布是一致的,因此反映到率表的示值上也具有统计涨落。由统计涨落引起的误差 ε 可表示为

$$\varepsilon = \frac{1}{\sqrt{2nRC}} \tag{5-37}$$

式中,n 为计数率;R 为积分电阻;C 为积分电容。

可以看出,积分时间常数 RC 越大,与之相应的读数建立时间 $t = (3 \sim 5)RC$ 也越大,但统计涨落引起的误差 ε 则越小。当读数建立时间或积分时间常数一定时,计数率越大,统计误差越小。因此,在高计数率下,统计涨落引起的误差通常可以忽略。

4. 整形电路分辨时间引起的漏记误差

在实际电路中,在率表电路之前,首先要用整形电路对输入脉冲信号进行整形。整形电路存在分辨时间 t_{fb},也会引起输入脉冲信号的漏记,由整形电路分辨时间引起的漏记误差可表示为

$$\varepsilon = n t_{fb} \tag{5-38}$$

比较式(5-37)和式(5-38)可以看出,计数率 n 对统计涨落误差和漏记误差的影响正好相反。在高计数率下,统计误差会变小,但漏记误差则会很大,不可忽视;而在低计数率下,漏记误差很小,可忽略。

一个测量系统中,如果由若干个独立原因引起的误差分别为 $\varepsilon_1, \varepsilon_2, \cdots, \varepsilon_n$,则由这些独立原因引起的总误差 ε 可表示为

$$\varepsilon = \sqrt{\sum_i \varepsilon_i^2} \tag{5-39}$$

5.3　F/V 转换器

采用集成电路,可以将频率信号转换成与频率量成正比的模拟量,通常是电压信号,完成这一工作的电路称为频率/电压(F/V)转换电路。专门用于 F/V 转换的集成器件很少见,在实际应用中,通常都是采用电压/频率(V/F)转换器,并在特定的外接电路下构成 F/V 转换电路。

一般的集成电路 V/F 转换器也具有 F/V 的转换功能,但输入脉冲信号需经成形电路成形,以使脉冲幅度保持一致。

图 5-12 所示为利用 V/F 变换器 LM331 构成的 F/V 转换器的外部接线示意图。集成元件 LM331/231/131 是双列直插式 8 脚封装的,关于这种 V/F 转换电路的引脚功能及更详细的介绍见 6.4 节。

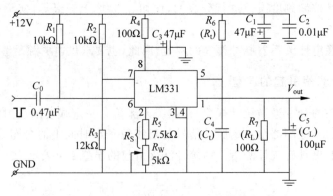

图 5-12　由 LM331 构成的 F/V 转换电路

图 5-12 中,输入的负脉冲信号经 C_0 和 R_1 后,加到内部比较器的阈值端(LM331 的 6 脚),使其正偏置。输入脉冲的下降沿引起比较器触发内部定时电路。比较器的反相端(7 脚)由外部电阻 R_2、R_3 的分压提供一固定电位,该固定电位影响输入脉冲信号的触发幅度,按图

中参数,负脉冲幅度达到 7V 即可触发。2 脚被钳位在 1.9V,通过外接电阻 R_S 形成的基准电流

$$i = \frac{1.9}{R_S}$$

基准电流 i 的大小通常在 $50 \sim 100\mu A$ 之间。5 脚外接的电阻 R_t 和电容 C_t 为内部单稳态电路提供定时时间常数。1 脚输出的电流 $I = 1.1niR_tC_t$,其中 n 为输入脉冲计数率或频率。R_L 和 C_L 为外接负载电阻和负载电容,分别称为积分电阻和积分电容,电流 I 在负载电阻上产生的输出电压 V_{out} 为

$$V_{out} = (1.1R_tC_t)niR_L$$

$$= 2.09nR_tC_t\frac{R_L}{R_S} \tag{5-40}$$

输出回路中,$R_L = 100k\Omega$,$C_L = 100\mu F$,对电流进行滤波,纹波值小于 10mV。当时间常数 $R_LC_L = 0.1s$ 时,在 0.1% 精度下的读数建立时间为 0.7s。

如果输出额定电压规定为 5V,则当计数率 n 在 200 左右时,可以取 $R_L = 100k\Omega$,$R_S = 10k\Omega$,$C_t = 0.1\mu F$,这时可计算出 $R_t = 11.96k\Omega \approx 12k\Omega$;如果取 $C_t = 0.01\mu F$,则 $R_t = 120k\Omega$。在不同频率下,可以通过粗调电阻 R_t,使输出的直流电压为 $(5 \pm 0.5)V$,再通过细调 $R_S(R_W)$,使 $V_{out} = 5V$。

输出电压可同时驱动由 CMOS3$\frac{1}{2}$位 A/D 转换器 7107 构成的 LED 显示电路和由 NE555 构成的触发电路。

ADVFC32 是一种通用型单片集成化 V/F 转换器,线性度好于 $\pm 0.05\%$,动态范围有六个数量级,最高频率可达 0.5MHz,额定值一般为 100kHz。电压或电流输入,输出可与 DTL/TTL/CMOS 电平兼容。关于 VFC32 的更多介绍参见 6.4 节。

图 5-13 所示为 TTL 电平输入的 F/V 变换器外部接线图。VFC32 需要用双电源供电,外接器件较多,但属地关系性强。输入的正极性 TTL 电平脉冲信号经 C_0、R_1、R_2 加至内部比较器反相输入端 10 脚。放大器输出端(输出电压 V_{out})13 与其反相输入端 1 接有反馈网络(或称积分网络),C_2 为反馈电容,反馈电阻 R_F 由电阻 R_{W2} 和 R_6 串接组成,起增益调节作用。端口 5 接内部单稳态的定时电容 C_1,C_3 和 C_4 分别为正、负电源的滤波电容。调

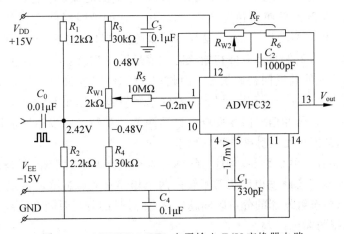

图 5-13　ADVFC32 TTL 电平输入 F/V 变换器电路

零电路由电阻 R_3、R_4、R_{W1} 和 R_5 组成,其中由 R_3、R_4 和 R_{W1} 串接形成的分压支路跨接在 $+15V$ 和 $-15V$ 的电源之间,电位器 R_{W1} 的滑动触头经电阻 R_5 与内部放大器的反相输入端 1 相接,并与反馈网络相汇。不加输入脉冲时,调节 R_{W1} 使 $V_{out}=0$,调零电位器 R_{W1} 两端的压降应尽量小些,以便使调零缓慢稳定进行。

用 VFC32 构成的 F/V 变换器,其输入脉冲频率可以达到 100kHz,而相应的输出电压则可以达到 10V。根据需要,额定输出电压可以自行设定。

例如,对于输入脉冲频率 $f_{in}=10kHz$ 的情形,可设定 $V_{out}=5V$,通过调节,可取 $R_F \approx$ 62kΩ。这样,反馈支路中可取 $R_6=56kΩ$,$R_{W2}=10kΩ$。在实际工作中,凡是涉及电位器调节的都应采用较大固定电阻和较小电位器相串联,以充分利用电位器的调节范围,并能使调节平稳进行。

5.4　双稳态触发器整形电路

由前面几节的讨论可知,实现输出电压与输出脉冲幅度成正比的关系的计数率表,即线性率表,才便于在核辐射测量中使用,而要实现这一关系,稳定的脉冲信号幅度是至关重要的。另外,线性率表的正常工作条件对脉冲信号的宽度和脉冲的周期也有要求,计数率高时要求输入脉冲宽度窄些;计数率低时要求输入脉冲宽度宽一些。整形电路就是为实现这些要求而设计的电路,其作用一是改造脉冲信号的幅度,二是改造脉冲信号的宽度。常见的整形电路包括单稳态、双稳态、跟随触发器整形电路等,它们都是非线性电路。

作为整形电路,单稳态触发器和双稳态触发器在调控脉冲幅度方面的功能基本相同,对不同幅度的触发脉冲信号,只要信号幅度超过电路的触发阈值,都可以产生相同幅度的输出脉冲。但在输出脉冲宽度方面二者存在较大的差别,单稳态触发器输出的脉冲宽度由电路内部参数(定时电阻和定时电容)决定,电路的定时时间常数确定后,输出脉冲宽度就是固定的;而双稳态触发器的输出脉冲宽度是由来自电路之外的相邻两个输入触发脉冲的时间间隔决定的,不是固定的,随外部输入脉冲频率而变。因此在双稳态触发器整形电路中,是由外部输入脉冲的频率自动调节输出脉冲的宽度。

当然,输出脉冲宽度之所以不同,主要还是取决于电路的双稳态特征。单稳态触发器只有一个稳定状态,触发信号使其触发翻转后,经过一定的定时时间后会自动恢复到初始状态;而双稳态触发器有两个稳定状态,只有在外加触发信号作用下,才能由一个稳定状态翻转到另一个稳定状态,不能自动返回初始状态。就是说在双稳态触发器电路中,只有下一个触发信号的输入才能使其返回初始状态。因此,双稳态电路也叫除 2 电路或二分频电路,输入两个脉冲输出一个脉冲。也正因为如此,双稳态触发器的输出脉冲宽度也就取决于连续两个输入脉冲,由输入脉冲信号的频率进行自动调节。双稳态触发器既能满足线性率表对脉冲幅度的要求,又能满足对脉冲宽度的要求。

双稳态触发器有一项很重要,并且与线性率表有重要关系的指标,就是分辨时间。分辨时间 t_{fb} 是指能使双稳态触发电路正常翻转的两个相邻触发脉冲之间的最小时间间隔。对整形电路而言,双稳态触发器的分辨时间越短越好,过长的分辨时间会使线性率表在高计数率下产生不可忽视的漏记误差。

由于探测器的输出脉冲信号在时间上是按照统计规律分布的,相邻两脉冲之间的时间间隔并不是固定的,有时间隔时间长,有时短。如果双稳态触发电路的分辨时间较大,当前一个脉冲使双稳态翻转后,在分辨时间内,紧随其后与其间隔时间短的脉冲就不能再次触发双稳态电路,从而造成漏记。这是因为在双稳态触发电路中,输入的触发脉冲信号使两个晶体管同时截止后,利用的是翻转前两个记忆电容两端电压之间的差异,以此来保证双稳态的正常翻转的。

如果在电路还没恢复的情况下,又来了下一个输入脉冲信号,这时,为了保证正常翻转所必需的两记忆电容上的电压差尚未来得及建立,双稳态就不能正常翻转,因此产生漏记。双稳态触发器的分辨时间与电路中器件的参数有关,也与输入触发脉冲的幅度有关,分辨时间随触发脉冲信号幅度的增大而减小。

图 5-14 所示为 FH-421 型单道脉冲分析器中率表电路的成形电路原理图,这个成形电路实际上就是一个集电极触发的双稳态触发器。这个电路由 $-15\mathrm{V}$ 电源供电,输入的正脉冲信号经 C_4 和 $R_5/\!/R_6$ 微分后,正脉冲信号的前沿通过两个二极管接到晶体管的集电极上,二极管正端电压约为 $-10.5\mathrm{V}$。

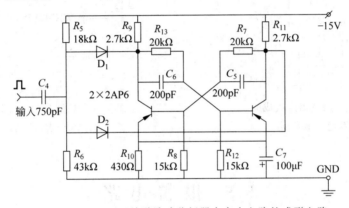

图 5-14　FH-421 型单道脉冲分析器中率表电路的成形电路

静态时,接在导通晶体三极管集电极上的二极管被深度截止,而接在截止三极管集电极上的二极管则截止较浅,接近于导通。输入的正脉冲信号只能通过截止较浅的二极管加到截止的三极管的集电极上,再通过记忆电容耦合到导通三极管的基极,引起电路触发翻转。同时,触发脉冲受截止较深的二极管的阻挡,不能同时加到截止三极管的基极上。因此,该电路触发的可靠性高,缺点是所需触发信号的幅度较大,灵敏度低。

在集成电路中没有专门的双稳态触发器,但可利用其他类型的触发器改接成单端输入的双稳态电路。

图 5-15 所示为利用双 D 型触发器 CC4013 改装成双稳态触发器的电路方法,改装时只需将双 D 型触发器的输出端 $\overline{Q}$ 和数据的输入端 D 相连,就可以接成一个单端输入(CL)的具有双稳态功能的触发器。在每一个时钟脉冲上升沿作用下,输出端 Q 就翻转一次,从输入时钟的波形和输出波形关系看,输出端频率为输入端频率的二分之一,因此它是一个二分频电路。

双 JK 型触发器 CC4027 也可以改变为双稳态电路

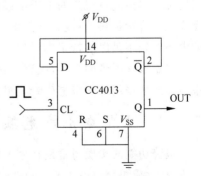

图 5-15　D 触发器改接成的双稳态触发器

的接法,这时只需将 JK 型触发器的 J 端和 K 端接正电源使其置 1 即可,如图 5-16 所示。在每一个时钟脉冲前沿作用下,输出端 Q 就翻转一次。

　　四位双稳态锁存器 SN74LS75/SN74LS77 也可以改为双稳态电路的接法,这时只需将其使能端 G 接高电平即可,如图 5-17 所示。从锁存器的真值表可以看出,当使能端 G 是高电平时,数据输入端 D 上的信息便送到 Q 输出端,只要使能端保持高电平,Q 输出端便随输入数据而变。

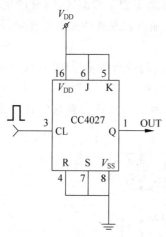

图 5-16　JK 触发器改接成的
双稳态触发器

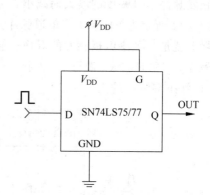

图 5-17　双稳态锁存器改接成的
双稳态触发器

5.5　报　警　电　路

　　在核测量技术中,线性率表的输出电压代表了被测计数率的平均值,而计数率通常与某些被测物理量具有一定的相关性。在放射性监测和工业自动控制中,常常需要对被测量规定或设置一个限值,当超过或低于设定限值时,要求测量系统能自动给出一个告知信号或报警信号,以便采取相应措施。例如在剂量监测仪器中,当剂量超过安全剂量的限值时,需要进行报警,以警示放射性工作人员应采取一些必要措施保证安全;在密闭或非密闭容器中,当物位或料位超过规定的上限值或低于规定的下限值都需要报警,料位低于下限值要警示操作人员继续加料,料位高于上限值时应警示操作人员停止加料;在便携式仪器中,当电池的电压低到不足以维持正常工作时,也需要报警以便换电池。

　　根据实际测量的需要,报警电路可以设计为上限报警、下限报警或双限(上、下限)报警,报警方式多采用灯光报警或音响报警,有时也可采用文字、语音提示等方式报警。

5.5.1　上限电压声光报警电路

　　报警功能的实现通常是在率表电路之后接一电压比较器,根据报警电路控制信号极性的需要,将率表输出电压 V_{sc} 和设定限值电压 V_c 加在电压比较器的两个相应输入端,以获得所需的相应输出极性。

图 5-18 所示为一个上限声光报警电路的电路原理图。电路中,计数率表的输出电压 V_{sc} 被加在了电压比较器 LM311 的同相输入端,而设定的上限电压 V_c(也叫控制电压或甄别阈电压)则加在了比较器的反相输入端。当率表的输出电压 V_{sc} 超过上限电压 V_c 时,比较器输出高电平,再经复合管射极跟随器进行电流放大,就可以驱动光报警指示灯;同时,电路中还利用高电平驱动二级频率不同的可控启/停的振荡器,并对调频信号进行单管功率放大,以便驱动声响报警扬声器或蜂鸣器适时完成报警任务。

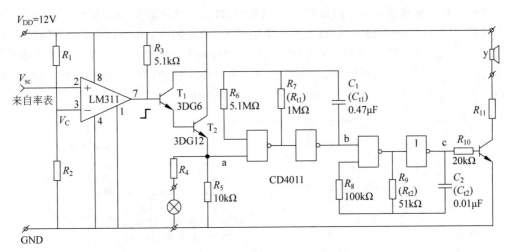

图 5-18   上限声光报警电路原理图

在图 5-18 所示的电路中,由电阻 R_1 和 R_2 串联构成的分压电路用来设定上限电压 V_c,通过调整 R_1 和 R_2 的比值来控制 V_c 的取值。电阻 R_4 用来限流,调节报警指示灯的亮度;电阻 R_{11} 用来调节报警扬声器或蜂鸣器声音的大小。如果光报警指示灯采用小电流的 LED 发光二极管,则可配合使用单管跟随器,而不需要使用复合管射极跟随器。两级串接的可控启/停振荡器都是用高电平控制的,其振荡周期 $T \approx 2.2RC$,分别由 $R_{t1}(R_7)$ 和 $C_{t1}(C_1)$、$R_{t2}(R_9)$ 和 $C_{t2}(C_2)$ 决定。其中,前一个振荡器的周期大,而后一振荡器的周期小。

图 5-19 给出了图 5-18 所示的报警电路中标出的 a、b 和 c 三点的波形图。通过调整两个振荡器的频率,可以得出不同的声调。

图 5-18 中的可控启/停振荡器是用高电平来控制振荡的启动和停止的。实际应用中也可设计成用低电平来控制振荡器的启动和停止,但这时振荡器件需由二输入与非门改为二输入或非门。图 5-20 所示为零(低)电平控制的可控启/停振荡器示意电路,这种振荡电路在报警电路中应用也是比较广泛的。

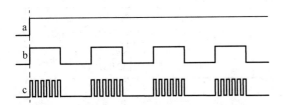

图 5-19   二级串接可控启/停振荡器波形图

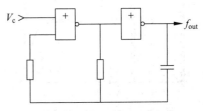

图 5-20   低电平控制的可控启/停振荡器

由图 5-18 可以看出,上限报警电路是利用电压比较器的较高电压输入(同相端)和高电平输出来实现声光报警的,这种电路广泛用于剂量监测仪器中,以实现对超允许剂量的报警。该电路也可以用在料位计中,作为空料的警示信号报警或测量显示中的告警。

5.5.2　下限电压报警电路

实际应用中,有时也要求被测量低于某限值时,测量系统能自动给出报警信号。图 5-21 所示就是一种下限报警器的电路原理图。电路中,计数率表电路的输出电压 V_{sc} 加到了电压比较器 LM311 的同相输入端,设定的下限电压 V_c 由电阻 R_1 和 R_2 构成的分压器提供,V_c 被加到了电压比较器 LM311 的反相输入端。当计数率表的输出电压 V_{sc} 低于下限电压 V_c 时,电压比较器将输出低电平,并用该低电平去控制由或非门构成的可控启/停振荡器,再用交变的脉冲信号去驱动声光器件,进而实现报警功能。

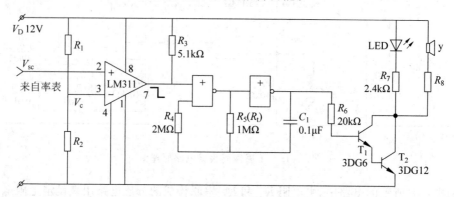

图 5-21　一种下限报警器电路的原理图

当输入电压超过为报警器设定的上限电压或低于设定的下限电压时,通过电路的逻辑设计,都可达到实现报警的目的。然而,是什么性质的报警则要依具体情况来具体分析。例如,在料位计中,计数率表的输出电压 V_{sc} 在料位面附近是突变的,料位计计数率表的输出电压 V_{sc} 随料位高度的变化曲线如图 5-22 所示。可以看出,料位计的计数率表输出的直流电压 V_{sc} 高时,对应的是容器中空料,而 V_{sc} 低时对应的则是满料。图 5-23 所示就是为料位设定高度的一种报警电路的原理图。

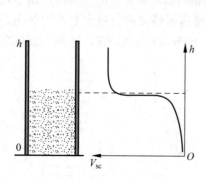

图 5-22　料位计的响应曲线

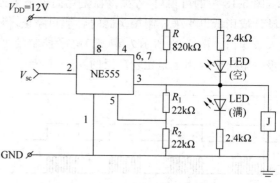

图 5-23　料位计的一种报警电路原理图

当料位低于设定高度时,率表电路输出的直流电压 V_{sc} 较高,通过调节 F/V 转换电路的电路参数,使空料时输出的额定电压 $V_{sc}=5V$;当满料位时,物料的厚度通常为 γ 射线的 2～3 个半减弱层,额定电压可由 5V 降低为 0.625～1.25V,可取设定高度的限值电压为 $V_c=1V$。

图 5-23 所示的电路中,V_{sc} 来自利用 LM331 构成的 F/V 转换电路的输出。报警电路采用定时器电路芯片 NE555,并接成了电压比较器的工作形式。输入电压 V_{sc} 被加至触发输入端口 2,作为反相输入端。设定的电压限值 V_c 取自输出端口 3,经过 R_1 和 R_2 构成的分压器后加至端口 5,相当于电压比较器的同相端。当空料时,V_{sc} 较高,输出为低电平,上边的 LED 亮,指示出空料位;当料位接近并达到设定高度时,V_{sc} 会逐渐下降,当其值低于设定电压 V_c 时,输出为高电平,下边的 LED 亮,指示满料位,同时继电器 J 发生动作,使执行机构停止送料。

NE555 的驱动能力很强,输出电流可达 40mA。利用 NE555 可构成定时器、单稳态触发器、比较器等,具体可查阅相关手册。

下限电压报警电路也可用于电池电压的报警。

5.5.3　上下限报警电路

比较器有两种输入方式,两种输出逻辑电平,以及两种逻辑电平控制的起停振荡器,这为电路的相互配合提供了方便条件。

图 5-24 所示为上下限报警器的电路原理图。该电路利用计数率表电路输出的直流电压 V_{sc} 作为输入电压 U_{IN},同时带动两个电压比较器,可以实现上、下限电压报警。

在正常工作状态下,计数率表电路的输出电压 V_{sc}(即 U_{IN})介于设定的上限报警电压 U_{ys} 和下限报警电压 U_{yx} 之间,如图 5-25 所示。当率表的输出电压 V_{sc} 大于设定的上限电压 U_{ys} 时,电压比较器的输出电压由低变高;当 V_{sc} 低于下限设定电压 U_{yx} 时,电压比较器的输出电压则由高变低。电压比较器的输出电压根据需要可以倒相,也可经过电流放大后,再用来驱动声响报警器件。

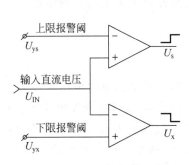

图 5-24　上、下限报警电路

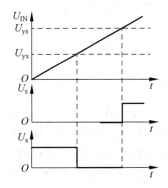

图 5-25　上、下限报警电路的电压变化

如果只用小电流(约 5mA)的 LED 光显示报警,高电位输出的比较器之后可加其他所需附加元件,而只需将 LED 直接串到该比较器的上拉电阻支路上即可,同时需将上拉电阻的阻值作适当的改变。发光二极管的工作电流可取 5～8mA,其管压降约为 1.7～1.8V。

5.6 率表电路实例

5.6.1 FH-421型单道脉冲分析器配用的率表电路

图 5-26 所示为 FH-421 型台式单道脉冲分析器内配置的线性率表电路的原理图,该电路包括成形电路和线性率表电路两部分。

1. 集电极触发双稳态成形电路

电路中,输入的正极性脉冲信号经射极跟随器(T_1)和 C_4 与 $R_5 /\!/ R_6$ 构成的微分电路,经两个二极管 D_1、D_2 后,再用脉冲前沿触发集电极双稳态触发器(T_2、T_3)对脉冲信号进行成形。双稳态成形后的信号不仅可以满足脉冲幅度均齐的要求,而且还可以满足线性率表对脉冲宽度的要求。在低计数率下,所选用的电容 C_D 要足够大,双稳态触发器能自动地将成形后的脉冲变宽。双稳态电路可实现线性率表在高、低计数率的不同要求下,自动调节脉冲宽度。

2. 互补型射极跟随器驱动电路

成形电路的输出信号加给一级单管射极跟随器(T_4)后,推动双管并联互补型射极跟随器(T_5、T_6)输出。双管互补型射极跟随器两基极并联,两发射极并联,共用一个公用射极电阻 R_{15}(5.1kΩ)。由于线性率表的输入阻抗很低(共基极接法,射极输入),容性负载(定量电容)变化又很大(2200pF~2μF),用简单的单管射极跟随器驱动不了这样的负载,因此电路中增加了一级双管互补型射极跟随器。

输入脉冲的下降沿虽然使 NPN 型晶体管截止,但却使 PNP 型晶体管导通;而输入脉冲的上升沿虽然会使 PNP 型晶体管截止,但却会使 NPN 型晶体管导通。这样,无论是输入脉冲的上升沿还是其下降沿,总会有一个晶体管是导通的,因而均可起到加速负载电容的充放电过程的作用。也就是说,电路中一方面用 PNP 型晶体管下降沿的良好特征补偿 NPN 型晶体管下降沿的不足,同时又用 NPN 型晶体管上升沿的良好表现补偿了 PNP 型晶体管上升沿的不足。因此,互补型射极跟随器大大地改善了大电容负载情形下输出脉冲的前后沿,减小了波形的畸变。

3. 量程转换

线性率表的输出电压与计数率成正比,最大输出电压受到电源电压和晶体管饱和电压的限制,因此,当计数率很高时,输出电压将达到饱和,并不能真正反映出计数率的变化。为了适应不同计数率的需要,可通过改变定量电容 C_D 的容值来改变计数率的量程:在高计数率情形下,选用小的定量电容;在低计数率情形下,选用大的定量电容。图 5-26 中的线性率表电路采用双刀七掷波段开关 S_1 设置了七个量程,双刀开关的一臂 S_{1-1} 用来切换定量电容 C_D;另一臂 S_{1-2} 用来切换电位器,校准各挡电表显示的满刻度,即微调各挡的积分电阻。七个挡位的定量电容由低到高依次是 2200pF、6800pF、$0.022\mu F$、$0.056\mu F$、$0.22\mu F$、$0.6\mu F$ 和 $2\mu F$,对应的满量程计数率分别为 10^4 cps、3×10^3 cps、10^3 cps、3×10^2 cps、10^2 cps、30cps 和 10cps。

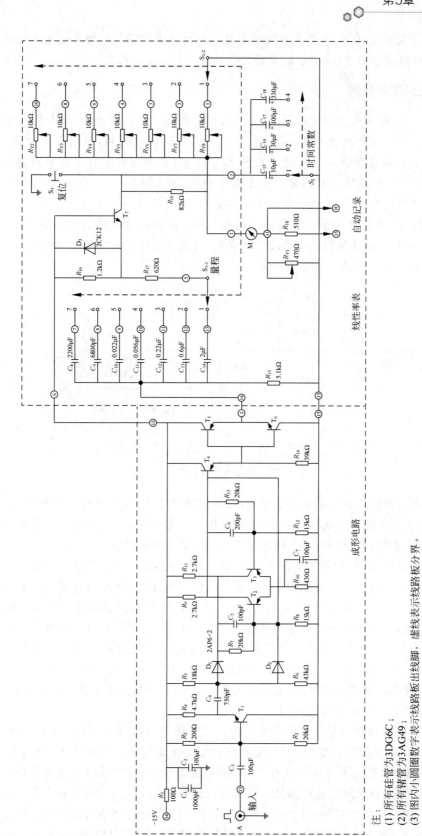

图 5-26　FH-421 型单道脉冲分析器配用的率表电路

注：
(1) 所有硅管为3DG6C；
(2) 所有锗管为3AG49；
(3) 图内小圆圈数字表示线路板出线脚，虚线表示线路板板分界。

在图 5-26 中微安表的下方,从并联的电阻 R_{18} 和 R_{V1} 上取得与计数率成正比的小电压信号可提供给外接自动记录仪,用于记录和显示。

4. 积分时间常数转换

在低计数率下,存在较大的统计涨落,这会引起电表读数较大的波动,增大积分电路的积分时间常数可减少读数的波动,但同时也增大了读数的建立时间,即增大了反应时间。图 5-26 所示的线性率表电路通过波段开关 S_2 设置了四挡,四挡的积分电容分别为 $10\mu F$、$30\mu F$、$100\mu F$ 和 $330\mu F$,相应的时间常数 τ 分别为 1s、3s、10s 和 30s。

为了更清楚地反映图 5-26 所示电路的工作原理,可以将波段开关 S_1、S_2 置为一挡,形成一个简化电路,如图 5-27 所示。简化后的电路与图 5-4 所示的电路有些类似,属于电荷转移充电型线性率表(或共基极晶体管线性率表)。与图 5-4 所示电路相比,图 5-27 的电路中多了两个电阻 R_{16}、R_{17} 和一个按钮开关 S_3。

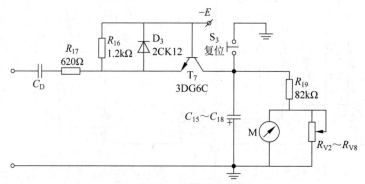

图 5-27　简化的率表电路

按钮开关也可叫作还原开关或放电开关,当一次测量完毕,需进行再次测量时,由于积分时常数大,电表读数并不是从零开始变化的,可按一下复位按钮,使积分电容上累积的电荷立刻放掉,微安表指示回到零,以方便进行第二次测量或异地测量。

电阻 R_{17} 具有限流、保护和改善线性的作用。定量电容 C_D 通过晶体管和积分电容放电时,瞬时电流很大,特别是在低量程而 C_D 很大的情况下,瞬时放电的电流会更大。串接在电路中的电阻 R_{17} 可以限制瞬时放电电流,同时也起到了保护晶体管的作用。限制了 C_D 的瞬时放电电流,也就等于限制了晶体管的发射极电流 i_e,进而限制了晶体管的基极电流 i_b,因此也就可以减少积分电容上电荷的损失,从而改善了电路的线性。电阻 R_{17} 的取值范围通常在几十欧直到上千欧,如果 R_{17} 的阻值太小,其限流作用不明显;而 R_{17} 的阻值太大,则会拖长放电时间,这会影响到电路的线性。另外,由于共基极电路的输入电阻很低,串入电阻 R_{17} 后,还可减轻前级的负担。

电阻 R_{16} 具有加快末期充放电速度的作用。二极管 D_3 的正向电阻 r_D 和晶体管的发射结正向电阻 r_{be} 的变化都是非线性的,随电流大小变化而变化。当电流很小时,电阻 r_D 和 r_{be} 的阻值都很大,特别是在定量电容 C_D 充放电的末期,随着充放电电流的下降,r_D 和 r_{be} 的阻值迅速增加,使充放电速度降低。将电阻 R_{16} 与 r_D 和 r_{be} 相并联,并将 R_{16} 的阻值取得较为适中,则在充放电初期,由于电流较大,r_D 和 r_{be} 较小,二者起主要作用;在充放电末期,电流较小,r_D 和 r_{be} 迅速增大,与二者并联的电阻 R_{16} 起主要作用,由于 R_{16} 的阻值相对较小,加快了充放电过程,使电路的性能得到改善。

5.6.2 FH1009A/B型线性率表

FH1009A/B型线性率表是一个NIM单位宽度的核子仪器插件,它主要用于测量脉冲计数率,输出的是0～10mV的直流信号,供记录仪扫谱用。这种线性率表的供电电源为+12V/10mA,−12V/10mA,+6V/70mA。

1. 主要技术指标

输入脉冲为正脉冲;幅度为TTL逻辑电平,0电平小于1.5V,1电平大于3V;最小脉冲宽度大于0.1μs。

量程范围在0～10^5cps,共分0～10cps、30cps、100cps、300cps、1kcps、3kcps、10kcps、30kcps和100kcps九个量程及空挡"0"。

时间常数分为1s、3s、10s和30s四挡。

刻度误差不高于±10%(相对满刻度);非线性误差不高于±5%(相对满刻度);供率表的指示误差小于10%。

自动记录仪使用的直流输出信号为0～10mV。

2. 工作原理

FH1009A/B型线性率表由输入、分频、成形、量程控制、电流开关、时间常数控制、放大输出等电路单元组成,图5-28所示为这种线性率表的组成框图,图5-29所示为FH1009A/B型线性率表的电路原理图。

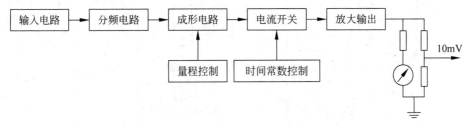

图5-28 FH1009A/B型线性率表的组成框图

1) 输入电路

FH1009A/B型线性率表由晶体管T_1、T_2构成的互补型跟随器和由74LS04构成的二级倒相器组成。这样设计既可提高仪器的输入电阻,又可向后续电路提供TTL电平的脉冲信号。

2) 分频电路

FH1009A/B型线性率表的分频电路由双J-K触发器74LS76构成的3分频电路和十进制计数器74LS90构成的10分频电路组成。这部分电路与波段开关BK_{1-1}配合,可实现1-3-10步进和0～10^5cps的量程扩展。

3) 成形电路

FH1009A/B的成形电路由双单稳多谐振荡器74LS221组成。通过与波段开关BK_{1-2}配合,为不同量程提供不同宽度的成形脉冲,不同脉冲宽度近似值分别为0.4μs、4μs、40μs、400μs和4ms。

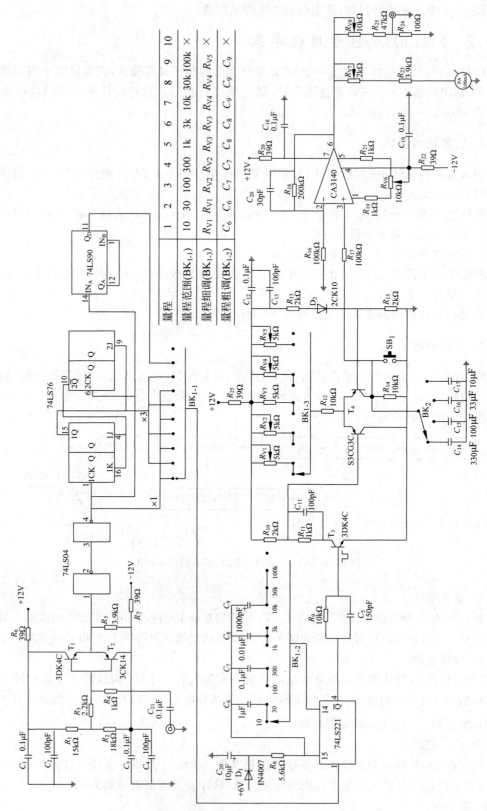

图 5-29 FH1009 A/B 型线性率表电路原理图

量程	1	2	3	4	5	6	7	8	9	10
量程范围(BK_{1-1})	10	30	100	300	1k	3k	10k	30k	100k	×
量程细调(BK_{1-3})	R_{V1}	R_{V2}	R_{V1}	R_{V2}	R_{V3}	R_{V3}	R_{V4}	R_{V4}	R_{V5}	×
量程粗调(BK_{1-2})	C_6	C_7	C_7	C_8	C_8	C_9	C_9	C_9	C_9	×

4）电流开关

电流开关由晶体管 T_3（3DK4C）和双三极管 T_4（S3CG3C）组成。当成形电路输出负脉冲时，晶体管 T_3 截止，同时也使晶体管 T_4 左边管截止，右边管导通，导通的三极管给积分电容（$C_{14} \sim C_{17}$）恒流充电。R_{14} 为积分电阻，与不同的电容结合，形成的积分时间常数分别是 1s、3s、10s 和 30s。

假设每个输入脉冲给积分电容充入的电荷量为 Q，平均输入脉冲频率为 n，则平均充电电流为 nQ。假设积分电容上的电压为 V，积分电阻为 R，则在平衡条件下，放电电流应等于充电电流，于是有

$$V = nQR \qquad (5-41)$$

可以看出，$V \propto n$，实现了二者间的线性转换。

5）量程控制

量程控制由波段开关 BK_1 与计量（定量）电容实现粗调，由电位器 $R_{V1} \sim R_{V5}$ 配合实现各挡次输出电压的微调，如表 5-1 所示。

表 5-1 FH1009 型线性率表的量程控制开关

量 程	1	2	3	4	5	6	7	8	9	10
量程倍率（BK_{1-1}）	10	30	100	300	1k	3k	10k	30k	100k	空挡
量程粗调（BK_{1-2}）	C_6	C_6	C_7	C_7	C_8	C_8	C_9	C_9	C_9	空挡
量程细调（BK_{1-3}）	R_{V1}	R_{V1}	R_{V2}	R_{V2}	R_{V3}	R_{V3}	R_{V4}	R_{V4}	R_{V5}	空挡

6）时间常数控制

时间常数控制由波段开关 BK_2 实现，可选择时间常数为 1s、3s、10s 和 30s。

7）输出放大

FH1009A/B 的输出放大由运算放大器 CA3140 组成 3 倍同相放大器实现，输出幅度近似为 5V。

一般来说，量程调节可以通过改变积分器的输入脉冲幅度、积分电阻或定量电容来实现，其中最方便的是改变定量电容。改变积分电阻虽然可以实现量程调节，但却会引起时间常数和灵敏度的变化。时间常数调节只能通过改变积分电容实现，因为改变积分电阻会引起灵敏度的变化。量程校准可通过微调积分电阻或微调输入脉冲幅度等来实现，究竟如何实现要视具体电路而定。

3. 使用方法

FH1009A/B 型线性率表的输入信号插座、量程开关、时间常数转换开关、显示表盘等均置于其前面板上。+100mV 的直流输出信号位于后面板上，由单芯插座输出。

实际使用时，需要根据输入频率的大小来选择量程，根据对统计涨落大小的要求和对读数建立时间的要求来合理选择时间常数。

当输入脉冲信号的频率高于 10^5 cps 时，就超过了这种计数率计的测量上限，需要将量程转换至空挡，即"0"挡。

4. FH1009A/B 型线性率表的改进

BH1230 型线性率表也是一个 NIM 单位宽度的核子仪器插件，其电路原理图如图 5-30 所示。BH1230 型线性率表在电路原理和结构上与 FH1009 基本相同，它是 FH1009 的改进型产品。

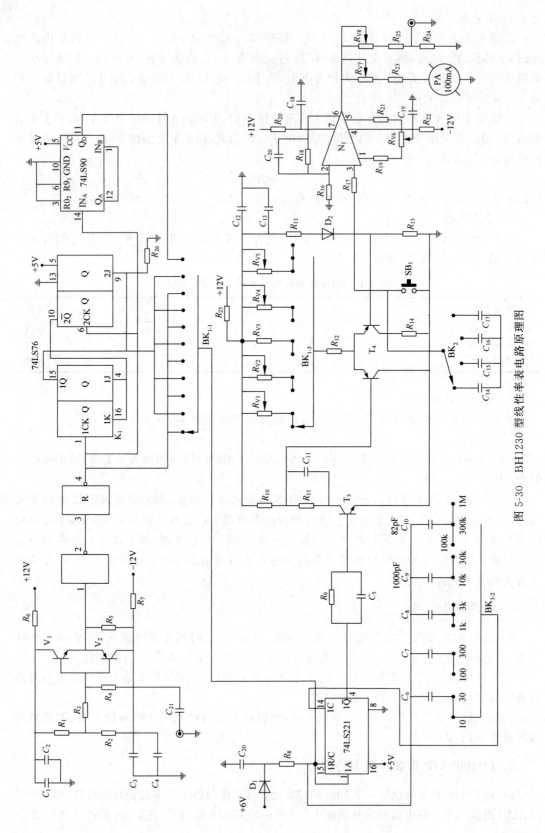

图 5-30 BH1230 型线性率表电路原理图

BH1230 型线性率表与 FH1009 的主要区别是扩大了量程,量程范围为 $0\sim10^6$ cps,共分 $0\sim10$cps、30cps、100cps、300cps、1kcps、3kcps、10kcps、30kcps、100kcps、300kcps 和 1Mcps 共 11 挡,输入信号超过 1Mcps 时不能使用本仪器。其次是输出直流信号为 $0\sim$ 100mV,比 FH1009 扩大了 10 倍。

5.6.3 BH1232N 型对数率表

BH1232N 对数率表是一个 NIM 单位宽度的核仪器插件,它也是用于测量脉冲计数率的常用设备,可输出 $0\sim10$mV 的电压信号,供自动记录仪使用。这种率表的供电电源为 ±12V 和 +6V,功耗为 0.8W。

1. 主要技术指标

量程:$10\sim10^6$ cps。
输入脉冲:幅度 TTL 电平,最小脉冲宽度 0.3μs。
时间常数分长、短两挡:长,相当于 10s;短,相当于 1s。
长期稳定性:预热 30min,8 小时内指示误差不大于 15%。
读数相对误差小于 10%;指示器附加温度误差小于 15%。
供自动记录仪使用的直流电压输出信号为 $0\sim10$mV。

2. 工作原理

BH1232N 对数率表由输入电路、分频电路、成形电路、电流开关、时间常数控制、对数发生器及放大输出等电路单元组成。图 5-31 所示为 BH1232N 对数率表的组成框图,图 5-32 所示为其电路原理图。

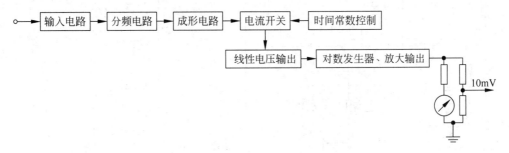

图 5-31　BH1232N 对数率表组成框图

1)输入电路

BH1232N 对数率表的输入电路与图 5-29 所示的 FH1009A/B 型线性率表的输入电路基本相同,也是由晶体管 T_1、T_2 构成的互补型跟随器及二级倒相器(74LS04)组成的,与 FH1009A/B 型线性率表类似,这种设计可以提高仪器的输入电阻,还可以为仪器内部电路输入 TTL 电平的脉冲信号。

2)分频电路

BH1232N 型对数率表的分频电路是由十进制计数器 74LS90 构成的,进行 10 分频输出。

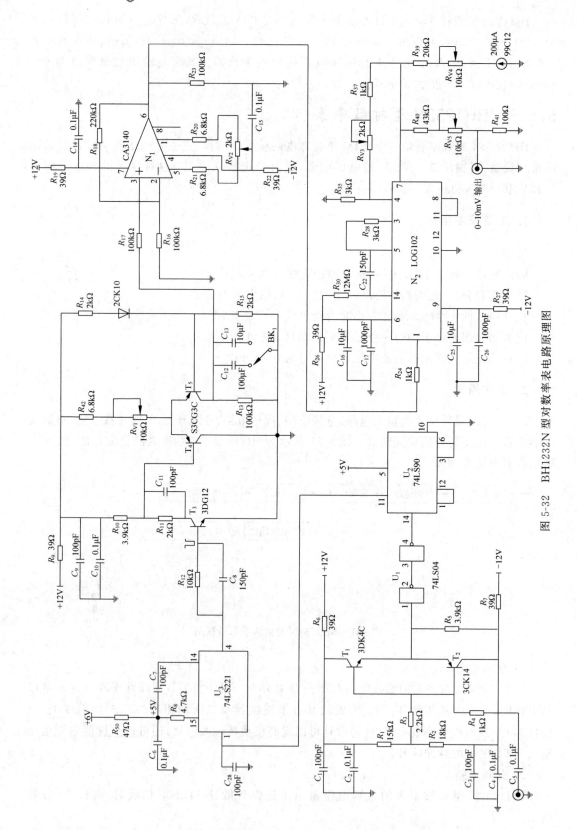

图 5-32　BH1232N 型对数率表电路原理图

3）成形电路

BH1232N 的成形电路由双单稳多谐振荡器 74LS221 组成，时间常数为 R_8C_7，向电流开关提供宽度约 $0.4\mu s$ 的负极性脉冲。

4）电流开关

BH1232N 的电流开关由晶体三极管 T_3 和 T_4（S3CG3C）组成。当成形电路输出负脉冲时，将使晶体管 T_3 截止，同时也会使 T_4 的左边晶体管截止，而右边的三极管导通，导通的右边管将给积分电容 C_{12}/C_{13} 恒流充电。

5）时间常数控制

BH1232N 的时间常数控制通过开关 BK1 接通 C_{12}（$100\mu F$）或 C_{13}（$10\mu F$）实现，可以根据需要选择长或短的时间常数。

6）线性电压放大输出电路

线性电压放大输出电路主要由运算放大器 CA3140 组成，其输出端产生可在 $0\sim8V$ 之间变化的输出电压：在脉冲频率为 1MHz 时输出约 8V；在脉冲频率为 100kHz 时输出约 0.8V；在脉冲频率为 10kHz 时输出约 80mV；在脉冲频率为 1kHz 时输出约 8mV；在脉冲频率为 100Hz 时输出约 2mV。该电路通过调节电位器 R_{V2}，使得在无输入脉冲信号情况下，输出约 $800\mu V$ 的零点正偏压电压。

7）对数发生器与放大输出电路

由 1/2 的 LOG102（该芯片含两组功能一样的模块）完成由线性输入电压到对数输出电压的变换，实现 $V_o \propto \lg V_i$ 的放大输出。由另 1/2 的 LOG102 组成 5V 满度信号驱动显示表头和供自动记录使用的 $0\sim10mV$ 电压信号。调节电位器 R_{V3} 可校准输出 5V 电压，调节 R_{V4} 可校准显示表头指示的满度值，调节 R_{V5} 可校准输出 100mV 电压。

3. 使用方法

BH1232N 型对数率表的时间常数转换开关及显示表设在前面板，信号输入插座和 $0\sim10mV$ 直流输出插座在后面板。开始接通电源时显示表针可能反打，通电预热 $10\sim15min$ 后，表针可自动恢复至零点。实际应用中，应根据统计涨落大小的要求和读数建立时间的要求来合理选择时间常数。当输入计数率超过 1Mcps 时，本仪器不能使用。

习　题

5.1　画出计数率表的组成框图，并说明线性率表电路的作用。

5.2　画出两种晶体管计数率表的电路原理图，并简单描述其工作原理。

5.3　比较单稳态与双稳态整形电路的异同。率表电路为什么要采用双稳态整形电路？

5.4　线性率表的输入驱动电路应采用什么形式的电路？为什么？

5.5　结合图 5-4 说明图 5-26 所示电路中电阻 R_{16}、R_{17} 的作用。

5.6　用电压比较器 LM311 和发光二极管 LED 设计一个发光报警电路，要求率表输出电压超过 3V 报警。比较器 LM311 为开路输出，取单电源 +12V 供电。LED 的工作电流取 5mA，正向压降取 2V。

5.7　设计一个声光报警电路，要求率表输出电压低于 1V 时报警。

第 6 章

直流放大器

核电子学过程包括收集辐射粒子在探测器内产生的电荷并形成电信号,再将这些信号加以放大、成形和模-数转换后,通过专门的数字分析系统或计算机进行处理和分析,获取辐射粒子所携带的能量、动量以及时空等方面特性的信息。对此,本书前面几章的讨论主要集中在了有关脉冲信号的放大、甄别、成形、计数等方面。但在实际的核电子仪器中,特别是在一些高精度电位测量中,有时电信号可能会很弱、变化缓慢而含有直流成分,经放大后才便于检测、记录和处理。因此,核电子学也需讨论有关直流信号的放大与测量问题。

直流信号包括直流电压信号和直流电流信号两大类。直流信号在时间上具有非常显著的特点:信号的大小在相当长的时间内保持不变,或者信号大小随时间的变化非常缓慢。例如,在工作环境恒定的条件下,电流电离室输出的就是直流电流信号,其大小在相当长的时间内维持不变。当然,不变是相对的,变化是绝对的。

直流信号的大小并不是一个永恒不变的量,一般意义上而言,它也是一个变化的量。例如,当电离室和放射源之间的相对位置发生变化,或者电离室和放射源之间的被测物发生变化时,电流电离室的输出电流也会随之发生变化。也就是说,直流信号中也会包括变化较快的成分。值得注意的是,直流信号中的快变化成分也不会像脉冲信号那样发生阶跃变化,而是逐渐从一个稳定值过渡到另一个新的稳定值,这个过渡过程所经历的时间也叫反应时间,在工程上希望反应时间越短越好。

在核测量仪器中,会包含有辐射探测器,也自然少不了高压电源,而且对高压电源的稳定性也有一定的要求。对于一个稳定性优良的高压电源,在连续工作 8 小时或更长时间的情况下,其输出电压 U_H 的绝对变化量 ΔU_H 也在 100mV 以内,这属于缓慢变化的例子,如果高压电源的输出高压 $U_H = 1000V$,这样的变化量就意味着该高压电源的稳定性可达万分之一。

6.1 直流放大器概述

6.1.1 直流放大器的特点

在核辐射测量中所遇到的直流信号通常都是很微弱的,不能对其进行直接测量,也不易于量化处理。进行测量和数据处理前,信号必须经过放大,直流放大器就是实现这一任务的电子学设备。

放大器是将小信号变为大信号的电路。直流放大器是放大变化缓慢的直流信号的放大电路；而脉冲放大器是放大变化极快的脉冲信号的放大电路。直流放大器和脉冲放大器虽然都具有放大功能,但两者却有很多本质上的差别。

1. 耦合方式

在一般的脉冲放大器中,为了协调和安排电路的静态工作点,脉冲信号在输入、输出以及各级之间一般都是通过电容进行耦合的。电容具有隔直流通交流的特点,因此,缓慢变化的直流信号或者在某一段时间内保持不变的直流成分就会被电容阻隔,不能被放大。就是说,脉冲放大器是不能直接用来放大直流信号的。为了放大直流信号,直流放大器的电路结构和级间耦合方式必须有别于脉冲放大器。直流放大器的输入、输出以及各级之间必须采取直流耦合方式。

2. 静态工作点

直流放大器的输入信号和输出信号均以零伏地线为基准,因此要求直流放大器的输入端和输出端静态工作点应等于零伏。对脉冲放大器来说,由于隔直流电容的作用,使输入端和输出端静态工作点为零并不难。另外,对脉冲放大器而言,关注的是脉冲幅度和动态范围,耦合电容不会影响脉冲的幅度,静态工作点不为零也无妨。但是对直流放大器而言,输入端和输出端静态电压如果不为零,则这个不为零的电压将会叠加在输入信号上进行放大或叠加在输出端上,必然会影响真实信号的大小。因此,对直流放大器的设计必须采取措施,使输入端和输出端的静态工作点为 0V。

3. 零点漂移

在脉冲放大器中,外界干扰和放大器电路的固有噪声都可能引起脉冲幅度分布发生畸变,通常应设法对其予以减小和降低。在直流放大器中,外界干扰和噪声依然存在,除此之外,直流放大器中还存在与输出端的静态工作点为零的要求相联系的零点漂移问题。直流放大器的零点漂移是指输入端不加信号或对地短路时,输出端因环境温度等原因产生的缓慢变化的电压。零点漂移是直流放大器不可回避的特殊问题,在电路结构和设计上应设法尽量减小电路的零点漂移。

4. 零下限截止频率

在脉冲放大器中,由耦合电容决定的下限截止频率一般是不等于零的。但在直流放大器中,由于要求它能放大任意缓慢变化的信号,因此对频率趋于零的正弦波信号也应能正常放大,这就要求直流放大器的下限截止频率 f_x 必须等于零,即 $f_x=0$。直流放大器的频率特性的定性描述如图 6-1(a)所示,为了便于比较,在图 6-1(b)中给出了脉冲放大器的频率特性。下限截止频率 $f_x=0$ 是直流放大器有别于脉冲放大器的一种频率特征。

5. 反应时间

有时,在直流信号中也包含随时间变化较快的成分。当输入的直流信号发生快速变化

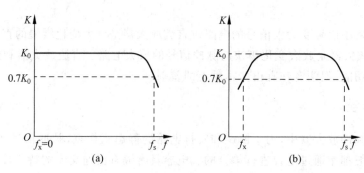

图 6-1   放大器的频率特性示意图

（a）直流放大器的频率特性；（b）脉冲放大器的频率特性

时，直流放大器的输出信号并不能马上跟随输入信号产生相应的变化，而是需要一个过渡过程，输出信号从一个稳定值变到另一个稳定值所需要的时间就是过渡时间或称为反应时间。直流放大器的反应时间是由其内部分布电容、输出端滤波电容或负载电容决定的。而脉冲放大器的过渡过程是反映在输出波形的波顶下降和上升时间上的，波顶下降是由于耦合电容不是足够大引起的，上升时间是由于放大器内部分布电容的隐含积分引起的。因此，放大器内部的分布电容是直流放大器和脉冲放大器过渡过程的一种共同成因，但是，二者还各有自身的特殊成因，直流放大器因不采用电容耦合，所以不存在波顶下降问题。

6.1.2   直流放大器的级间耦合

单级放大器一般是不能完成实现工作目标所需的放大任务的，核电子学中通常需要用多级放大器共同工作来完成放大任务。根据直流信号的特点，直流放大器级间的耦合不能采取与脉冲放大器类似的阻容耦合方式，而需采取特殊的直流耦合方式。直流耦合电路可分为直接耦合和分压器耦合两大类。

1. 直接耦合电路

直流放大器的直接耦合电路的原理图如图 6-2 所示。图中，第一级的集电极输出与第二级的基极输入直接相连。由于第一级的集电极电位比较高，为了使之能与静态直流电位相配合，在晶体管 T_2 的发射极接入了电阻 R_{e2}，这样就提高了 T_2 的发射极电位，从而使 T_2 的基极电位与 T_1 的集电极电位相匹配。但是，电路中 R_{e2} 上的电流负反馈很深，这会造成第二级的放大倍数下降。

在脉冲放大器中，为减少因较深的电流负反馈引起的放大倍数下降，通常可在电阻 R_{e2} 上并联一旁路电容来消除对信号的负反馈。但在直流放大器中，被放大的直流信号变化非常缓慢，或者变化后在相当长的一段时间内基本保持不变，旁路电容对直流信号相当于开路，没有减小负反馈的作用。因此，为了减小这种电流负反馈的影响，在直流放大器中需采用特殊的方案。图 6-3

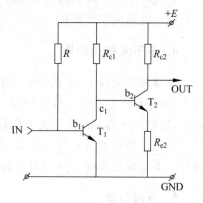

图 6-2   直接耦合直流放大器电路原理

所示为用若干个二极管(图 6-3(a))或者稳压管(图 6-3(b))代替发射极电阻构成的直接耦合放大电路。二极管的正向电阻以及稳压管的动态电阻一般很小,因此对信号反馈很弱,这样不仅使放大倍数降低不多,而且又保证了电位的配合。图 6-3(b)中的电阻 R 为稳压管提供了所需工作电流。

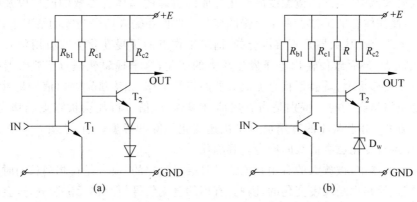

图 6-3　用二极管取代发射极电阻的直接耦合放大电路
(a)发射极接串联二极管;(b)发射极接稳压二极管

图 6-4 所示为用 NPN 和 PNP 两种类型三极管组合而成的直接耦合电路,它可以解决因使用同类型晶体管时,集电极电位逐级增高而要求高电源电压的问题。

2. 电阻分压器耦合电路

图 6-5 所示为双电源电阻分压器耦合电路的电路原理图。图中的 r_x 为信号源内阻,通常要求信号源内阻 r_x 的阻值足够大,而 R_{b2} 与 r_x 配合在一起,起到了分压作用。电路第一级的输出电压经两个电阻 R_1、R_2 串接构成的分压器分压后才耦合到第二级的基极输入端。可以看出,为了不使放大倍数降低太多,R_{c1} 应取大值,而 R_1 的阻值小、R_2 的阻值大。

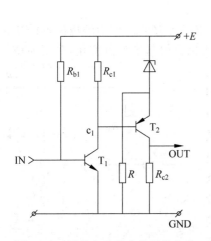

图 6-4　互补管组成的直接耦合电路

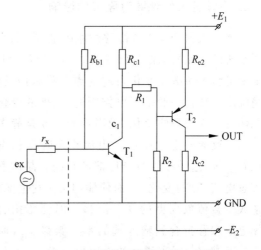

图 6-5　电阻分压器直流耦合电路

6.1.3 直流放大器的零点漂移

1. 零点漂移

在直流放大器中,由于环境温度的变化等原因引起的晶体管参数的改变以及电源电压的变化等,会使晶体管的工作点发生缓慢的变化。即使在输入信号为零的情况下,输出信号也不为零。由于直流放大器是直接耦合的,前级工作点的缓慢变化会与有用信号一起被后面各级逐级放大,最后致使输出电压发生较大的变化,这个现象就是直流放大器的零点漂移。如果零点漂移很大,就会干扰直流放大器的正常工作,无法辨别输出信号是由有用信号产生的还是由漂移产生的。特别是当有用信号很弱时,信号可能会被零点漂移完全淹没。在脉冲放大器中,由于关注的有用信号是快速变化的脉冲幅度,实际上并不存在漂移的问题,即使工作点有变化也会被级间耦合电容隔住。

在直流放大器中,被放大的有用直流信号是缓慢变化的,或者是在相当长的时间内基本不变的,而零点漂移也是缓慢变化的,因此,有用的直流信号与漂移无法区分,这会对有用直流信号造成干扰。直流放大器放大弱信号时,处理零点漂移的干扰问题成为直流放大器设计时面临的关键问题之一。

影响直流放大器正常工作的零点漂移主要发生在电路的前级,因为一、二级的漂移会被后面各级逐级放大,使输出电压的漂移增大。另外,直流放大器的放大倍数越大,输出电压的漂移也会越大。为了比较不同直流放大器漂移的相对大小,通常将直流放大器输出端的零点漂移除以它的放大倍数,也就是把输出端的漂移折合为输入端的漂移,用来表示直流放大器零点漂移对有用直流信号的干扰程度。在直流放大器的技术指标中,就是用折合到输入端的漂移大小来表示零点漂移这一指标的。

漂移电压是存在涨落起伏的,其值时大时小,并不是一个固定的数值。因此,不能简单地从输出电压中减去漂移电压来求出有用的直流信号电压。零点漂移指的实际上就是在相当长的一段时间内漂移电压的最大值。解决直流放大器零点漂移的问题,应着重减小前级电路的漂移。

2. 晶体管工作参数对漂移的影响

直流放大器产生零点漂移的原因是多方面的,其中最主要的是由于环境温度的变化和电源电压的变化所引起的涨落导致的。电源电压的变化会引起工作点变化,采用高稳定性的电源可将电源电压变化引起的漂移降至最低程度。环境温度的变化一般是不可控制的,温度的变化会引起晶体管工作参数的变化,受影响的主要是静态电流 I_b 及 I_c、反向截止电流 I_{cbo}、电流放大倍数 β、发射结电压 U_{be} 等,这些参数的变化都可归结为晶体管集电极静态电流 I_c 的变化,从而使输出 u_{sc} 发生变化,这就造成了直流放大器的零点漂移。温度变化引起输出端电压漂移折合到输入端的零点漂移 u_{tp},通常简称为温度漂移。零点漂移的作用相当于 u_{tp} 与信号源电势 u_x 相串联,如图 6-6 所示。

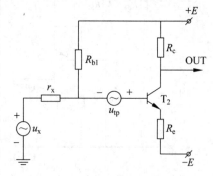

图 6-6 单管直流放大器零点漂移电压的作用

理论分析和实验研究均表明，I_b、I_{cbo}、R_e 和 R_b 越小，温度漂移电压 u_{tp} 越小。因为 $I_c = \beta I_b$，减小 I_b 实际上就等于减小 I_c，一般要求 $I_c < 1\text{mA}$。实际应用中，I_c 经常取几十微安到几百微安，就是说，直流放大器需要处在小电流或低电流的工作状态。I_{cbo} 的大小与晶体管的材料有关，锗管的 I_{cbo} 很大，可达几到几十微安，而硅管的 I_{cbo} 要小得多，可低至几纳安到几十纳安。一般来说，通常不用锗管作直流放大器的前一、二级，后面各级即使利用锗管，也要严格挑选。

总之，在实际电路设计中，要时刻注意锗管的温度稳定性不如硅管的特点。在使用硅管作前级时，有时也需根据给出的参数认真对比，仔细挑选。在较高温下，比如系统工作温度在 $50 \sim 70℃$ 的情况下，硅管的 I_{cbo} 仍有可能成为产生零点漂移的主要原因。等效基极电阻 R_b 的阻值等于 R_{b1} 与信号源内阻 r_x 的并联值，$R_b = R_{b1} /\!/ r_x$，减小 R_b 和 R_e 也有助于减小漂移。

直流放大器的温度漂移电压 u_{tp} 一般不会低于晶体管发射结的温度漂移电压。晶体管发射结的温度系数定义为 $|\Delta U_{be}/\Delta T|$，其大小一般在 $2 \sim 2.5\text{mV}/℃$ 左右。通常情况下，温度漂移在 $2\text{mV}/℃$ 左右是直流放大器温度漂移电压 u_{tp} 最好的下限值，这时再减少 I_b、I_{cbo}、R_b 或者 R_e 对减小漂移的作用都不大。

3. 减小漂移的差值放大器

漂移是直流放大器本身固有的，和噪声一样，不能利用负反馈的方法来减小漂移。但是，晶体管参数随温度的变化通常有一定的规律性，而且同一型号晶体管的参数随温度的变化规律基本是一致的。因此，用两个特性接近的晶体管组成一个对称的差值放大器就可使两个晶体管各自产生的漂移相互抵消。图 6-7 所示的电路就是为这一目的设计的差值放大器的原理图。在放大器的两个输入端可双端差模输入，$u_{sr1} = -u_{sr2}$；也可以单端输入，这时 u_{sr1} 和 u_{sr2} 中有一个取为零（接地）。放大器的两个输出端为差值输出，$u_{sc} = u_{c1} - u_{c2}$。

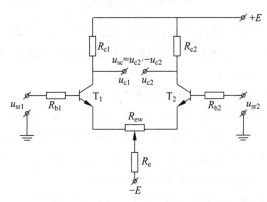

图 6-7　对漂移有抵消作用的差值放大器

图 6-7 所示的整个放大电路两边对称，即

$$R_{c1} = R_{c2} = R_c$$

$$R_{b1} = R_{b2} = R_b$$

这里的 R_{b1} 和 R_{b2} 为信号源内阻。静态时 $u_{sr1} = 0$，$u_{sr2} = 0$，于是有 $u_{c1} = 0$，$u_{c2} = 0$，电阻 R_{ew} 是用来调节电路零点的。

当输入信号 $u_{sr1} = u_{sr2} = 0$ 时，也有 $u_{c1} = u_{c2} = 0$，此时 $u_{sc} = 0$。当温度或电源电压变化

引起晶体管 T_1 和 T_2 的集电极电流发生变化时,由于差值放大器两边对称,两晶体管的集电极电流的变化相等,即

$$\Delta i_{c1} = \Delta i_{c2}$$

这使得 $u_{c1} = u_{c2}$。因此,输出电压 $u_{sc} = u_{c1} - u_{c2} = 0$,不产生漂移。

无论是差模输入还是单端输入时,输入信号都会被放大。双端输出时,放大倍数 K_d 的一般表达式均为

$$K_d = -\frac{\beta R_c}{R_b + r_{be} + \frac{1}{2}(1+\beta)R_{ew}} \tag{6-1}$$

双端输出时的放大倍数为单端输出时放大倍数的二倍。

当采用共模输入(共模输入指的是 $u_{sr1} = u_{sr2}$,即放大器两个输入端的输入信号不仅大小相等,极性也相同)时,双端输出的共模电压放大倍数为零,单端输出的共模电压放大倍数 K_c 则为

$$K_c = \frac{R_c}{2R_e} \tag{6-2}$$

差值放大器对差模信号的放大倍数 K_d 和对共模信号的放大倍数 K_c 之比叫共模抑制比,用 CMRR 表示:

$$CMRR = \frac{K_d}{K_c} \tag{6-3}$$

共模抑制比 CMRR 反映了差值放大器对共模信号的抑制能力,其值越大越好。在工程应用中,CMRR 常用分贝(dB)作单位,此时

$$CMRR = 20\lg\frac{K_d}{K_c} \tag{6-4}$$

对于性能良好的差值放大器,K_d/K_c 的值一般在 $10^4 \sim 10^5$ 以上。由式(6-4)可知,此时的 CMRR 可达 $80\sim100$dB。电路中两晶体管共用的射极电阻 R_e 越大,对共模输入的负反馈越深,CMRR 的值也就越大。

实际上,差值放大器两边的电路很难达到理想的对称,不同晶体管的参数特性也不可能完全一致,因此,差值放大器依然存在零点漂移,只是其零漂比单管放大器的漂移小得多。要减小差值放大器的漂移,需要从电路的不对称性和晶体管参数特性的不一致性上寻找原因和解决办法。首先要精心挑选晶体管,使其特性参数尽量一致;还要对温度采取必要的补偿措施;电路设计中要尽量提高共模抑制比 CMRR。

利用晶体管恒流源代替发射极公共电阻 R_e 可以形成差值放大器电路,其电路原理图如图 6-8 所示。这样设计的放大器电路可以提高 R_e 的动态范围,从而提高电路的 CMRR 值。恒流源的基极电位越稳定,恒流效果就越好,CMRR 就越大。电路中利用电阻 R_1 和 R_2 构成的分压器为恒流管基极提供了稳定的电位,如选用稳压值合适的稳压管来稳定恒流源管的基极电位,效果会更好些。

图 6-9 所示的差值放大器电路,是利用二极管正向压降的温度特性与恒流管发射结电压 U_{be} 的温度特性大致相同这一特点设计的,这种设计可以补偿恒流晶体管电压 U_{be} 随温度变化造成的对恒流作用的影响。

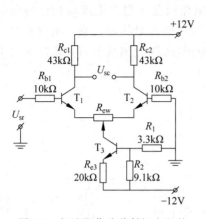

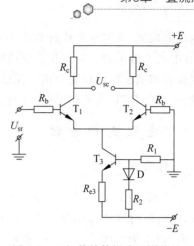

图 6-8　恒流源作公共射极电阻的
差值放大器

图 6-9　二极管补偿恒流源漂移的
差值放大器

　　差值输出或双端输出的信号是差值电压信号,不是对地的电压信号。实际应用中,有时要求直流放大器输出对地电压信号,以便于输入其后接的单管放大器或驱动触发器等,这时只需从差值放大器的单输出端取输出信号即可。

　　图 6-10 所示为单端输出的差值放大器电路。由于单端输出时的放大倍数是双端输出的放大倍数的一半,因此,在单端或差动输入时,单端输出的信号幅度要比双端输出小一半,因为另一端的输出没用上。与此同时,单端输出时,共模输入引起的输出端电位变化不能自动抵消,因此,单端输出的漂移一般要比双端输出的大。由于电阻 R_e 对共模信号有很深的负反馈作用,对温度变化所等效的共模信号会有很强的抑制作用,所以单端输出的差值放大器的温度漂移还是要比单管放大器的温度漂移小得多。单端输出是可以用对地电位作参考点的,这与双端输出时不能以地作参考点是不同的。

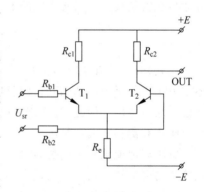

图 6-10　差值放大器的单端输出电路

　　差值放大器的两个输出端都可作为单端输出端使用,两输出端的输出幅度相等,极性相反,可根据需要进行选择。

　　需要注意的是,虽然脉冲放大器不能用于直流信号的放大,但直流放大器却可用于脉冲信号的放大。

6.2　微弱电流的测量

　　在核辐射测量仪器中,经常需要测量大小在 $10^{-15} \sim 10^{-7}\mathrm{A}$ 范围的微小直流电流信号。在有关环境的辐射剂量监测中,甚至可能会遇到更加微小的电流信号,这样微小的电流信号就是通常所谓的弱电流信号。显然,使用普通电流表如 mA 表、μA 表等,是无法测量这样的弱电流信号的。实际工作中,必须采用一些专门的测量仪器或特殊手段,能够测量弱电流信号的仪器或测量电路习惯上称作静电计。

电流电离室,有时也叫积分电离室,其输出的电流就是随射线强度而变化的弱电流信号,而且电离室输出的电流在相当宽的范围内与射线的强度呈线性关系。电离室是在工业用射线仪表和剂量监测仪表上被广泛使用的一种探测器,因此测量电离室输出的弱电流信号与能谱分析中测量脉冲幅度分布同样是很重要的。

6.2.1 电阻式静电计

1. 工作原理

根据欧姆定律,如果让探测器的输出电流 I 流过一个电阻 R,则电阻两端的电压就是 $U_{sr} = IR$,如图 6-11 所示。表面上看,如果 R 的阻值选得足够大,即使输出电流 I 很小,也可能会得到可观测的电压值。例如,当 $I = 10^{-13}$A 时,如果电阻的阻值 $R = 10^{12}\Omega$,则 $U_{sr} = 0.1$V,用一般的电压表测量 0.1V 的电压,表面上看似乎不存在明显的问题。

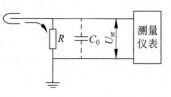

图 6-11　电阻式静电计原理图

但事实上,这种方案是行不通的。因为即使是当前最好的数字万用表,其输入电阻的阻值大约也就是 $r_{sr} = 10\text{M}\Omega$,用这样的电压表测量阻值高达 $10^{12}\Omega$ 的电阻上的电压,由于两个电阻并联后总阻值接近 r_{sr},所产生的电压也仅仅约为

$$U_{sr} = I\frac{Rr_{sr}}{R + r_{sr}} \approx Ir_{sr} \tag{6-5}$$

由式(6-5)可知,如果 $I = 10^{-13}$A,电压表上的电压 U_{sr} 仅为 1μV 左右。这样小的电压不仅万用表的灵敏度达不到,甚至可能会完全湮没在噪声电压中,仪表无法分辨出是信号电压还是噪声电压。因此,为实现弱电流的测量,测量仪表的输入电阻 r_{sr} 必须满足 $r_{sr} \gg R$,而且噪声和漂移还要尽量小。

解决弱电流测量的问题,可以采用与脉冲放大器类似的方法,在电路中使用具有阻抗变换作用的射极输出器。射极输出器的输入阻抗可以很高而输出阻抗又可很低,虽然它不能起到电压放大的作用,但有阻抗变换作用和电流放大作用就足够了。线性集成电路大多采用的是直接耦合,都可以用作直流放大器。具有场效应

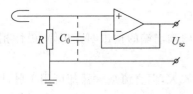

图 6-12　电阻式静电计的阻抗
变换电路

管差动输入级的运算放大器的输入阻抗很高,将它按图 6-12 所示的电路接成射极跟随器的形式,就可解决这个问题。阻抗变换后还需进行电压放大。

在图 6-11 和图 6-12 所示电路中,电容 C_0 为输入端对地的总电容,两电路的测量时间常数都可写为 $\tau = RC_0$。

2. 实用电路

图 6-13 所示为便携式辐射测量仪的实用电路。所接的探测器为小型电离室,电离室输出的弱直流电流信号在阻值很高的电阻(高挡 47MΩ,低挡 4.7MΩ)上形成直流电压信号,该直流电压单端输入到差值场效应管源极跟随器 T_1 的栅极,场效应管 T_2 的栅极接地。为了与下一级的工作点相配合,从场效应管源极输出的信号直接耦合到第二级差值放大器 T_3 和 T_4 的输入端基极。场效应管接成的源极跟随器形式与晶体管射极跟随器类似,有利于

提高下一级的输入电阻。两个晶体管 T_3 和 T_4 的集电极双端输出,接量程为 $20\mu A$ 的电流表,用以指示被测的放射源的放射性强度。图 6-13 中阻值为 $2.2k\Omega$ 的电位器是用来调节平衡工作点的,无射线辐照时,两集电极的电位相等。

场效应管 T_5 起量程转换作用,以避免量程开关 K_1 绝缘不够而影响到测量精度。当开关 K_1 接通 1 时,T_5 的栅极通过晶体管 T_6 的基极偏置电路中的 $47k\Omega$ 电位器获得负电压,使 T_5 处于夹断状态,阻值为 $47M\Omega$ 的电阻与地断开,场效应管 T_1 的栅极与地之间接阻值为 $4.7G\Omega$ 的电阻,这时装置处于最小量程,可测到的最小电流为 $10^{-12}A$。当开关 K_1 接通 2 时,T_5 的栅极接地而处于导通状态,$47M\Omega$ 电阻接地,因 $47M\Omega$ 与 $4.7G\Omega$ 电阻的并联值近似为 $47M\Omega$,这时设备处于最大量程。K_2 也称为放电开关。

图 6-13 所示的电路中,供电电源的电压为 10V。由于公共端的接地,稳压管的稳定电压经一系列串接电阻形成的分压器的分压作用,将 10V 的电源电压分为正负极性两部分,并通过 $47k\Omega$ 的电位器调节负电压来控制 T_5 的断开和导通。二极管用于补偿晶体管 T_6 发射结电压的温度漂移。

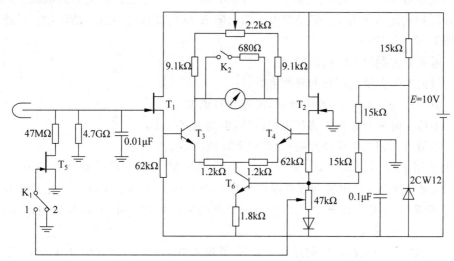

图 6-13 电阻静电计辐射测量电路

应该注意的是,电阻式静电计存在测量范围较小、线性较差等缺点。随着线性集成电路性能的不断提高,电阻反馈式静电计的设计也得到了不断地发展并被广泛应用。

6.2.2 电阻反馈式静电计

1. 工作原理

从原理上讲,电阻反馈式静电计就是将电阻式静电计的高阻值电阻移到了反馈支路中,其电路原理图如图 6-14 所示。由于运算放大器输入电阻的阻值 r_{sr} 一般都很大,在没有分流作用时,

$$U_{sc} - U_{sr} = U_{sc} - \frac{1}{K}U_{sc}$$

$$= \frac{K-1}{K}U_{sc} = IR \qquad (6\text{-}6)$$

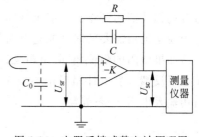

图 6-14 电阻反馈式静电计原理图

于是

$$U_{sc} = \frac{K}{K-1} IR \qquad (6\text{-}7)$$

当 $|K| \gg 1$ 时,考虑到相位关系,则有

$$U_{sc} = -IR \qquad (6\text{-}8)$$

由式(6-8)可以看出,输出电压的大小 $U_{sc} = IR$ 与放大倍数无关,仅取决于被测电流和反馈电阻的大小。只要反馈电阻的阻值稳定,即使放大倍数有些许变化,输出电压仍然会保持稳定。

电阻反馈式静电计实际是一种电压并联负反馈电路,它将对电流的测量变为对电压的测量,因此也被称为 I/V 变换电路。

2. 测量灵敏度

静电计所能测量的最小的电流叫静电计的灵敏度,灵敏度越高,静电计所能测量的电流就越小。灵敏度还会受测量电路的噪声和漂移的限制。要想提高测量的灵敏度,方案之一就是增加反馈电阻 R 的阻值,但是增大反馈电阻 R 也会受到许多因素的限制。具体而言,这样的限制因素包括:

(1) 运算放大器输入阻抗的限制;

(2) 阻值增大会增大电路的时间常数;

(3) 阻值过大会不稳定,也不准确,温度漂移也大;

(4) 阻值大时易与分布电容产生相位移,引起电路振荡;

(5) 阻值过大相当于反馈开路,会造成运算放大器工作不稳。

如果采用单级运算放大器(见图 1-39 所示的 I/V 变换电路),输入电流在 $10^{-11} \sim 10^{-7}$ A 时,通过改换反馈电阻和细调都可使输出电压达到 $+5$ V。如果输入电流再小,则需要在 I/V 变换后,再进行电压放大以达到所要求的输出电压。在前级,反馈电阻至少应比输入电阻低两个数量级。

具有场效应管差动输入级的运算放大器,其输入电阻一般可达 10^{12} Ω,有的甚至可以达到 10^{13} Ω,因此电阻反馈式静电计的灵敏度可达到 10^{-14} A。如果需测量更小的电流,则需采用特殊制造的静电计电子管,它的输入电阻非常高,可达到 $10^{14} \sim 10^{15}$ Ω。目前生产的场效应管还不能取代静电计电子管。

3. 测量电路的响应时间

当待测电流输入后,相应的输出并不能立即达到稳定,而是需要经过一段时间的过渡过程才能达到稳定;当待测电流发生快速变化时,输出也不能立即跟随变化,也需要经过一段过渡过程才能达到稳定。静电计输出信号由于受输入信号变化的影响从一个稳定值变为另一个稳定值所需要的时间叫过渡时间,也称为响应时间、反应时间或测量时间。

如果电阻的阻值相同,电阻反馈式静电计的响应时间要比单纯的电阻式静电计小。由于电阻反馈式静电计相当于一个并联电压负反馈电路,对输入端而言,反馈电阻 R 的作用可用输入电阻 r'_{sr} 来等效:

$$r'_{sr} = \frac{R}{1 + |K|}$$

利用 r'_{sr}，就把反馈电阻 R 折合到了输入端。因此，反馈电阻的存在使输入的时间常数及测量时间大大减小。反馈电阻两端总是存在分布电容的，有时为了平滑、抑制干扰和噪声，还需在 R 两端并联上一个小电容 C，而 C 折合到输入端，会增大 $1+|K|$ 倍，因此，输入端的时间常数 τ 为

$$\tau = \left(C + \frac{C_0}{1+|K|}\right)R \tag{6-9}$$

式中 C_0 为输入端对地总电容，当 $(1+|K|)C \gg C_0$ 时，有

$$\tau = RC \tag{6-10}$$

实际应用中，通常取 τ 的 5 倍作为读数的建立时间。因此，电阻反馈式静电计的响应时间或测量时间 t_c 就是

$$t_c = 5RC \tag{6-11}$$

可以看出，电阻反馈式静电计的响应时间与输入端对地总电容 C_0 和放大倍数 K 均无关。这一特点对于将探测器和放大器分置于两地进行电流信号的长线传输是非常有利的，可以极大地降低包括分布电容 C_S 在内的其他因素对 C_0 的影响。

6.2.3　电容反馈式静电计

将直流电流信号变换为脉冲信号，并使脉冲信号的频率 f 与电流 I 成正比，就可以使对电流 I 的测量通过对脉冲频率 f 的测量来完成，这一过程通常也称为 I/F 变换。不仅如此，反映电流大小的脉冲信号频率作为数字量还可以直接被送至数据处理单元。

图 6-15 所示为 I/F 变换器的电路原理框图。I/F 变换电路通常包括积分器、跟随触发器（电压比较器）、单稳态触发器、复原脉冲电流源等部分。电容积分器是采用高输入阻抗、低偏置电流的运算放大器为主构成的，并在运算放大器的输出端和反相输入端跨接了一个稳定性高的反馈电容 C，该反馈电容也叫积分电容。被测电流 I 从运算放大器反相端输入，同相端接地。待测电流对积分电容充电，积分器输出呈锯齿波形上升，当输出幅度达到某一电压 U_y 时，就会触发跟随触发器并输出一脉冲。用该脉冲的前沿继续触发单稳态触发器，单稳态电路的输出幅度和宽度为均齐的正、负脉冲，取负脉冲经倒相作为输出信号，取正脉冲来启动复原脉冲电流源。

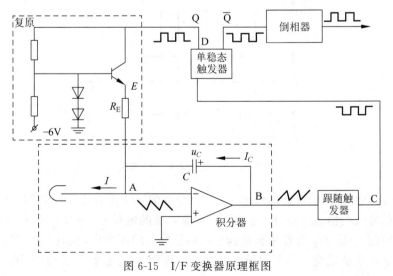

图 6-15　I/F 变换器原理框图

复原脉冲电流源在正脉冲作用下,送出一个幅度和宽度均恒定且方向与输入的待测电流方向相反的复原电流脉冲,它使积分电容迅速放电并使积分器输出下降,恢复到初始电平,从而完成一次积分周期并输出一个脉冲。这样周而复始,依次循环,就完成了待测电流的 I/F 变换,被测输入电流越大,变换出的脉冲频率也就越高。

与图 6-15 中各参考点对应的波形图如图 6-16 所示。在无输入电流时,积分器的输入端和输出端都是零电位,$U_A=U_B=0$,单稳态触发器的 Q 输出端为低电平,此时复原脉冲电流源的晶体管 T 由于被 -6V 电位偏置,处于截止状态。待测电流 I 自 $t=0$ 时开始输入,由于运算放大器输入阻抗很高,在开始后的一段时间内,电流 I 对积分电容 C 充电。积分电容上的电压

$$u_C = \frac{Q}{C} = \frac{It}{C} \tag{6-12}$$

由于 $|K| \gg 1$,故

$$
\begin{aligned}
u_C &= U_B - U_A \\
&= U_B - \frac{U_B}{K} \approx U_B
\end{aligned} \tag{6-13}
$$

因此在这段时间内,积分器输出电压 U_B 近似为

$$U_B = \frac{It}{C} \tag{6-14}$$

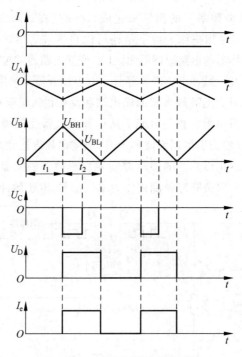

图 6-16　I/F 变换器各点波形图

由式(6-14)可以看出,待测电流输入后,积分器的输出电位 U_B 开始随时间线性增长;由于积分器的输入与输出反相(K 为负值),而输入端的电位 $U_A=U_B/K$,随时间是线性下降的。经过时间 t_1 后,U_B 线性增长达到了跟随触发器的阈电压,此时 $U_B=U_{BH}$,跟随触发器被触发,U_C 产生负跳变。由于跟随触发器的负跳变,单稳态触发器 Q 端输出固定宽度的

正脉冲 U_D。在正脉冲作用下,复原脉冲电流源的晶体管 T 导通,T 的基极电流增加,基极电位被两个二极管钳位于 1.2V,发射极脉冲电流 I_E 为

$$I_E = \frac{U_b - U_{be}}{R_e} = \frac{U_E}{R_E} \qquad (6-15)$$

式中 $U_b - U_{be} = 0.6V$。脉冲电流 I_E 就是所谓的复原电流,它原待测电流 I 的方向相反,且 $|I_E| \gg |I|$,于是电流 I_E 对积分电容 C 反向充电(使 C 放电),这使积分器输出电位 U_B 由 U_{BH} 快速下降。

由于跟随触发器存在回差滞后现象,当积分器输出电位 U_B 从 U_{BH} 下降到 U_{BL} 时,跟随触发器产生正跳变,恢复到初始状态。随着复原脉冲电流的结束,积分器也恢复到初始状态并进行新一轮的充电。

假定积分器的输出电位 U_B 从 0 上升到 U_{BH} 所需的时间是 t_1,由 U_{BH} 下降到初始状态所需的时间为 t_2,t_2 等于单稳态触发器的输出脉冲宽度,也就是复原脉冲电流的宽度。输出脉冲的变化周期 $T = t_1 + t_2$,输出脉冲的频率 $f = 1/T$。由式(6-12)和式(6-13)可以求出积分器输出电压的变化:

$$\Delta U_B = \Delta u_C = \frac{\Delta Q}{C}$$

$$= \frac{|I - I_E|}{C} t_2 \qquad (6-16)$$

在正常工作状态下,一个周期内积分电容 C 充电的电荷量应与它在放电过程中放出的电荷量相等,$IT = I_E t_2$,于是有

$$IT = \frac{U_E}{R_E} t_2 \qquad (6-17)$$

将 $f = 1/T$ 代入得

$$f = \frac{I R_E}{t_2 U_E} \qquad (6-18)$$

这表明,I/F 变换电路的输出脉冲频率 f 与输入的待测电流 I 具有正比关系。

6.3 弱电压放大器

6.3.1 弱电压放大器概述

直流电压放大技术已经成熟,应用很广,特别是线性集成电路的出现和性能的不断提高,为微弱电压信号的放大提供了极大的方便。在设计和使用弱电压放大器时,一些问题应予以特别关注。

1. 放大倍数和级数

核辐射测量中,待测的输入直流电压信号通常是很微弱的,一般在 μV 到 mV 的量级,放大后输出的直流电压信号一般在 0~5V 或者 0~10V 的范围。根据输入电压和输出电压的大小关系,可确定出放大器总放大倍数,一般在几百到几千范围。虽然线性集成电路的开环放大倍数很高,有的甚至可达 1 万倍以上,但在实际使用中为了提高放大倍数的稳定性

和线性,它们都工作在有负反馈的闭环状态下,且负反馈很深,因此每级的放大倍数并不大,一般取几十为宜。整个放大器的级数也不宜过多,过多易诱发寄生正反馈产生振荡,总的放大倍数一般应为 2~3,最多不应超过 5。

对整个放大器还应考虑输入极性选择或中间极性配合问题,以保证输出为正极性。放大器的放大倍数也有的是可调节的。

2. 线性集成电路的选择

所有的线性集成电路器件基本上都可用于直流电压信号的放大。如果输入的电压信号大于几十毫伏,则普通的通用运算放大器就可以满足要求;如果输入的电压信号在 μV 到 mV 的量级,就需要所使用的运算放大器具有低噪声和低漂移的性能。线性集成电路器件的性能按主要方面大致可分为低成本、低噪声、低漂移、低失调、低功耗以及高精度等不同类型,每种类型又有不同的型号,生产的厂家也有很多,使用中可以有不同的选择。

3. 调零电路

对于直流电压放大器来说,当输入端不加电压信号或电压信号为零时,输出端的电压应为零,但由于输入电路不对称、输入了失调电压等因素的影响,输出端电压往往不为零,这个不为零的输出电压就会叠加在有用的输出电压信号上,造成误差。这就需要有调零电路来消除输出端不为零的电压,调零电路通常安排在放大器的前级。

有的运算放大器带有两个调零引出线脚,可外接一个电位器,如图 6-17(a)所示;也可外接两个电阻与一个电位器,如图 6-17(b)所示。电位器的中心滑动端按产品使用说明可能接到正电源上,也可能接到负电源上,有的还可能接到另一个引出线脚上。如果运算放大器没有调零引出线脚,可按差值放大器的输入方式,在一个输入端输入待测电压信号,而在另一个输入端由跨接在正、负电源之间的电阻分压器提供一个微小的调零电压来实现调零,如图 6-17(c)所示。电阻分压器中的电位器两端的电压应尽量小,并且对地电位应该是对称的,通常可取在 $0.01~0.1V$(或 $-0.01~-0.1V$)。

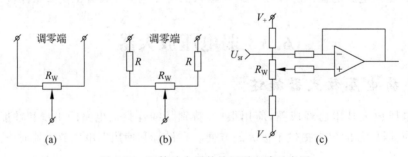

图 6-17　运算放大器外接调零电路示意图

4. 输出级

直流电压放大器的输出电压应为正极性,根据后续电路的需要,既可以用作 V/F 变换,也可以用作 V/I 变换;既可能用作数字显示,也可能用作模拟显示;既可能后接采样保持电路,也可能用来驱动触发器、继电器等。实际应用中可根据负载情况,采用跟随器或其他适当的方式输出。

6.3.2 电路实例

图 6-18 所示为一种弱电流 I/V 变换与直流电压放大电路的实例,电路采用了两个具有高输入阻抗的双运算放大器芯片 LF412,第一级运算放大器 IC_1 作 I/V 变换,经过变换后的电压约为 50~100mV。第二级运算放大器 IC_2 用作同相电压放大,其放大倍数约为 10。第三级运算放大器 IC_3 也用作同相电压放大,其放大倍数也约为 10。第四级运算放大器 IC_4 作倒相器用。当输入信号为负极性电流脉冲时,可从第三级运算放大器输出正极性电压;当输入信号为正极性电流脉冲时,可从第四级运算放大器(倒相级)输出正极性电压,通过插针和短路子进行跳线可很方便地进行极性选择,以保证输出为正极性电压。根据实际需要,这个电路的输出额定电压 0~5V 或 0~10V。

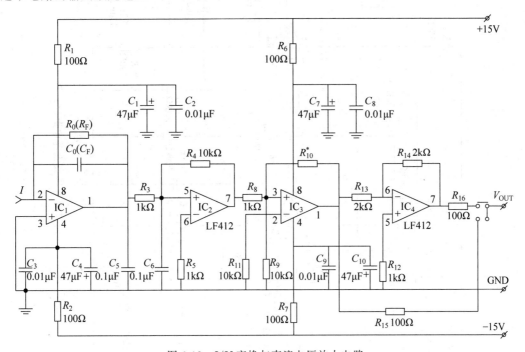

图 6-18 I/V 变换与直流电压放大电路

图 6-19 所示为一种输入电压为 μV 到 mV 量级的电压放大器电路实例。这个系统的工作电压为 ±15V,通过集成电路稳压器 7812 和 7912 进一步稳压成 ±12V,供给电压放大器使用。±12V 通过 7805 和 7905 再稳压成 ±5V,供给调零电路和其他电路使用。这个电路采用了通用运算放大器 OP07 作第一级放大,调零分压器接在 ±5V 之间,经过调零的电压加在 OP07 同相输入端。OP07 的反相输入端输入待测电压信号,放大倍数调节设在第一级输出端电阻分压器上。第二、三级电压放大采用了双运算放大器 LM358,二者均接成了同相放大器形式。这个放大器的输入电压极性为负,输出电压极性为正。三级放大器的反馈电阻均可根据输入电压与输出电压的要求进行调整,总放大倍数可达 1000 倍以上。前两级反馈电阻上并联较大的电容(0.01μF),用于抑制干扰和噪声,降低输出电压上的纹波,但同时也会延长电路的反应时间。

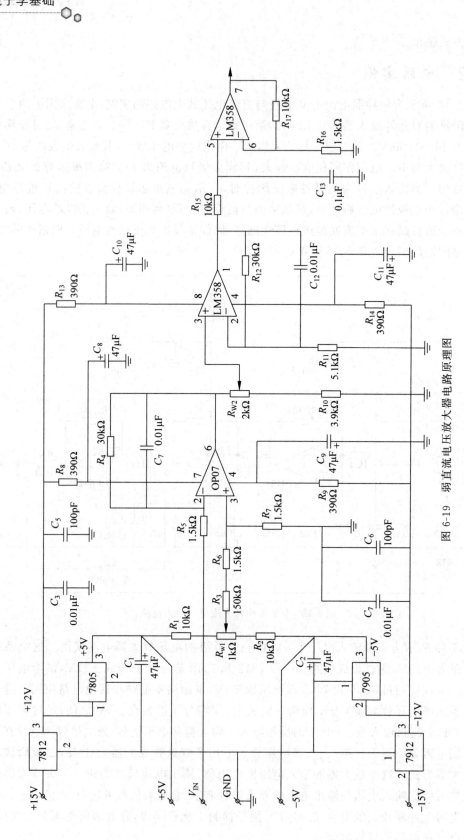

图 6-19 弱直流电压放大器电路原理图

6.4　V/F 转换器

直流放大器输出的直流电压信号并不能直接被单片机或计算机之类的数据处理系统所接收,需要利用适当设计的电路将直流电压信号转换成与其大小成比例的频率信号后,才能被采集处理。实际应用中,人们已经设计开发出了多种不同类型的集成电路芯片,如 VFC32、AD651、LM331 等,它们可用来实现这种电压信号到频率信号的转换,这些芯片亦被称为电压/频率(V/F)转换器。

6.4.1　VFC32 通用型 V/F 转换器

VFC32 是一款通用型的单片集成化 V/F 转换器,它也可作 F/V 转换器(见 5.3 节)使用。VFC32 的主要性能如下。

(1) 输入电压范围:$0\sim\pm10\text{V}$,输入电流范围:$0\sim0.25\text{mA}$。

(2) 输出可与 DTL/TTL/CMOS 电平兼容,输出端开路,外接输出上拉电阻与相关逻辑电源相连。

(3) 动态范围:六个数量级。

(4) 线性度:10kHz 时为 $\pm0.01\%$,100kHz 时为 $\pm0.05\%$。

(5) 最高频率可达 0.5MHz,但线性度将降至 $\pm0.2\%$。

V/F 转换芯片 VFC32 有两种常见的封装形式,如图 6-20 所示。一种采用的是 TO-100 陶瓷封装,如图 6-20(a)所示,这种封装共有 10 个引出引脚,工作温度分为两挡:一挡是 $-25\sim+85℃$,另一挡是 $-55\sim+125℃$。还有一种是采用环氧树脂双列直插式封装,如图 6-20(b)所示,该封装共有 14 个引出引脚,工作温度为 $0\sim70℃$。需要注意的是,两种封装方式的引脚并不兼容。

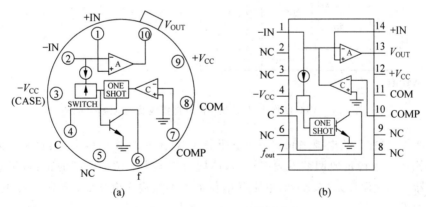

图 6-20　VFC32 的两种封装形式

(a) TO-100 陶瓷封装；(b) 双列直插式封装

＋IN—放大器同相输入,接地；－IN—放大器反相输入,直流电压输入端；

COM—公共端,即公共地端；$+V_{CC}$—正电源；$-V_{CC}$—负电源；

C—单稳态定时电容,电容的另一端接地；V_{OUT}—F/V 变换输出；

COMP—比较器反相输入,同相端接地；NC—空脚；

f_{out}—V/F 变换输出,输出端开路,需外接上拉电阻

VFC32 用作 V/F 转换器时,其外部接线电路如图 6-21 所示。输入电压为 0~10V,对应的额定输出频率为 100kHz。供电电压为 ±12V,均加滤波电容。主要外接器件包括:单稳态定时电容 C_t、放大器积分电容 C_I、输入电阻 R_{IN} 和输出上拉电阻 R_L,这些电阻、电容的大小选择如下:

$$C_t = \frac{3.3 \times 10^{-5} \mathrm{F \cdot s^{-1}}}{f_{max}} - 3.3 \times 10^{-11} \mathrm{F} \tag{6-19}$$

$$C_I = \frac{10^{-4} \mathrm{Fs^{-1}}}{f_{max}} \quad (\text{不小于 1000pF}) \tag{6-20}$$

$$R_{IN} = \frac{V_{INmax}}{I_{IN}} = \frac{V_{INmax}}{0.25\mathrm{mA}} \tag{6-21}$$

$$R_{IN} = \frac{V_L}{I_{OUT}} = \frac{V_L}{8\mathrm{mA}} \tag{6-22}$$

上面各式中,f_{max} 是满量程 V_{INmax} 输入时对应的输出频率;对应最高输出频率的输入电流取 0.25mA;输出级吸收电流不大于 8mA;逻辑电源电压 V_L 与兼容的逻辑电平的供电电压相一致。输入电阻是由一个固定电阻和可调电位器相串联组成的,用以补偿增益误差。为确保覆盖范围,可调电阻的阻值一般可取总输入电阻的 20%,而固定电阻的阻值可取总电阻的 90%,这样可有 ±10% 的增益补偿量。

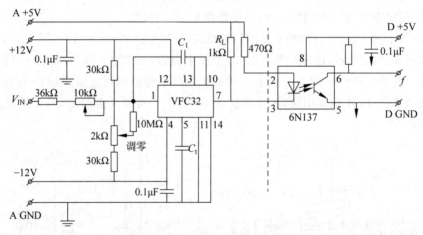

图 6-21　VFC32 作 V/F 转换器的外部接线及光电隔离部分

为了调零,可在正负电源之间加一个电阻分压器(图 6-21 中由两个 30kΩ 的电阻和 2kΩ 的电位器构成),为稳定地调节零频率输出,应使分压器中电位器两端的正、负压差尽量小些。分压器应采用温度系数较小的电阻和电位器。不加输入电压时,调节 2kΩ 电位器,使输出频率为零。

VFC32 的响应时间随输入信号电压的变化而改变,对 100kHz 满刻度的 10V 输入信号电压,稳定到满刻度的 ±0.01% 所需的时间为 11ms。VFC32 输出脉冲信号的极性为正。

电路图 6-21 的右边部分是光电隔离电路。光电耦合器件由发光二极管和光敏三极管组成,发光二极管为输入端,光敏三极管为输出端。它们使模拟部分和数字部分相互隔离、隔离驱动、远距离传输等,避免相互干扰。

6.4.2 LM×31 系列 V/F 转换器

LM131/231/331、LM131A/231A/331A 是简单、廉价、性能高的 V/F 转换器系列芯片,适于作模/数转换器、精密频率电压转换器、长时间积分器、线性频率调制或解调及其他功能电路。LM×31 系列 V/F 转换器的主要性能特点如下。

(1) 满量程频率范围:$1Hz \sim 100kHz$;动态范围宽,10kHz 满量程频率下最小值 100dB。

(2) 最大线性度为 0.01%。

(3) 低功耗,5V 下为 15mW。

(4) 有很好的温度稳定性,最大值为 $\pm 50 / ℃$。

(5) 双电源或单电源工作,单电源可在 5V 下工作;输出脉冲幅度与所有逻辑形式兼容。

1. 引脚功能及接法

图 6-22 所示为 LM×31 系列芯片的引脚功能图,图 6-23 所示为其内部结构框图。各引脚的具体功能如下。

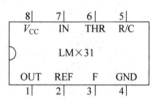

图 6-22 LM×31 系列芯片
引脚功能图

1 脚:电流输出端,通常与输入比较器同相端相连,通过对地外接 R_L、C_L 提供阈电压。

2 脚:基准电压端钳位在 $V_R = 1.9V$,对地外接电阻 R_S 形成基准电流 $i = V_R / R_S$,R_S 的阻值可调,基准电流 i 在 $50 \sim 500\mu A$ 之间。

3 脚:频率输出端,集电极开路,通过上拉电阻接逻辑电源,可与各种逻辑电平兼容。

4 脚:接地端。

5 脚:定时比较器同相端,是 RC 输入端,对地接定时电容 C_t,对电源接定时电阻 R_t。

6 脚:输入比较器反相端,是阈电压输入端,通常与 1 脚相连,外接电阻 R_L 和电容 C_L。

7 脚:输入比较器同相端,接输入直流电压信号 V_{IN}。

8 脚:电源端 V_{CC},供电电压 $5 \sim 15V$。

2. 应用电路示例

用 LM×31 系列芯片构成 V/F 转换器的典型外部接线的电路原理图如图 6-24 所示。在电压输入端 7 上增加了由电阻 R_{IN} 和电容 C_{IN} 组成的低通滤波电路,用来滤除高频纹波的影响。在与 1 脚相连的阈电压输入端除外接电阻 R_L 和电容 C_L 之外,还增加了偏移调节电路即调零电路;基准电压端 2 通过由固定电阻和可调电位器组成的电阻 R_S 接地,电位器用来调节基准电流,以校正输出频率;输出端需经上拉电阻 R_C 与逻辑电源相接,以便与后级电路逻辑电平兼容。LM×31 的输出脉冲信号的极性为负。

用 V_{IN} 表示比较器的输入电压,U_y 为阈值电压,当 $V_{IN} > U_y$ 时,启动单脉冲定时器并导通频率输出晶体管和开关电流源,输出电流 i 向 C_L 充电,使 U_y 上升。当 $U_y > V_{IN}$ 时,输出电流 i 关断,充电时间 $t = 1.1 R_t C_t$。充电结束后,定时器自行复位,同时 C_L 通过 R_L 逐渐放电,直到 $U_y < V_{IN}$ 为止。此后比较器再次启动定时器,开始新一轮循环。

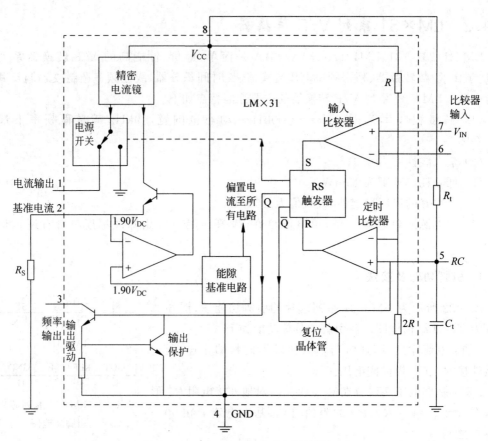

图 6-23 LM×31 系列芯片内部结构框图

电容 C_L 充电时,一个周期内获得的电荷量为

$$Q_1 \approx \left(i - \frac{V_{IN}}{R_L}\right)t \tag{6-23}$$

放电时,流出电容 C_L 的电流约为 $U_y/R_L \approx V_{IN}/R_L$。假设输出频率为 f,C_L 在一个周期内放出的电荷量为

$$Q_2 \approx \frac{V_{IN}}{R_L}\left(\frac{1}{f} - t\right) \tag{6-24}$$

一个周期内,C_L 获得的电荷量与放出的电荷量相等,$Q_1 = Q_2$,于是

$$it = \frac{V_{IN}}{fR_L} \tag{6-25}$$

将 $t = 1.1R_tC_t$,$i = V_R/R_S$ 代入式(6-25)得

$$f = \frac{V_{IN}}{itR_L} = \frac{R_S V_{IN}}{1.1V_R R_L R_t C_t} \tag{6-26}$$

式中 $V_R = 1.9\text{V}$。可以看出,这种 V/F 转换器的输出频率 f 与输入电压 V_{IN} 成正比,实现了电压和频率间的线性转换。

为了提高转换器的性能,调零电路的电压调节范围应该小一些,也就是应该使正负电源之间的电阻分压器中的电位器两端的电压小一些。调零电压又经阻值为 22kΩ 和 47kΩ 的

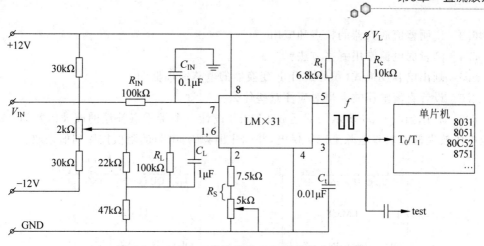

图 6-24　LM×31 芯片用于 V/F 转换的典型电路

两个电阻分压,进一步降低后加到 R_L 和 C_L 上调节电压,这可使调零能平稳、缓慢、准确地进行。调零时,使输入电压为零,用定标器时,应在较长时间内使定标器的记录为零;用示波器测量时,基线应无闪动。

　　LM×31 系列 V/F 转换器的输出与 MCS-51 系列单片机的连接十分简单,只需将输出的频率信号直接接到定时器/计数器的输入端 T_0/T_1 即可。为了减小前向通道和电源的干扰,可采用光电隔离的方法,将 LM×31 转换器的频率输出与计算机相连,两者没有电路联系,只有光电联系,从而消除了相互间的干扰。LM×31 系列 V/F 转换器的频率输出和计算机的光电隔离连接方式如图 6-25 所示,输出端的上拉电阻不需接逻辑电源,可直接与本级电路正电源相连。当需要远距离传送 LM×31 转换器输出的频率信号时,可采取双绞线、光导纤维或无线传送等。

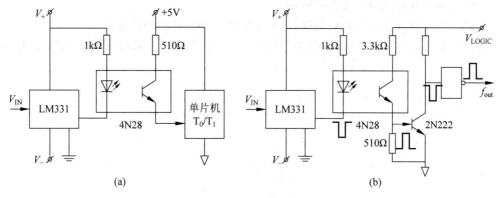

(a)　　　　　　　　　　　　　(b)

图 6-25　LM×31 系列 V/F 变换频率输出的光电隔离连接
(a) 简单的光电隔离;(b) 具有驱动能力的光电隔离

习　　题

6.1　直流信号和直流放大器有什么特点?

6.2　如何减小直流放大器的零点漂移?

6.3　说明差值放大器的特点和应用。

6.4　测量弱电流常用哪些方法？

6.5　画出电容反馈式(积分式)I/F变换器的电路原理框图。

6.6　设计直流电压放大器时应注意些什么？

6.7　利用如图 6-26 所示的双运放 LM358 设计一个带零点补偿的放大倍数为 100 的直流电压放大器。取双电源±12V 供电，并标注出脚码，电阻的阻值按序列值来取。

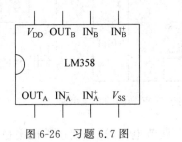

图 6-26　习题 6.7 图

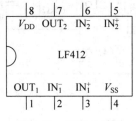

图 6-27　习题 6.8 图

6.8　电流电离室的输出电流为 5×10^{-9}A，利用如图 6-27 所示的双运算放大器 LF412，画出能获得 5V 输出电压的电路。

6.9　参照图 6-21，画出将 0～5V 的直流电压用 VFC32 转换为 0～100kHz 的频率的 V/F 电路图。

6.10　画出一个双端输入、单端输出的差分放大电路。

6.11　在晶体管直流放大器中，发射极电阻上为什么不加旁路电容？

6.12　脉冲放大器的级间耦合电容对放大器的性能有哪些影响？

6.13　脉冲放大器的分布电容或输出电容对放大器的性能有何影响？

6.14　表示脉冲波形的参数有哪些？

6.15　为改善脉冲放大器的性能，经常采取哪些相互结合的措施？

6.16　晶体管共基极放大电路有什么特点？怎样识别共基极电路？其后常接什么电路？

第**7**章

稳 压 电 源

常用的核电子学仪器大多需要稳定的低压直流电源供电,低压电源一般是将电网交流电通过变压器降压、整流、滤波和稳压来获得的。核探测器一般需要稳定的高压直流电源供电,而高压电源通常是将低压直流电变换为高频高压交流电,再进行倍压整流、滤波和稳压来获得的。在便携式仪器中,用来供电的通常是电池或蓄电池。随着电流的消耗,电池内阻变大,输出电压降低,因此也需要采取一些稳定措施。

整流和滤波的内容在一般的电子学教材中都有介绍,这里只介绍稳压电源的工作原理和典型应用电路。

7.1　直流低压稳压电源

电网交流电经变压器降压、整流、滤波后就可得到直流低压电压,这个电压不仅纹波电压较大,而且它还会随负载的变化和电网交流电的变化而变化。因此,整流、滤波后电路的输出电压一般来说是不能直接供给核测量仪器使用的,而应经稳压之后再使用,这样不仅减少了纹波电压的影响,也大大提高了输出电压的稳定性。在核仪器中,广泛采用的是反馈式串联型晶体管稳压电路。

7.1.1　简单的稳压电路

1. 串联调压电路

典型的串联电阻调压电路的等效供电电路如图 7-1 所示。设电路由电动势为 E 的电池供电,电池内阻为 r_i,等效负载电阻用 R_{fz} 表示,负载电流记为 I_{fz},如图 7-1(a)所示,由欧姆定律可知输出电压为

$$U_{sc} = E - I_{fz} r_i \tag{7-1}$$

若负载电流 I_{fz} 发生变化,输出电压 U_{sc} 会随之改变。

即使 I_{fz} 不变,随着电流的消耗,电池的内阻 r_i 也会逐渐变大,使 U_{sc} 产生变化。如果认为 $U_{sc} = 2E/3$ 时,电池能量已经耗尽,则使用过程中,U_{sc} 的变化量也大约可达到其最大

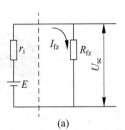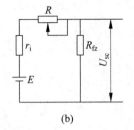

图 7-1 串联电阻调压电路

值的 $\frac{1}{3}$。为使电池能量损耗带来的输出电压的变化较小，也可以在供电回路中串联一个可调电阻 R，如图 7-1(b)所示，此时的输出电压

$$U_{sc} = E - I_{fz}(r_i + R) \tag{7-2}$$

在新电池供电初期，可以把电阻 R 的阻值调得大一些，随着电源的消耗，逐渐调小 R，以使输出电压 U_{sc} 保持不变。这种通过调节串联电阻来调压的方法比较简单，但效果并不理想。对于一些便携式剂量仪器，有时会使用这种简单的方法来校准电压。

2. 稳压管稳压电路

稳压管是一种特殊的二极管，它在反向击穿条件下工作。稳压管的伏安特性曲线如图 7-2 所示，它的正向特性与普通二极管的正向特性基本一致，而反向击穿后的特性曲线则比较陡峭。也就是说，当反向电流有很大变化时，反向击穿电压的相应变化却很小，通常把这个反向击穿电压叫作稳压管的稳定电压，用 U_w 来表示。

稳压管稳压电路就是利用其反向击穿特性来实现稳压的，稳压电路中稳压管必须反向连接，如图 7-3 所示。稳压管 D_w 与负载电阻 R_{fz} 并联，亦称为并联型稳压电路。电路中串联了一个限流电阻 R，多余的电压 $U_R = U_{sr} - U_w$ 将分压在限流电阻上。

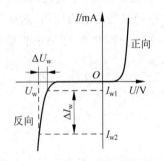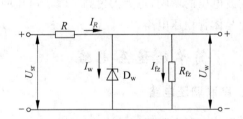

图 7-2　稳压管的伏安特性曲线　　　　图 7-3　稳压管稳压电路

如果输入电压 U_{sr} 下降，则 U_R 随之下降，流过限流电阻 R 上的电流 $I_R = U_R/R$ 减小，结果也会使 I_w 减小。从图 7-2 给出的特性曲线上可以看出，虽然 I_w 下降，但 U_w 的大小却基本不变，所以流过负载的电流 $I_{fz} = U_w/R_{fz}$ 也基本不变，因此输出电压 U_{sc} 也就基本保持不变，从而实现了稳压。

类似地，如果输出电流发生变化(负载发生变化)，比如输入电压 U_{sr} 不变时，某种原因

造成了 I_{fz} 减小,而 $I_R = I_w + I_{fz}$,因而会引起 I_R 减小,使 U_R 下降。由于 $U_R = U_{sr} - U_w$,这会使 U_w 上升,I_w 增加,而 I_w 的增加会使 I_R 变大,抵消了 I_{fz} 减小带来的影响,结果使流过 R 的电流 I_R 基本不变,U_R 基本不变,进而输出电压保持基本不变。

利用稳压管的反向击穿特性实现稳压,就是使输入电压的变化都体现在了限流电阻上,而输出电流的变化则体现在了稳压管的工作电流上。稳压管的稳定电压 U_w 与其具体型号有关,通常在几伏到十几伏之间,应根据需要进行选择。为使稳压管稳定工作,推荐的工作电流 I_w 一般为 $5 \sim 10 \text{mA}$。实际上,即使同一型号稳压管的稳定电压 U_w 也不会完全相同,而是有一定的离散性。

在具体应用中,需要确定限流电阻的阻值。有两种极端情况:一是输入电压 S_{sr} 最大时,流过负载的电流 I_{fz} 趋于零(负载电阻最大),此时流过稳压管的电流 I_w 最大,对应于限流电阻的最小值;二是输入电压最小时,I_{fz} 最大(负载电阻最小),此时流过稳压管的电流 I_w 最小,对应于限流电阻的最大值。因此,限流电阻的选择应满足

$$\frac{U_{srmax} - U_w}{I_{wmax} + I_{fzmin}} < R < \frac{U_{srmin} - U_w}{I_{wmin} + I_{fzmax}} \tag{7-3}$$

稳压管工作时,即使反向电流有较大的变化 ΔI_w,相应的反向击穿电压变化 ΔU_w 也很小,如图 7-2 所示。稳压管可以视为电压为稳定电压 U_w 的等效恒压源与一个动态内阻 r_w 相串联的电路,动态内阻 r_w 定义为

$$r_w = \frac{\Delta U_w}{\Delta I_w} \tag{7-4}$$

r_w 越小,反向电流变化引起的 U_w 的变化也越小,稳压效果越好。

稳压管的稳定电压 U_w 也会随环境温度的变化发生变化。稳压管的温度稳定性通常用温度系数 α_w 表示:

$$\alpha_w = \left| \frac{\Delta U_w}{U_w \Delta T} \right| \tag{7-5}$$

α_w 就是温度变化 $1\,℃$ 时稳定电压 U_w 的相对变化量,其大小一般在 $0.1\%/℃$ 左右。α_w 的值越小,温度稳定性越高。具有温度补偿的稳压管如硅稳压管 2DW7 等,是由两个分别具有正、负温度系数的元件对接而成的,$\alpha_w \approx (10^{-5} \sim 10^{-4})/℃$,温度稳定性很高。

3. 串联晶体管的稳压电路

在稳压管稳压电路中,采用串联晶体管的方法可以提高电路的稳压效果,其原理图如图 7-4 所示。电路中的电阻 R 和稳压管 D_w 为晶体管的基极提供一个稳定的电压 U_w,U_w 也被称为基准电压。输出电压 $U_{sc} = U_e = U_w - U_{be}$,当输入电压或负载变化引起输出电压升高时,$U_e$ 升高,由于 U_w 基本不变,U_{be} 将减小,这会导致 $I_e = I_{fz}$ 减小,结果使 $U_e = U_{sc}$ 下降;反之亦然。晶体管自动调节输出电压,从而起到了稳压的作用。

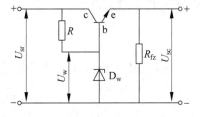

图 7-4　串联晶体管调压电路的原理图

图 7-4 所示的电路相当于射极输出器,它的输出电阻为 $r_{sc} = (r_w + r_{be})/\beta$,其中 r_w 为稳压管的内阻。在稳压要求不高的场合,因这种电路简单而常被采用。这种电路的输出电

压的稳定性取决于稳压管的稳定电压,其不足之处是稳压管的稳定电压和输入电压的变化都会影响输出电压,温度变化引起输出电压的漂移也不能有效抑制,输出电阻 r_{sc} 也比较大。

7.1.2 反馈式串联型晶体管稳压电路

利用负反馈,可以有效地提高稳压效果。图 7-5 所示为反馈式串联型稳压电路的组成框图。电路中,调整晶体管与输出电压相串联,输出电压经电阻分压器采样,并与基准电压相比较,其差值经比较放大电路放大后输出给调整管,调整输出电压使之稳定。

反馈式串联型稳压电路与带有负反馈的射极输出直流放大器的原理相同,最简单的带有负反馈放大电路的串联型晶体管稳压电路如图 7-6 所示。晶体管 T_1 是调整管,T_2 起放大作用。R_c 为 T_2 的集电极负载电阻,电阻 R_3 和稳压管 D_w 为放大管 T_2 的发射极提供基准电压。R_1 和 R_2 为采样电阻,将输出的采样电压加在放大管 T_2 的基极,T_2 对采样电压和基准电压进行比较放大,放大后的信号输出到调整管 T_1 的基极,由 T_1 进行调整。

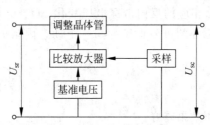

图 7-5 反馈式串联稳压电路组成框图

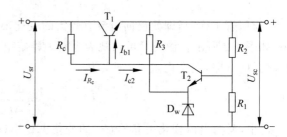

图 7-6 串联晶体管调压电路的原理图

当电网交流电压上升或负载电流减少而使输出电压 U_{sc} 上升时,采样电压也上升,导致 U_{b2} 上升,经反相放大使 U_{c2} 下降,即 U_{b1} 下降,这将使 U_{e1} 下降,最终使 U_{sc} 下降,结果使 U_{sc} 趋于稳定。同样,当由于某种原因引起 U_{sc} 下降时,电路会相应地发生与上面相反的过程,一系列变化会使 U_{sc} 上升,最终使 U_{sc} 趋于稳定。这样,依赖负反馈作用过程,就实现了稳压的目的。即使输出电压 U_{sc} 发生很小的变化,由于放大器的放大作用,负反馈也能产生很大的调控作用,电路的稳定效果很好。

R_1 和 R_2 组成的电阻分压器把输出电压 U_{sc} 分压后输送到放大器的输入端,这一过程称为采样或取样,由此 R_1 和 R_2 被称为采样电阻或取样电阻,电路的采样分压比(亦称为取样分压比)n 定义为

$$n = \frac{R_1}{R_1 + R_2} \tag{7-6}$$

用 U_w 表示稳压管的稳定电压,忽略放大管 T_2 的 U_{be},则

$$U_w \approx \frac{R_1}{R_1 + R_2} U_{sc} = n U_{sc} \tag{7-7}$$

也就是

$$U_{sc} = \frac{R_1 + R_2}{R_1} U_w \tag{7-8}$$

可以看出,由于采样分压比 $n<1$,因而 $U_w<U_{sc}$。改变分压比可以改变输出电压,分压比的改变可通过在两采样电阻中间串一电位器来实现。

1. 基准电压电路

基准电压也叫参考电压或支柱电压,基准电压的稳定性直接关系到电源的稳定性。基准电压可用高精度、高稳定性的独立电压器件或者集成电路产生。稳压管稳压电路简单,元件少,用在负载电流不大的场合很方便,以往的电路中常用来为稳压电源提供基准电压,如图 7-6 所示。但稳压管稳压电路的稳定性与稳压管的动态内阻 r_w 及温度系数 α_w 有很大关系,输出电流受稳压管最大允许电流的限制、输出电压由稳压管的型号决定而不能任意调节,限制了它的应用领域。

目前有多种高精密的集成基准电压电路可供选用。集成的基准电压电路具有高精度、低噪声、低漂移等特点,其规格型号、封装和引线也有很大相同,表 7-1 给出了一些集成基准电压电路的基本参数。实际使用时,有的基准电压电路还需外接元件,使用中应查阅相关产品的使用说明。

表 7-1　几种集成基准电压电路

型　　号	稳定电压	工作电流	引脚与封装
MC1403/1403A MC1503/1503A	2.5V	1.5mA	8 脚双列直插式
LM103	1.8～5.6V	10μA～10mA	2 脚金属圆筒式
LM113/313	1.22V	0.5～20mA	2 脚金属圆筒式
LM129/329	6.9V	0.5～15mA	2 脚金属圆筒/3 脚塑封
LM136/236/336	2.5V	0.4～10mA	3 脚金属圆筒、塑封/8 脚双列直插
LM169/369	10V	50mA	8 脚金属圆筒/双列直插式
LM185/285/385	2.5V	20μA～20mA	2 脚金属圆筒/3 脚塑封
REF-05	5V	20mA	8 脚金属圆筒式
REF-10	10V	20mA	8 脚金属圆筒式
AD580	2.5V	60mA	3 脚金属圆筒式
AD581	10V	10mA	3 脚金属圆筒式

设计高精度的基准电压电路时,还可以选用输出电流在 100mA 以下的超小型稳压器。这些超小型稳压器的体积和小功率三极管相仿,但稳定性好于稳压管,使用也方便。超小型稳压器通常有三个引脚:电压输入端、接地端和电压输出端。例如,LP2950 就是高精度、低功耗的三端子稳压器,输入为未稳定电压或稳定电压,输出为 $+5$V,只需在输出端对地接 $0.1\sim1\mu$F 电容即可,如图 7-7 所示。

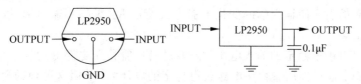

图 7-7　TO-92 塑封的 LP2950 及其用法

78L××系列三端子稳压器的大小与 LP2950 类似,用法也基本相同,输入电压为 30～35V,输出电流为 1～100mA,输出电压有 5V、8V、12V、15V 等。

2. 比较放大电路

在图 7-6 所示的反馈式串联型晶体管稳压电路中,利用晶体管 T_2 对采样电压和基准电压进行比较放大。比较放大倍数越大,调控能力越大,电源的稳定性越好,输出电阻也越小。如果一级放大倍数不够大,可采用多级放大。

1) 利用恒流源作负载提高单级放大倍数

在图 7-6 中,为了提高比较放大器 T_2 的放大倍数,原则上可以增大集电极负载电阻 R_c 的阻值,但 R_c 阻值的增加会受到工作电流和电源电压的限制。如果利用恒流源作负载,就可以具有很大的动态内阻,在效果上相当于增大了负载电阻 R_c 的阻值,从而提高了比较放大器 T_2 的放大倍数。图 7-8 所示的反馈式串联型晶体管稳压电路中,比较放大电路就是以恒流源做负载的。

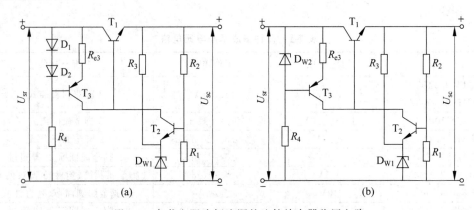

图 7-8　负载电阻为恒流源的比较放大器稳压电路
(a) 用串联二极管为 T_3 基极稳压;(b) 用稳压管为 T_3 基极稳压

电路中,晶体管 T_3 作恒流源使用,其基极电位 U_{b3} 既可以用多个二极管固定,如图 7-8(a) 所示;也可以用稳压管固定,如图 7-8(b) 所示。稳压电路的工作电流 $I_{e3}=U_{b3}/R_{e3}$,其大小在工作过程中基本不变。若 T_3 的集电极电压(等于 T_2 的集电极电压,也等于 T_1 的基极电压)发生大小为 ΔU_{c3} 的变化,则电流的变化 $\Delta i_{c3}=\Delta i_{e3}$ 会很小,恒流源体现了很大的动态内阻。

2) 利用辅助电源减小输入电压的影响

图 7-6 中,比较放大电路的负载电阻 R_c 直接接在了输入端,因此输入电压 U_{sr} 的任何波动都会通过电阻 R_c 传到调整管的基极,进而使输出电压随之波动,使得稳压电源的稳定性很难提高。如果要达到更高的稳定性,可将 R_c 接到一个比较稳定的辅助电源上,如图 7-9 所示。辅助电源的引入使输入端的变化不能直接通过 R_c 影响到输出端,因而使电路的电压稳定性大大提高。

辅助电源可以由未稳定的输入电压 U_{sr} 通过稳压管稳压电路获得稳定的电压(即利用调整管的压降 U_{ce} 通过稳压管稳压电路获得稳定的电压)。采用这种辅助电源的优点是电路简单、成本低、安装方便;缺点是调整管的压降 U_{ce} 必须大于稳压管的稳定电压,这就增加了调整管两端的电压和功耗。另外,U_{ce} 在工作中变化会影响电路的稳压性能。

另一种比较好的辅助电源获得方案是采用单独绕组进行整流、滤波、稳压管稳压的电路，如图 7-10 所示。图中，放大器的供电电压等于输出电压 U_{sc} 加上稳压管的稳定电压。还可以采用从具有多路输出的稳压电源中输出较高的稳定电压来获得较低输出稳压电源中放大器的辅助电源的方法，这对低输出稳压电源来说既稳定又简单。

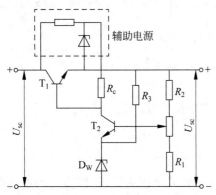

图 7-9　具有简单辅助电源的稳压电路

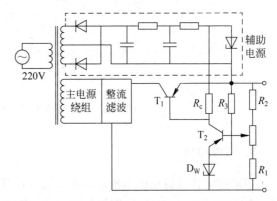

图 7-10　具有单独绕组和整流设备的辅助电源

在 FH1031A 型低压电源的电路设计中，就是利用 ±24V 稳压电源的输出作为 ±12V 稳压电源中放大器的辅助电源，并利用 ±12V 的输出作为 ±6V 稳压电源中放大器的辅助电源，详见图 7-24。

3）利用差值放大器作比较放大

为了减小温度漂移的影响，也可采用差值放大器构成比较放大电路，其电路原理图如图 7-11 所示。这一电路提高温度稳定性的机制与直流放大器减小温度漂移的原理是完全类似的。差值放大器的同相端接基准电压，反相端接采样电压，双端输入，单端输出。

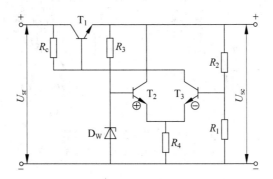

图 7-11　差值放大器作比较放大器的稳压电路

4）利用运算放大器作比较放大

图 7-12 所示为利用线性集成电路运算放大器构成比较放大电路的稳压电路，运算放大器的输入级一般都采用差动输入放大级，同样对温度漂移有抑制作用。基准电压加至同相输入端，采样电压加至反相端，输出控制调整管。如果电路中没有负压电源，可考虑选择单电源运算放大器。

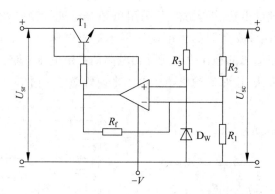

图 7-12　运算放大器作比较放大器的稳压电路

3. 调整电路

串联型晶体管稳压电源的输出电流或者负载电流都要流经调整管,调整管上的电压降则为 $\Delta U = U_{ce} = U_{sr} - U_{sc}$。在极端情况下,当输入电压 U_{sr} 较高、输出电压 U_{sc} 较低,而负载电流 I_{fz} 又很大时,调整管的损耗功率 $P = U_{ce} I_{fz}$ 会很大。因此,在选择调整管时,管子的极限参数 I_{cm}、BU_{ceo} 和 P_{cm} 等与设计值相比要留有足够的余量,并要采取相应措施以满足实际工作的需要。

1）利用复合管提高调整管基极电流的驱动能力

如果负载电流很大,就要求有足够大的基极电流来驱动调整管,例如在 $I_{fz} = 1A$,$\beta = 50$ 时,基极电流应为 $I_b = I_{fz}/50 = 20mA$。对于一般的放大器而言,集电极电流较低,通常只有 $2 \sim 3mA$,因此,比较放大器并不能提供 mA 级以上的驱动电流。为了减小推动调整管的控制电流或基极电流,可采用复合管作调整管,如图 7-13 所示。

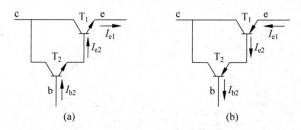

图 7-13　采用复合管作调整管

(a) NPN 复合管；(b) PNP 复合管

复合管的电流放大倍数 β 可以按下面的方法推算:

$$I_{b1} = I_{e2} = I_{c2} + I_{b2}$$
$$= (1 + \beta_2) I_{b2} \tag{7-9}$$
$$I_{e1} = (1 + \beta_1) I_{b1}$$
$$= (1 + \beta_1)(1 + \beta_2) I_{b2}$$
$$\approx \beta_1 \beta_2 I_{b2} \tag{7-10}$$
$$I_{c1} \approx I_{e1} \approx \beta_1 \beta_2 I_{b2} \tag{7-11}$$

可以看出,复合管的电流放大倍数 β 为两个晶体管电流放大倍数的乘积,即

$$\beta = \beta_1 \beta_2 \qquad\qquad (7\text{-}12)$$

如果采用两管复合后,I_{b2} 仍较大,可按同样接法用三个晶体管组合成复合管,这时电流的总放大倍数

$$\beta = \beta_1 \beta_2 \beta_3 \qquad\qquad (7\text{-}13)$$

采用复合管后,一般应使最后一个晶体管的基极电流 I_b 小于 1mA。从功率排布来说,第一个调整管的功率应最大,其余推动管的功率依次降低。

2）利用并联调整管提高负载能力

当负载电流很大,单个调整管满足不了要求时,可采用两个或多个调整管并联使用的方法来分担负载电流,如图 7-14 所示。为使各调整管流过的电流基本相同,需在各调整管上串接平衡电阻 R,这些电阻起直流负反馈作用,使电流近似平均分配。电阻 R 的阻值较小,一般为 $0.1\sim1\Omega$,常用功率大的电阻丝缠绕而成。

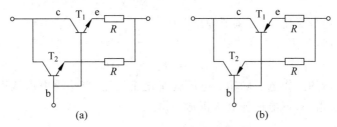

图 7-14 调整管的并联使用

（a）两个 NPN 管并联；（b）两个 PNP 管并联

由于流过调整管的电流较大,功率损耗也大,因此调整管都使用大功率管。为提高功率、降低温升,一般还要加散热片。

3）利用串联调整管提高耐压能力

如果输出电压较高,当 $U_{sc} > BU_{ceo}$,即输出电压超过单个调整管的耐压限度时,也可以采用两个或多个调整管串联使用来分担电压,如图 7-15 所示。当负载电流或输出电压发生变化使 I_{b3} 减小时,U_{ce3} 就会增大,使 I_{b2} 减小,同时也使 U_{ce1} 和 U_{ce2} 增大;反之,当外部原因使 I_{b3} 增大时,会引起 U_{ce3}、U_{ce2} 和 U_{ce1} 都下降。因此使输出电压基本上都分配在各个管子上。必须注意:调整管要留有余量,以防止一管击穿后全部击穿,还应注意散热降温,因为在高温下,晶体管的击穿电压会迅速下降。

4．采样电路

对于图 7-6 所示的串联型晶体管稳压电路,由式(7-8)可知,其输出电压 U_{sc} 取决于采样电阻的分压比。如果在两采样电阻中间串一可调电位器 R_V,就可通过改变分压比来实现对输出电压的调节,如图 7-16 所示,这一电路也称为调压式稳压电路。由于 $(R_1 + R_2)/R_1 > 1$,电路的输出电压不会低于基准电压或参考电压,这就限制了输出电压的最小值。为了扩大调压式稳压电源的可调节范围,应采取另外的措施。

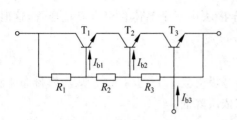
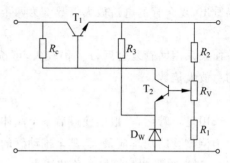

图 7-15　调整管的串联使用　　　　　　　图 7-16　改变采样分压比的调压电路

　　(1) 将由辅助电源提供的参考电压和输出电压接在比较放大器(差值放大器)的基极,如图 7-17 所示。如果忽略 U_{be},则

$$U_{sc} \approx U_w \frac{R_1}{R_2} \qquad (7\text{-}14)$$

可见,通过改变采样分压比,就可调节输出电压。

　　输出电压也可表示为

$$U_{sc} \approx U_e = (I_{e1} + I_{e2})R_e \qquad (7\text{-}15)$$

这表明,差分放大器的工作电流随输出电压的变化而改变,当输出电压调得很低时,差分放大器的工作电流会很小,不能保证电路正常工作。

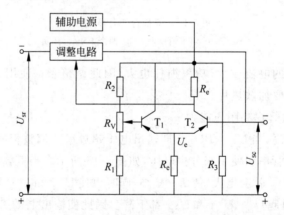

图 7-17　基准电压接在基极的电路

　　(2) 在图 7-17 所示电路的基础上,可另外再引入一个辅助电源,通常称之为下延电源,如图 7-18 所示。电阻 R_e 接到了下延电源的正端,这就可以使 U_{w2} 和 U_e 的极性相反,而输出电压则为

$$U_{sc} = U_e - U_{w2} \qquad (7\text{-}16)$$

　　由此可知,当输出电压调到接近零伏时,$U_e = U_{w2}$,此时差分放大器还能有足够的工作电流 I_e 以保证其正常工作。当输出电压调得很低时,调整管要承受很大的电压降,并消耗很大的功率。

　　(3) 为了扩大调压式稳压电源的可调节范围,也可将变压器的次级主绕组分成若干段,并使其与采样电阻的分压比以及发射极电阻进行同步调节,这样既扩大了调节范围又减轻

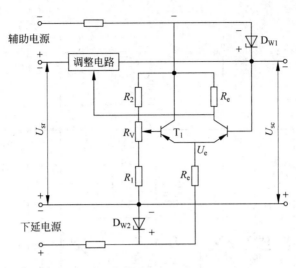

图 7-18 具有下延电源的稳压电路

了调整管的负担。分段调节输出的稳压电源的电路原理图如图 7-19 所示,电路的输出电压为 0.5～15V,电流为 2A。

5. 保护电路

在串联式稳压电源中,负载电流全部流过调整管,若调整管工作在最大允许额定值附近,由于电源突然超载或偶然短路,都会使电流大增,调整管功耗随之大增而被烧坏。因此需在串联式稳压电源中采取过载保护措施,当电流超过某一数值时,应能自动限制输出电流的大小,使调整管免遭损坏,一旦外部故障排除,它又会自动恢复工作。保护电路的形式也是很多的,常采用的是限流和截止两种方式。

1) 二极管限流保护电路

最简单的二极管限流保护电路如图 7-20 中虚线包围部分所示,它是由串接在输出端的信号电阻(或称检测电阻)R 和接在调整管基极上的硅二极管 D 这两个元件组成的。在正常情况下,硅二极管 D 两端的电压 $U_D = U_R + U_{be1}$,这一电压值小于硅二极管的导通电压,二极管处于截止状态,不起作用。

当负载电流由于某种原因突然增大到超过最大额定工作电流时,信号电阻 R 上的电压增大,使 U_D 大于硅二极管 D 的导通电压 U_0 而使其导通,对调整管的基极电流起到分流作用,使其减小。这样,就限制了 $I_{e1} \approx I_{fz}$ 的增加,而把 I_{e1} 限制在了额定值附近。当外部故障消除或负载电流恢复到正常情况时,硅二极管又重新截止而不起作用。二极管限流保护电路所允许的最大负载电流为

$$I_{fzmax} = \frac{U_0 - U_{be1}}{R} \tag{7-17}$$

利用式(7-17),可以选择信号电阻 R 的阻值。式中 U_0 为二极管的正向导通电压,为使额定负载电流大,应将 U_0 取大值,这也是用硅二极管的原因,必要时也可用两个二极管相串联以提高额定输出电流。

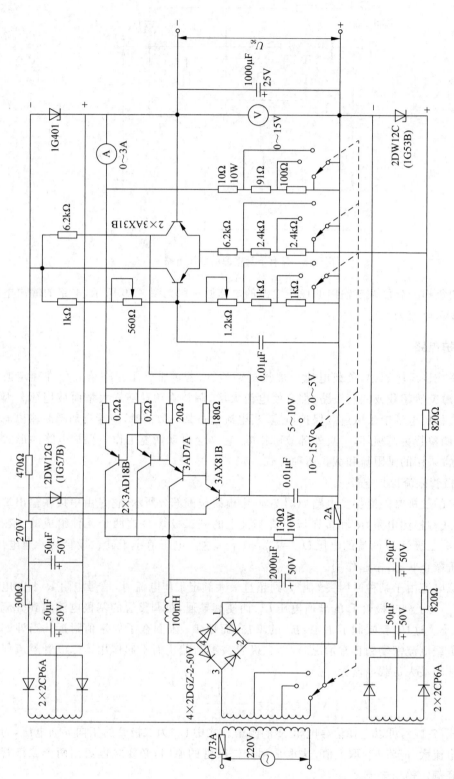

图 7-19 调压式晶体管稳压电源的电路原理

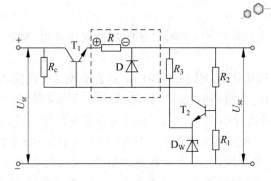

图 7-20　硅二极管限流保护电路

2）三极管限流保护电路

三极管限流保护电路的原理图如图 7-21 所示。图 7-21(a)所示为最简单的三极管限流保护电路,它由串在输出端的信号电阻 R 和跨接在输出端与调整管基极之间的三极管 T_3 组成。在正常工作状态时,信号电阻 R 两端的电压降正比于负载电流但还不足以使 T_3 导通,因而对稳压电路的工作不起作用。当超载或短路时,电流急剧增加,R 两端的电压也随之增加,使 T_3 由原来的截止状态转为导通。导通的 T_3 对调整管的基极起分流作用,使调整管的基极驱动电流减小,因而也使负载电流减小。减小了的负载电流在 R 上会产生较低的压降,并能维持一定的输出负载电流。

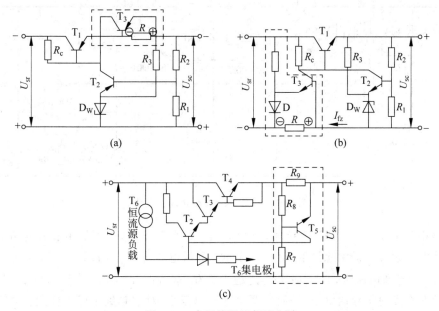

图 7-21　三极管限流保护电路

(a) 最简单的三极管限流保护电路;(b) 较复杂的晶体管限流保护电路;

(c) FH1031A 型低压电源所用的晶体管限流保护电路

图 7-21(b)所示为较复杂一些的三极管限流保护电路,它由接在输入端的电阻、集电极接在调整管基极上的三极管、为射极提供电位的二极管与信号电阻 R 所组成。在正常工作状态时,二极管导通,负载电流在信号电阻 R 上的压降较小,T_3 截止,对稳压电路不起作用。当负载电流急增或短路时,$U_R = RI_{fz}$ 增大,使 T_3 导通,其电流 I_{c3} 也流过比较放大器

的负载电阻 R_c，使 R_c 上压降增大，则调整管的基极电压降低，输出电压也下降，限制了负载电流的进一步增加。

图 7-21(c)所示为 FH1031A 型低压电源的晶体管限流保护电路，它由电阻 R_7、R_8、R_9 和晶体管 T_5 组成。其中 R_9 为信号电阻，R_7 和 R_8 构成的分压器为 T_5 的基极提供一固定电压。在正常状态下，R_9 上的压降较小，T_5 截止，对稳压电路不起作用。当负载电流突然增大或短路时，R_9 上电压增大，使 T_5 导通，其集电极电流对调整管基极电流形成分流，使输出电流减小。

限流式保护电路起作用时，并不完全截止调整管，仅是把功率限制在容许范围内，因此在输出电压降低的情况下，仍能输出一定的电流。在故障排除后，它还能自动地使稳压电源恢复工作。

3）晶体管触发截止保护电路

利用晶体管饱和特性来及时截止调整管的保护电路如图 7-22 中虚线包围部分所示。这一截止型保护电路由晶体管 T_6、二极管 D 以及电阻 R_5、R_6、R_7、R_8 和 R_{10} 组成，其中 R_5 为信号电阻。

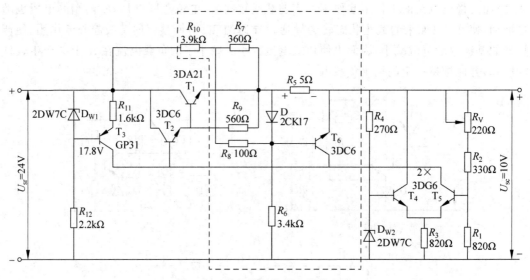

图 7-22　晶体管触发截止保护电路

电路正常工作时，二极管 D 导通，三极管 T_6 处于截止状态，不影响稳压电路的工作。如果负载电流超过了最大允许值，信号电阻 R_5 上的电压降 U_{R_5} 将增加，当 $U_{R_5}-U_D$ 大于晶体管 T_6 的导通电压时，T_6 导通并迅速趋于饱和，这就使 T_6 的 U_{ce6} 急剧减小，直至低于调整管的两个发射结导通电压，进而使调整管迅速截止，对它起到了保护作用。在 T_6 导通时，D 截止，靠电阻的分压作用维持 T_6 导通。当故障排除后，负载电流将恢复正常，稳压电路能自动恢复工作。

4）双稳态触发截止保护电路

图 7-23 所示为双稳态触发截止保护电路的原理图，保护电路由虚框内的晶体管 T_1、T_2、T_3 及信号电阻 R 等组成，其中晶体管 T_1、T_2 构成了双稳态电路。在正常状态时，信号电阻 R 上的压降较小，晶体管 T_1 截止，T_2 导通。此时，T_2 集电极（C 点）负电压较小，因此 T_3 基极电压低而截止，保护电路不起作用。

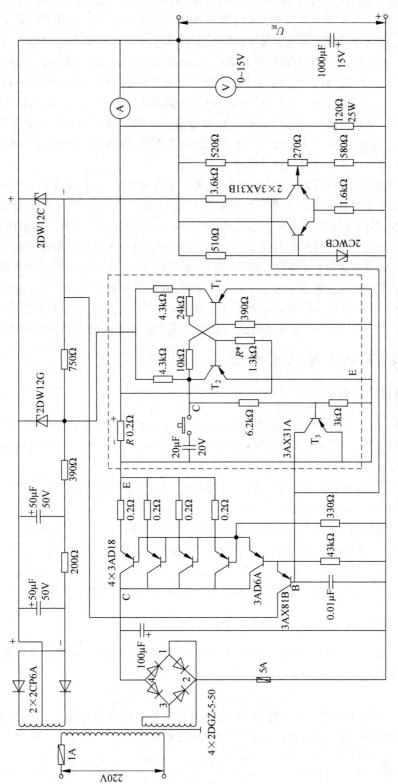

图 7-23 双稳态触发截止保护电路原理图

当超载或短路时，流过电阻 R 的电流激增，其压降 U_R 也激增，此时 T_2 管的 $U_{eb2} = U_R + U_{R'} > 0$，因此，$T_2$ 由导通变截止，T_2 集电极（C 点）的负电压增大，使晶体管 T_3 的基极负电压增大，T_3 由截止变导通并处于饱和状态，U_{ce3} 很小，这就相当于将组合调整管的基极（B 点）和发射极（E 点）相接，从而使组合调整管都截止，这样就使电流无法流通而使其得到保护。

由于采用了双稳态截止式保护电路，因此在故障排除后，双稳态电路不会自动复原，即此时晶体管 T_2 仍截止、晶体管 T_3 仍导通、调整管仍截止，电源不能工作。这时需要手动按一下复位按钮，接通后使 $20\mu F$ 的电容充电，就会有一正脉冲从 C 点（T_2 的集电极）传到 T_1 的基极，使 T_1 截止而 T_2 导通，也就是使双稳态发生翻转，恢复到初始状态。这种保护电路很有效，缺点是需要手动按复位按钮才能复原。

图 7-23 给出的稳压电源输出电压为 12V，输出电流为 5A。主电源绕组采用桥式整流，辅助电源绕组采用了全波整流。主电源的调整管采用的是四个大功率晶体管 3AD18 并联，并利用了中功率管 3AD6A 与小功率管 3AX81B 两级驱动，小功率管 3AX81B 的集电极接在辅助电源上。辅助电源经二级稳压管稳压，前一级的稳定电压为双稳态保护电路提供负电压，后一级的稳定电压为比较放大器（差值放大器）和组合调整管的第一驱动管的集电极提供辅助负电压。两驱动管发射极所接的电阻（$4.3k\Omega$ 和 330Ω）用来补偿驱动管反向电流 I_{cbo} 的影响，对硅管，因 I_{cbo} 较小可不考虑其影响；对锗管，I_{cbo} 较大，特别是在高温和轻载情况下，I_{cbo} 的影响不可忽略，应予补偿。组合调整管基极接一电容 C 或串接 RC，有助于抑制纹波和振荡。

7.1.3　稳压电源的技术指标

1. 输出电压及调节

稳压电源的输出电压可以是固定的（定压输出），也可以是可调节的。根据用途的不同，稳压电源可简可繁。专用仪器的稳压电源可采用固定电压输出型的，实验室中使用的稳压电源则通常是可调电压输出型的。

一台通用型稳压电源一般应有正、负两路输出，并且可换挡，能连续调节输出电压，同时还应有输出电压和输出电流的显示设备。

由于输出电压与采样电阻分压器的分压比有关，因此在两采样电阻中间串一可调电位器就可改变分压比，进而改变输出电压。由输出电压与分压比的关系可知，电位器调至最上端时分压比最大，相应的输出电压最小；反之，电位器调至最下端时分压比最小，而输出电压则最大。当输入电压最大而同时输出电压最小时，调整管的压降最大，但最大压降应小于调整管的耐压。

2. 输出电流

输出电流取决于调整管的能力，最大输出电流不能超过调整管的最大允许电流 I_{CM}，也不能超过调整管的最大损耗功率 P_{CM}，即要求

$$I_{fzmax}(U_{srmax} - U_{scmin}) < P_{CM} \tag{7-18}$$

通用稳压电源多采用并联调整管，因此能给出足够大的输出电流。专用仪器使用的稳压电源的输出电流一般较小，能满足自身电路的需要即可。

3. 稳定度

稳压电源的稳定度 S 定义为：当负载不变时，输入电压相对变化与输出电压相对变化

的比值,即

$$S = \frac{\Delta U_{sr}/U_{sr}}{\Delta U_{sc}/U_{sc}} \tag{7-19}$$

稳定度 S 越大,表示电源的稳定性越好。性能较好的稳压电源,其 S 通常为数百,有的甚至可高达 10^4 以上。为提高电源的稳定度,应着重提高采样电阻的分压比和比较放大器的放大倍数。

4. 电压调整率

电压调整率与稳定度类似,是表征稳压电源稳压性能的指标,它是指在输入电网电压变化 $\pm 10\%$,而外接额定负载保持不变的条件下,输出电压相对变化的百分率,一般用 $(\Delta U_{sc}/U_{sc}) \times 100\%$ 表示。电压调整率也称为稳压系数。

5. 负载调整率

负载调整率是指外接负载由空载变化到满载时,输出电压发生的相对变化的百分率。负载调整率可在输入交流电网电压 220V 并保持不变的条件下加以测试,也可将输入交流电压在 10% 范围内调整到某一值后进行测试。

6. 输出电阻

输出电阻反映了负载电流对输出电压的影响,如果负载电流变化 Δi 引起的输出电压的变化为 ΔU_{sc},则输出电阻定义为

$$R_0 = \left| \frac{\Delta U_{sc}}{\Delta i} \right|_{\Delta U_{sr}=0} \tag{7-20}$$

由于输出电压变化的方向与负载电流变化的方向相反,因此上式取了绝对值。R_0 的值越小,电路的稳压效果越好。

7. 纹波电压

通常,电路中的直流电压是由交流电通过整流、滤波和稳压等过程获得的。因此,对于常用的 50Hz 的交流电,输出的直流电压中总是会混有一些频率为 50Hz 或 100Hz 的交流成分,这就是所谓的纹波电压。纹波通常用其有效值或峰-峰值来表示。经过稳压后,纹波电压会大大降低,降低的比例与稳定度 S 成正比,因此,提高稳压电源的稳定度同时也有利于降低纹波。

纹波电压会给测量电路带来干扰和麻烦,对稳压电源来说是不利因素,应使它越小越好,一般应在几毫伏以下。

8. 温度系数

在输入电压和负载不变时,环境温度的变化也会引起输出电压的变化,这就是所谓的温度漂移,其大小常用温度系数来表示。温度系数 α_T 是指温度每变化 1℃ 时输出电压的相对变化:

$$\alpha_T = \left| \frac{\Delta U_{sc}}{U_{sc} \Delta T} \right| \tag{7-21}$$

有时,温度系数也被定义为温度变化 1℃ 时输出电压的绝对变化,按此定义有

$$\alpha_T = \left| \frac{\Delta U_{sc}}{\Delta T} \right| \tag{7-22}$$

7.1.4　低压稳压电源实例

1. FH1031A 型低压电源

FH1031A 型低压电源是四个道宽的标准 NIM 插件,它可以插入标准的 NIM 机箱,通过插头和接线柱给机箱供电,其单件也可作为实验室低压电源设备使用。该电源的输出有三处,即:42 芯标准插头输出(供给机箱,包括六组低压,一组交流 110V);接线柱输出(六组低压);七芯插座输出(六组低压,每组电流限制在 200mA 以内)。各组低压均有过流保护,±6V 输出电压设有过压保护,其保护值不大于 8V。

1) 主要技术指标

(1) FH1031A 型低压电源的额定输出电压和电流如表 7-2 所示。

表 7-2　FH1031A 型低压电源的额定输出电压和电流

输出电压/V	电流合计输出/A	电流单组输出/A
±6	3	2.5
±12	1.5	1.5
±24	1	1
~110	0.1	0.1

(2) 额定输出功率为 48W(受机箱散热能力限制,如果插入机箱使用,应减小为 36W)。

(3) 对电网负载变动的稳定性:在 220V 的交流电网电压发生 ±10% 的变化,同时负载由空载变化到满载的情况下,电压的相对变化在输出为 ±6V 时不大于 0.2%,在输出为 ±12V 和 ±24V 时不大于 0.1%。

长期稳定性:开机预热 30min 后,连续工作 8h,各组输出电压变化分别为(室温变化在 2℃ 以内):±6V 时,不大于 0.2%;±12V 和 ±24V 时,不大于 0.1%。

输出低压温度系数小于 0.02%/℃。

(4) ±6V 时,纹波电压不高于 3mV;±12V 和 ±24V 时,纹波电压不高于 1mV。

(5) 设有过载及短路保护;±6V 时还设有过压保护,保护电压不大于 8V。

2) 工作原理

FH1031A 型低压电源的电路原理如图 7-24 所示,其中图 7-24(a)所示为 FH1031A 型低压电源的 ±24V 稳压电路,图 7-24(b)所示为 FH1031A 型低压电源的 ±12V 稳压电路,图 7-24(c)所示为 FH1031A 型低压电源的 ±6V 稳压电路。各组稳压电源的电路结构和元件参数基本相同,为清晰起见,电路图中在 ±6V 电路的元件前加了序号 1、2,±12V 电路的元件前加了序号 3、4,±24V 电路的元件前加了序号 5、6,序号为奇数对应正电源,序号为偶数对应负电源。

各组稳压电源均采用串联调整方式,如果由于电网或负载的变动而引起输出电压的变化,此电压的变化由输出端经电阻 R_{17}、R_{18} 和 R_V 分压取样后,与稳压管 DZ_2 提供的基准电压(±6V 稳压电路由 ±12V 稳压电路中电阻 R_{11} 和 R_{12} 构成的分压器的 A/B 端提供)相比较,经第一级差分放大器 T_7 及第二级单管放大器 T_6 后,输出到推动调整管 T_2、T_3、T_4,改变调整管压降,以维持输出在规定的电压水平上,电压微调通过电位器 R_V 来实现。晶体管 T_1 的基极电压恒定,T_1 是 T_6 的恒流源负载,在不增大集电极负载电阻的情况下,通过增大动态负载来提高电压放大倍数。

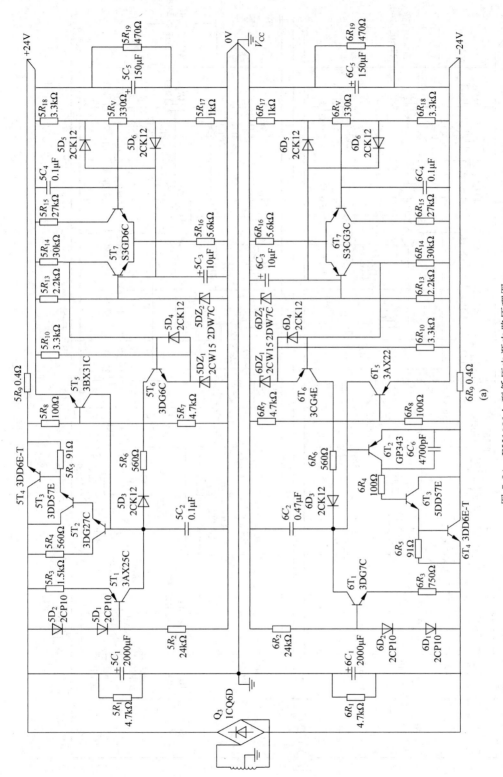

图 7-24 FH1031A 型低压电源电路原理图

(a) ±24V 稳压电路；(b) ±12V 稳压电路；(c) ±6V 稳压电路

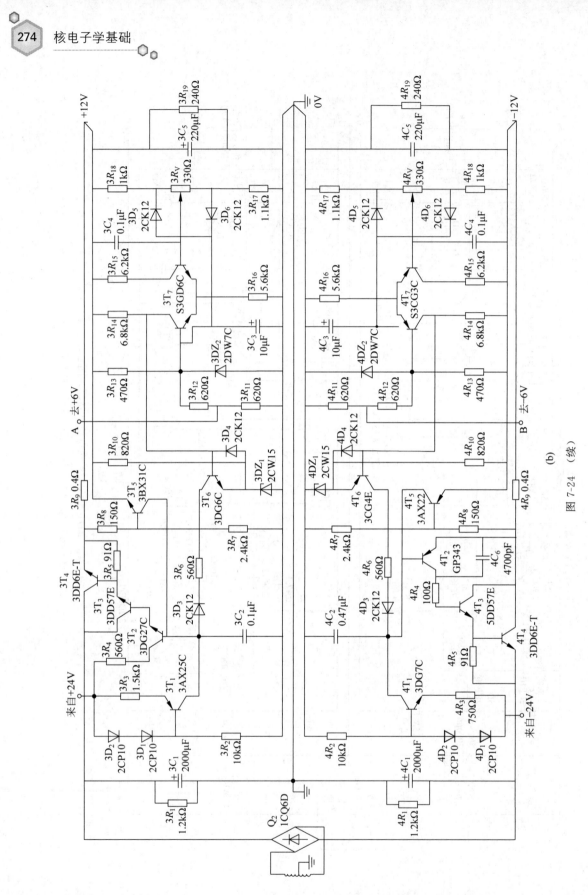

图 7-24 （续）

(b)

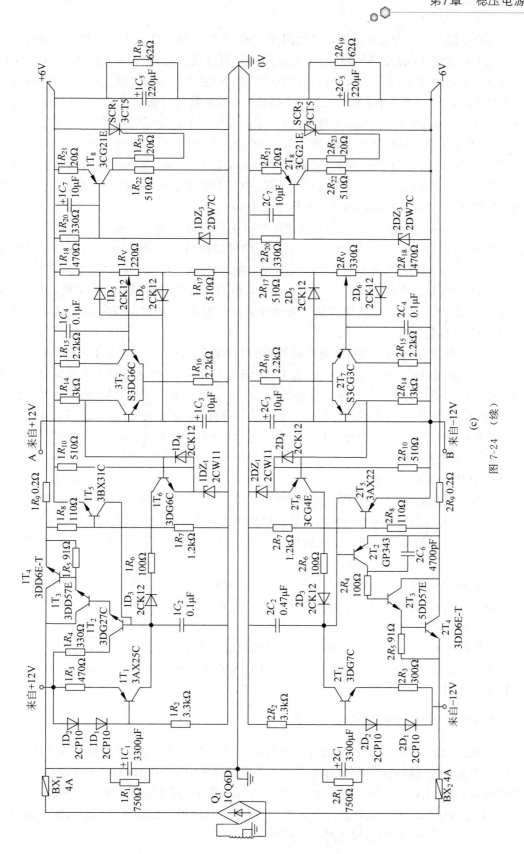

图 7-24 （续）

各组电源的限流和短路保护均采用限流方式,保护电路由 T_5、R_7、R_8 和 R_9 组成。正常情况下晶体管 T_5 截止,对稳压电路不起作用。当过流或短路时,R_9 上的压降增大,T_5 导通并趋于饱和,使调整管的发射极和基极电压减小,输出电流随之减小,即输出电流随着负载加重而减小,于是减小了保护时的功率损耗。当故障排除后能自动恢复正常工作。$\pm 6V$ 稳压电路还具有过压保护线路,当输出增高,超过稳压管 DZ_3 的击穿电压时,晶体管 T_8 导通,有较大电流流入可控硅 SCR 的触发极,使可控硅导通,造成电路输出短路,而引发过流保护,使电压下降。当短路失灵时(如调整管击穿),保险丝 BX 将熔断。各组电源输出端均设有四条输出线(或端子),上下为负载电流线,中间为取样电压线,接负载时上两端和下两端分别相连,当负载连线较远时起提高稳定性作用。

图 7-24 所示的电路中,输出端并联的电容可为负载提供较大的脉冲电流,还可以起到进一步减小纹波的作用。而输出端并联的电阻则可以增加空载时的电流,这有利于补偿驱动管反向电流的影响,并避免空载时稳压失控。输出端至采样点间并联的电容可以增大纹波电压的反馈强度,有利于降低纹波。驱动管基极对地接电容 C 或者 RC 电路,起消振作用,但这样也增加了输出的响应时间。驱动管射极接电阻,可补偿其反向漏电流 I_{cbo} 的影响,有利于温度稳定性。

串联二极管 D_1 和 D_2 为恒流源负载管提供了恒定基极电位,二极管 D_3 起开机启动的作用,D_4 起温度补偿的作用。二极管 D_5 和 D_6 起保护作用,以防止开机和关机瞬间差分管两基极电位相差过大。为保护两个差分晶体管,也可在两基极各串一小限流电阻,并与输入电容构成积分电路,起防振作用。稳压二极管 DZ_2 提供了基准电压,DZ_1 则用于替代电阻 R_{e6},以提高射极电位,便于直流工作点配合,并能减小本级的直流负反馈,提高直流放大倍数,同时提高调控能力。

3) 使用方法及注意事项

如果利用 FH1031A 型低压电源给机箱供电,应注意避免与所用机箱的其他任何供电电源同时使用。FH1031A 型低压电源是一种插件式电源,可插入 NIM 机箱的任意位置,但由于此电源本身的整个右侧方为散热片,在一般的情况下,建议插入最右边的四个插道位置。电源开关由插件自身控制。

FH1031A 的输出电压除由标准插头(CD7-12)输出供给机箱外,还配有接线柱输出和七芯插座输出,42 芯插头和七芯插座输出。6 组低压监测孔及指示灯均在机箱原来的最右边半个道宽上。

在使用 FH1031A 低压电源时,不能超出各组电压规定的最大输出电流以及总功率,在单件使用时输出功率不能超过 48W,在插入机箱内时,应不超过 36W。为减小电网干扰,应使用带地线的三芯电源插头。

2. BH1231 与 BH1222 型低压电源

BH1231 低压电源是 3 个 NIM 单位宽度的核电子学仪器插件,专门用来为 NIM 机箱的内插件提供低压的电源。该低压电源的供电电源为交流 220V,50Hz。电路的输出电压和电流为 $\pm 6V$,2A;$\pm 12V$,1.2A 和 $\pm 24V$,0.8A。额定的最大输出功率为 36W。

BH1231 低压电源的电路原理图如图 7-25 所示,其中图 7-25(a)、(b)和(c)所示分别为 $\pm 24V$、$\pm 12V$ 和 $\pm 6V$ 的稳压电路。

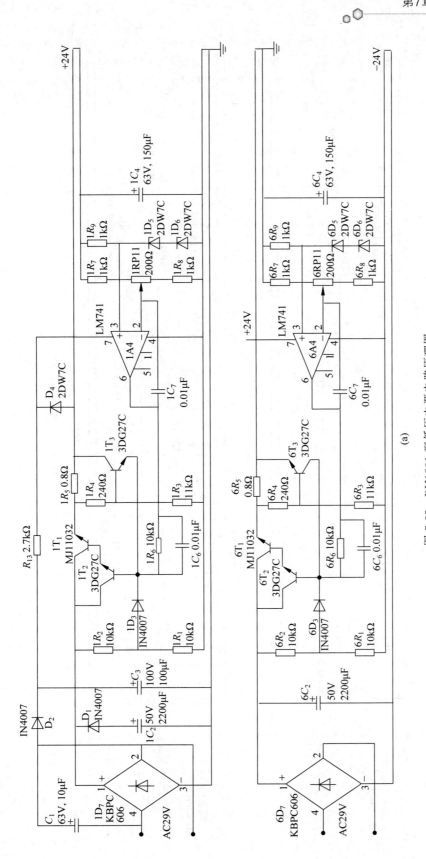

图 7-25 BH1231 型低压电源电路原理图

(a) ±24V 稳压电路; (b) ±12V 稳压电路; (c) ±6V 稳压电路

(a)

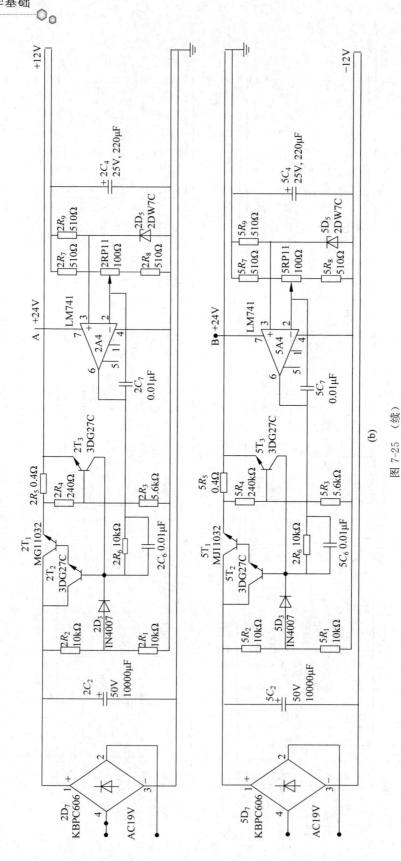

图 7-25 （续）

(b)

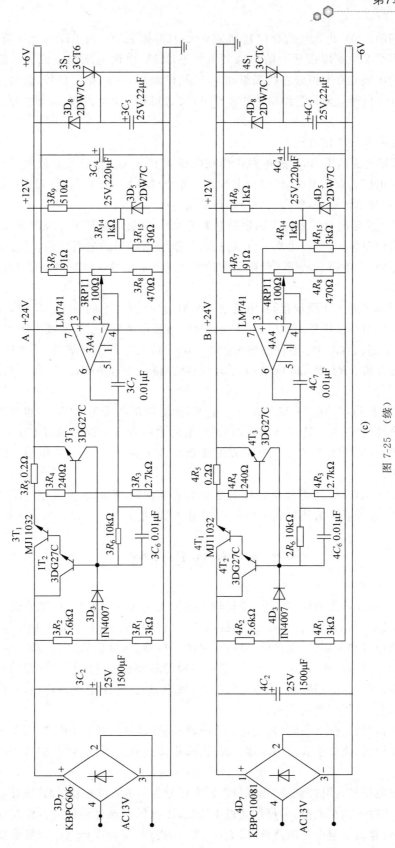

图 7-25 （续）

(c)

交流电网的 220V 电压经过保险丝加到 CD2-31K 插头/座,与 FH0001 机箱连接,并由机箱前右侧半个单位宽度面板上的电源开关控制 220V 电网电压与电源变压器的初级相接。变压器的次级共有七组分立的绕组,除了一组供给 220V 的指示灯外,其余六组次级绕组分别供给 6 个低压电源。各组电源均由全波(桥式)整流、电容滤波、反馈式串联型调整电路等组成。

调整电路有两种工作方式。

(1) 在额定电流范围内,调整电路工作在电压调节方式。直流差分放大器的两个输入端分别接参考电路和取样电路,使输出电压的一部分与参考电压比较,通过差分放大器反相放大后,其输出加给调整管,使输出电压维持稳定。

(2) 在超过额定电流或者输出端短路电流过大时,调整电路将工作在限流保护方式下。调整电路设有短路保护,一旦出现了电流过载,则限流短路保护电路导通,这会引起调整管输出的电压下降,使电路自动进入到限流保护方式。当电流过载事故消除后,电路会重新回到电压调整方式。

六路低压电源的工作原理相同,电路结构相似,只有少许不同。$+24V$ 时,比较(差分)放大电路的供电是经倍压整流(D_1、D_2、C_1、C_3)后通过稳压管 D_4 和限流电阻 R_{13} 取得的。$\pm 6V$ 电路除有过流保护外,还有过压保护。$\pm 6V$ 时,发生过压保护后,若要恢复使用,则须关机后重新开机。R_1、R_2 和 D_3 构成了开机启动电路,并为晶体管 T_1 和 T_2 提供启动基极电流。

BH1222 型低压电源是 NIM 系统低压电源,额定输出功率为 72W,它也与 FH0001 型插件机箱配合使用(外置并连接在机箱的后部,有时也称背式电源),通过 CD2-31K 型插座为机箱体提供 $\pm 6V$、$\pm 12V$ 和 24V 六路直流低压及一路交流~110V 电源。供电电源为~220V,50Hz。

BH1222 与 BH1231 型低压电源的电路结构完全相同,不同之处在于 BH1222 的输出电流大(调整管需并联和散热)、额定功率大、体积大、质量大。

7.2　集成稳压器

集成稳压器(或称集成稳压电路)是指输入电压或负荷发生变化时,能使输出电压保持不变的集成电路。从制造工艺来看,集成稳压器是相对由分立元件构成的稳压器而言的,它是把稳压电路中各种元器件,如晶体三极管、晶体二极管、场效应管、电阻器和电容器等,设计并制作在同一单晶硅片(即芯片)上,或者把不同的芯片和分立元件按一定的电路封装在一个管壳内制成的。集成稳压器具有连线简单、使用方便、性能稳定等特点,并且因其体积小、节省空间而得到了广泛的应用。

集成稳压器根据端子(引脚)数量可分为三端式稳压器(只有三个引脚,有的稳压器管壳本身就是一个引脚,类似于大功率晶体三极管)和多端式稳压器(有效引脚数为四个或四个以上)。

根据输出电压是否可以调整,集成稳压器又可分为固定式稳压器(输出电压在内部已预先设置好,使用时不能再调整)和可调式稳压器(输出电压可通过外接元器件在很大范围内进行调整)。根据输出端电位的高低(以输入/输出的公共端为零点电位),集成稳压器又可分为正电压输出（正输出）稳压器和负电压输出（负输出）稳压器。

根据工作原理，集成稳压器又可分为串/并联调整管稳压器、分流型集成稳压器、开关型集成稳压器以及基准电压源等。按封装方式又有塑料封装（TO-92，TO-202，TO-220，SOT80 等）和金属封装（TO-3，TO-39，F2 等）之分。

三端集成稳压器因具有体积小、性能稳定、价格较低、使用方便等特点，使用最为广泛。这类稳压器的三个引出端分别为输入端、输出端和公共端，能以最简单的方式接入电路。进一步，又可分为三端固定输出集成稳压器和三端可调输出集成稳压器。

7800/7900 系列稳压器是最常用的三端固定输出集成稳压器，它们都属于串/并联调整管稳压器。此系列稳压器型号的命名通常由两部分组成。

第一部分由字母组成，代表厂商，绝大多数是两位字母，少数为三位字母，这部分位于数字 78/79 之前，亦称前缀。代表中国国标的两位字母是 CW，代表其他厂商的前缀字母如：AN（日本松下电器公司）、HA（日本日立公司）、LM（美国国家半导体公司）、MC（美国摩托罗拉公司）、TA（日本东芝公司）、KA（韩国三星电子公司）、TL（美国德州仪器公司）、μA（美国仙童半导体公司）、μPC（日本电气公司）、NJM（新日本无线电公司）等。

第二部分是阿拉伯数字，绝大多数器件是四位数字，有的产品还会在四位数字之间加一个字母或/和在四位数之后加后缀字母。这部分的含义，不同厂商的产品有的会有些许差别。通常，四位数字中，前两位是 78 或 79，其中 78 代表正电压输出，79 代表负电压输出；后两位数字则表示输出电压的大小；在四位数字中间插入的字母代表最大输出电流，其中 L 代表最大输出电流为 0.1A，M 代表 0.5A，S 代表 2A，H 代表 5A，而中间没有任何字母则表示最大输出电流为 1.5A。有的产品在数字的后面还加有后缀字母，用来代表电压容差或封装方式等。

比如型号为 CW7805 的，就是国产、输出电压为 5V 的稳压器，其最大输出电流为 1.5A。型号为 MC79M12 的，就是美国摩托罗拉公司生产的输出电压为 -12V、最大输出电流为 0.5A 的稳压器。

三端可调输出集成稳压器品种繁多，17/37 系列稳压器也是实际使用中的典型产品，其内部都是由恒流源、基准电压、误差放大器、保护电路和调整管等组成的。17 系列为正电压输出型，输出电压在 1.25～37V 之间连续可调；37 系列为负电压输出型，输出电压在 -1.25～-37V 之间连续可调。这类稳压器型号的命名通常为 xxx17x 或 xxx37x，其中前两位是代表厂商的前缀字母，最后一位是代表最大输出电流的后缀字母，前缀和后缀字母的含义与 7800/7900 系列相同。第三位是数字，通常为 1、2 或者 3，其中 1 代表军用品级，2 代表工业用品级，3 代表民用品级。

由于集成稳压器是应用非常广泛的器件，因此它的种类、系列、型号也非常繁多，这里结合实际应用，重点介绍 7800/7900 系列以及个别常用器件。

7.2.1 7800/7900 系列三端固定输出集成稳压器

1. 7800 系列

7800 系列是输出电压固定型的三端子系列稳压器，其输出电压有 5V、6V、7V、8V、9V、10V、12V、15V、18V、20V、24V 11 种。适用的温度范围一般在 0～120℃，军用品级的可达到−55～150℃。7800 系列集成稳压器有两种封装形式,如图 7-26 所示。

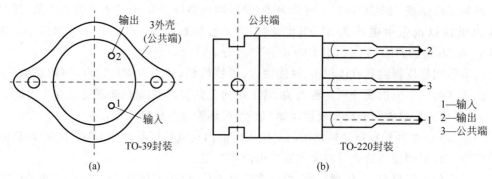

图 7-26　7800 系列稳压器的外形及引出端子

(a) TO-39 封装；(b) TO-220 封装

集成稳压器在电路中常用一个长方形符号表示,图 7-27 所示为 7800 系列集成稳压器的基本用法接线原理图。它的用法非常简单,将整流滤波后的未稳定直流电压直接接到稳压器的输入端,在输出端就可得到相应的固定电压输出。输出端并联一小电容,用来改善过渡响应特性,在输入端的输入线不是很长时可不并联小电容。

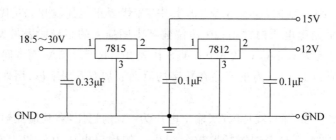

图 7-27　7800 系列稳压器的基本接法

在实际电路中,如果电路中的稳定电压比较高,当需要较低的稳定电压时,也可以利用相应的集成稳压器来实现降压。表 7-3 以输出电压为 15V 的稳压器为例,给出了 7815 稳压器的电气特性参数。

2. 7900 系列

7900 系列集成稳压器是输出电压固定型的三端子稳压器,其内含有过电流限制电路、过热截止电路以及 ASO 保护电路。输出电压有−5V、−6V、−7V、−8V、−9V、−10V、−12V、−15V、−18V、−20V 以及−24V 11 种。与 7800 系列稳压器类似,7900 系列稳压器也有两种封装形式,如图 7-28 所示,其中图 7-28(a)为 TO-39 金属圆筒形封装,图 7-28(b)为 TO-92 塑料封装。

图 7-29 所示为 7900 系列的应用电路原理图,整流滤波后的未稳定或较稳定的直流负电压直接接到外壳输入端,在输出端就可得到相应的固定负电压输出。输出端并联一小电容,用来改善其过渡响应特性,如果输入端的输入线不是很长,可不加输入电容。

表 7-3 7815、7815C 稳压器的电气特性

（对 7815，$V_{IN}=23V$，$-55℃ \leqslant T_j \leqslant 150℃$；对 7815C，$V_{IN}=23V$，$0℃ \leqslant T_j \leqslant 120℃$）

（$I_{out}=500mA$，$C_{IN}=0.33\mu F$，$C_{out}=0.1\mu F$）

符号	单位	测试条件	7815 最小	7815 典型	7815 最大	测试条件	7815C 最小	7815C 典型	7815C 最大
V_{out}	V	$T_j=25℃$	14.4	15.0	15.6	$T_j=25℃$	14.4	15.0	15.6
		$18.5V \leqslant V_{IN} \leqslant 30V$ $5mA \leqslant I_{out} \leqslant 1.0A, P \leqslant 15W$	14.25		15.75	$17.5V \leqslant V_{IN} \leqslant 30V$ $5mA \leqslant I_{out} \leqslant 1.0A, P \leqslant 15W$	14.25		15.75
ΔV_{out}	mV	$17.5V \leqslant V_{IN} \leqslant 30V$ ($T_j=25℃$)		11	150	$17.5V \leqslant V_{IN} \leqslant 30V$ ($T_j=25℃$)		11	300
		$20V \leqslant V_{IN} \leqslant 26V$		3.0	75	$20V \leqslant V_{IN} \leqslant 26V$		3.0	150
$\dfrac{\Delta I_{out}}{\Delta V_{out}}$	mA/mV	$5mA \leqslant I_{out} \leqslant 1.0A$ ($T_j=25℃$)		12	150	$5mA \leqslant I_{out} \leqslant 1.0A$ ($T_j=25℃$)		12	300
		$0.25A \leqslant I_{out} \leqslant 0.75A$		4.0	75	$0.25A \leqslant I_{out} \leqslant 0.75A$		4.0	150
I_b	mA	$T_j=25℃$		4.4	6.0	$T_j=25℃$		4.4	8.0
ΔI_b	mA	With line $18.5V \leqslant V_{IN} \leqslant 30V$			0.8				1.0
		With load $5mA \leqslant I_{out} \leqslant 1.0A$			0.5				0.5
$\dfrac{V_N}{V_{out}}$	μV/V	$T_a=25℃$，$10Hz \leqslant f \leqslant 100kHz$		8	40	$T_a=25℃$，$10Hz \leqslant f \leqslant 100kHz$		90	
RR	dB	$f=20kHz$，$18.5V \leqslant V_{IN} \leqslant 28.5V$	60	70		$f=20kHz$，$18.5V \leqslant V_{IN} \leqslant 28.5V$	54	70	
$V_{in}-V_{out}$	V	$T_j=25℃$，$I_{out}=1A$		2.0	2.5	$T_j=25℃$，$I_{out}=1A$		2.0	
R_{out}	mΩ	$f=1kHz$		19		$f=1kHz$		19	
I_{short}	A	$T_j=25℃$，$V_{IN}=35V$		0.75	1.2	$T_j=25℃$，$V_{IN}=35V$		0.23	
$I_{out(peak)}$	A	$T_j=25℃$	1.3	2.2	3.3	$T_j=25℃$		2.1	

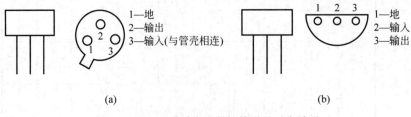

图 7-28 7900 系列稳压器的外形及引出端子

（a）TO-39 金属圆筒形封装；（b）TO-92 塑料封装

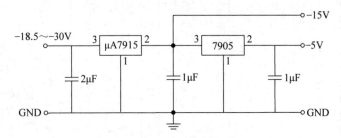

图 7-29 7900 系列稳压器的基本接法

由于 7900 系列负稳压器的外壳是输入端，因此，在安装时应特别注意外壳的绝缘问题。一般都是借助于绝缘片、垫、套管等使器件与接触金属底板绝缘后，将稳压器安装在散热片或仪器底板上，如图 7-30 所示。

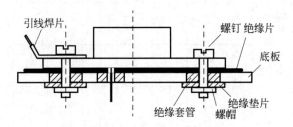

图 7-30 7900 系列稳压器的绝缘安装

7.2.2 其他常用集成稳压器

集成稳压器的种类、系列、型号非常繁多，其性能指标也存在差别。下面介绍其他几种常见的集成稳压器，在实际应用中，可根据具体情况加以选用。

1. LP2950 三端子集成稳压器

LP2950/LP2951 系列是高精度、低跌落电压、低功耗的集成稳压器。LP2950 是输出电压固定的三端子稳压器，可用来提供基准电压，可用于电池工作装置，也可在较高电压电路中提供较低电压输出。LP2950/LP2951 系列为 3 脚 TO-92 塑封，其主要性能指标如下：

输出电压有 5V 和 3.3V 两种，精度为 $\pm 0.5\%$，温度漂移小。

最大输出电流 100mA。负载电流为 100mA 时，消耗电流 8mA。

负载电流为 $100\mu A$ 时跌落电压为 50mV，负载电流为 100mA 时跌落电压为 380mV。

2. ICL7660 型 CMOS DC-DC 转换器

ICL7660 是由 DC 稳压器、RC 振荡器、电压电平转换器、4 个功率 MOS 开关以及逻辑网络构成的 CMOS 直流-直流(DC-DC)转换器,可以产生与正极性输入电压数值相同的负极性输出电压。输入电压范围为 1.5～10V,转换效率为 95％。ICL7660 有两种封装形式,如图 7-31 所示,其中图 7-31(a)为 8 脚 DIP(双列直插式)方式封装的,图 7-31(b)为 8 脚 TO-99 金属圆筒封装的。

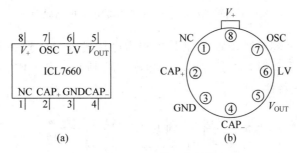

图 7-31 ICL7660 的两种封装形式

(a) 8 脚双列直插式封装;(b) 8 脚 TO-99 金属圆筒封装

图 7-32 所示为 ICL7660 的测试电路。当输入的正电压 V_{IN}<3.5V 时,可把 LV 脚(6 脚)接地(旁路内含的 DC 稳压器);当 V_{IN}>3.5V 时,可以将 LV 脚与地断开;当 V_{IN}>6.5V 时,则有必要在负输出端 V_{OUT}(5 脚)串接一个二极管 D_x。

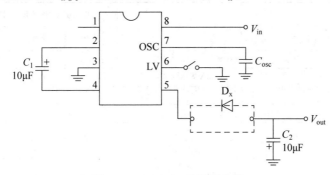

图 7-32 ICL7660 的测试电路

当输入的正电压 V_{IN}＝5V 时,振荡频率的标称值为 10kHz,可通过在 OSC 脚(7 脚)外接一个电容 C_{osc} 使其下降。通过极性变换、倍压以及多个串联等方式,可以构成 n 倍压等所需电路。当外接电容 C_{osc} 较大时(比如 C_{osc}>1000pF),图 7-32 中的电容 C_1、C_2 最好增大到 $100\mu F$。

当电路的供电仅有一种电压,而使用中却还需要有一组负偏置电压时,利用 ICL7660 可以很方便地获得负压电源。图 7-33 所示为利用 LP2950(也可用 78L05)从较高的正电压获得＋5V 的输出,再利用 ICL7660 得到－5V 电压的电路。

3. MC1403/MC1503 ＋2.5V 基准电压源

MC1403、MC1403A、MC1503、MC1503A 等是高精度、低温度漂移的＋2.5V 的基准电压电

路,是为 8～12 位(二进制)数模转换器的基准电压源设计的,也可作为其他电路的基准电压源。

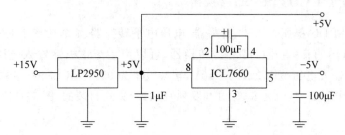

图 7-33　由正电压产生－5V 电压的电源电路原理图

MC1403 等采用 8 脚双列直插式封装,1 脚为电压输入端,2 脚为电压(＋2.5V)输出端,3 脚为地,其余都是空脚 NC,其应用电路如图 7-34 所示。表 7-4 所示为 MC1403(A)和 MC1503(A)等的电气特性。

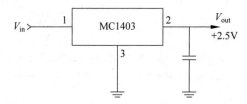

图 7-34　MC1403 的封装引脚及应用电路

表 7-4　MC1403(A)、MC1503(A)的电气特性

符　号	测　试　条　件		MC1403(A)、MC1503(A)			单位
			最小	典型	最大	
V_{out}	$I_{out}=0$mA		2.475	2.50	2.525	V
$\Delta V_{out}/\Delta V_{IN}$	$I_{out}=0$mA	$15V{\leqslant}V_{IN}{\leqslant}40V$		1.2	4.5	
		$4.5V{\leqslant}V_{IN}{\leqslant}15V$		0.6	3.0	
$\Delta V_{out}/\Delta I_{out}$	0mA${\leqslant}I_{out}{\leqslant}10$mA				10	Ω
ΔV_{out}	$T_a=-55\sim125℃$	MC1503			25	mV
		MC1503A			11	
	$T_a=0\sim70℃$	MC1403			7.0	
		MC1403A			4.4	
$\dfrac{\Delta V_{out}}{\Delta T}$	$T_a=-55\sim125℃$	MC1503			55	$10^{-6}/℃$
		MC1503A			25	
	$T_a=0\sim70℃$	MC1403	10		40	
		MC1403A	10		25	
I_Q	$I_{out}=0$mA			1.2	1.5	mA

7.2.3　集成稳压器构成的实用稳压电源

图 7-35 所示为利用 7800/7900 系列集成稳压器构成的多路输出的稳压电源的电路原理图,与图 7-24 所示的 FH1031A 型稳压电源电路相比,使用了集成稳压器之后,整个电路简单多了。

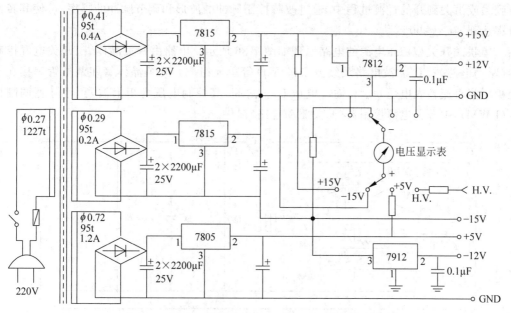

图 7-35 集成稳压器构成的多路稳压电源的电路原理

7.3 便携仪器低压电源

在核测量和分析领域中,便携式仪器的应用越来越广泛,如便携式多道分析器、测氡仪、找水仪、剂量仪等。实验室内仪器的供电取自交流电网,对电能的消耗并不被人们关注。但是,如何减小便携仪器的电能消耗以及如何为便携仪器提供优良的供电电源一直是倍受关注的问题。便携仪器的供电需要采用便携式电源,锂离子充电电池和碱性干电池都是合适的选择,中小型蓄电池由于体积和质量的原因并不是好的选择。由于便携式仪器受体积和质量的限制,电池的数量也必将受到限制,如何利用一节或少数几节电池来为便携仪器提供所需的工作电压,便成为了研究和开发便携式仪器的关键问题。电池在使用中,随着电解的消耗,内阻会逐渐增大,造成其端电压逐渐降低,进而影响仪器的正常工作。为充分利用电池的效能,采用传统的稳压方法无法达到稳压的目的。新型电池和电源管理器件的开发应用,为解决这一问题提供了极为有利的条件。

7.3.1 串联式开关型稳压电源

图 7-6 所示的反馈式串联型稳压电源实际上是一个由调整管射极输出的、带有负反馈的直流放大器。调整管串联在输入和输出之间,并工作在其线性放大区。稳压功能是依靠闭合负反馈回路自动调节调整管的管压降 U_{ce} 来实现的。调整管的管压降一般在 3V 以上,因此其功耗较大,效率也低。

开关型稳压电源中的调整管则受脉冲电压控制,工作在开关状态。在调整管截止时,穿透电流 I_{ceo} 很小,尽管此时管压降很大,但消耗功率很小;调整管饱和时,饱和压降 U_{ces} 很小,尽管流过的电流 I_c 很大,但消耗的功率却很小。调整管的功耗主要发生在工作状态由开到关或由关到开的过渡过程中,通过改善控制脉冲的波形和调节脉冲的频率,可使其转换效率达到 80%~90%。

串联式开关型稳压电源的电路原理如图 7-36 所示。电路由开关晶体管、开关电源控制器(驱动电路)、LC 滤波电路及续流二极管 D 等单元组成。开关晶体管即调整管串接在未经稳压的直流输入电压 U_{in} 和输出电压 U_{out} 之间,其控制电压为矩形波,利用脉宽调制技术(PWM),由开关电源控制器(开关驱动电路)提供。

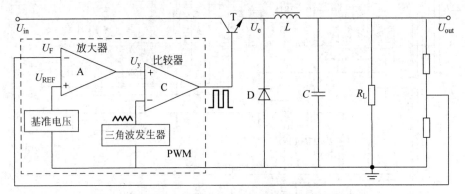

图 7-36　串联开关型稳压电源电路原理图

当控制电压 U_b 为高电平时,开关管(即调整管)饱和导通,电流经调整管、电感,并给电容充电,电感和电容都会存储能量,此时二极管截止,$U_e = U_{in} - U_{ces} \approx U_{in}$。当控制电压 U_b 为低电平时,开关管截止,射极电流 $I_e = 0$。但电感存储的能量会以电流的形式释放,其感应电势将使二极管导通,为电感中的电流提供释放通路。与此同时,电容存储的能量也将释放,但是电容上的电压不能突变,电感上的电流也不能突变,这样就维持了负载上电流基本不变,$U_e = -U_D \approx 0$。

在一个周期的时间 T 内,假设开关管导通时间为 t_1,截止时间为 t_2,则输出电压的平均值 U_{out} 等于 U_e 的直流分量,即

$$U_{out} = \frac{t_1}{T}(U_{in} - U_{ces}) - \frac{t_2}{T}U_D$$

$$\approx \frac{t_1}{T}U_{in} = \delta U_{in}$$

(7-23)

式中,$\delta = t_1/T$,称为矩形波的占空比。

可以看出,当输出电压增大时,如能减小起控制作用的矩形波电压的占空比,就可使输出电压降下来;反之,当输出电压减小时,如能增大矩形波电压的占空比,则可使输出电压升上来。开关电源控制器所起到的就是这种作用,它使输出电压得到稳定。

开关电源控制器由采样电阻、基准电压源、误差放大器 A、三角波发生器和电压比较器 C 组成。采样电压即反馈电压 U_F 加至误差放大器的反相端,基准电压 U_{REF} 加至误差放大器的同相端,误差放大器将差信号($U_F - U_{REF}$)放大后提供给电压比较电路的同相输入端作为阈值电压 U_y,将三角波发生器输出的电压 U_s 加至比较器的反相输入端,并与 U_y 比较形成开关管的控制信号矩形波 U_b。

如果输出电压 U_{out} 增高,经采样的反馈电压 U_F 也会随之增大,与基准电压 U_{REF} 比较,误差放大器的输出电压 U_y 降低(正常情况下 U_y 等于零或不变),经比较器使输出的控制电压 U_b 的

高电平变窄,占空比δ减小;由式(7-23)可知,δ 的减小将导致输出电压 U_{out} 随之减少,从而维持输出不变。反之,如果输出电压减小,开关电源控制器的作用也将使输出电压趋于稳定。

可以看出,PWM 开关电源控制器实际上是一个脉冲宽度调制控制器。稳压作用是通过自动调节控制信号的占空比来改变开关管的导通时间实现的。当 $U_F > U_{REF}$ 时,占空比 δ<50%;当 $U_F > U_{REF}$ 时,占空比 δ>50%。改变采样分压器的分压比可改变输出电压的数值。由于开关管的开关周期 T(由三角波发生器决定)不变,因此以这种模式工作的稳压电路也被称作脉冲调制型开关电源。

开关电源控制器可以制成集成电路,集成型的 PWM 控制器(如 CW3524、CW3525)可与外接调整管(开关管)及二极管 D、电感 L 和电容 C 构成串联开关型稳压器,如图 7-37 所示,其工作原理与图 7-36 完全相同。

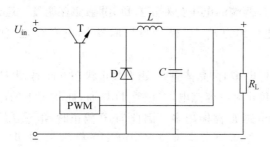

图 7-37 使用集成 PWM 构成的串联开关型稳压器

电感 L 是储能元件,在开关管的控制下,通过充放电过程起到能量交换的作用。电感的选取应考虑其最大饱和电流值、电感量、内阻和尺寸等。为防止电感进入饱和状态,进而导致电感量下降,效率降低,电感的选择要使其饱和电流大于工作时的最大峰值电流,但对电感量的要求并不严格,应该适中。如果电感量太小,虽然安装方便,但由于电感充电电流上升太快,会导致轻载时输出纹波增大;如果电感量太大,虽然可改善纹波,但会增加启动时间和增大体积,安装不便。电感的直流电阻(内阻)直接影响变换效率,应越小越好。通常可选用 $22\mu H$(1.5A)的电感。

电容 C 起输出滤波作用。滤波电容的串联等效电阻是引起纹波的主要原因,也是影响变换效率的原因之一。进行电路设计时,应选用具有较低串联等效电阻的钽电容,或将几个较小电容并联起来形成所需要的容量值,这可进一步降低串联等效电阻。电解电容具有较大的串联等效电阻,不宜采用。

续流二极管 D 在开关管截止时起着为电感电流提供直流通路的作用。二极管的反向恢复时间会引起噪声,增加二极管本身和开关管的功耗。二极管正向压降直接影响其本身的功耗。设计时,应选用反向恢复时间短、正向压降低的肖特基二极管,如 IN5819、IN5821等。肖特基二极管是利用铝和硅接触构成的金属半导体接触势垒二极管。

利用脉宽调制技术的开关电源控制器如果与调整管(开关管)集成在同一芯片上,可以制成集成开关稳压器,如 LM2575 等。便携式电源的低功耗就是利用了开关型稳压电源的工作特性。

7.3.2 并联式开关型稳压电源

串联式开关型稳压电路的调整管与负载串联,输出电压总是小于输入电压,故称为降压型稳压电路。在实际应用中,还需要将输入直流电源经稳压电路转换成大于输入电压的稳定输出电压,称为升压型稳压电路。

在升压型稳压电路中,开关管经常与负载并联,亦称之为并联式开关型稳压电路。并联式开关式型稳压电源的电路原理如图 7-38 所示。

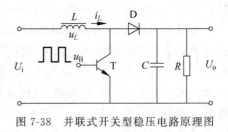

图 7-38　并联式开关型稳压电路原理图

当控制电压 u_B 为高电平时,晶体管 T 饱和导通,输入电压 U_i 相当于直接加到电感的两端,$u_L \approx U_i(u_e \approx 0)$,通过电感的电流近似线性增长,电感产生反向电势

$$u_L = L \frac{\mathrm{d}i_L}{\mathrm{d}t} \tag{7-24}$$

这种情况下,电感 L 两端的电压为左正右负,电感储存能量。这时,二极管 D 左方的电位近似为 0,而右侧的电位约为 u_C,二极管 D 反偏截止,电容 C 通过电阻 R 放电,并维持输出电压 U_o 不变。

当控制电压 u_B 为低电平时,晶体管 T 处于截止状态。此时,电感 L 两端的电压为左负右正,输入端与电感串联并为电容充电,二极管 D 导通,此状态下的电感称为升压电感。晶体管 T 导通时间越长,电感 L 储能越多。因此当 T 截止时,电感 L 向负载释放能量越多,输出电压越高。

升压型稳压电路的输出电压可从储存能量、释放能量的角度来分析。设电感 L 的充电时间为 t_{on},放电时间为 t_{off},$t_{on} + t_{off} = T$。

在电感 L 储存能量期间,三极管饱和,二极管截止,$u_L \approx U_i$。由式(7-24)可知,电感上的电流的变化量为

$$\Delta i_1 \approx \frac{U_i}{L} t_{on} \tag{7-25}$$

在电感 L 释放能量期间,三极管截止,二极管导通,此时 $U_o - U_i = L \frac{\mathrm{d}i}{\mathrm{d}t}$,电感上电流的变化量为

$$\Delta i_2 \approx \frac{U_o - U_i}{L} t_{out} \tag{7-26}$$

如果电感储存能量期间与释放能量期间 L 上电流的变化量相等,即 $\Delta i_1 = \Delta i_2$,则有

$$U_o = \frac{U_i}{1 - \delta} \tag{7-27}$$

式中,占空比 $\delta = t_{on}/T$。

7.3.3　高效升压 DC/DC 转换器 RT9266

DC/DC 转换器就是将输入电压转变为固定输出电压的直流电压转换器,可分为三种类型:升压型 DC/DC 转换器、降压型 DC/DC 转换器以及升/降压型 DC/DC 转换器。RT9266 就是一款小尺寸、高效率、低启动电压的升压 DC/DC 转换器,它采用自适应电流模式 PWM 控制器,其内部包括误差放大器、斜波发生器、比较器、功率开关和驱动器,图 7-39 所示为 RT9266 的功能模块示意图。RT9266 能在很宽的电流负载范围稳定和高效地工作,在稳定

波形方面不需外部补偿电路。

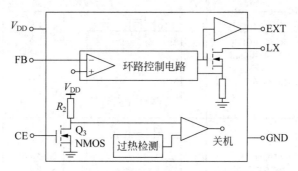

图 7-39 DC/DC 转换器 RT9266 的功能模块图

CE—芯片使能端,工作时接高电位,接低电位时处于关断状态;EXT—用于驱动外部 NMOS 的输出端;

GND—公共地端;LX—内部 NMOS 管漏极开路端;V_{DD}—正电压输入端;

FB—反馈输入端,内部参考电压为 1.25V

RT9266 的启动电压可低于 1V,可以在单节电池供电的情形下使用。在 1～4 节干电池供电时提供的输出电流可达 300mA。高达 450kHz 的开关速率可减小外部元件的尺寸,而 $17\mu A$ 的静态电流和高效率则可延长电池的使用寿命。RT9266 的输出电压是用两个外部电阻来调节的,内部的 2A 功率开关和驱动器提供了用于驱动外部功率器件(NMOS 或 NPN)的驱动输出端口。

1. RT9266 的性能指标

(1) 低至 1V 的启动输入电压,用 1 节碱性电池可实现 3.3V/100mA 的输出供电;

(2) $17\mu A$ 的低静态工作电流;

(3) 效率可达 90%;

(4) 开关频率为 450kHz,可选择内部或外部功率开关。

RT9266 可用于不同场合,由于封装方式等的不同,有时在名称 RT9266 之后还会加上几个有特殊含义的字母,在使用中应给予适当的关注。图 7-40 所示为 SOT-26 和 SOT89-5 两种不同封装的 RT9266 的引脚排列。

2. RT9266 的典型应用电路

图 7-41 所示为 RT9266 用于便携式仪器的电路原理图,输入电压 V_{IN} 为 1.5V,由 1 号干电池 R20 提供,输出电压 V_{out} 为 3.3V/5V。输出电压由图中反馈电阻 R_1 和 R_2 决定,当 $R_1 = 1.6M\Omega$,$R_2 = 980k\Omega$ 时,$V_{out} = 3.3V$;当 $R_1 = 3M\Omega$,$R_2 = 1M\Omega$ 时,$V_{out} = 5V$。反馈电阻的取值应从静态电流和抗干扰能力方面综合考虑:较低的反馈电阻取值可获得较好的抗噪声、抗干扰能力,可降低 PCB(印刷电路板)布线寄生参数的敏感度,提高稳定性;较高的取值可降低系统静态电流($I = 1.25V/R_2$)。高阻抗反馈回路对任何干扰都比较敏感。在设计 PCB 板时,反馈端周围要整体铺铜,不留间隙,布线要短而宽。V_{DD} 对地的干扰可通过旁路电容 C_2 和 PCB 布线来解决,C_2 采用了 $1\mu F$ 的 MLCC 型电容。V_{IN} 对地的干扰可通过旁路电容 C_3 和与之相连的电感 L_1 解决。

型号	管脚封装	
RT9266CE C—商用标准 E—塑料封装 SOT-26	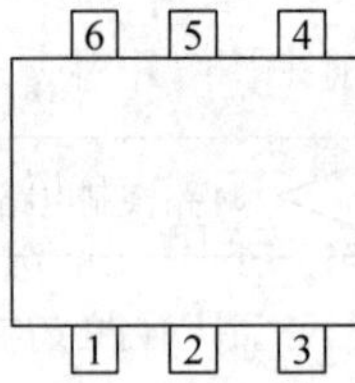 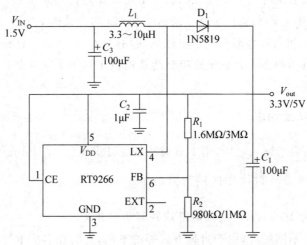	1—CE 2—EXT 3—GND 4—LX 5—V_{DD} 6—FB
RT9266CX5 X5—塑料封装 SOT89-5	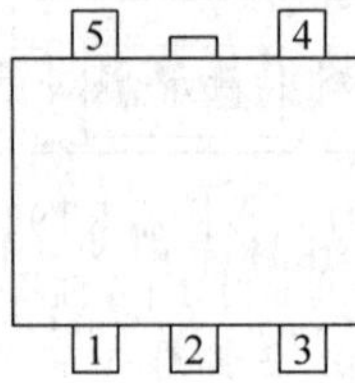	1—CE 2—V_{DD} 3—FB 4—LX 5—GND

图 7-40　RT9266 的封装及外形

图 7-41　用于便携式仪器的 RT9266 的典型电路原理图

　　RT9266 在实际应用中的典型电路如图 7-42 所示。图 7-42(a)所示为 RT9266 输出较高电流时的应用电路,输入电压 V_{IN} 由 1 号干电池 R20 提供,输出的电压为 $V_{out}=3.3V/5V$,电路结构与图 7-41 基本相同,不同之处是这里采用了外部驱动功率器件(NMOS)来提高输出电流,输出电流最高可达 300mA。

　　为提高系统的稳定性,图 7-42(a)中在 FB 端与 V_{out} 之间接了一个电容 C_0,当反馈电阻 R_1 和 R_2 的阻值为 MΩ 量级时,取电容 $C_0=100pF$;当反馈电阻 R_1 和 R_2 的阻值为几十千欧至几百千欧量级时,电容 C_0 取 $0.01\sim0.1\mu F$。

　　图 7-42(b)所示为 RT9266 输出较高电压时的应用电路。输入电压 V_{IN} 在 $3.1\sim5V$ 时,输出电压 $V_{out}=12V$;输入电压 V_{IN} 在 $2.8\sim5V$ 时,输出电压 $V_{out}=9V$。电路也采用了外部驱动器 NMOS,输出电流为 300mA。

　　V_{DD} 和 CE 端由输入电压 V_{IN} 经电阻 $R_{V_{DD}}$ 和电容 $C_{V_{DD}}$ 滤波后供给,端口 LX 的接法有变化,从漏极改接至源极并经小电阻接地。

图 7-42(c)所示为 RT9266 多路输出的应用电路,当电路需要多种电压并且电流不太大时,利用 RT9266 可产生多路电压输出,也包括负电压。

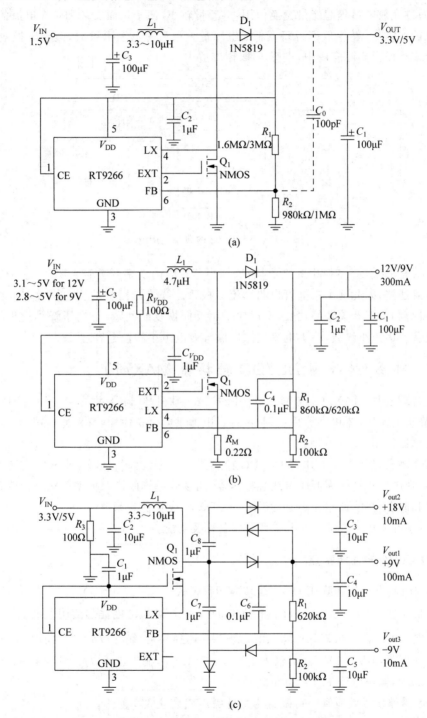

图 7-42　RT9266 在实际应用中的典型电路原理图

(a) 高电流输出的应用电路;(b) 较高电压的应用电路;(c) 多路电压输出应用电路

NCP1402 是一款常用的微功耗升压 DC/DC 转换器，其典型应用电路如图 7-43 所示。NCP1402 可将 2 节 1 号干电池 R20 输出的 2～3V 的电压升压到 5V 输出。电感 L 是储能元件，它通过充放电过程起能量交换作用，电感量较小，便于表面安装和较大电流的输出，但输出电压的纹波大，转换效率也将变低；电感量大虽可降低输出纹波，改善转换效率，但会给安装带来不便。实际应用中，电感 L 取值应适中。

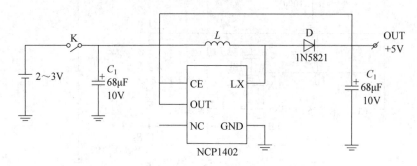

图 7-43　NCP1402 的典型应用电路

二极管是 DC/DC 变换中的主要损耗源，当芯片的内功率开关管关闭时，它为电感提供了一条直流通路，因此这个二极管也叫续流二极管。续流二极管的反向恢复时间会引起噪声、引起自身和功率开关管的功耗，所以应采用反向恢复时间短、正向压降小的肖特基二极管作续流管。为减小纹波，输出电容应选串联等效电阻小的钽电容。

7.3.4　升压/降压型 DC/DC 转换器 MAX710

电源管理芯片 MAX710 或 MAX710ESE 是一款升压/降压型的 DC/DC 变换器，具有效率高、静态电流低、体积小等特点，非常适合电池供电设备使用，特别适合锂离子电池供电的便携式仪器使用。

MAX710 集成了一个升压型 DC/DC 转换器和一个线性稳压器，升压模式转换为开关型调节器，降压模式转换为低压差线性稳压器，用场效应管取代双极型 PNP 管，降低了输入输出压差和静态功耗，产生了升压/降压 DC/DC 转换功能。MAX710 为 16 脚的窄 SO 封装，具有更小的体积。表 7-5 给出了其引脚名称及功能。

1. MAX710 的性能特点

（1）同时具有升压和降压 DC/DC 转换两种模式。

（2）输入电压 V_{IN} 在 1.8～11V 的范围，可有效提高供电电池的使用寿命。

输出电压可预设为 3.3V 或 5V，由 6 脚（$3/\overline{5}$ 选择端）控制。$3/\overline{5}$＝高，输出 3.3V；$3/\overline{5}$＝低，输出 5V。当输出为 5V 时，对输入电压 V_{IN}＝1.8V，输出电流 I_{out}＝250mA；对输入电压 V_{IN}＝3.6V，输出电流 I_{out}＝500mA。

（3）不需外接场效应管。可配置为最低噪声或最佳效率模式。

（4）关断状态（$\overline{SHDN}$）下，输入与输出完全断开。待机状态（$\overline{STBY}$）下只关闭升压转换器，而低功耗线性稳压器仍处于活动状态。

（5）电池损耗低。输入电压 V_{IN}＝4V 时，空载吸收电流为 200μA；待机模式下，吸收电

流为 $7\mu A$；关断模式下，吸收电流只有 $0.2\mu A$。

表 7-5 MAX710 的引脚功能表

引脚	名称	功 能
1、16	LX	连接内部 N 沟道功率场效应管的漏极
2、15	PGND	电源地端
3	ILIM	电感限流选择输入端。接 GND 限制为 1.5A，接 PS 为 0.8A
4	$\overline{SHDN}$	关断控制。选择低时，整个电路关断，OUT 被拉至 GND 端
5	$\overline{STBY}$	待机控制。接 GND 时禁用升压电路，接 PS 时正常运行
6	$3/\overline{5}$	输出电压选择。接 GND 输出为 5V，接 OUT 输出为 3.3V
7	$N/\overline{E}$	低噪声/高效率模式选择。接 GND 为高效率，接 PS 为低噪声
8	LBO	低电池电压比较器输出
9	OUT	线性稳压器输出端。通过 $4.7\mu F$ 旁路电容接 GND
10	LB_	低电池电压比较器负输入端
11	LB_+	低电池电压比较器正输入端
12	PS	内部 P 沟道场效应管的源极，通过它给芯片供电
13	REF	1.28V 的基准电压输出端。通过 $0.1\mu F$ 旁路电容接 GND
14	GND	模拟接地端。必须以低阻方式焊接到地上

2. MAX710 的典型应用电路

根据 MAX710 的自身特点可知，它适用于由单个锂离子电池供电的便携式仪器设备，也可用于以 2～4 节 1 号 R20 碱性干电池供电的便携式仪器设备以及带交流适配器的电池供电设备中。图 7-44 所示为 MAX710 的典型应用电路原理图。

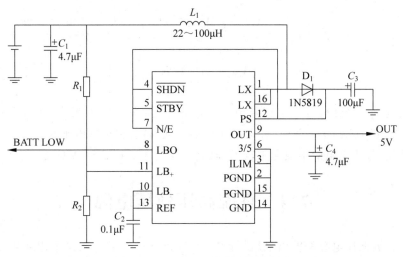

图 7-44 MAX710 的典型应用电路

应熟悉电路中几个外围元件的作用，并对其进行认真选择。与图 7-36 所示的串联式开关型稳压器类似，电感 L_1 通过产生感应电流来抑制通过其上的电流的变化，在其充放电的过程中，起到了能量交换的作用。对电感 L_1 的选择，应综合考虑其电感量、最大饱和电流值、分布电容、直流电阻和尺寸等。为了防止因电流的增加使电感饱和导致其电感量下降、电流上升而效率降低,选择时要使电感的饱和电流值大于电感工作时的最大峰值电流。电感量的选取也要适当。如果电感量太小,则对电流变化的抑制作用小,电感充电电流上升得快,波动大,会使负载较小时输出的纹波增大;如果电感量太大,则电流的变化平缓,虽然纹波得以改善,但电感的充电电流上升较慢,会延长设备的启动时间。同时,较大的电感量通常也意味着较大的体积和较大的直流电阻,而电感的直流电阻会直接影响变换效率,阻值应越小越好。一般可选为电感量在 $18\sim100\mu H$(多数情形下,$22\mu H$ 是一个不错的选择),饱和电流额定值在 1A 左右(电感限流选择输入端接 GND,即 ILIM=GND 时,饱和电流额定值取 1.5A;接 PS,即 ILIM=PS 时,饱和电流额定值取 0.8A)。

输出电容 C_4 起滤波作用,使负载获得稳定的直流电压。对于滤波电容,产生纹波的主要因素是其等效串联电阻(equivalent series resistance,ESR),较大的 ESR 会降低效率。滤波电容应选用 ESR 较低的钽电容,或者将几个较小电容并联起来使用以降低 ESR。一般不宜使用 ESR 较大的电解电容。

续流二极管 D_1 的作用是在功率开关管关闭时,为电感电流提供直流通路。二极管的正向压降会直接增加二极管自身的功耗;而二极管反向恢复期间会产生噪声、增加二极管和开关管的功耗。因此,D_1 应选用反向恢复时间短、正向压降低的肖特基二极管。

将输出电压选择端($3/\overline{5}$)接 GND 或者接 OUT 可以获得 5V 或 3.3V 的输出电压。在 $2\sim250mA$ 的负载范围内,效率通常可达 85%。MAX710 内部含有一个用于检测电池低电压的比较器,内含的 1.28V 的基准电压源可为该比较器或外部电路提供基准电压。LB_+ 和 LB_- 端口分别是低电压比较器的同相输入端和反相输入端,图中,LB_- 与基准电压输出端 REF 相接,而 LB_+ 与由电阻 R_1 和 R_2 构成的分压器相接以检测其分压值。假设被检测电压的下限门限电压为 V_{xm}(最低的电池电压),基准电压为 V_{REF},则分压电阻应满足

$$\frac{R_2}{R_1+R_2}V_{xm}=V_{REF} \tag{7-28}$$

即

$$\frac{V_{xm}}{V_{REF}}=\frac{R_1+R_2}{R_2} \tag{7-29}$$

当电池电压下降并接近下限门限电压时,LB_+ 上的分压值也跟着下降,当其接近并小于 LB_- 上的基准电压 V_{REF} 时,比较器的输出端 LBO 就会输出低电平并报警。为减小分压电阻上的功耗,分压电阻的阻值通常较大,取值一般应在 $100k\Omega\sim1M\Omega$ 之间。

7.4 直流高压稳压电源

晶体管直流低压电源的输出电压一般在 30V 以下。低压电源是采用变压器将交流电网上的 220V 交流市电降压,再经整流、滤波和稳压获得的。在核仪器中,核探测器还需要高压供电,所需高压一般在 $400\sim2000V$,甚至更高,例如 G-M 计数管的供电高压需在 380V 以上,电离室的供电高压需在 500V 以上,闪烁探测器的供电高压需在几百伏至上千伏,正比计数管的供电高压需在 1800V 左右。高压电源的输出电压很高,如果还像低压电源那样从市电产生,由于市电频率低,低频高压升压变压器的体积、质量就会很大,滤波电容不仅要

耐高压,容量也要大,致使电容器的体积和质量过大,串联稳压方法因晶体管耐压低而无法实现,因此低压稳压方法显然不适用于高压电源。

7.4.1 直流-交流-直流变换产生直流高压

在晶体管电路中,产生直流高压的方法通常是先将直流低压经过直流-交流变换器变换成高频交流高压,再经倍压整流、滤波而得到的,过程的原理框图如图7-45所示。由于频率高,变压器体积可以很小,滤波电容的容量也可以较小,因此总体积也就不大了。对于高压稳压电源主要是解决高压的产生和高压的稳压问题。

图 7-45 产生直流高压的原理框图

1. 单管自激振荡器

将直流转变为交流的电路也叫逆变电路。图7-46所示就是单管自激振荡电路的原理示意图,该电路是由一个晶体管、一个高频高压磁芯变压器、一个电阻R和一个电容C组成的。高频高压磁芯变压器是在铁氧体磁芯上绕三个绕组L_c、L_b和L_G构成的。其中,L_G是高压绕组,线圈的匝数最多,是变压器的输出线圈,也叫升压绕组;L_c是集电极绕组,也叫主振线圈,匝数较少;L_b是基极绕组,也叫反馈线圈,匝数最少。L_G与L_c的圈数比叫升压比。L_c与L_b的圈数比可取2∶1~5∶1。磁芯一般常用E型铁氧体磁芯,也有用环形磁芯的。晶体管一般以选用击穿电压高的低频

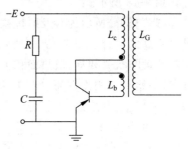

图 7-46 单管直流-交流变换器

锗管为好。基极偏置电阻R为晶体管提供基极电流,调节R可控制电路的工作状态,改善变换效率,R的阻值需由实验确定。电容C为基极和发射极提供了交流通路。

图7-46中线圈上的小黑点表示线圈的同名端(同为始端或末端),按图中同名端的接法才能保证在电路中产生振荡。单管自激振荡电路可实现直流-交流变换,是单管变换器,也叫间歇式振荡器,简称变换器。有关振荡器的工作过程和原理在一般电子学教材中都可查到,这里只重点介绍其作用和应用。

为G-M计数管供电的高压电源的电路原理如图7-47所示。电路由直流低压6.2V供电,采用单管自激振荡电路,振荡产生的高频交流脉冲电压经磁环高频变压器升压后输出,再经倍压整流和滤波,产生的直流高压(H.V.)可直接为计数管提供所需的供电高压。通过调节基极偏置电阻R_7和R_{V2},可使输出高压达到380V。

由于G-M计数管的输出脉冲信号仅作计数强度测量,而计数管的输出脉冲幅度很大且与入射的核辐射的种类和能量无关,因此对所需的高压要求并不严格,整流滤波后的直流高压可直接为计数管供电而不需稳压。变换电路耗电很小,电流约8mA,该电路可用于计数管的便携式仪器和二线制电路。

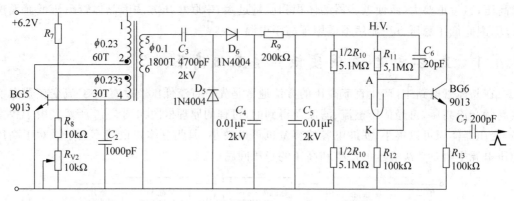

图 7-47　G-M 计数管用高压电源的电路原理

2. 双管推挽变换器

单管变换器多用在功率较小的情况,当功率较大时,一般都采用双管推挽变换器。双管推挽变换器不仅输出功率大、效率高,而且输出电压稳定性也好。双管推挽变换器的电路原理如图 7-48 所示。

图 7-48(a)所示为共发射极接法的双管推挽变换电路,这种接法效率高、容易起振,适合供电不高的场合。图 7-48(b)所示为共集电极接法的双管推挽变换电路,其优点是晶体管散热片可与机壳相连,散热面积大,散热效果好。双管推挽电路的初级线圈应采用双股并绕方式,一始一末相连作为中心头,以保证电路的对称性。

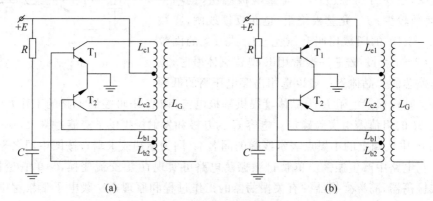

图 7-48　双管推挽变换器
(a) 共射极接法(NPN 管);(b) 共集电极接法(PNP 管)

3. 变换器设计需要注意的问题

将变换器和整流滤波电路进行组合就得到最简单的直流高压电源。变换器的设计中应考虑的指标包括输入直流电压 E、输出直流高压 V_H、输出负载电流 I_{fz}、纹波电压、变换效率 η 等,具体应注意以下几个问题。

1) 变换效率与振荡频率

变换效率 η 是指变换器的输出功率与输入功率之比,其值越高越好。变换器的功率损耗主要发生在处于振荡过渡状态的晶体管上,因为晶体管是工作在开关状态的,导通时虽然电流大,但管压降很小,而截止时虽然管压降大,但电流却很小,这两种情况下的功率损耗都很小。但是,当晶体管处于从导通到截止或从截止到导通的过渡过程时,晶体管上既有一定的管压降又有一定的电流,因此会有较大的功率消耗,而且过渡时间越长,功耗越大。为减少功率损耗,提高变换效率,可采用两种方法:一种方法是使振荡波形前后沿尽可能陡,减少过渡时间;另一种方法就是使振荡的频率低一些,这样可以使过渡时间占全部工作时间的一小部分。另外,振荡频率低,变压器的磁损耗也将减小,这都对提高变换效率有利。但如果频率太低时,应增加变压器的圈数,增大滤波电容的容量,这都会增大设备的体积,还会产生噪声,因此不适合室内使用。

变换器的振荡频率 f 可表示为

$$f = \frac{10^8 E}{4N_c A B_m} \text{Hz} \tag{7-30}$$

式中,E 为输入直流电压,单位取 V;N_c 为每个集电极绕组的圈数;A 为磁芯截面积,单位取 cm^2;B_m 为磁芯的饱和磁感应强度,单位取 GS。

变换器的振荡频率一般在几千赫到几十千赫之间。当输出高压 V_H 较高、输出功率 P_{sc} 不大时,振荡频率 f 可取得高一些。在由市电供电的实验室内,效率不是主要问题,一般都取较高的频率,这可使变压器体积小,噪声小、输出高压纹波也小。当输出高压 V_H 较低、输出功率 P_{sc} 较大时,f 可取得低一些。在野外使用的仪器和干电池供电的仪器中,为提高变换效率,振荡频率都较低,通常取 $500\sim2000\text{Hz}$。

2) 变换器中晶体管参数的选择

(1) 集电极最大允许电流 I_{cm}。

在推挽电路中,流过晶体管集电极的最大电流可表示为

$$I_{cm} = \frac{P_{sc}}{\eta E} \tag{7-31}$$

式中,输出功率 P_{sc} 由设计指标要求确定;变换效率 η 有时是设计时给定的,有时则需要估计。选用晶体管时,I_{cm} 的选择通常要大于式(7-31)的计算值。

(2) 最大耗散功率 P_{cm}。

电路的耗散功率等于输入功率减去输出功率,如果耗散功率全部损耗在晶体管上,则每个晶体管平均消耗的功率 P_c 为

$$\begin{aligned}
P_c &= \frac{1}{2}(P_{sr} - P_{sc}) \\
&= \frac{1}{2}\left(\frac{1}{\eta} - 1\right) P_{sc}
\end{aligned} \tag{7-32}$$

选用晶体管时,P_{cm} 一般应比由式(7-32)计算的 P_c 值大一倍为好。

(3) 最大反向耐压。

在振荡电路中,晶体管的集电极和发射极之间可能的反向电压为电源电压 E 的 2 倍,基极和发射极之间可能的反向电压为基极线圈电压 U_{Lb} 的 2 倍,U_{Lb} 与集电极线圈和基极线圈的圈数 N_c 和 N_b 有关:

$$U_{\text{Lb}} = E \frac{N_{\text{b}}}{N_{\text{c}}} \tag{7-33}$$

在选用晶体管时,应使三极管集电极与发射极间 BU_{ceo} 的反向击穿电压满足条件:$BU_{\text{ceo}} > 2E$,$BU_{\text{beo}} > 2U_{\text{Lb}}$。由于低频管的反向击穿电压 BU_{ceo} 一般大于 10V,有的甚至高达 100V,其基极与发射极间的反向击穿电压 BU_{beo} 一般也大于 10V,而大多数高频管的反向击穿电压 BU_{beo} 在 4～5V 以下,所以在变换器设计中,晶体管多选用低频管,而较少选用高频管,一般更不会使用开关管。

为保护晶体管的发射结,可在基极上串接一个二极管。为提高变换的效率和输出高压的稳定性,则应尽量选用 β 大、反向电流小的晶体管。实用中常用的有 3AX9、3AX22、3AX25、3AD2、3AD4 等。

3) 高频变压器

(1) 磁芯型号选择。

变压器磁芯型号不同,磁芯的截面和最大允许功率也不同。变压器工作时所需的磁芯功率容量称为变压器的计算功率,其大小与变压器的输出功率和电路的形式有关。高频变压器的计算功率可用

$$P_{\text{T}} \approx 1.3 P_{\text{sc}} \tag{7-34}$$

或者用

$$P_{\text{T}} \approx \frac{1}{2}(P_{\text{sr}} + P_{\text{sc}}) = \frac{1}{2}\left(\frac{1}{\eta} + 1\right) P_{\text{sc}} \tag{7-35}$$

来估算。实用中,需要根据计算得到的 P_{T} 选择磁芯的型号。磁芯工作在接近允许功率的状态时,变换效率较高。

(2) 绕组线径选择。

高压绕组的电流很小,通常在几百微安到 1～2mA,可用 $\phi 0.05$～0.1 的高强度漆包线。集电极绕组线径要根据集电极的平均电流查阅漆包铜线规格数据表选定,基极绕组圈数较少,可采用与集电极绕组相同的线径。

(3) 绕组圈数选定。

集电极绕组的圈数 N_{c} 可由下式确定:

$$N_{\text{c}} = \frac{10^8 E}{4 f A B_{\text{m}}} \tag{7-36}$$

式中,各物理量的含义和单位与式(7-30)相同。基极反馈绕组的圈数 N_{b} 可取 $N_{\text{c}}/5$～$N_{\text{c}}/2$,N_{b} 的值大一些容易起振。高压绕组的圈数 N_{G} 要根据输出高压 V_{H} 的大小和整流电路的倍压数 n 来确定:

$$N_{\text{G}} = \frac{V_{\text{H}} N_{\text{c}}}{n E} \tag{7-37}$$

为保证输出的高压不降低,应同时考虑到铜损、磁损和效率等因素,所取的绕组的圈数应适当增加一些。

绕制变压器时,应先绕集电极绕组,再绕基极绕组,最后绕高压绕组,这样可使磁耦合较紧,提高效率。由于频率高,为减小分布参数的影响,最好是乱绕,不必严格分层绕,集电极和基极绕组还应双股并绕,用一股的始与另一股的末相连作为中间抽头。对小功率高压变

压器,由于绕径很细,绕在外面时引线较困难,也可先绕在最内层。各绕组间可用牛皮纸绝缘,层间则可用薄电容器纸或卷烟纸绝缘。

7.4.2 高压电源的技术指标

高压电源的技术指标包括输出高压、输出电流、输出电阻、纹波、稳定度等,高压电源做不同用途使用时,对各项指标的要求也不同。用于强度测量(如用于剂量仪器等设备)时,对高压电源各项指标的要求相对要低一些,一般很容易满足要求;但用于能谱测量时,为了保证测量的精确,对高压电源的各项指标的要求就严格多了。

1. 输出高压

不同类型的探测器所需要的高压大小也不相同,而且差别很大。对某些探测器,如 G-M 计数管、电离室等,其工作高压较为固定,可采用具有固定输出的专用高压电源。对另外一些探测器,如闪烁探测器等,其工作高压不固定,需要用输出可调节的高压电源。

为适应各种探测器的应用需要,高压电源应具有一定的通用性,其输出电压应在很宽的范围内可以调节,包括分挡粗调和连续细调。高压电源的输出通常还需要具有正、负极性转换的功能。

2. 输出电流

不同类型的探测器所需要的高压电流也很不相同。为使探测器能稳定地工作,高压电源应提供足够的输出电流。

例如在闪烁探测器中,如果高压电源能提供足够的电流,则分压器的阻值就可小些,这就有利于各倍增极间电压的稳定。在射线作用下,光电倍增管各电极就有一脉冲电流流过分压电阻,计数率越高,脉冲电流的平均值越大。如果分压电阻取值较大,当计数率发生变化时,脉动电流在分压电阻上的压降就会发生较大变化,从而引起光电倍增管放大倍数改变,进而使输出脉冲幅度改变。因此,为减小因计数率变化而引起的测量误差,分压电阻应取小一些,这就要求高压电源输出电流应大一些。在能谱测量时,光电倍增管分压器中的工作电流应比各电极的脉动电流大一两个数量级。

3. 输出电阻

当输入电压不变时,负载变化引起的输出电压变化量 ΔV_H 与负载电流变化量 ΔI_{fz} 之比就等于输出电阻。为减少负载变化对输出高压稳定性的影响,高压电源的输出电阻应足够小。一般来说,减小高压电源的输出电阻与提高稳定度是一致的,即稳定度高的高压电源,其输出电阻也小。

4. 纹波

高压电源的纹波电压如果太大,纹波电压与有用信号叠加在一起,使探测器输出信号失真。纹波电压的影响严重时,甚至会使测量无法进行,因此需对高压电源的纹波有一定的限制。

对于不同的探测器和不同的测量目的,对纹波的要求也不相同。正高压供电的纹波应当小些,而负高压供电时纹波的要求可有所放宽,因为此时负载接地。探测器的输出信号越小,要求高压纹波也必须越小。作能谱测量时,高压纹波应该在 30mV 以下。用示波器观测高压电源的纹波时,必须经耐高压的隔直电容进行,否则会烧坏示波器。

5. 稳定度

高压电源的稳定度是它的一项最重要的技术指标。在能谱测量中,探测器输出脉冲信号幅度与射入探测器的射线的能量成正比,当探测器的供电高压发生变化时,输出脉冲信号幅度也会随之发生变化,这将给能谱测量带来误差。

以图 1-7 所示的闪烁探测器的高压分压器和输出电路为例,对能量相同的 γ 射线,当所加高压 V_H 变化时,输出脉冲信号幅度 U_m 也会发生变化。一般情况下,输出信号幅度的相对变化与高压相对变化之比近似等于光电倍增管的倍增极(又称打拿极或二次发射极)的数目 n,一般 $n=10\sim13$,所以

$$\frac{\Delta U_m}{U_m} \approx n \frac{\Delta V_H}{V_H} \approx (10\sim13)\frac{\Delta V_H}{V_H} \qquad (7\text{-}38)$$

对于正比计数管探测器,输出脉冲幅度的相对变化与所加高压的相对变化的关系可近似表示为

$$\frac{\Delta U_m}{U_m} \approx (20\sim40)\frac{\Delta V_H}{V_H} \qquad (7\text{-}39)$$

在能谱测量时,如果要求探测器输出的脉冲信号幅度的相对变化小于 1%,则要求高压的相对变化应小于 $0.1\%\sim0.25\%$;如果再考虑到其他因素,则在能谱测量的整个工作期间,高压电源的总相对变化应小于 $0.01\%\sim0.05\%$。

影响高压电源稳定度的原因是多方面的,实际应用中,根据影响因素的不同通常要考虑以下三个方面。

(1) 瞬时稳定度。瞬时稳定度指的是当电网电压(220V)变化 $\pm10\%$ 时,所引起的高压电源输出高压的相对变化。

(2) 长期稳定度。长期稳定度是指在实验室中,条件相对恒定的情况下,高压电源连续工作一定时间后输出高压的相对变化。在能谱测量中,仪器要连续工作几小时甚至几十小时,长时间的工作造成的元件老化以及环境温度的变化等都会使输出高压发生漂移。核电子学中,高压电源的稳定性指标主要指它的长期稳定度。

(3) 温度系数。温度系数是指环境温度每变化 $1℃$ 时,所引起的高压电源输出的高压的相对变化量的平均值。

7.4.3　直流高压电源的稳压

1. 稳定直流高压的方法

在低压直流稳压电源中,一般都采用图 7-5、图 7-6 所示的反馈式串联型稳压方式,但对晶体管直流高压稳压电源来说,显然不能采取这种方式。

根据直流高压的产生方法可知,当输入到变换器的直流低压发生变化时,输出的直流高

压也会发生相应的变化。晶体管直流高压稳压电源的稳压方法,就是利用输出高压的变化,通过反馈过程来控制加到变换器输入端的直流低压的大小变化,从而起到稳定输出高压的作用,其原理如图7-49所示。

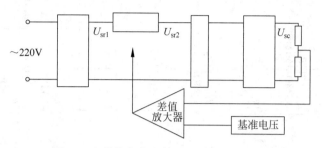

图 7-49　晶体管直流高压电源的稳压方法

图7-50所示为一个实用的高压稳压电源的电路原理图。这一高压稳压电源的输出电压可在 $500\sim1000\text{V}$ 之间变化,是连续可调的;输出电流为 1mA。这个电源可以用来为闪烁探测器提供工作高压。

该高压电源的供电电压为 $\pm15\text{V}$,其中 -15V 的供电电压是用来为运算放大器提供负电源电压的,而 $+15\text{V}$ 供电电压则通过调整管 BG_3 为变换器 BG_4 和 BG_5 提供输入直流低压。变换器为共发射极接法的双管推挽振荡器,基极串接的二极管 D_3 和 D_4 用来保护晶体管 BG_4 和 BG_5 的发射结,使其免遭击穿。

电路中,变换器产生的高频交流高压经电容 C_{13}、C_{14} 和电阻 D_5、D_6 倍压整流,再经 R_{10}、C_{15} 以及 R_{11}、C_{17} 两级 Γ 型滤波后,获得输出直流高压。电阻 $R_{12}\sim R_{17}$ 为采样电阻分压器。BG_1、D_2 和 R_3、W_1、R_4 为分压器提供基准电压。R_1、D_1 为 BG_1 提供固定的基极电位,使 BG_1 的集电极电流 I_c 恒定,以提高基准电压的稳定性。BG_2 是调整管 BG_3 的驱动管。左边的运算放大器 F007 用作差值比较放大器,其同相输入端接基准电压;右边的运算放大器 F007 接成了跟随器形式,对高压的采样电压进行阻抗变换跟随输出,并加至差值比较放大器的反相输入端,形成了反馈控制回路。

当输出高压发生变化时,例如其值升高,采样电压就升高,跟随器输出随之升高。于是差值比较放大器的反相端输入电压升高,使放大器的输出下降,即驱动管 BG_2 的基极电位下降,从而使调整管 BG_3 的输出下降,也就是加给变换器的直流低压下降,输出高压也就降下来了,从而达到了稳压目的。

在电路中,与稳压管 D_2 并联的电容 C_1 起稳定和抑制基准电压噪声的作用;接在驱动管 BG_2 基极上的电容 C_2、C_3 用于防止和消除直流放大器的振荡,C_2 的容值较大,使调节电压的响应时间增加;接在驱动管发射极上的电阻 R_6 用来补偿其反向电流 I_{cbo} 的影响。与采样电阻 $R_{12}\sim R_{15}$ 并联的高压电容 C_{16} 以及电容 C_{11}、C_{12} 都有抑制纹波的作用,它们将输出纹波更多地反馈到放大器的反相输入端,从而有效地抑制了纹波。R_5、C_4 和 C_6 构成了运算放大器正电源的退耦滤波电路。电容 $C_8\sim C_{10}$ 对调整管的输出电压也就是变换器的输入低压起滤波作用。电阻 R_7 为振荡管提供基极电流,电容 C_5 为振荡管基极和发射极提供交流通路。

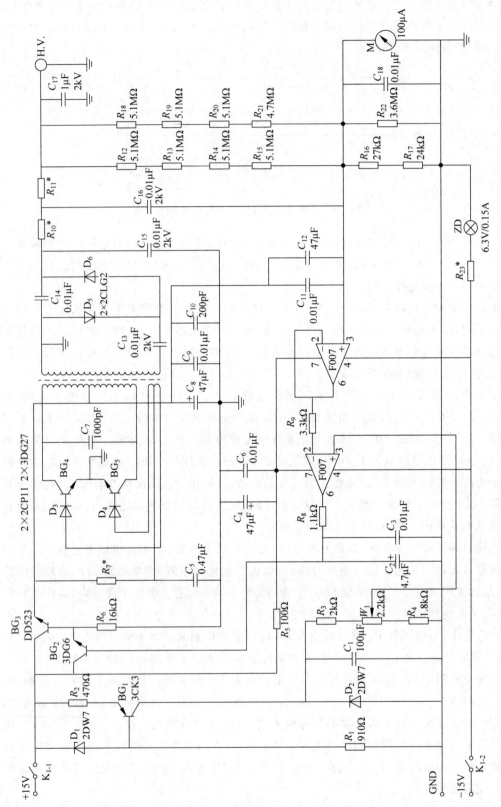

图 7-50 高压稳压电源的电路原理

电路的输出高压模拟显示采用的是 $100\mu A$ 的电流表。电阻 $R_{18} \sim R_{21}$ 为限流电阻,当输出高压为 1000V 时,流过电阻的电流为 $50\mu A$,正好是电流表的半量程。电阻 R_{22} 和电容 C_{18} 用来旁路电流表。对高压输出的调节是通过调节 W_1 来改变基准电压实现的。R_{23} 是指示灯的限流电阻。

由以上分析可知,与低压电源类似,高压电源也采用了负反馈原理。但在低压电源中,差值放大器的放大倍数 K 和采样电阻分压比 n 越大,调整作用越强,即 Kn 越大,输出电压的稳定性越好。

2. 提高输出高压稳定度的方法

对高压电源的反馈调整是在低压范围内进行的,由于采样电压和基准电压近似相等,而高压输出的电压比低压输出高很多,因此高压电源采样电阻的分压比 n 比低压电源采样电阻的分压比小得多。

决定输出高压稳定度的是 K 和 n 的乘积。在高压电源中,K 不仅与差值放大器的放大倍数有关,还与变换器将直流低压转换成直流高压时的变换比有关,所以 K 的值通常是很大的。因此 n 虽小,但 Kn 的值并不小,是用 K 的增加补偿了 n 的减小。

另一方面,高压电源的输出电流并不大,所用采样电阻分压器的阻值很大,这就使 n 进一步降低,为了得到一定的稳定度,就要求高压电源中直流放大器有更高的放大倍数,这将会使高压电源直流放大器的结构和调整变得很复杂。

直流放大器的漂移也会对输出高压产生影响。直流放大器的漂移在效果上相当于在输入端额外增加了一个输入信号,如果其折合到输入端的漂移量为 ΔU,就相当于基准电压 U_{REF} 变化了 ΔU,基准电压的变化引起输出高压的相对变化可表示为

$$\frac{\Delta V_H}{V_H} \sim \frac{\Delta U}{U_{REF}} \tag{7-40}$$

可以看出,直流放大器的漂移越小,输出高压的稳定度越高;基准电压越高,漂移引起的输出高压相对变化越小,即稳定度越高。

由前面对分压比和漂移的分析可知:增大分压比 n 及稳定性、增大直流放大器的放大倍数 K、减小直流放大器的漂移 ΔU、提高基准电压 U_{REF} 及稳定性等都是提高高压电源稳定度的方法。

7.4.4 高压稳压电源实例

1. FH1034A 型高压电源

FH1034A 型 1.5kV 高压稳压电源是一个单位宽度的标准 NIM 插件,能够提供 $500 \sim 1500V$ 的正极性或负极性的稳定直流高压,可以为光电倍增管等核探测设备提供所需的高压。由于其电路结构比较简单,输出连续可调,稳定性较高,因此在核物理实验中应用较多。FH1034A 型 1.5kV 高压稳压电源的电路原理图如图 7-51 所示。

1) 主要技术指标

(1) 输入电压 $\pm 12V$;功耗 2.34W。

(2) 输出范围:直流高压 $500 \sim 1500V$;通过调节,输出电压范围可变为 $0 \sim 1500V$。

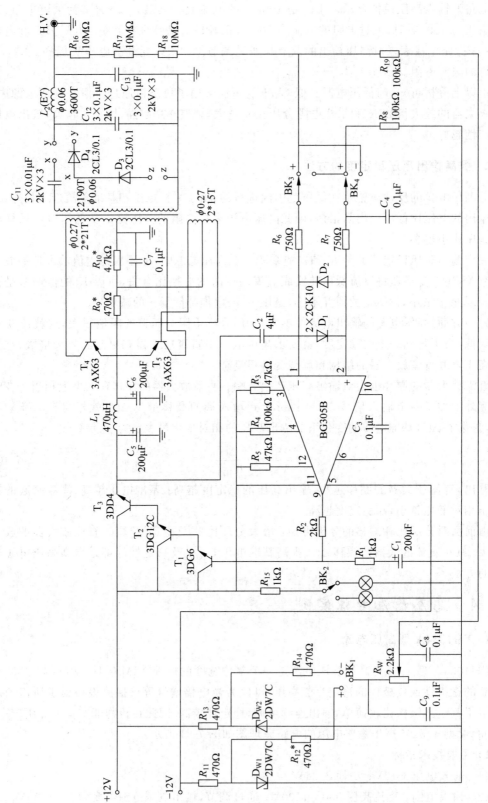

图 7-51 FH1034A 型 1.5kV 高压稳压电源原理图

(3) 输出极性"＋"或"－"；额定输出电流 $0\sim500\mu A$。

(4) 输出电压稳定性：连续工作 8 小时，输出电压变化不大于 0.1%；在 $0\sim40℃$ 下工作，温度改变 $1℃$，输出电压平均变化不大于 0.01%。

瞬时稳定性：电网电压（220V）变化 $\pm10\%$ 时，输出高压变化不大于 0.01%。

负载稳定性：输出为 $500\mu A$ 时，输出电压较空载时变化小于 0.05%。

(5) 纹波电压：小于 15mV（有效值）；刻度指示误差：小于 3.0%。

2）工作原理

图 7-52 所示为 FH1034A 型 1.5kV 高压稳压电源的简化电路图。$+12\text{V}$ 低压电源经调整管 T_3 向自激振荡变换器 T_4、T_5 供电。该变换器按一定的圈数比产生交变电压，经过倍压整流滤波后输出。可以看出，若能自动调节调整管 T_3 的输出电压，即可控制高压输出端的电压。为达到这个目的，该稳压电源利用了取样、负反馈控制电路。由高压输出端经电阻 $R_{16}\sim R_{19}$ 及支柱电压 U_Z 构成了高压取样电路。由于 U_Z 与高压输出极性相反，通过波段开关 BK_1，当输出高压为正极性时，高压采样电阻与负支柱电压相接；当输出高压为负极性时，高压采样电阻与正支柱电压相接。正常情况下 $U_{R19}=-U_Z$，高压输出电压 U_H 与 U_Z 之间经电阻 $R_{16}\sim R_{18}$ 与 R_{19} 的分压使图中 A 点呈现零电位，实现了虚地采样。

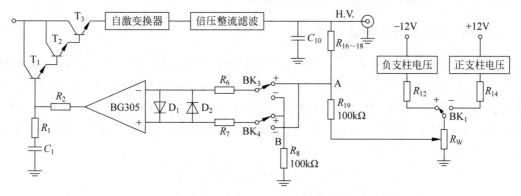

图 7-52　FH1034A 型 1.5kV 高压稳压电源的简化电路

由于 U_Z 是采用 2DW7C 做成的稳压电源，则流过 $R_{16}\sim R_{19}$ 的电流发生改变时会使 A 点偏离零电位，呈现出一个正或负的微弱电压，这个电压与零电位的 B 点进行比较，将该差值信号经放大器 BG305 放大后，再经驱动管 T_1、T_2 进行电流放大，去控制调整管，从而控制了变换器的供电电压，达到了对输出高压的调节目的，使输出电压达到稳定。

输出高压极性的转换是通过内部高压整流管的极性转换插头和外部低压波段开关 BK 来实现的。波段开关 $BK_1\sim BK_4$ 是同步联动的。BK_1 用来选择支柱电压的极性，当输出正高压时，正高压采样电阻与负支柱电压相连；当输出负高压时，负高压采样电阻与正支柱电压相连，以使输出高压极性与支柱电压极性相反。BK_2 用来选择显示高压极性的指示灯。BK_3 用来选择放大器反相输入端的电压信号，BK_4 用来选择放大器同相输入端的电压信号，当输出高压为正极性时，采样电压信号加到反相输入端，零电位信号加到同相输入端；当输出高压为负极性时，采样电压信号加到同相输入端，零电位信号加到反相输入端。零电位信号由接地电阻 R_8 提供。

输出高压调节是通过改变支柱电压 U_Z 输出端电阻分压器中的 R_W 来实现的, R_{12} 和 R_{14} 用来校准正、负极性输出的满刻度。放大器输入端串联的电阻 R_6 和 R_7、并联的二极管 D_1 和 D_2 是为了保护放大器而设置的, R_6 和 R_7 用来限制放大器的输入电流,二极管 D_1 和 D_2 用来限制放大器输入端的差值信号不致超过二极管结压降 0.5V。

调整管输出端至放大器输入端的电容 C_2 用来改善低压部分的相位,防止低压部分振荡而引起输出端的振荡; C_2 也起减小纹波的作用。 R_1 和 C_1 用于防止和消除振荡, C_1 容值的大小控制着调节响应时间。这个电路的缺点是高压纹波随高压而变。当高压降低时,调整管供给振荡电路的低压随之降低,振荡频率也会降低,电容滤波效果变差。

3) 使用方法及注意事项

高压调节电位器 R_W 装在前面板上,高压的精确指示值由十圈刻度盘读出,一圈为 150V,刻度误差不大于 3.0%。由选配的电阻 R_{12} 和 R_{14} 对正、负极性输出的满刻度进行校准,仪器的前后面板上各装一高压输出插座。

使用前,首先要将内部极性转换插头转至所需要的极性,再将面板上的极性开关拨到所需的极性上。将输出电压调节电位器旋至所需要的电压值,再接高压负载(探测器)。检查无误后接通电源,预热 20min 即可使用。使用过程中应特别注意:不得改变输出极性,不得带电接入或拔下负载以免触电,不允许输出短路。

2. BH1283N 型高压电源

BH1283N 型高压电源是一个 NIM 单位宽度的标准核电子仪器系列的插件。它能提供 $300 \sim 1500V$ 的正极性或负极性的稳定直流高压,可以为核辐射探测器件(如闪烁探测器的光电倍增管、盖勒计数管、电离室等探测器)提供高压供电,配合其他插件进行放射性测量。供电电源为 $\pm 12V$。BH1283N 型高压电源的组成框图如图 7-53 所示,其 1.5kV 高压电源电路原理图如图 7-54 所示。

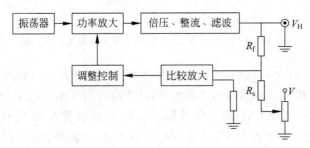

图 7-53　BH1283N 高压电源的组成框图

1) 主要技术指标

(1) 输出电压范围为 $500 \sim 1500V$,输出极性"+"或"-";额定输出电流为 $0 \sim 500\mu A$。

(2) 连续工作 8h,输出电压变化不大于 0.1%;平均温度系数不大于 $0.03\%/℃$。

(3) 瞬时稳定性:输出电压变化不大于 0.01%;负载稳定性:输出电压变化不大于 0.05%。

(4) 纹波电压:小于 15mV(有效值);刻度指示误差小于 3.0%。

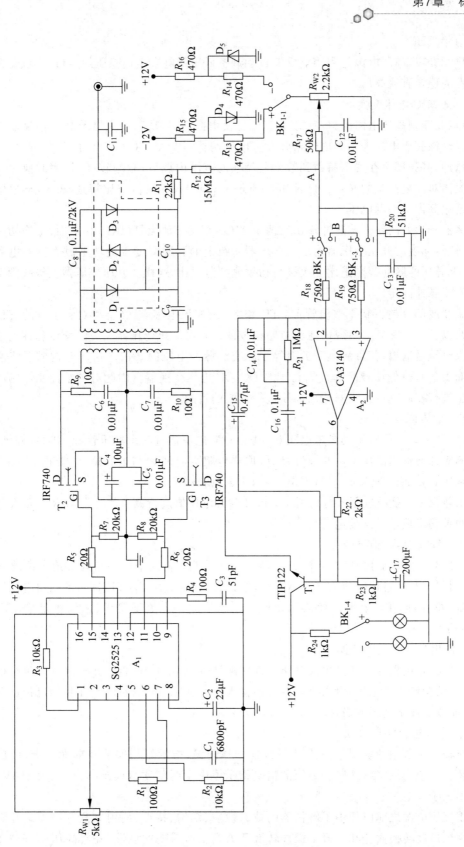

图 7-54 BH1283N 型 1.5kV 高压电源电路原理图

2）工作原理

BH1283N 型高压电源是利用负反馈自动调整低压供电来实现稳压的，可以提供正极性或负极性的稳定直流高压。

（1）DC/DC 电压变换。

BH1283N 型高压电源的直流-交流-直流变换由振荡器、功率放大器及高压整流滤波等部分组成。该高压电源采用集成电路脉冲宽度调制器（PWM）SG2525 作振荡器，产生两路互补的脉冲，其频率可在几千赫兹到数十万赫兹的范围内调节，频率较高，使用时应尽量避免音频振荡对环境产生的噪声。脉冲宽度通过 W_1 调节，一般占空比接近 50%，输出脉冲幅度接近振荡器的电源电压。

振荡器产生的两路方波脉冲输送给两个 MOS 型功率放大管（IRF740）进行推挽功率放大，并经铁氧体磁芯升压变压器输出。变压器初级上的脉冲幅度接近功率放大器的电源电压，次级上升压的脉冲幅度正比于次级与初级线圈匝数比，这样在升压变压器次级线圈上就产生了交流脉冲高压。

整流滤波部分是由高压整流管 D_1、D_2 和 D_3 及高压电容 C_8、C_9 和 C_{10} 组成的三倍压整流电路以及 R_{11} 和 C_{11} 组成的滤波电路构成的。它将高压变压器次级的交流脉冲电压转换为直流电压后输出，其直流电压近似等于原交流脉冲电压的 3 倍。这部分构成了将调整控制器输出的直流低压转换为直流高压的 DC/DC 电压变换器。因此对调整控制器输出的直流低压进行控制就可达到对输出高压进行控制的目的。

（2）取样与参考电压。

BH1283N 型高压电源的参考电压 U_Z 由 ±12V 电源通过两个稳压管 D_4 和 D_5 提供，参考电压的极性与输出高压 V_H 的极性相反，取样电阻 R_F（R_{12}）与 R_S（R_{17}）对输出高压 V_H 和参考电压 U_Z 分压，使节点 A 呈零电位，构成虚地取样。

输出电压 V_H 是通过调节电位器 W_2 改变参考电压值进行调节的。电阻 R_{13} 和 R_{14} 用来校准两种输出极性的满度电压。

（3）比较放大器及调整器。

当输出高压 V_H 变化时，在取样点 A 将会产生误差。将这个误差与处于地电位的 B 点的电位进行比较，经过比较放大器（CA3140）放大后，对调整管 T_1（TIP122）的输出电压进行反向控制，并与 DC/DC 电压变换器以及取样电路构成一个负反馈环，达到稳定输出高压 V_H 的目的。

（4）输出高压的极性转换。

极性转换是由极性转换开关及高压极性转换插件（D_1、D_2 和 D_3）组成的极性转换结构进行的，此结构使参考电压极性、比较放大器输入极性、倍压整流极性、高压指示灯极性同时转换，进而改变输出高压的极性。

3）使用方法及注意事项

高压输出调节用的多圈电位器 W_2、极性选择开关、指示灯均安装在前面板上，前后面板各安装了一个高压输出插座。高压的精确指示值由十圈刻度盘读出，每一圈为 150V，刻度误差不大于 3%。

使用高压电源之前应仔细了解仪器的技术性能、结构、特点、使用方法等事项。开机前将机内高压极性转换插件和面板上极性转换开关换至所需要的极性，并将高压调节刻度盘置于较低位置。

开机后观察高压极性与所需极性是否相符,如不符则关断电源,打开上盖改换高压极性转换插件的方向,如果与所需极性相符也要关断电源,在前面板或后面板通过输出插座接好高压负载(如探测器等)。再次开机并逐步调至所需的电压。预热 20min 即可使用。

在改换极性之前,应对高压大电容放电;或在输出端接负载,待放完电之后再进行改换极性操作。仪器在通电过程中不允许改换输出极性。改变极性时也必须同时改变极性转换开关。在使用过程中不允许带(高压)电插拔负载或改变负载,以防高压上冲、打火、损坏仪器及触电事故。

仪器的高压输出需使用专用高压电缆线,要严防高压短路及高压负载耐压不够造成击穿、打火、短路。

3. FH1015 型高压稳压电源

FH1015 型高压稳压电源是一种通用台式 2kV 高压稳压电源。作为台式仪器,其电路结构要比插件式仪器复杂。FH1015 的主要特点是采用了集成电路直流放大器 BG301 和自稳频自激振荡器等。FH1015 型 2kV 高压稳压电源的电路原理图如图 7-55 所示。

1) 主要技术指标

(1) 输出的电压范围 0~2000V,分挡连续可调;输出极性"+"或"−";额定输出电流 0~1mA。

(2) 长期稳定性:连续工作 8h,输出电压变化不大于 0.05%(±50mV);瞬时稳定性:输出电压变化不大于 0.005%(±10mV)。

(3) 纹波电压小于 5mV(有效值);平均温度系数不大于 0.003%/℃;内阻小于 30Ω。

2) 工作原理

FH1015 型 2kV 高压稳压电源的低压供电为 ±24V。+24V 直流低压电源经调整管 T_6 后为变换器供电,变换器按一定的升压比产生交流高压,经倍压整流滤波后输出直流高压,再通过采样、比较放大器后反馈到变换器的输入端调控直流低压,从而达到调节和稳定输出直流高压的目的。

FH1015 型 2kV 高压稳压电源在工作原理和采样、比较方式上与 FH1034 型 1.5kV 高压稳压电源基本相似,其简化电路如图 7-56 所示。

(1) 集成电路直流放大器。

因集成电路直流放大器 BG301 的增益高(最高可达 4000 倍)、漂移小,在 FH1015 型 2kV 高压稳压电源中采用了这一芯片。但结合 FH1015 的自身特点,在设计中作了一些外电路的配合。

BG301 的供电电压为 +12V 和 −6V。+12V 由直流低压电源的 +24V 经 R_{35}、D_{W3} 和 D_{W4} 组成的稳压管稳压电路提供,−6V 则由 −24V 经 R_{42} 和 D_{W5} 稳压管稳压电路提供。为了提高 BG301 的输入阻抗,减小由于注入电流所引起的控制误差,在 BG301 的输入端设置了对称射极跟随器 T_2。

从图 7-56 中可以看出,输出高压($+V_H$ 或 $-V_H$)与支柱电压($+U_Z$ 或 $-U_Z$)之间的电阻 R_1 和 R_2 构成了高压采样比较电路。高压极性与支柱电压极性正相反。在正常情况下,$V_{R_2} = U_Z$,$V_{R_1} = V_H$,即电压 V_H 与 U_Z 经电阻 R_1 和 R_2 的分压,使图 7-56 中 A 点呈现零电位。

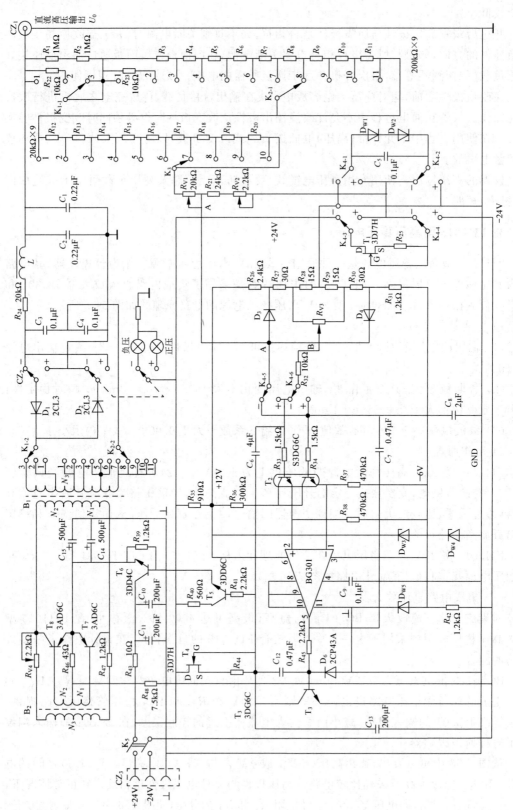

图 7-55　FH1015 型 2kV 高压稳压电源电路图

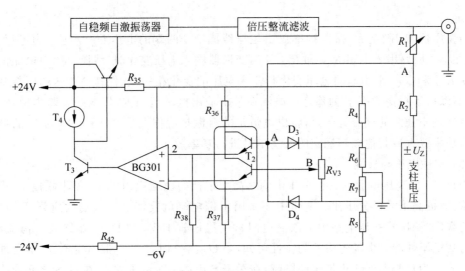

图 7-56　FH1015 的简化电路

由于 U_Z 是由两个串接的 2DW7C 产生的高稳定电压,当输出高压 V_H 有变化时,则流过 R_1 和 R_2 的电流变化会使 A 点偏离零电位,产生一个正或负的微弱电压,这个电压与通过 R_{V3} 调整的 B 点零电位一同经过对称射极跟随器 T_2 加到 BG301 的输入端进行比较、放大,同相输入,同相输出。

　　直流放大器 BG301 的输出电压的最大值为 +5V。为了使放大器的输出高压可以在 0～2kV 的范围内变化,变换器的输入电压,也就是低压部分的输出电压(T_6 发射极)就需要在 0～15V 之间变化。为实现这一目的,在 BG301 的输出端加上了一级电压放大(晶体管 T_3)。由于 T_3 输出的动态范围大,为使 T_3 始终处于正常工作状态,在 T_3 的集电极采用了由场效应管 T_4 构成的恒流源负载。BG301 的输出经 T_3 倒相放大后,输入给驱动管 T_5 去控制调整管 T_6,从而控制了变换器的输入低压。

　　在 +12V 和 −6V 之间的、由电阻 R_4～R_7 构成的分压器,可以为 B 点的零电位调节以及由二极管 D_3 和 D_4 组成的放大器保护电路提供偏置电压。

　　对称跟随器 T_2 均采用双三极管 S3DG6C,对温度的变化有较高的一致性,有利于减小漂移。电路中的电容 C_6～C_9,C_{12} 和 C_{13} 均有消除振荡的作用,电容 C_{13} 还兼有减慢高压变化速度的作用。

　　(2) 自稳频自激振荡器。

　　变换器的振荡频率可由式(7-30)给出,该式表明,在一般的变换器中,振荡频率会随输入低压 E 的变化而变化。频率不同,滤波的效果也不同,这就导致纹波电压会随着输出电压的变化而变化。当输入低压降低时,会引起输出高压降低,同时也会使振荡频率降低,滤波效果变差,纹波增大。

　　FH1015 型高压电源的变换部分采用了自稳频自激振荡器电路,自稳频的原理就是保持对频率起作用的绕组上的电压不变。变换部分用了两个变压器,振荡管 T_7、T_8 同时起到了推挽振荡和功率放大的作用,二者的集电极并联了两个绕组,一个是起振荡作用的变压器 B_2 的主振绕组,另一个是起输出作用的变压器 B_1 的初级绕组。振荡信号由 B_2 供给,其频率由变压器的尺寸(截面积)、材料(饱和磁感应强度)、主振线圈 N_3 的匝数及其两端的压降

U_3 决定。

　　当变压器 B_2 确定后,振荡频率仅由主振线圈 N_3 两端的电压 U_3 决定。为了保证 U_3 一定,在 N_3 回路串入电阻 R_{47} 和 R_{V4}。当变换器输入电压变化时,线圈 N_3 内电流的相应改变在 R_{47} 和 R_{V4} 上引起的电压变化与输入电压的变化相一致,保持 N_3 两端压降基本不变,从而保持了振荡频率 f 的稳定。电源在整个输出电压范围内,振荡频率基本保持不变。为了得到频率稳定的交流电压,可将供电恒定的自激推挽振荡器产生的频率稳定的振荡信号进行功率放大或其他频率稳定的振荡信号进行功率放大。

　　(3)支柱电压与极性。

　　FH1015 型高压电源的支柱电压由两个高稳定性的稳压管 2DW7C 相串联提供,提高支柱电压,就提高了采样分压比。电路中还采用了带电流负反馈的结型场效应管 T_1 作为恒流源负载(即稳压管稳压电路中的限流电阻),使稳压管 DW_1 和 DW_2 始终处于恒流状态,以提高其稳压性能。由场效应管的特性可知,当 $U_{GS}=0$ 时,I_{DS} 近似恒定不变,不受外加电压的影响。为克服温度变化带来的影响,在源极 S 串接一个电阻 R_{25},在 G、S 之间形成负偏压,$U_{GS}=-I_{DS}R_{25}$。当温度升高时,I_{DS} 减小,使 U_{GS} 上升,促使 I_{DS} 增大,反馈的结果使 I_{DS} 维持不变。因此,这样安排的支柱电压电路不仅提高了支柱电压和采样分压比,而且也提高了稳压性能和温度稳定性。

　　支柱电压 U_Z 与输出高压 V_H 相互串接,但二者极性相反,并通过开关 K_4 实现反极性相接。当输出负高压时,开关 K_{4-3} 接 +24V,与场效应管漏极相连;K_{4-1} 接地,与稳压管正极相连;K_{4-2} 与 K_{4-4} 相连,输出 $+U_Z$,其中 K_{4-2} 接稳压管负极,K_{4-4} 通过电阻 R_{25} 接场效应管栅、源极。当输出正高压时,开关 K_{4-2} 接地,与稳压管负极相连,K_{4-4} 接 -24V,与场效应管栅、源极(通过 R_{25})相连;K_{4-1} 与 K_{4-3} 相连,输出 $-U_Z$,其中 K_{4-1} 接稳压管正极,K_{4-3} 接场效应管漏极。

　　直流放大器的输入端也是通过开关 K_4 控制的,当输出负高压时,采样电压通过开关 K_{4-5} 加到 BG301 的反相输入端 1 脚,零电位通过 K_{4-6} 加到 BG301 的同相输入端 2 脚;当输出正高压时,采样电压由 K_{4-5} 加到同相输入端 2 脚,零电位由 K_{4-6} 加到反相输入端 1 脚。这样保证了 BG301 同相输入,同相输出,再经 T_3 倒相放大,就实现了负反馈控制。

　　FH1015 型高压稳压电源的高压输出调节采用的是十进制阶梯式分挡连续调节,不能实现完全连续调节。

4. BH1302 型 3kV 高压电源

　　BH1302 型台式 3kV 高压电源可用作核物理探测器的高压设备,也可以用作普通高压电源设备。其供电电压为交流 220V,50Hz,2A。

　　1)主要技术指标

　　(1)输出电压范围为 300~3000V,连续可调;输出极性"+"或"−";额定输出电流为 0~2mA。

　　(2)稳定性:预热 0.5h,室温变化小于 2℃ 时,8h 稳定性不大于 0.1%;平均温度系数不大于 0.02%/℃。

　　(3)纹波电压小于 15mV(有效值)。

　　(4)电平指标:误差不大于 5%(满度值);检测输出:1:1000,误差小于 0.15V。

2）工作原理

电路设计中，直流运算放大器是常用元件，如图 7-57 所示就是具有深度负反馈的直流运算放大电路。如果放大器的开环增益和输入电阻很高，则输出电压 V_{sc} 与输入电压 V_{sr} 及取样电阻或反馈电阻 R_F 和 R_S 之间的关系可写为

$$V_{sc} = \frac{R_F}{R_S} V_{sr} \tag{7-41}$$

如果输入电压 V_{sr} 为直流电压，则放大器的输出端可以得到直流电压 V_{sc}。一般虚地取样的直流稳压电源中，就是应用了近似于这样的负反馈放大环，输出电压 V_{sc} 经过电流放大器输出。在稳压电源中。输入电压 V_{sr} 由稳定的直流电压源供给，也叫作参考电压，R_F 与 R_S 也分别称为上、下端取样电阻。

由式(7-41)可以看出，深度负反馈直流放大电路的输出电压 V_{sc} 大小可以通过改变参考电压 V_{sr} 的大小，或者改变上、下取样电阻 R_F 与 R_S 的比值进行调节。图 7-37 所示的稳压电路常用于设计低压稳压电源，但对于高压稳压电源，在运算放大器的输出端一般还要再接入一个直流-直流电压变换器(DC/DC)，将输出的直流低压转换为直流高压，其电路原理如图 7-58 所示。

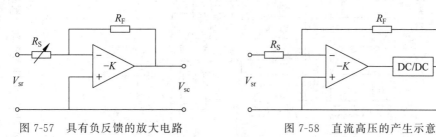

图 7-57 具有负反馈的放大电路　　　　图 7-58 直流高压的产生示意

图中的 DC/DC 电压变换器从高压输出端取样，此时，关系式(7-41)仍然成立。对输出高压的调节，通常以改变参考电压 V_{sr} 为主，式(7-41)中取样电阻的比值 R_F/R_S 的变化则靠改变下端取样电阻 R_S 的阻值来实现，而上端取样电阻 R_F 的阻值通常是固定不变的。这样得到的高压的稳定性不仅与直流运算放大器的漂移有关，也与比值 R_F/R_S 以及参考电压 V_{sr} 的稳定性有关。

BH1302 型 3kV 高压电源是由振荡器、功率放大器、整流滤波、参考电压、取样比较放大器、调整器等结构单元组成的，图 7-59 所示为该高压电源的组成框图，图 7-60 所示为其电路原理图。

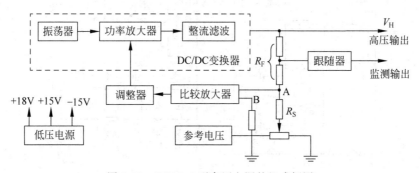

图 7-59　BH1302 型高压电源的组成框图

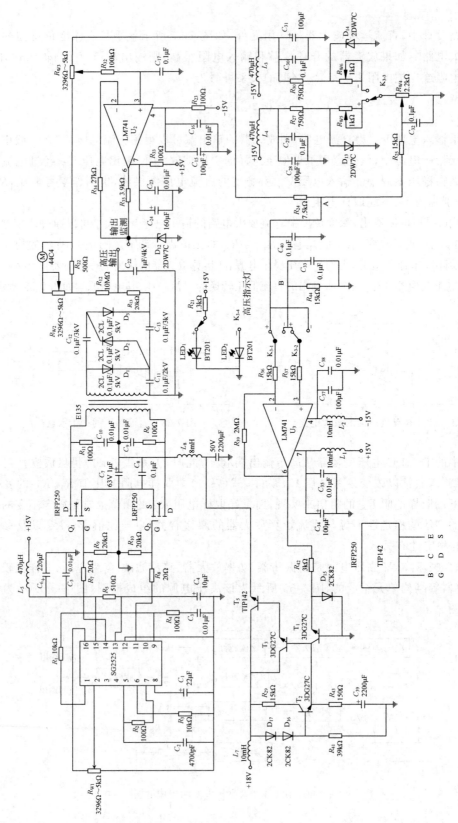

图 7-60 BH1302 台式 3kV 高压电源电路原理图

（1）DC/DC 变换器。

BH1302 型高压电源的 DC/DC 电压变换器由振荡器（SG2525）、功率放大器（IRFP250）以及高压整流（D_1、D_2、D_3、C_{11} 和 C_{13}）和滤波（R_{13} 和 C_{22}）等电路单元组成。

振荡器由脉冲宽度调制器（PWM）SG2525 及外围的阻容元件构成，产生两路互补的方波脉冲，频率约 20kHz，脉冲宽度通过电位器 W_1 调节，其占空比一般接近 50%，输出脉冲的幅度接近振荡器的电源电压。两路互补的方波脉冲信号再经两个 MOS 型功率放大管 IRFP250 进行推挽功率放大，再由变压器耦合输出。变压器为铁氧体磁芯升压变压器，变压器次级输出的交流高压幅度由初级电源电压和次级与初级线圈匝数比决定。交流高压经高压整流管（D_1、D_2 和 D_3）与倍压电容（C_{11}、C_{12} 和 C_{13}）组成的三倍压整流电路和滤波电路（R_{13} 和 C_{22}）后，转变为直流高压输出。这样，通过调整器控制供给 DC/DC 变换器的低压输出，就可实现对高压输出的控制作用。

（2）输出电压的极性转换。

高压电源一般应具有正、负极性的输出。极性转换是通过极性转换开关 K_3 和高压极性插件组成的极性转换机构联合实现的，它可使参考电压极性（由开关 K_{3-3} 实现）、比较放大器的输入极性（由开关 K_{3-1}、K_{3-2} 实现）、倍压整流极性、高压极性指示灯（由开关 K_{3-4} 实现）同时转换。高压极性插件由高压整流管 D_1、D_2 和 D_3 组成，改变其接插方向可以改变整流输出的极性。

（3）取样电压与参考电压。

为实现虚地取样，参考电压的极性需要与输出高压 V_H 的极性相反。高压的极性通过高压极性插件的接插方向来改变，参考电压由稳压管 D_{13}（负参考电压）和 D_{14}（正参考电压）提供，通过开关 K_{3-3} 选择其极性。电阻串 $R_{12}+R_{22}+W_3+R_{24}$ 构成了上端取样电阻 R_F，电阻 R_{25} 为下端取样电阻 R_S。取样电阻 R_F 与 R_S 对输出高压 V_H 及参考电压 V_S 进行分压，使在其连接点 A 处呈零地电平，构成虚地取样。输出高压 V_H 的调节，通过调节电位器 W_4 进而改变参考电压来实现。微调电位器 W_5 和 W_6 是为了校准两个极性满度高压点而设计的，W_5 微调正高压满度值，W_6 微调负高压满度值。

（4）比较放大器与调整器。

当输出高压 V_H 发生变化时，在取样点 A 产生误差，此误差与处于地电位的 B 点电位进行比较并放大，其输出通过调整器对系统进行控制。比较放大器 U_3（LM741）、具有恒流源负载 T_2 的共基极（同相）放大器 T_1、推动管 T_3 及调整管 T_5（TIP142）与 DC/DC 电压变换器及取样电路构成一个负反馈环，对输出高压进行反向控制，以达到稳定输出高压的目的。第二级共基极放大器是为了扩展比较放大器 U_3 的输出动态范围而加入的，因其动态负载（恒流源作负载）很大，放大倍数大，对提高电源的稳定性很有好处。

（5）输出检测。

检测电压在上端取样电阻 R_F（$R_{12}+R_{22}+W_3+R_{24}$）的千分之一处取出，得到一个对输出高压 V_H 的 1∶1000 的测量值，并经跟随器 U_2 给出。电路可以用万用表来监测，也可以用数字显示器显示。使用时，外负载电阻应不小于 3kΩ。这个电路的输出短路电流被 R_{35} 限制在 3mA，最大输出电压被输出端的限幅稳压管限制在大约 ±6V 以内，以免损坏外测量系统。

（6）低压电源。

BH1302 的低压电源有＋18V 和 ±15V 三路，电路结构与 BH1231/BH1222 型低压电源相同（参见图 7-25），采用的都是串联调整方式，都设有过流保护。-15V 电源的比较放大器（LM741）由 ±15V 供电。＋15V 电源和 ＋18V 电源的比较放大器均由 ＋27V 供电，＋27V 电压是利用 ＋15V 电源的次级绕组经倍压整流和稳压（两个稳压二极管 2DW7C）而得到的。

BH1302 型 3kV 高压电源的使用方法及注意事项与其他高压电源类似，这里就不详细介绍了。

7.4.5 集成高压模块

集成高压模块是将振荡变换电路、倍压整流电路、滤波和稳压电路集成在一起构成的器件，输入低压之后可直接输出高压。集成高压模块的输出分固定高压输出和可调高压输出两类。固定输出的多为三端子器件，包括一个低压输入端、一个高压输出端和一个公共地端；可调输出的多为四端子器件，比固定输出多一个调整端。可调输出又分为电位器调节型和电压调节型两种：电位器调节型是在调整端对地接一可调电位器，改变可调电阻即可改变输出电压，电位器阻值一般取 10kΩ 左右；电压调节型是在调整端对地加一可调电压，改变调节电压即可改变输出电压，调节电压一般取 0~1.5V 或 0~5V。

集成高压模块具有体积小、质量轻、性能稳定可靠、使用方便等优点，为核测量仪器的设计和使用带来了极大方便。集成高压模块的外形大多为方块形、长方块形和圆柱形，其外形尺寸存在较大的差别。有的高压模块还将光电倍增管的管座、高压分压器和信号输出电路全都集成在了一起。

集成高压模块可以直接接入低压电源并直接输出，使用十分简单，根据需要连接一些元件后，可更好地发挥其效率高、响应速度快、精度良好等特点。图 7-61 所示为高压模块的测试电路。

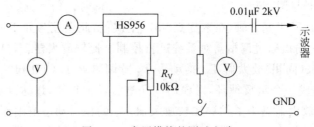

图 7-61　高压模块的测试电路

集成高压模块的典型应用电路如图 7-62 所示，在低压输入端串一个二极管，可防止输入电压接反烧毁高压模块，还可防止振荡杂波串入公共电源；在输出端加入 π 型滤波电路可进一步降低纹波，还可减轻输出端短路对电路带来的风险。在安装过程中，如果模块是金属外壳需将外壳接地，如果是塑料外壳应另加金属屏蔽罩并接地。在使用时应结合使用说明仔细核对各引线或引脚的功能，避免接错。

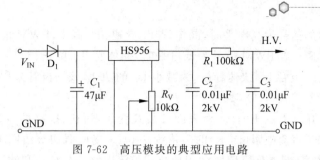

图 7-62　高压模块的典型应用电路

7.5　便携仪器的高压电源

便携式核测量仪器对高压电源的一般要求包括使用低压供电(如+5V)、低功耗、体积小、质量轻等。传统的高压电源供电电压较高,功耗大,体积也大,虽然性能高,但基本上是不适合用在便携仪器上的。集成高压模块虽然体积降下来了,但供电电压仍很高,耗电量也很大,仍不适合用在便携仪器上。

便携式核测量仪器使用的高压电源一般都是由仪器的设计者自行设计研制的,它不追求高性能、高指标,而是以满足基本要求为主。对于不同的仪器、不同的探测器,基本要求也有很大差别。例如,在剂量仪器中,辐射探测器常用的是计数管或电离室,对高压的要求比较低,只要工作在探测器的坪区即可,一般在 350～600V,对稳定性和输出电流的要求都不严格。

虽然因测量的放射性强度往往较低,对高压电源输出电流的要求相对要低一些,但便携式能谱仪对高压的要求一般则要严格一些。高压的产生可采用自激振荡方式,也可采用他激振荡方式,变压器一般采用小尺寸环形磁芯做成。因此,便携仪器的高压电源一般来说都是专门配置的。

影响输出高压的因素包括输入低压的高低、变压器的升压比、晶体管的电流放大倍数 β、晶体管的偏流电阻等。图 7-47 所示为计数管供电的高压电源电路,采用的就是单管自激振荡方式,输入电压为 6.2V(也可用 5V),输出电压为 380V,耗电电流 8mA。

为计数管供电的采用双管他激振荡方式的高压电源的电路原理图如图 7-63 所示。电源的输入电压为 5V,输出电压为 400V,功耗为 50mW(耗电电流 10mA)。外接的开关驱动电路提供方波信号,频率为 60～80kHz,占空比为 45%～50%。晶体三极管 T_1、T_2 组成并联互补跟随器用作推挽电路,可有效地降低工作损耗,提高转换效率。

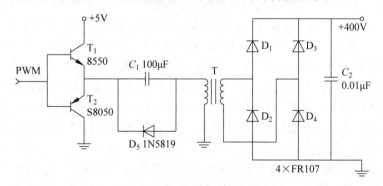

图 7-63　双管他激式变换电路

当 PWM 给出的信号为高电平时,晶体管 T_1 导通、T_2 截止,PWM 信号通过电容 C_1 耦合到变压器初级线圈;当 PWM 信号为低电平时,晶体管 T_1 截止、T_2 导通,变压器初级线圈存储的能量通过二极管 D_5 快速释放,为减小 D_5 的功耗,该二极管采用反向恢复时间短、正向压降小的肖特基二极管 1N5819。

变压器可以利用定制的 EFD14 型表面安装式变压器,初、次级的匝数比为 1:100,次级电感量为 250mH,直流电阻(DCR)的阻值为 270Ω。变压器初级线圈上的交变电压经升压后输出,由四个快恢复二极管 FR107 组成桥式整流电路进行整流和滤波,输出 400V 的直流高压。利用快恢复二极管整流可提高变换效率。

图 7-64 所示也为一款他激式振荡变换器的电路原理图,它的输入电压为 5V,输出电压为 −1000V,变换效率在 80% 以上,输出电压纹波小于 10mV。这一电源可用来为 α 杯测氡仪的高压电离室提供稳定电压。

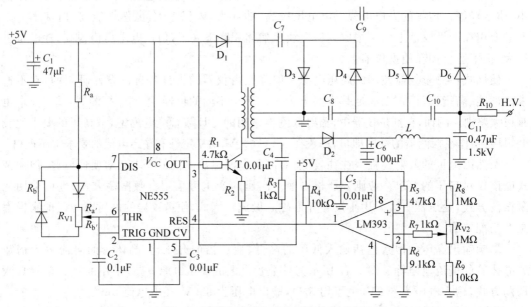

图 7-64 他激式振荡变换器电路原理图

这一振荡变换器电路中,利用 NE555 定时器产生振荡方波,通过调节 R_{V1} 改变占空比,所输出的方波信号可以控制三极管 T 的通断,进而产生交变电压提供给连接在 T 的集电极上的变压器初级绕组。经变压器耦合,在输出绕组上可产生约 200V 的交变电压,经倍压整流可得到 −1000V 的直流高压。反馈线圈上的交变电压经半波整流滤波,获得正向采样电压,采样电压经 R_7、R_{V1} 和 R_8 组成的电阻分压器加至电压比较器 LM393 的反相输入端,构成反馈调节电路。通过调节 R_{V2},可取得合适的反馈取样电压。

当输出增大时,反馈采样电压信号也将随之增大,进而使比较器输出低电平,并控制 NE555 振荡器的复位端,使振荡器暂停工作,待输出电压下降到稳定值后,比较器输出高电平,NE555 重新振荡输出方波,三极管也重新工作,使输出电压得到稳定。高压滤波电容采用无极性电容。

电路中,5V 输入电压经二极管 D_1 为变压器电路供电,可以隔离 5V 电源与变压器的耦合振荡信号,使电源维持一个干净的电压。当三极管关断时,C_4 和 R_3 用来滤除由变压器副级线圈耦合带来的谐波。

7.6　稳压电源中稳流源的作用

稳流源也叫恒流源或定流源，是维持电流基本不变的一种电路。稳流源利用的是工作在放大区的晶体管集电极电流 I_c（或漏极电流 I_D）不随集电极电压 U_c（或漏极电压 U_D）的变化而变化的原理。

晶体管是电流控制器件，集电极电流 I_c 主要由基极电流 I_b 控制，$I_c = \beta I_b$。当晶体管的基极电位恒定时，其基极电流也恒定。由晶体管的特性曲线可以知道，工作在放大区的晶体管，集电极与发射极之间的电压 U_{CE} 对集电极电流 I_c 的影响很小，主要受基极电流的影响。如果能维持基极电流恒定不变，就可维持集电极电流不变。

场效应管是电压控制器件，漏极电流 I_D 主要由栅-源电压 U_{GS} 控制。由场效应管的特性曲线可以得到，当 $U_{GS} = 0$ 时，I_D 近似为一恒定值，基本不受漏、源之间的电压 U_{DS} 的影响。为了克服温度对 I_D 的影响，可在栅、源极之间加入负偏压，通过负反馈来维持 I_D 不变。

稳流源可用于稳压电源、差分放大器、直流放大器、模-数变换等电路中，对提高电路性能有很大作用。

1. 提高稳压管工作电流的稳定性

稳压管是一种特殊二极管，它的正向特性与普通二极管几乎相同，但反向击穿特性曲线的变化则比较陡峭，如图 7-5 所示。如果稳压管处于反向击穿状态，则当反向电流变化很大时，反向击穿电压（稳压管的稳定电压）U_W 的变化却很小。稳压管就是在反向击穿条件下工作的，稳压管在电路中是反向连接的。施加给稳压管的电压须大于稳压管的稳定电压，因此在稳压管支路中必须串接一个限流电阻，用来降落多余的电压。稳定稳压管的工作电流（反向电流）对稳定稳压管的稳定电压是很有好处的。

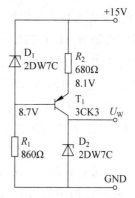

图 7-65　使用晶体管恒流源的稳压电路原理图

图 7-65 所示为使用晶体管恒流源的稳压管稳压电路原理图。电路中的稳压管采用具有温度补偿的稳压二极管 2DW7C，它的稳定电压 $U_W \approx 6.3V$，工作电流约为 $10mA$。两个稳压二极管 2DW7C 中一个正向连接，一个反向连接。正向连接的具有负温度系数，反向连接的具有正温度系数。2DW7C 稳压管的温度系数 $\alpha_\gamma \approx 10^{-4}/℃$，稳定性很高。晶体管的基极电位由二极管 D_1 和电阻 R_1 提供稳定的电压，$U_b \approx 8.7V$，$U_e \approx 8V$，$I_e = U_e/R_e$，$I_e = I_c$。由于稳压管 D_2 的工作电流（即 I_c）稳定，因此它的稳定电压 U_W 也基本是恒定的，可为稳压电源提供稳定的参考电压。

图 7-66 所示为利用场效应管恒流源的稳压管的稳压电路原理图，它可为 FH1015 型 2kV 高压稳压电源（见图 7-55）提供稳定的参考电压。该电路能适应正负极性的高压输出，图中给出了正负极性的参考电压。电路中采用了带电流负反馈的结型场效应管作恒流源负

载(即限流电阻),使稳压管处于恒流状态,从而提高了稳压性能。

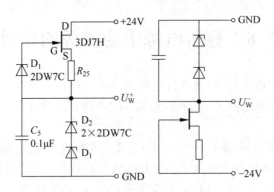

图 7-66　场效应管恒流源稳压电路

由场效应管的特性曲线可以知道,当场效应管的栅-源电压 $U_{GS}=0$ 时,其漏极电流 I_D 近似为一恒定值,而不受外加电压(U_{DS})的影响。为了克服温度对 I_D 大小的影响,在源极串接一个电阻 $R_{25}(R_S)$,在栅、源极之间形成一个负偏压,$U_{GS}=-I_D R_{25}$,当温度升高时,I_D 减小,则 U_S 减小,使 U_{GS} 减小,这反过来又会促使 I_D 增大,从而维持 I_D 不变,实现了负反馈稳流的作用。

2. 提高比较放大器的放大倍数

在稳压电源电路中,提高比较放大器的放大倍数对提高稳压电源的稳定性至关重要。对直流放大系数为 β 的晶体管,单管放大器的放大倍数 $K=-\beta R_c/r_{be}$,增大集电极负载电阻 R_c 的阻值可以提高放大倍数。但是 R_c 的阻值增大受电源电压的限制,因为增大 R_c 会使集电极电流 I_c 减小,而过小的集电极电流反而会使放大器的放大能力降低。如果用恒流源替代集电极电阻 R_c,即使集电极电位有较大变化,其集电极电流变化也很小。对交流变化而言,恒流源相当于一个阻值很大的电阻,这个电阻就是恒流源的内阻,$r=\Delta V_c/\Delta I_c$。因此,电流变化越小的恒流源,其内阻就越大,也正因为如此,内阻越大的恒流源,其恒流效果越好。一般来说,用晶体管构成的恒流源,其内阻可高达几百千欧乃至几兆欧。这样不仅使电流 I_C 几乎不会减小,也使动态的 R_c 得到了极大的提高。

图 7-67 所示为图 7-24(b)给出的 FH1031A 型稳压电源的恒流源负载电路的原理图,其中图 7-67(a)、(b)分别对应于 $+12V$ 和 $-12V$ 输出的情形。恒流源晶体管的基极电位是用两个二极管的结压降 $2\times0.7V=1.4V$ 来提供稳定电位的,稳定的基极电位使电流 I_e 恒定,从而使 I_C 恒定。

图 7-68 所示为图 7-55 给出的 FH1015 型 2kV 高压稳压电源的恒流源负载电路的原理图。恒流源采用了带电流负反馈的场效应管,具有较好的温度稳定性。图 7-55 中,高压变换器的低压供电应在 $0\sim15V$ 时,才能保证高压的输出在 $0\sim2kV$ 范围。用作比较放大器的运算放大器 BG301 的最大输出为 $+5V$,在其后还需加一级由晶体管 T_3 构成的电压放大器才能满足要求。由于 T_3 输出的动态范围很大,为使其在很大的动态范围内始终处于线性放大工作状态,其集电极负载采用了由场效应管构成的恒流源。

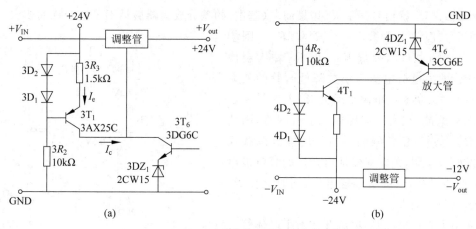

图 7-67 FH1031A 型稳压电源的恒流源负载电路

(a) 输出电压＋12V；(b) 输出电压－12V

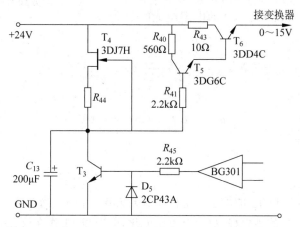

图 7-68 FH1015 型 2kV 高压稳压电源的恒流源负载电路

3. 提高差分放大器的抗干扰能力

差值放大器是由两个晶体管组成的共发射极（电阻 R_e）的对称电路（如图 6-7 所示）。对于放大器而言，其信号的输入和输出有多种方式，信号的输入既可以是单端输入（此时 $u_{sr}＝u_{b1}$，$u_{b2}＝0$），也可以是双端输入，而双端输入又分差模输入（$u_{b1}＝－u_{b2}$）和共模输入（$u_{b1}＝u_{b2}$）。差模输入是放大有用信号经常采用的方法。信号的输出可采用单端输出（此时 $u_{sc}＝u_{c1}$，或 $u_{sc}＝u_{c2}$），也可采用双端输出（$u_{sc}＝u_{c1}－u_{c2}$），而双端输出就是所谓的差动输出。不论是哪种输入和哪种输出，差分放大器只将两基极输入的电压信号之差 $u_{b1}－u_{b2}$ 加以放大，就是说差分放大器的输出信号与两基极的输入信号之差成正比，差值放大器正是因此而得名的。

单端输入信号时，$u_{sr}＝u_{b1}$，$u_{b2}＝0$，两个晶体管的集电极电流 i_{c1}、i_{c2} 和两管的基极电流 i_{b1}、i_{b2} 的变化大小相等、方向相反；两晶体管的共发射极电压 u_e 和它们的基极-发射极电压 u_{be1}、u_{be2} 在数值上都是输入电压 u_{sr} 的一半。双端输出时的放大倍数与单管放大器的放大倍数相同；单端输出时的放大倍数为单管放大器放大倍数的 $1/2$。当输入的差模信号很小而共模干扰信号又很大时,最简单(基本)的差分放大器满足不了抗干扰的要求。

由于共模放大倍数 $K_{c1} = R_c/(2R_e)$,则增大 R_e 的阻值就可以降低 K_{c1},但 R_e 增大会使两晶体管的集电极电流变小并降低两管的放大能力;如增大负偏压电源来增大 R_e 并维持一定的集电极电流,在实际应用中也会有困难,因此增大 R_e 受到一定的限制。如果用恒流源替代公共发射极电阻,则既能保证有合适的集电极电流,又不必增大 R_e 的负偏置电压,同时又使 R_e 的动态电阻相当大。

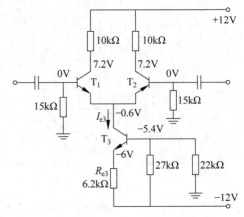

图 7-69　恒流源作公共射极负载的差分放大器

实用中,也可以利用恒流源作两个晶体管公共的发射极电阻构成差分放大器,如图 7-69 所示。恒流源由晶体管 T_3 构成,其基极电位 u_{b3} 由两个阻值分别为 $22k\Omega$ 和 $27k\Omega$ 的电阻组成的分压器来确定,且

$$u_{b3} = -\frac{12 \times 22}{22 + 27}V = -5.4V$$

而发射极静态电位则为

$$u_{e3} = u_{b3} - 0.6V = -6V$$

于是,静态集电极电流为

$$I_{e3} = \frac{u_{e3} - (-E)}{R_{e3}} = 0.96mA$$

因此,两晶体管 T_1 和 T_2 的静态集电极电流各为 $0.48mA$。当有信号输入时,T_1、T_2 的发射极电位 u_e(也就是 T_3 的集电极电位)会发生变化,由于 T_3 工作在放大区,其集电极电流主要由基极电流控制,集电极-发射极电压 u_{ce} 对集电极电流的影响很小;再加上 T_3 的发射极串接的电阻 R_{e3} 起着电流负反馈的作用,使其集电极电位对集电极电流的影响更小。如果由于某种原因使 I_{c3} 增加,则 R_{e3} 上的压降增加,这会导致 u_{e3} 上升,使 u_{be3} 减小,促使 I_{c3} 减小。由此可见,输入信号虽然使 u_{c3} 发生变化,但其集电极电流几乎保持不变,所以 T_3 起着稳定电流的作用。

如果有共模信号加到两输入端,虽然可使 T_3 的集电极电位改变,但 T_3 的集电极电流却几乎不变,所以 T_1、T_2 的集电极电流也不变,因此集电极的电压也就不改变,两晶体管集电极就没有信号输出。因此,带有恒流源的差分放大器具有很强的抗共模干扰能力。

恒流管的基极电位除采用电阻分压器提供的方法外,还可以采用稳压管和串联的二极管来提供的方法。恒流管基极电位越稳定,恒流作用越好。

4. 减小直流放大器的漂移

直流放大器的零点漂移是一种特殊的干扰形式。同脉冲放大器的噪声一样,直流放大器的漂移不能利用负反馈来减小,负反馈虽然能使输出端的电压漂移减小,但同时也降低了放大倍数,因此折合到输入端的漂移并不能减小。

用差分放大器放大直流信号是减小漂移的最好选择之一,但是,由于晶体管的特征参数不可能绝对一致,差分电路两边也就不可能完全对称,因此,直流差分放大器还是存在漂移的。由于带恒流源的差分放大器对共模干扰信号有很强的抑制作用,所以,对直流信号进行放大时,用晶体管恒流源代替发射极公共电阻 R_e 可取得很好的效果。但是,当恒流管的参数变化时,也会引起漂移,这种漂移主要是由温度变化所引起的。

图 7-70 所示为具有温度补偿电路的恒流源直流差分放大器。在恒流管基极电阻上串接了一个二极管,利用二极管正向压降的温度特性与晶体管 u_{be} 的温度特性大致相同的特点,来补偿恒流管 u_{be} 随温度变化带来的影响。

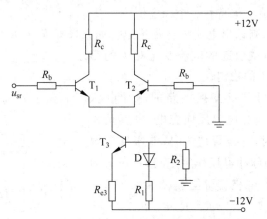

图 7-70 温度补偿恒流管漂移的差分放大器

5. 保持电容恒速放电

在线性放电法模-数变换中,要对充在记忆电容或保持电容 C 上的电压进行线性放电,这就需要一个恒流源来提供恒定的电流 I 以保证放电时间。放电时间 t 和充在记忆电容上的电压 U_C 的关系为

$$t = \frac{CU_C}{I} \tag{7-42}$$

如果放电电流不稳定,就会引起放电时间的变化,这就会进一步使同一幅度的输入脉冲变换的数码(地址码)发生变化。对于 8192 道分析器,在高道址附近,如果允许的由于 I 的不稳定产生的道址变化范围小于 0.1 道,就要求电容放电时间的相对变化满足

$$\frac{\Delta t}{t} < \frac{0.1}{8000} = 1.25 \times 10^{-5}$$

也就是要求电流的稳定度达到 $\Delta I/I < 1.25 \times 10^{-5}$。

图 7-71 所示为一种可以保持记忆电容恒流放电的稳定性很高的恒流源电路原理图。电路中采用了线性集成电路 BG305E 作为反馈放大器,BG305E 的输出接场效应管跟随器 T_1,T_1 的源极接到 BG305E 的反相输入端,构成了全反馈的放大器。R_1 为稳压管 2DW7C

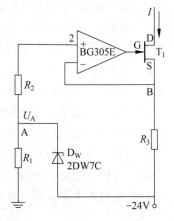

图 7-71 一种稳定性较高的恒流源的电路原理图

的限流电阻，2DW7C 的工作电流为 10mA，稳定电压为 6.3V。线性集成电路的两输入端静态电位近似相等，$U_A = U_S$，$U_A = [-24-(-6.3)]\text{V} = -17.7\text{V}$，$I = U_{\text{DW}}/R_3$。如果流过电阻 R_3 的电流稍微变小，则 B 点的电位将下降，这样就形成了微小的输入端的电位差，BG305E 就会输出一个放大的正信号，该正信号又经过场效应管源极几乎不变输出（此时场效应管的放大倍数约为 1），使 B 点的电位上升。这样，就通过负反馈机制稳定了 B 点的电位，从而控制了电流的稳定。假设通过 R_3 的电流稍微变大，也是一样的反馈效果。B 点电位稳定了，从虚短的角度看也就意味着 A 点电位稳定了，这样就保证了稳压管输出电压的稳定性，保证了输出电流 I 维持在一个稳定值。

如果 U_A、R_3 稳定，则输出电流 I 将很稳定。如果选择 $R_2 = R_3$，则可以补偿由于集成电路 BG305E 的输入失调引起的电流变化对 I 的影响，这可以进一步增加 I 的稳定性。

图 7-72 所示为用于 I/F 变换电路的脉冲电流源，它以恒定的电流给积分电容反向充电，也就是积分电容的放电。静态时，三极管被 -6V 电压反向偏置而截止。在 3.2V 的脉冲电压作用期间，三极管的基极电位增加，并由两个二极管钳位于 $U_b = 1.2\text{V}$，三极管导通，发射极电流 $I_e = U_e/R_e$，$R_e = 12\text{k}\Omega$，$U_e = 0.6\text{V}$，$I_e = 50\mu\text{A}$。因此在发射极就产生了一个宽度与输入脉冲电压相同、幅度为 $50\mu\text{A}$ 的电流脉冲。

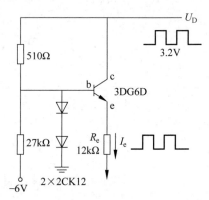

图 7-72　用于 I/F 变换的脉冲电流源

习　题

7.1　如何使用硅稳压二极管？

7.2　结合反馈式串联型稳压电源的原理框图，画出最简单的负压输出的电源电路。

7.3　画出由单一的 $+15\text{V}$ 电源获得 $+12\text{V}$、$+5\text{V}$ 和 -5V 电压的电路原理图。

7.4　画出晶体管直流高压稳压电源的稳压方法框图。

7.5　高压电源的主要技术指标和含义是什么？

7.6　如何提高高压电源的稳定性？

7.7　举例说明恒流源电路的应用。

7.8　结合图 7-50 和图 7-55，说明跟随器的作用。

7.9　分别画出能输出正、负高压的二倍压整流电路。

7.10　画出能输出正高压的四倍压整流电路。

7.11　如何确定高压模块的退耦滤波电阻（或限流电阻）？

7.12　画出开关型稳压电源的组成框图，并简述其工作原理。

7.13　为防止烧坏示波器，举出几个不能用示波器直接测量的例子。

7.14　差分放大器可用在什么电路中？各起什么作用？

第 8 章

多道脉冲幅度分析器

核辐射的发生具有相对性,核辐射探测器输出的辐射信号幅度以及信号的产生时间等都是这种随机性概率分布的反映。探测器输出的脉冲信号幅度与入射粒子的能量成正比,而某一种能级的粒子在单位时间内辐射的次数,则反映了该能级粒子的辐射概率。核辐射测量中,经常需要把脉冲信号按其幅度的大小加以分类并记录各类信号的数目,获取入射粒子的出现概率与能量的关系。第 3 章介绍的单道脉冲幅度分析器每次只记录处于某一个幅度区间(道宽)内的输入脉冲的数量,如果要测量脉冲的幅度分布谱,则需要调节设定幅度区间内的位置(阈值),重复地进行测量。

把待分析的整个幅度范围划分成若干个相等的区间,区间的数目称为道数。多道脉冲幅度分析器就是一次同时完成对多个道的测量,得到输入脉冲的幅度分布谱的分析仪器。多道脉冲幅度分析器是放射性测量的重要工具,配上探测器和放大器组成多道谱仪,已成为核实验技术中的重要设备。

8.1 多道脉冲幅度分析器的基本组成和功能

8.1.1 概述

将脉冲信号的某一个特性参数(如脉冲的幅度、持续时间等)按其大小变化的整个范围分成若干个相等的区间,每个区间称为一个道。在核辐射测量中,如果用单道脉冲幅度分析器或者计数率器来测量能量、辐射次数等物理量的统计分布,首先要固定道宽,依据脉冲幅度从低到高逐次调节阈电压,按照确定的时间逐次测量幅度位于各道宽(U_k)之内的脉冲,如图 8-1 所示。如果要将较大幅度范围内的所有辐射信号进行分类计数,则需要进行相当多次的测量。这种测量需要一道一道地逐次进行,手续烦琐,只有需要测量的道数很少时才容易实现。

在核辐射测量中,经常需要同时对数十道、数百道乃至上千道的辐射信号进行分类测量或者统计计数。多道分析器(MCA)指的就是道数多于一道的分析器。多道脉冲幅度分析器(MAA)可将幅度不同的脉冲信号按其幅度大小加以分类,并分别记录在相应的各道中,如图 8-2 所示。多道分析器将脉冲信号编入各道,进而测出一组信号在各道内的分布情况,其道数通常很多,少的有几十、几百道的,多的则有几千乃至上万道的。道数通常按二进制数来设定,比如有 512 道(2^9)、1024 道(2^{10})、…、8192 道(2^{13})分析器等。各道通常从小到大依次以序数表示,称为道址。进行辐射探测研究,特别是进行射线的能谱测量分析时,多道脉冲幅度分析器是不可或缺的必备设备之一。

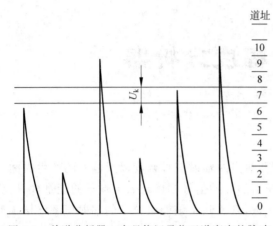

图 8-1　单道分析器一次只能记录位于道宽内的脉冲

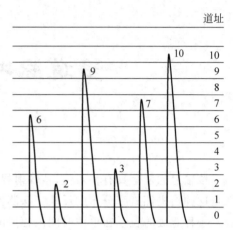

图 8-2　多道分析器同时记录所有位于相应道内的脉冲

多道分析器的种类是多种多样的。按所使用的器件加以分类,有早期的电子管多道脉冲幅度分析器,后来的晶体管多道脉冲幅度分析器,现在广泛应用的集成电路多道脉冲幅度分析器以及计算机、单片机多道脉冲幅度分析系统等。如果按工作原理分类,则多道脉冲幅度分析器大致分为两大类,一类是由单道脉冲幅度分析器演变而来的多阈式多道脉冲幅度分析器,另一类则是完全不同于单道脉冲幅度分析器的模-数(A/D)变换式多道脉冲幅度分析器。

多阈式多道脉冲幅度分析器电路复杂、体积大,道址为 N 时应有 $N+1$ 个甄别器和 N 个结构相同的计数电路或率表电路,稳定性和一致性均较差,很难使道址数目很大,因此现在已经很少采用了。近代的多道脉冲幅度分析器绝大多数采用 A/D 变换原理,各道共用一个计数电路,并与存储器进行数据交换和转存。存储器也由过去广泛采用的磁芯存储器逐渐被电子计算机中的半导体存储器所取代,使用半导体存储器不仅使存储器的体积和功耗大大减小,也使读写速度得到了极大的提高。

利用多道脉冲幅度分析器,可以使测量效率大大提高,测量能谱的时间大大缩短,这为测量短半衰期放射性物质的能谱提供了极大的便利。另外,多道脉冲幅度分析器各道址的计数是在同一时间内测得的,各道的测量条件是一致的,短期内仪器的工作相对稳定,测得的能谱精度要高于用单道脉冲幅度分析器多次测量得到的结果。

8.1.2　多道分析器的组成和基本原理

多道分析器一般由数据的输入、存储、运算、控制、输出、显示等部分构成,其组成框图如图 8-3 所示。输入部分把输入信号的待分析参数进行数字化,能将信号的幅度信息变换成数码信息的电路单元称为模-数变换器(ADC),具有 ADC 的多道分析器就是多道脉冲幅度分析器；能将输入信号的时间信息变换成数码信息的电路单元称作时-幅变换器（TAC），具有 TAC 的多道分析器也称为多道时间分析器（MTA）。

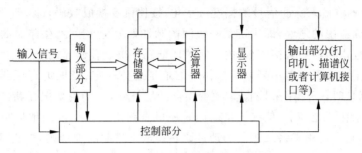

图 8-3　多道分析器的基本组成框图

　　多道分析器的输入部分会将输入信号按照变换出的数码信息存入存储器的相应地址，存储器的每个地址对应一个道，信号应存入的地址也叫道址。每次存储时，存储器按道址码取出该存储单元中的数送至运算器，使其原存数加 1，再将加 1 后的数送回原存储单元，并等待下一次加 1 运算。

　　多道分析器的存储器、运算器、显示器、控制部分和输出部分组成多道分析器的主机。多道分析器的数据获取和处理功能的多样性和灵活性取决于主机。多道分析器的主机与计算机的结构和功能十分相似，因此，输入部分与计算机配合组成的计算机多道或单片机多道是当前多道分析器的主流发展方向。图 8-4 所示为多道分析器的简化原理图，从图中可以更详细地了解多道分析器各组成部分的工作流程。

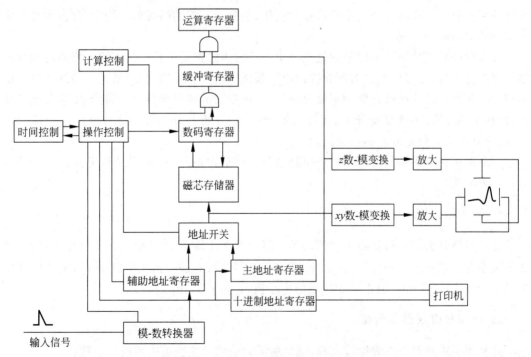

图 8-4　多道分析器的简化原理图

时间控制器能够根据设定的时间控制电路,用来自动控制多道分析器的启动/停止、数据收集、数据处理、数据输出等程序。

模-数变换器将输入脉冲信号的幅度数字化,按比例变换成数码,即地址码,地址码决定了该信号在存储器中的地址,即决定某一幅度的脉冲信号应该存入存储器的哪一道或哪一道址。辅助地址寄存器用来接收模-数变换的地址码并决定存储器的分区,存储器分区便于存储几个谱。主地址寄存器用来显示操作时的地址进位。主、辅地址寄存器都能确定存储器的地址,在测量时,一个用来接收模-数变换器的地址码,一个用来把存储器中各道已有的计数顺序地显示在荧光屏上,使在测量的同时还可看到谱形。十进制地址寄存器对存储器不起控制作用,它主要用来将二进制的地址码转换成十进制的地址码,以使打印机打出的道数为十进制的字码。

数码寄存器用来与存储器交换信息,通过操作控制信号,可将存储器各道中已有的计数读出来存入数码寄存器,而数码寄存器中的数也可写回存储器中去。每接收一个脉冲信号就要在和它的幅度相对应的地址中加一个计数,这个操作就是由数码寄存器完成的。缓冲寄存器和运算寄存器在数据处理时用来对各道中的计数进行算术运算。在各道计数之间进行算术操作时,由计算控制器来控制算术运算的动作步骤。操作控制器用来控制整个多道分析器各项操作的顺序进行。

多道分析器有谱显示和数位显示等不同显示方式,既可以用来显示谱形,也可以显示指定道的计数或显示指定区域内的计数总和。谱显示利用数-模变换,将寄存器中的数码变换为模拟电压加以显示,既可以显示单参数谱(平面坐标),也可以显示双参数谱(立体坐标),并能对感兴趣区进行特殊加亮。图 8-4 中的 z 数-模变换和 xy 数-模变换就是用来将各道的计数和各道所对应的地址码变换成模拟电压,加到示波管的两对偏转板上,并由示波器显示出所测得的能谱曲线。

多道脉冲幅度分析器是在放射性测量中广泛使用的重要工具。把多道分析器与计算机等计算设备相连,还可以直接对所获得的原始数据进行分析处理,给出所需的最终结果。功能较全的多道分析器可进行脉冲幅度分析(包括单参数谱和双参数谱)、符合-反符合能谱分析、波形采样分析、多计数器分析、多计时器分析、多分析器分析等。还可以由控制器的定时、定数电路进行预定方式的自动测量。

一般的多道分析器均可利用硬件电路进行一些简单的运算,这些是多道分析器的基本数据处理功能。

1. 获得微分谱

这是多道分析器的最基本的功能。第 i 道的原始计数 n_i 就是输入脉冲信号中,特性参数的大小介于该道上下边界 y_{i+1} 和 y_i 之间的信号数量。微分谱指的就是 n_i 随 y_i 的变化关系 $n_i = n_i(y)$,这里 y 通常取相应道的中心值,$y = (y_{i+1} + y_i)/2$。

2. 由微分谱获得积分谱

将从第 i 道到第 j 道的计数求和,就得到了大小位于这些道内的信号总数

$$\Delta N = \sum_{l=i}^{j} n_l \tag{8-1}$$

如果求和从第 0 道开始,则可以得到特性参数小于第 j 道上边界的信号总数

$$N_i = \int \mathrm{d}y_l = \sum_{l=0}^{j} n_l \tag{8-2}$$

信号总数 N_i 随参数大小的变化 $N_i = N_i(y)$ 就是所谓的积分谱。由式(8-2)可知,积分谱与微分谱的关系为 $n_i = N_i - N_{i-1}$。

3. 获得给定道的峰面积

多道分析器可以寻找峰位并确定峰边界,而峰面积等于包含峰道址的上下边界(由第 i 道到第 j 道)内的各道计数之和:

$$S = \sum_{l=i}^{j} n_l \tag{8-3}$$

4. 剥谱

从复合谱中一个个剥出已知核素的谱,并分别确定出这些核素含量的分析方法称为剥谱。剥谱的步骤是先进行能量和效率刻度,求出复合谱(n_c)中射线能量最大的全能峰净面积 S,再求出某核素的标准谱(n_s)全能峰净面积 S_0,并用 S/S_0 乘标准谱,即得出此核素在复合谱 n_c 中的谱形

$$n_s' = \frac{S}{S_0} n_s = K n_s \tag{8-4}$$

最后再从复合谱 n_c 中减去 n_s',就从原复合谱中剥离了射线能量最大的一种核素的谱,以此类推,可逐次剥谱。剥谱法多用于分析闪烁探测器测得的谱,而半导体探测器测得的谱分辨率高,可直接进行分析。

在操作上,把存储器某一区域的存数(即谱)乘一系数再与另一区域的存数相加或相减,并将其结果存于该区,即

$$n_c' = n_c - K n_s = n_c - n_s' \tag{8-5}$$

多道分析器的这些数据处理是用硬件电路实现的简单运算,其功能有限。目前多道分析器的数据处理功能已被计算机所取代,出现的新一代计算机多道分析器——基于计算机的数据获取与处理系统比传统的上一代多道分析器的功能要强很多。在这里,计算机起两个作用,一是按预定程序控制核物理实验的过程;二是进行数据处理,例如对已测谱进行平滑处理、自动寻峰、求峰面积、求半宽度、剥谱等处理。

8.2 存 储 器

存储器是计算机等设备中广泛使用的部件,其核心作用是用来存储数据。存储器也是多道分析器的重要组成单元之一,它在分析器中的主要作用包括存储地址的选择、数据的写入(存入)、数据的读出(读取)等。由于有关存储器的基本概念、工作原理等在计算机原理等相关课程中都有介绍,这里不再重复。本节主要介绍多道分析器中常用存储器的工作方式及常用芯片等。

从一般意义上说,任何具有两个稳定状态的元件都可以作为存储器的基本记忆单元。

根据存储方式,存储器主要可分为三种类型:①只读存储器(ROM),就是对信息只能读出不能写入的存储器;②随机读写存储器(RAM),就是根据控制指令可以随机地对各存储单元进行读和写,而读写时间与物理地址无关的存储器;③串行访问存储器(SAS),就是对信息只能按某种顺序来读和写,或者说信息的读写时间与存储单元的物理位置有关的存储器。SAS还可进一步分为两类:顺序读写存储器(SAM),即信息只能按某种顺序读写,读写时间的长短与信息在存储体上的物理位置有关的存储器;直接读写存储器(DAM),它在读写信息时不必先顺序搜索整个存储体,而是直接指向存储器上的某个小区域,在该区域上完成操作。

根据存储介质,存储器可分为磁芯存储器、半导体存储器、磁表面存储器以及光学存储器等。而根据对信息的保存性能(断电后所存信息是否容易丢失),还可以分为易失性存储器和非易失性存储器。构成存储器的存储介质,目前主要采用半导体器件和磁性材料。存储器中最小的存储单位就是一个双稳态半导体电路或一个 CMOS 晶体管或磁性材料的存储元。一个存储元可存放一个二进制位,其内部有两个可以由外部识别和改变的独立状态。通常由 8 个存储元组成一个存储单元,也就是一个存储单元包含 8 个二进制位,称为 1 个字节(1Byte)。一个存储器由许多存储单元组成,每个存储单元的位置都有一个编号,即地址,地址一般用十六进制表示。一个存储器中所有存储单元可存放数据的总和称为它的存储容量,而存储器的容量是以字节为最小单位计算的。

8.2.1 存储器简介

1. 磁芯存储器

磁芯存储器是 20 世纪 40 年代末研制成功的,早期计算机中的存储器通常都是由各种磁芯制成的,但因为磁芯存储器的容量较小而体积又较大,20 世纪 70 年代以后它已经逐渐为各种半导体存储器取代。由于磁芯存储器具有可随机读写以及信息不易失等性能,在早期多道分析器中被广泛使用,现在使用的多道分析器采用的仍然是磁芯存储器。图 8-4 所示的多道分析器原理图就利用了磁芯存储器。

磁芯在磁化时,由于电流方向的差别可以产生两个相反方向的磁化效果,这就可以作为"0"和"1"两种状态来记录数据,它是磁芯存储器结构的基本记忆单元。磁芯体一般含有很多磁芯,它们按一定规律排列起来,以方便地确定每颗磁芯具体属于哪个地址和哪一位。通常的方法是将同一位的磁芯排成一个方阵,组成一个磁芯板,每个磁芯板作为一个 xy 平面,作为存储元的磁芯可以从两个不同的方向寻址。再将一定数量的磁芯板叠放在一起,不同磁芯板上的 xy 坐标相同的磁芯就形成了一个存储单元。这样,叠放的磁芯板的数量也就是每个存储单元所包含的二进制位的个数,而磁芯的 xy 坐标则给出了该存储单元的地址(道址)。

图 8-5 所示为 4096 道的磁芯存储器的示意图,图中的每个磁芯板上都有 $64 \times 64 = 4096$ 颗磁芯,即该存储器有 4096 个地址(道址)。叠放在一起的磁芯板有 24 块,即每个存储单元有 24 个二

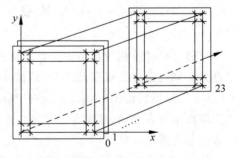

图 8-5　磁芯板组成磁芯体示意图

进制位(字长为 24 位)。这个存储器的容量可以表示为 4096 字,或者记为 4096×24 位、$4K \times 24$ 位或者 $4096 \times 24b = 98304b$。地址寄存器的每一位都是一个触发器,地址寄存器的不同状态是通过 x 方向和 y 方向的电压译码器和电流译码器来决定的,并以此确定相应的地址。磁芯在磁化时需要有脉冲电流驱动,由电流开关和电流源为磁芯提供所需的工作电流。读出电流和写入电流方向相反,电流方向由读、写门控制。磁芯体不仅按地址分组,而且还按位分组,所有地址的同一字位编在同一组,每组都需要一套读出放大器、禁止电路和数码寄存器组成的一位读写系统,24 位就是有 24 套读写系统。

整个存储器的工作必须按固定的时间顺序有规则地进行,这是通过时序控制电路发出的系列时序脉冲来实现的。现代计算机中使用的半导体存储器等其他存储器,其写入速度通常比读出速度慢,但磁芯存储器则正好相反,它的读出速度比写入速度慢。磁芯存储器的读出是破坏性的,所以读出时必须包括一个写入的过程以恢复数据。

2. 半导体存储器

半导体存储器是以半导体电路为存储媒介的大规模集成电路,由于其具有体积小、存储速度快、密度高等特点,因此被广泛应用于计算机和各类数字系统中。根据制造工艺,半导体存储器可分为双极型存储器和 MOS 型存储器两大类。双极型存储器主要有以晶体管-晶体管逻辑电路(TTL)或者发射极耦合逻辑电路(ECL)为基本存储元的两类,其特点是读写速度快,大约可比磁芯存储器快 3 个数量级。MOS 型存储器是采用 MOS 工艺制造的,MOS 管的导通和截止两种状态构成了 MOS 型存储器的一个基本存储元,与双极型存储器相比,其制造工艺简单,集成度高、输入阻抗高、容量大、功耗低、价格便宜。但 MOS 型存储器的读写速度较双极型存储器慢。

半导体存储器的种类繁多,有不同的分类方式。除了前面介绍的按制造工艺的分类方法外,使用中也经常按其存储方式做一般性的分类,即分为只读存储器(ROM)、随机读写存储器(RAM)和串行访问存储器(SAS)等类型。每一类还可根据其具体特征进一步细化,比如 RAM 类半导体存储器可进一步分为两类,即静态随机读写存储器(SRAM)和动态随机读写存储器(DRAM)。SRAM 以双稳态触发器为基本存储元,每个双稳态触发器对应一个二进制位。双稳态电路是一种平衡的电路结构,无论处于何种状态,只要不予以新的触发、不断电,状态就会保持,所保存的信息(二进制代码)就不会丢失。DRAM 的基本存储元是单管动态存储电路,信息是靠极间电容充放电并以电荷形式存储的。DRAM 存储的内容会因电容的漏电而不能长久保存,因此需配备专门的电路进行动态刷新,定期给电容补充电荷,以免存储数据的丢失。

ROM 存储的信息在断电后不会消失,具有非易失性。随着半导体技术的发展,ROM 也出现了不同的种类,具体如下:

(1) 掩膜只读存储器(MROM),它所存储的内容由生产厂家根据用户的需要事先写入,并予以固定。使用时,其内的信息只能被读出,而不能修改。

(2) 可编程只读存储器(PROM),使用者可根据自己的需要写入信息,而信息一旦写入,在断电后可长期保存,但不能再次修改。

(3) 可擦除可编程只读存储器(EPROM),使用者可根据自己的需要写入信息,并长期保存,也可采用紫外光照射的办法将其上的信息擦除,再次使用。

（4）电可擦除可编程只读存储器（EEPROM），它与 EPROM 类似，不同之处是写入的信息可直接用电信号擦除，也可用电信号写入。

（5）闪速存储器（flash memory，亦称快擦写存储器），它可视为 EEPROM 的改进或升级，信息不仅可在断电后长期保存，也可以快速擦除和修改。目前其应用很广泛。

可以说，随着半导体存储技术的进步和发展，容量更大、读取更加方便的新型存储器还会不断出现，而 RAM 和 ROM 的界限也会变得越来越模糊。

由于核辐射探测器输出的脉冲信号的出现时间和信号幅度都具有随机性，计数率也较高，因此多道分析器使用的存储器更多的是 RAM。RAM6116 芯片就是一种典型的 2KB（2K×8 位）的静态随机存储器（SRAM），RAM6116 采用互补管 CMOS 工艺制造，+5V 单电源供电，额定功耗为 160mW，典型的存取时间为 200ns，24 脚双列直插式封装，如图 8-6 所示。图中 $A_0 \sim$ A_{10} 为 11 个地址线引脚，可寻址 2KB（2^{11}）；$I/O_0 \sim I/O_7$ 为 8 位双向数据线引脚；$\overline{CE}$ 为片选信号输入引脚，低电平有效；$\overline{OE}$ 为输出允许引脚，接低电平，芯片通过该脚向外输出数据；$\overline{WE}$ 为写允许引脚，接低电平，芯片外的数据通过该脚写入芯片；　图 8-6　RAM6116 引脚排列 V_{CC} 为电源，+5V；GND 为接地端。

左引脚	脚号		脚号	右引脚
A_7	1		24	V_{CC}
A_6	2		23	A_8
A_5	3		22	A_9
A_4	4		21	$\overline{WE}$
A_3	5		20	$\overline{OE}$
A_2	6		19	A_{10}
A_1	7		18	$\overline{CE}$
A_0	8		17	I/O_7
I/O_0	9		16	I/O_6
I/O_1	10		15	I/O_5
I/O_2	11		14	I/O_4
GND	12		13	I/O_3

RAM6264 也是一种常用的静态随机存储器芯片，它是一种 8KB（8K×8 位）的存储器，也是采用 CMOS 工艺制造的。RAM6264 由单电源+5V 供电，额定功耗为 200mW，典型的存取时间为 200ns。RAM6264 是 28 脚双列直插式封装的，有 $A_0 \sim A_{12}$ 共 13 根地址线，可寻址 8KB（2^{13}）。类似的常用 SRAM 储器芯片还有 RAM2114（1K×4 位）、RAM62256（32K×8 位）等。

3. 磁表面存储器和光学存储器

磁表面存储器是将磁性材料涂在金属或者塑料基体上，制成磁记录载体，通过磁头与基体之间的相对运动来完成读写记录的存储器。磁表面存储器用磁层存储信息，磁性材料的两种不同磁化状态用来表示二进制信息"0"和"1"。

磁表面存储器可分为磁盘存储器和磁带存储器两大类，具有存储容量大、造价低、可以重复使用、信息可以长期保存等优点。但由于受到磁表面存储器的存取速度较慢、机械结构复杂等因素的限制，常用来做辅助存储设备。

光存储器是指用光学方法读写数据的设备，通常是指由光盘驱动器和光盘片组成的光盘驱动系统。目前常用的光盘系统有：存储数字音频信息的不可擦光盘（CD）、只读性存储光盘（CD-ROM）、可刻录光盘（CD-R）、可重写光盘（CD-RW）、数字化视频盘（DVD）以及可刻录 DVD（DVD-R）和可重写 DVD（DVD-RW）等。光盘存储技术综合了高密度磁带的巨大存储容量和磁盘的快速随机检索的优点，具有存储密度高、可非接触读写、较其他存储器能更稳定长久地保存信息、价格低等一系列独特的特性。但目前光盘存储技术也有许多不足之处，比如体积较大、读写速度慢等。

磁表面存储器和光学存储器目前主要都用来做外部存储器使用，我们不拟在本书中作过多的介绍。

8.2.2　存储器的扩展

单片机在各种多道分析器中的使用已经十分普遍。虽然单片机内部具有一定数量的存储单元,但在多数情况下,仅凭其内部的存储资源是不能满足实际使用需要的,这就需要进行扩展。扩展系统是以单片机为核心的,为了便于与各种芯片相连接,需要把单片机的外部连线变成所谓的三总线结构,即地址总线、数据总线和控制总线。由于这些内容在微机原理或计算机组成原理类的课程中都会详细讲解,可参阅相关教材,这里我们将不再过多展开,只是简要介绍一下存储器的扩展。图 8-7 所示就是单片机 8031 外扩一片 RAM6116 存储芯片的接线原理图。

单片机 8031 的地址总线包括 P2 接口和 P0 接口,如图 8-7 左侧部分所示。P0 接口发出低 8 位地址,P2 接口发出高 8 位地址,共有 16 根地址线。用 RAM6116 对其进行扩展时,利用单片机的 P0 和 P2 接口传送 11 位地址信息。P0 接口的低 8 位 P0.0~P0.7 地址通过地址锁存器 8282 加到 RAM6116 相应的地址线引脚 $A_0 \sim A_7$(8282 是带有三态缓冲输出的 8D 锁存器,可与通用的 TTL 器件 74LS373 相互代替,只是引脚不兼容)上。单片机 P2 接口的 P2.0~P2.2 作高位地址线则与 $A_8 \sim A_{10}$ 相接。

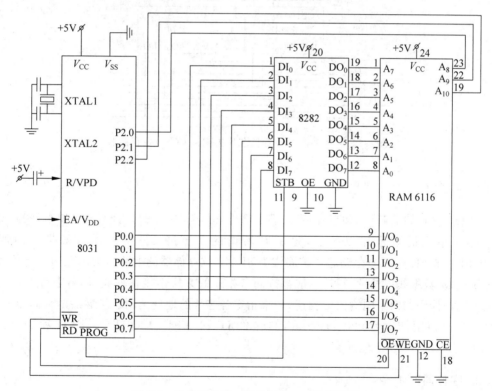

图 8-7　单片机外扩一片 RAM6116 的接线图

RAM6116 的写允许引脚 $\overline{WE}$ 与单片机的 $\overline{WR}$ 端相连,RAM6116 的输出允许引脚 $\overline{OE}$ 与单片机的 $\overline{RD}$ 端相连。图 8-7 中的电路仅扩一片 RAM6116,由于 RAM6116 的片选引脚 $\overline{CE}$ 低电平有效,可始终接地。这种情形下,可寻址 RAM6116 的 2048 个地址,即寻址范围

为 0000H~07FFH(地址编码使用了十六进制数,这是计算机和多道分析器中常用的表示方法,数码的后缀 H 表示十六进制)。单片机的低 8 位地址线与数据线公用,采用分时传送。地址需锁存,由 $\overline{PROG}$ 控制,先锁存地址,后传输数据。

多道分析器需存储的数据量往往较大,单片存储芯片一般不能满足存储单元数目或者字长的要求,需要将多片存储器芯片组合起来使用,这就是存储器容量的扩展。存储器容量的扩展方式通常有以下三种。

1. 位扩展

如果单片存储器芯片上的存储单元数目(字数)满足需求,但字长(字的位数)不满足要求,就需要对每个存储单元的位数加以扩展,这就是位扩展。将两片 RAM2114(1K×4 位)存储芯片扩展成 1K×8 位存储器的电路结构示意图如图 8-8 所示。基本做法就是将地址线、控制线同名连在一起,所有芯片共用一个片选信号;数据线分别引出,连接至数据总线的不同位置。

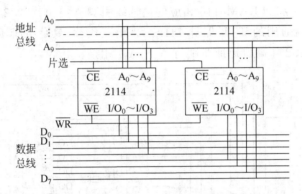

图 8-8　两片 1K×4 位存储芯片扩展成 1K×8 位存储器

2. 字扩展

如果单片存储器芯片上的存储字长满足需求,但存储单元的数目不满足要求,就需要对每个存储单元的数量加以扩展,这就是所谓的字扩展。图 8-9 所示就是利用四片 EPROM2716(2K×8 位)存储芯片扩展成为 8K×8 位存储器的电路结构示意图。将每片芯片的地址线、数据线以及读/写控制线都按同名相连的方式连接在一起,而各芯片的片选引脚则分别与译码器的不同输出端相连,用来指定各芯片的地址范围。扩展后的存储器上,各芯片的寻址范围依次为 0000H~07FFH、0800H~0FFFH、1000H~17FFH 和 1800H~1FFFH,共 8192(8K)个地址。

3. 字位同时扩展

在实际应用中,经常会遇到的情况是单片存储器芯片上的存储单元数目和字长都不符合对数据存储的要求,这就需要采用多片存储芯片同时进行位扩展和字扩展。

如果要将单片容量为 $m×n$ 位的存储芯片扩展成一个容量为 $M×N$ 位($M>m,N>n$)的存储器,所需的芯片的数量为$(M/m)×(N/n)$。例如,要将 1K×4 位的 RAM2114 存储芯

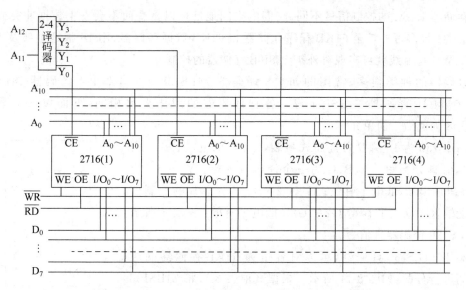

图 8-9 四片 2K×8 位存储芯片扩展成 8K×8 位存储器

片扩展成 4K×8 位的存储器,共需要 8 片 2114 芯片,按 2 片一组分成为 4 组,先将每组内的 2 片芯片按位扩展方式扩展成一个 1K×8 位的存储模块,再将 4 个存储模块按字扩展方式扩展,就得到了一个存储容量为 4K×8 位的存储器。

一个大容量的存储器通常是由多个存储芯片组成的,对存储器进行访问时,要通过地址总线发出地址信号,选择要访问的存储单元(或某地址)。地址的确定通常由片选信号线 ($\overline{\text{CE}}$)和若干地址线配合完成:片选信号线选通指定的存储器芯片(存储器地址范围)或 I/O 接口芯片,此即片选;地址线则用来对选通的存储器芯片上的存储单元(或某一寄存器)寻址,也称为字选。外扩多片存储器芯片时,产生片选信号的方法主要有线选法和译码法两种。

线选法是利用地址总线高位中(单片机与存储芯片的地址线相接后处于空闲的高位,例如图 8-7 中,可供利用的有 P2 的高 5 位地址接口)的一位作为选择某一个存储器的片选信号,比如将某一片 RAM6116 的 $\overline{\text{OE}}$ 引脚连接单片机地址总线的最高位 P2.7,则当 P2.7=0 时,才能选中该片 RAM6116。由于利用的是空闲的高位地址接口,线选法适用于规模较小的系统,不需要地址译码器,可节省硬件,减小体积,降低成本;缺点是可寻址的器件数目受限制,地址空间也是不连续的,给程序设计带来不便。

当外扩芯片较多时,线选法便不能满足要求,这时可采用译码法产生片选信号。译码法就是采用地址译码器对系统高位地址进行译码,以译码器的输出信号作为片选信号。译码法还可进一步区分为全译码和部分译码两类。全译码就是将高位地址线全部进行译码后,输出作为片选信号。使用全译码,每片芯片的地址范围都是唯一的,各芯片间的地址也是连续的,寻址空间可以得到充分利用。部分译码可以看成线选法和全译码的结合,它是对高位地址线中的一部分进行译码后,输出作为片选信号。使用部分译码,会产生地址码重叠的存储区域。与全译码相比,部分译码的电路相对简单。

单片机 8031 仅有 16 根地址线,只能寻址 64KB 的存储器。由于只读存储器 RAM 和读写存储器 ROM 的控制信号不同,它们的空间地址可以重叠而不会发生数据冲突或地址冲突,8031 最多可外扩至 64KB 程序存储器和 64KB 数据存储器,用 16 根地址线及 $\overline{PSEN}$ 和 $\overline{RD}$、$\overline{WR}$ 控制线就可实现对外扩 128KB 存储器的控制。

译码器的种类很多,常用的如 3-8 译码器 74LS138、8205,双 2-4 译码器 74LS139、74LS156,4-16 译码器 74LS154 等。各种译码器的用法大致相同,下面以 3-8 译码器 74LS138 为例做一简单介绍。

74LS138 为 16 脚双列直插式封装,+5V 供电,图 8-10 所示为其引脚分配图。A、B、C 为三个译码输入端;$Y_0 \sim Y_7$ 为 8 个译码输出端,低电平有效;G1、G2A、G2B 为芯片的控制信号使能端,G1 高电平有效,G2A、G2B 低电平有效。表 8-1 所示为 74LS138 译码器真值表。

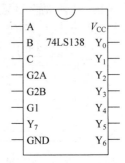

图 8-10　74LS138 引脚图

利用 74LS138 译码器,可以对容量为 64KB 存储器的地址空间进行分配,如图 8-11 所示。根据真值表 8-1,将 74LS138 的 G1 脚接+5V,G2A、G2B 脚接地,并将单片机高位地址接口的 P2.5、P2.6、P2.7 分别与 74LS138 译码器输入端 A、B、C 相接。假设该 64KB 存储器是由 8 片 RAM6264(8K×8 位)存储芯片按字扩展方式扩展而成的,单片机的高位地址接口 P2.0～P2.4 和低 8 位地址接口 P0.7～P0.0 共 13 根地址线分别与各片 RAM6264 的地址线引脚 $A_{12} \sim A_0$ 顺次相接(参考图 8-9)。74LS138 对单片机的高 3 位地址译码,8 个输出端 $Y_0 \sim Y_7$ 分别接到 8 片 RAM6264 芯片的片选端,进行片选;单片机其余 13 位地址 P2.4～P2.0、P0.7～P0.0 则对由片选指定的 RAM6264 进行字选。这样,就可以实现对这个由 8 片 RAM6264 扩展而成的 64KB 存储器的寻址了。

表 8-1　74LS138 译码器真值表

输　　入						输　　出
G1	G2A	G2B	C	B	A	$Y_0 \sim Y_7$
1	0	0	0	0	0	$Y_0=0$,其余为 1
			0	0	1	$Y_1=0$,其余为 1
			0	1	0	$Y_2=0$,其余为 1
			0	1	1	$Y_3=0$,其余为 1
			1	0	0	$Y_4=0$,其余为 1
			1	0	1	$Y_5=0$,其余为 1
			1	1	0	$Y_6=0$,其余为 1
			1	1	1	$Y_7=0$,其余为 1
0	×	×	×	×	×	$Y_0 \sim Y_7$ 全 1
×	1	×				
×	×	1				

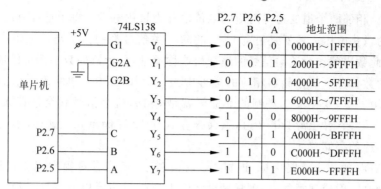

图 8-11 用 74LS138 译码器对 64KB 存储器进行的地址分配

8.2.3 存储器的分区

多道分析器许多功能的实现都需要把存储器分成若干个区域,这就是存储器的分区。例如,可以把总道数为 8192 的存储器分为两个 4096 道的存储区(2×4096),分别存储两个谱分布。还可以分成 4 个 2048 道的存储区(4×2048),或者是 8×1024、16×512、32×256 甚至是 64×128 等分区方式。

存储器进行分区工作时,会将地址寄存器进一步分成两部分,从高位取若干位作分区码,其余位作地址码。如果取最高一位作分区码,它有 0 和 1 两种状态,由此就可将存储器划分为两部分,0 对应存储器的前半区,1 对应存储器的后半区。如果从高位取前两位作为分区码,两个二进制数码就可构成 00、01、10 和 11 四种状态,因而可将存储器划分为 4 个分区。对于 4096 道存储器而言,这四个区的道址范围就分别是 0000H~03FFH、0400H~07FFH、0800H~0BFFH 和 0C00H~0FFFH。如果从高位取前三位作分区码,它有八种状态,可将存储器分成 8 个区,依次类推。

图 8-12 所示为 8192 道存储器的分区情况:如果用最高的一位作为分区码,可分成两个 4096 道的存储器;如果用最高的两位作为分区码,则可分成 4 个 2048 道的存储器;……如果用最高的六位来作为分区码,则 8192 道的存储器共可分为 64 个 128 道的存储器,可分别存储 64 个谱,实现有关数据的获取以及处理的多种功能。

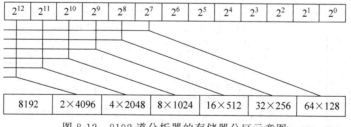

图 8-12 8192 道分析器的存储器分区示意图

8.3 模-数变换器

模-数变换器(ADC)是一种将连续的模拟输入信号变换成离散的数字输出信号的电子元件。脉冲幅度分析就是把输入的电压脉冲信号按其幅度的大小等间隔地分成许多类,每一类称为一道,相邻两个道的边界对应的电位值称为量化电压。每个道都有两个边界,相邻的两个边界的量化电压之差就是道宽 U_k。将每一类信号都用一个与信号幅度大小成比例的数码编码,此数码就作为这类信号的地址码或称道址,分析器的数字系统依地址码寻址并将此类信号的数目存入到存储器相应的道址中去。例如,图 8-2 中的第一个信号属于编码位 6 的道,即第 6 道,变换成二进制的地址码就是 0110,这个信号就会被存入道址为 0110 的存储单元;第二个信号属于第 2 道,就会被存入 0010 存储单元。这样,不同的信号就会被依次存入相应的存储单元。

道宽是 ADC 的一个重要指标,道宽 U_k 的值越小,意味着对幅度的测量越精细,ADC 的精度也就越高。但应注意的是,测量精度实际上还受道边界以及变换器稳定性等因素的影响,并不能简单地认为道宽越小越好。ADC 的精度常用变换增益 P(亦称变换系数)来表示,变换增益定义为每单位幅度(每伏)所能变换成的道数,其单位常取为“道/V”。由变换增益的定义可知,它实际上就是道宽的倒数。

在核电子学中的多道分析测量的是随机脉冲信号的幅度分布,主要是要对快速随机脉冲幅度作模-数(A/D)变换而不是对慢速变化的信号进行采样和保持。核电子技术中常用的 A/D 变换方法主要有:线性放电法,包括单级放电法和双级放电法等;比较法,包括逐次二进制比较法、一次直接比较法以及并串行比较法等。随着电子技术的飞速发展和数字化进程的加快,ADC 的结构出现了很多变形,也发展出了一些新型的 A/D 变换方法,出现了诸如过采样 Σ-Δ 型 ADC、流水线型 ADC 等。

8.3.1　线性放电法 A/D 变换

自 20 世纪 50 年代开始,线性放电法 A/D 变换就在核电子学中得到了应用。近些年来,尽管核电子技术发展迅速,各种类型 ADC 的设计越来越复杂、精密,精度越来越高,但由于线性放电法的电路简单,道宽一致性好,便于设计和生产,在国内外核电子学设备中仍有应用。图 8-13 所示为线性放电法 A/D 变换的原理框图,它是基于脉冲信号幅度与时间之间的线性变换工作的。

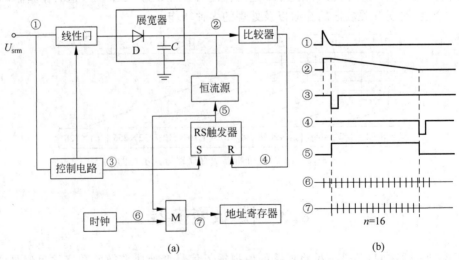

图 8-13　线性放电法 A/D 变换原理图

(a) 原理框图;(b) 输入的脉冲信号在电路中的变化

输入的脉冲信号①经线性门后，通过二极管 D 加给记忆电容 C 充电，使 C 上的电压迅速上升，并达到输入信号的最大值，也就是等于其峰值 U_{srm}，如图 8-13(b)中②所示。当输入脉冲信号下降时，二极管 D 处于截止状态，但电容 C 上仍会保持基本等于 U_m 的电位。这种能在一定时间内保持峰值电位的电路，叫峰值保持电路或展宽器。

输入脉冲信号在经过线性门的同时，也会触发控制电路。控制电路由一个低下阈而高上阈的单道分析器和一个单稳态电路组成，用以确定将要分析的信号的幅度范围，并产生控制信号③。在电容 C 充电完毕以后，控制电路会给出 RS 触发器的置位信号⑤，开放恒流源和时钟与门，并使电容恒流放电，于是电容 C 上的电压会线性下降。周期为 T_0 的时钟脉冲⑥通过与门 M 后，串行输出信号⑦给地址寄存器，同时关闭线性门，而且在分析这个脉冲的时间内，不再接收下一个脉冲信号。当电容 C 上的电压直线下降到零时，比较器发出 RS 触发器的复位信号④，关闭恒流源放电电路和时钟与门，控制电路重打开线性门，并等待下一个输入脉冲。

电容 C 的放电速度，即单位时间内电容 C 上的电压下降量为

$$\frac{du_C}{dt} = \frac{I}{C} \tag{8-6}$$

如果放电电流 I 恒定，即电容 C 上电压下降线的斜率恒定，如图 8-13(b)中②所示，则电容 C 的放电速度是恒定的，此即线性放电。

利用式(8-6)，可以得到在时钟脉冲信号的一个周期 T_0 的时间内，电容 C 上电压下降值的大小，这也就是多道分析器的道宽 U_k：

$$U_k = \frac{du_C}{dt} T_0 = \frac{I}{C} T_0 \tag{8-7}$$

如果时钟脉冲的周期 T_0 恒定，电容 C 的放电速度 du_C/dt 也为常数，则道宽 U_k 就为常数。通过改变 T_0、I 或者 C，都可改变道宽 U_k 的大小。在实际应用中，由于多道分析器的道数通常很多，道宽的单位常取毫伏。

由于输入脉冲信号的幅度(峰值)为 U_{srm}，而电容 C 的放电时间 T 将正比于输入脉冲信号的幅度 U_{srm}，故

$$T = \frac{U_{srm}}{\frac{du_C}{dt}} = \frac{C}{I} U_{srm} \tag{8-8}$$

输入脉冲信号的幅度越大，电容 C 的放电时间就越长。放电时间 T 也称为输入脉冲信号的变换时间。

由于时钟脉冲信号的周期为 T_0，由此就可以计算出在电容 C 的放电时间 T 内输出的时钟脉冲数目 n：

$$n = \mathrm{int}\left(\frac{T}{T_0}\right) \tag{8-9}$$

由式(8-8)和式(8-9)可以看出，时钟与门在放电时间 T 内输出的时钟脉冲的数目 n 正比于输入脉冲信号的峰值 U_{srm}。这样，连续的模拟信号就被转换成了数字信号，实现了 A/D 变换。在变换时间 T 内输出的时钟脉冲数 n 即为地址码，所以 n 就是该输入脉冲信号应该记入的道址。图 8-13 中，电容 C 放电时间内输出的时钟脉冲数 $n=16$，经地址寄存器选中后，该输入脉冲将被记录在分析器的第 16 道。

由前面的介绍可以看出,线性放电法 A/D 变换过程就是先把输入脉冲信号的幅度 U_{srm} 变换成放电时间 T,然后再把时间 T 变换为时钟脉冲数 n,进而形成地址码。这一变换过程中,前者叫作幅度-时间变换(ATC),后者叫作时间-数码变换(TDC)。

对线性放电法 A/D 变换,由式(8-7)可得其变换增益为

$$P = \frac{C}{IT_0} \tag{8-10}$$

由于时钟脉冲信号的周期 T_0 的稳定性很高,因此线性放电法 ADC 的道宽有较好的一致性,很容易使其道宽一致性优于 1%。线性放电法 A/D 变换的主要缺点就是需要较长的变换时间 T(放电时间)。由式(8-9)可知,变换时间等于时钟脉冲信号的周期 T_0 与 T 时间内的时钟脉冲数 n 的乘积,最大变换时间对应的时钟脉冲数就是 ADC 的总道数。对于一个 2^{13} 道的线性放电法 ADC,其最大变换时间的典型值可达 $100\mu s$ 量级。

对幅度较高(道址较大)的输入脉冲信号,如果通过控制电路使记忆电容 C 的容值减小,使其先以较快的放电速度线性放电(每个时钟信号周期 T_0 时间内使 C 上的电压下降数十个道宽),然后再以每时钟周期 T_0 下降一个道的速度线性放电,直至放电完毕,就可以极大地缩短变换的时间,改进线性放电法 A/D 变换的不足。这种通过电路的逻辑控制,使记忆电容 C 先后以两种不同放电速度线性放电并完成 A/D 变换的过程,就是双级线性放电法 A/D 变换的基本思路。

8.3.2 比较法 A/D 变换

线性放电法 A/D 变换包括 ATC 和 TDC 两个过程,变换中先把输入脉冲的幅度 U_{srm} 变换成放电时间 T,再把 T 和时钟周期 T_0 比较,进而形成地址码。道数较多时,完成 A/D 变换费时较多,速度慢。如果能通过将输入脉冲的幅度直接与标准电压作某种比较来确定其幅度的大小,就可以提高 A/D 变换的速度,按此思路,人们设计出了多种通过比较实现 A/D 变换的方法,得到了较多的应用。

1. 逐次二进制比较法 A/D 变换

逐次比较法 A/D 变换,就是将输入脉冲信号的幅度 U_{srm} 与不同的标准电平作多次比较,逐次逼近输入脉冲的幅度,并按输入信号的幅度大小形成数字代码。比较法 A/D 变换电路中所用的标准电平是在电路中,通过特定单元按数字指令在系统的恒定基准电源电压的基础上产生的。能把输入的数字码(通常为二进制数码)变换成大小与此数码成比例的模拟量(电流或者电压)的电子元件称为数-模转化器(DAC),D/A 转换可以看成 A/D 转换的逆过程。不同的数-模转化器在内部构成电路的原理上,并无太大的区别,多道脉冲幅度分析器中常用的数-模转化器是电压输出型 DAC,其原理框图如图 8-14 所示。

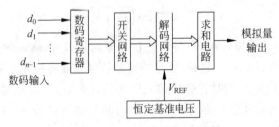

图 8-14　DAC 的工作原理框图

输入的数字量 $D_n = \sum_{i=0}^{n-1} d_i 2^i$（其中 n 为二进制数码的位数，d_0 为该数码的最低位，d_{n-1} 为其最高位）被锁储在数码寄存器中，各位数码均用于控制相应数位上的模拟开关，而解码网络则将相应数位的权值和恒定基准电压输出给求和电路，并得到与输入的数字量成正比的输出电压 u_o（或电流）：

$$u_o = K \sum_{i=0}^{n-1} a_i 2^i \tag{8-11}$$

式中，K 是与基准电压 V_{REF} 有关的比例常数。

这样，按输入的数字量经 DAC 后得到的输出电压，就可在比较法 A/D 变换电路中用作比较的标准电平。由于逐次比较法 A/D 变换通常是利用二进制数码对应的标准电平与输入信号进行比较的，因此也被称为逐次二进制比较法 A/D 变换。

逐次二进制比较法的工作原理框图如图 8-15 所示。线路中，由控制器选择需要分析的输入脉冲信号，信号通过线性门、展宽器后与 DAC 输出的标准电平在比较器中逐次进行比较。逐次比较的步骤如下：

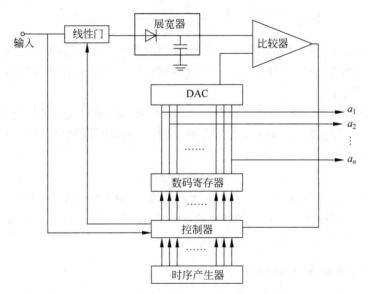

图 8-15 比较法 A/D 变换的工作原理框图

第一次比较时，由时序产生器产生比较次序信号，控制器接到第一个比较次序信号后，使数码寄存器最高位置 1，即 $a_1 = 1$，而其他位均置 0。这个数码经过 DAC 后输出一个相应的标准电平（模拟量）V_1，其大小通常取为恒定基准电压（满量程电压）的一半，即 $V_1 = V_{\text{REF}}/2$。这一电压会被加到比较器的输入端，并与输入脉冲信号的峰值 U_{srm} 进行比较。经过比较器的比较，若 $U_{\text{srm}} > V_1$，比较器的输出将通过控制器使数码寄存器最高位保持为 1，$a_1 = 1$，并保留下此标准电平 V_1；若 $U_{\text{srm}} < V_1$，比较器的输出会使寄存器最高位复位，$a_1 = 0$。寄存器的其他位仍置 0。

第二次比较时，控制器接到时序产生器产生的第二个比较次序信号，使数码寄存器的第二高位置 1，即 $a_2 = 1$，其他低位保持置 0。这个数码经过 DAC 后，会输出第二个标准电平 V_2，其大小为

$$V_2 = a_1 V_1 + \frac{1}{2} a_2 V_1 \tag{8-12}$$

将 V_2 加到比较器的输入端,再次与输入脉冲的峰值 U_{srm} 进行比较。若 $U_{srm} > V_2$,则使寄存器第二高位保持为 1,$a_2 = 1$;若 $U_{srm} < V_2$,则使寄存器第二高位复位,$a_2 = 0$。寄存器的其他低位仍然置 0。

如此逐次进行,第 n 次比较结束时,数码寄存器自最高位开始,前面 n 位 a_1,a_2,$\cdots$,a_n 均已置位,而 DAC 输出的标准电平为

$$V_n = V_{\text{REF}} \left(\frac{1}{2} a_1 + \frac{1}{4} a_2 + \cdots + \frac{1}{2^n} a_n \right) \tag{8-13}$$

由以上过程可以看出,随着比较次数的增多,比较后 DAC 输出的标准电平 V_i 将越来越接近输入脉冲的峰值 U_{srm},这就是逐次二进制比较法 A/D 变换的基本思想。

当然,这种比较并不能一直进行下去,而要受到系统总道数的限制。例如,对于一个 $8192 = 2^{13}$ 道,道宽为 1mV 的 ADC,比较过程最多可进行 13 次,所确定的输入脉冲幅度可表示为

$$U_{srm} = \frac{8192}{2} \times \left(a_1 + \frac{1}{2} a_2 + \cdots + \frac{1}{2^{12}} a_{13} \right) \text{mV}$$

测量结果准确至毫伏,而由各二进制数码排列而成的 13 位二进制数 $a_1 a_2 \cdots a_{13}$ 就是与此输入脉冲信号幅度相对应的地址码。如果总道数增加一倍,则这样的转换只需要增加一次比较就可以实现了。

由式(8-9)可知,当 ADC 的总道数为 M 时,线性放电法的最大变换时间为 $T = MT_0$,平均变换时间约为 $MT_0/2$。如果用逐次二进制比较法,则对不同幅度的输入信号,总的比较时间均为

$$T = T_1 \log_2 M \tag{8-14}$$

式中,T_1 为逐次二进制比较法中完成每次比较所需要的时间,通常 $T_1 > T_0$。但对于总道数很多的 ADC,采用逐次二进制比较法所需的时间较短。对于 8192 道的逐次二进制比较法 ADC,其总的变换时间可达到 $10\mu s$ 左右。

2. 一次直接比较法 A/D 变换

线性放电法 A/D 变换需要把输入脉冲的幅度变换成放电时间,再将其和标准时钟周期比较,完成转换。道数较多时,变换速度慢,费时多。逐次比较法 A/D 变换通过与标准电平的比较完成转换,提高了变换速度,也得到了较多的应用。但逐次比较法仍需要多次比较,仅就提高速度而言,若能通过一次比较就完成转换显然是最有利的。

一次直接比较法 ADC 就是通过一次比较就可以将输入脉冲幅度转换成二进制数的模-数转换器,也被称为闪烁型(flash)ADC。一次直接比较法 ADC 主要由电阻分压器、比较器、锁存器、编码器等电路单元组成,图 8-16 所示为 3 位(8 道)一次直接比较法 ADC 的工作原理框图。

在图 8-16 所示的电路中,由 8 个电阻组成的分压器将基准电压 V_{REF} 分成了 8 个等级,其中的 7 个分压为 $2^3 - 1 = 7$ 个比较器 $C_1 \sim C_7$ 提供参考电压(实际应用时,出于对量化过程带来的量化误差的考虑,有时也会将电路中最下面一个分压电阻,即提供最低参考电压的

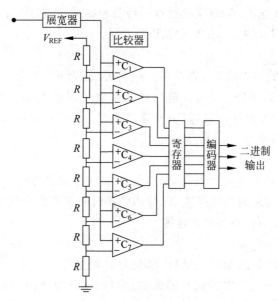

图 8-16　3 位一次直接比较法 ADC 的原理框图

分压电阻取为 $R/2$）。两相邻参考电压的差值 $V_{\text{REF}}/8$ 就等于道宽。输入脉冲信号经展宽器后，其峰值电压 U_{srm} 同时输入到各比较器，比较器将其与各自的参考电压进行比较，确定各比较器的输出状态。

如果 U_{srm} 大于某比较器的参考电压，则该比较器输出 1 到寄存器，否则该比较器就输出 0。这样，经过一次比较，7 个比较器 $C_1 \sim C_7$ 的输出状态就同时都被确定了，排列起来共有 0000000 到 1111111 八种组态。比较器的输出信号经寄存器缓冲，由编码器形成 3 位二进制码输出，实现了 A/D 转换。

对于一次直接比较法 ADC，输入脉冲信号同时加到所有比较器的输入端，通过一次比较就使寄存器的各位同时置位，这样的置位方式亦称并行置位，而一次直接比较法 ADC 也因此被称为并行式 ADC。由于线性放电法 A/D 变换是通过串行地址脉冲使地址寄存器置位的，因此有时也被称为串行变换。

利用一次直接比较法进行 A/D 变换，其转换时间只受比较器、寄存器和编码电路等的延迟时间的限制，如果不考虑各类器件的时间延迟，可以认为输入脉冲幅度输入给各比较器后，A/D 转换就完成了。因此，在各种 A/D 转换方法中，一次直接比较法用时最短，是最快的。但这种方法需要的元器件较多，电路复杂。要将分辨率提高 1 位，所需的比较器数量就要增加一倍，按几何级数增加，在道宽较小、道数很多时，设备过于庞大。因此，只有当要求测量速度快，而道数又很少时，才会使用一次直接比较法 ADC。

与一次直接比较法 A/D 变换相比，逐次二进制比较法 A/D 变换所用的元器件大大减少，可用于道数很多的 A/D 变换。但逐次二进制比较法要从高位起逐次逼近，一位一位确定输入脉冲幅度对应的道址，也是一种串行变换方式，变换速度比并行变换法要慢。有一种变通的方案是将一次直接比较法和逐次二进制比较法相结合，这就是所谓的并串行比较法。并串行比较法 ADC 在结构上介于并行式与逐次二进制比较型之间，具体实施时，有不同的方案，比如对高位采用并行变换，而低位则采用逐次二进制比较等。

无论采用何种变换方法，A/D 变换过程一般都包括采样、保持、量化和编码等步骤。描述 ADC 的性能有很多技术指标，主要包括以下几种。

1）分辨率

ADC 的分辨率指的是它输出的数字量（通常为二进制数）变化 1 时所对应的输入模拟量幅度的变化量，也就是 ADC 所能分辨的输入幅度的最小差别。对于一个 n 位输出的 ADC，若其满量程输入电压为 V_{REF}，其分辨率即为 $V_{REF}/2^n$。有时，也直接用 ADC 输出数字量的位数 n 表示其分辨率。

2）变换速度

自 ADC 接收到变换控制信号开始，到其输出端给出稳定的数字信号为止所经过的时间，即完成一次变换所需的时间就是该 ADC 的变换时间。变换时间与电路形式、变换方法等有关。变换时间的倒数就称为变换速度。

3）变换误差

变换误差或称变换精度，指的是 ADC 实际输出的数字量与输入信号在理论上所对应的数字量之间的差别，也就是实际输入的模拟信号的幅度与 ADC 输出的数字量所对应的幅度之间的差别。变换误差可分为量化误差以及由电路自身引起的偏移误差、满刻度误差以及非线性误差等。

量化误差是由于 ADC 的分辨率有限而引起的误差，即分辨率有限的 ADC 的实际转移特性曲线与分辨率无限的理想 ADC 的转移特性曲线之间的最大偏差。偏移误差是指 ADC 的输入信号为零时，由于电路中存在外接电位器等导致输出信号不为零而产生的误差，将外接电位器调至最小可减小此误差。满刻度误差是指 ADC 的输出信号为满刻度时，实际的输入信号幅度与满刻度电压值之间的差别。ADC 的非线性误差常用线性度来描写，线性度是指其实际转移特性曲线与理想的直线形转移特性曲线间的偏移。

此外，ADC 的道数（或者有效位数）、变换增益、信噪比以及最大允许工作计数率等也是其技术指标。相比较而言，线性放电法的精度高，微分线性好，但其变换速率慢；而比较法的变换速度快，可以实现高位数的变换，但其微分线性较差。目前，实际中使用的 ADC 种类有很多，不仅有传统的积分型、逐次比较型、并串比较型 ADC 等类型，还出现了 Σ-Δ 型、流水线型等新型的 ADC。不同种类的 ADC 各有优缺点，实际应用时，应根据需要加以选择。

8.3.3　集成 ADC

近年来，电子技术和数字技术飞速发展，不同的数据采集工作对 ADC 提出了不同的需求。由于使用的范围日益广泛，国内外的生产厂家设计并生产出了多种多样的集成 ADC 芯片。从性能上看，有的 ADC 芯片精度高、速度快，有的则价格低廉。从功能上看，在基本的 A/D 转换功能基础上，有的集成 ADC 芯片还包括了内部放大器、锁存器，甚至包括了多路开关、采样保持器等，成了一个小型数据采集系统。从变换电路的工作原理上看，则有双积分型、逐次比较型、并串行比较型、V/F 转换型 ADC 芯片以及 Σ-Δ 型、流水线型等新型 ADC 芯片。

无论哪种 ADC 芯片，都会包括四类最基本的信号引脚，即：模拟信号的输入引脚（单极性或者双极性）；数字信号的输出引脚（并行或者串行）；变换启动信号输入引脚；变换结束信号输出引脚。此外,还会有一些功能不同的控制引脚。在选用 ADC 芯片时,除了要考虑系统对分辨率、变换速度、变换精度等要求外,还要关注 ADC 的参考电压、功耗、体积、价格以及环境要求等因素。

双积分型 ADC 芯片应用的是一种间接 A/D 转换技术。它先将待转换的模拟信号输入给积分器,积分器从零开始进行一个固定时间段(上升阶段)的正向积分;然后积分器再与反向的基准电压 V_{REF} 接通,进行反向积分并持续到积分器输出为 0 为止(下降阶段)。这样,输入模拟信号的幅度越大,反向积分时间就越长,对输入信号的测量转换成了对反向积分的时间的测量。对反向积分时间的测量通常是以时钟脉冲的周期为单位的,计数器在下降阶段内所记录的时钟脉冲数就是输入模拟信号幅度所对应的数字量(可参考线性放电法 A/D 变换的工作原理),从而实现了 A/D 变换。显然,积分时间越长,这种 ADC 的分辨率越高,但变换速度越慢。变换速度可以靠牺牲分辨率来适当提升。双积分型 ADC 的缺点就是变换时间长,可达数十毫秒;其优点是抗干扰能力强、外接器件少、使用方便、性价比高。常用的双积分型 ADC 芯片如 3 位半 BCD 码的 ICL7106/ICL7107 和 MC14433,4 位半 BCD 码的 ICL7135,8 位的 ADC-EK8B,10 位的 ADC-EK10B 等。

V/F 转换型 ADC 芯片应用的也是一种间接的 A/D 转换技术,该技术是在 V/F 转换技术基础上改进而成的。它利用 V/F 转换电路,先把输入的模拟电压转换成频率与输入电压幅度成正比的脉冲信号,再在一定的时间内对脉冲信号计数,计数器的计数值也正比于输入模拟电压的幅度,从而实现了 A/D 转换。V/F 转换型 ADC 电路简单,分辨率高,功耗低,价格低廉。但这种 A/D 转换经常需要外部计数电路,而且转换速度较慢,仅适于低速场合。这类芯片常用的有 LM331、AD650 等。

逐次比较型 ADC 芯片的种类最多、数量最大、应用最广。逐次比较型 ADC 既有混合集成型的,也有单片集成的。混合集成型是在一块封装内包括几小片不同微电子工艺制作的电路,组装后可得到技术性能较高的 ADC。单片集成的又分为双极型微电子工艺和 CMOS 工艺两种,双极型的转换速度比 CMOS 型高,分辨率通常为 8～13 位二进制数的量级。常用的逐次比较型 ADC 如 8 位的 AD0809,12 位的 AD574、ADS774,14 位的 ICL7115,16 位的 MAX195 等。

Σ-Δ 型 ADC 又称为过采样转换器,它不是直接对待转换的模拟信号幅度进行量化编码,而是根据前一采样值与后一采样值之差的大小来进行量化编码的,这里的 Δ 表示差值(增量),Σ 表示积分或求和。Σ-Δ 型 ADC 通常包括积分器、比较器、1 位 D/A 转换器和数字滤波器等组成部分,它先将输入信号幅度转换成时间信号(脉冲宽度),再用数字滤波器处理得到数字值,可以获得极高的分辨率。由于 Σ-Δ 型 ADC 具有分辨率高、线性度好、价格低等特点,因此得到了较广泛的应用。目前,Σ-Δ 型 ADC 的种类和型号很多,在使用中应根据需要选择,常用的如 16 位的 AD7701、AD7705、AD7708,20 位的 AD7703、AD7785,24 位的 AD1555/1556、AD7714、AD7718 等。

并行比较型 ADC 经过一次比较就将输入的模拟信号转换成了数字信号,其最明显的特点就是转换速度快。但这种 ADC 的电路复杂,需要的元件多,所需的比较器数量随位数的增加按几何级数增加。为了解决并行比较 ADC 分辨率提高与元件数增加的矛盾,又发展出了分级并行转换(串并行比较)型 ADC。这类 ADC 常用的型号如 8 位的 AD9002、AD9012、TLC5510/5540,10 位的 AD9020、AN6859 等。

随着数字技术的发展,采用新结构、新工艺的集成 ADC 不断出现,种类繁多。但由于核辐射分析的特殊性,许多集成 ADC 并不适用于多道分析器,适用于多道分析器的是那些转换速度快、精度高、线性好的 ADC。

8.4 多道分析器的数据采集和应用

放射性分析的内容和任务多种多样,差别很大,除了脉冲幅度分析,有时还需要对脉冲的时间、脉冲的波形和幅度等多参数进行分析,或者对核辐射的空间分布、时间与能量的关系进行分析,以及对不同探测器输出脉冲的时间关系和幅度关系进行分析等。因此,在实际应用中,多道分析器采集数据的方式也不尽相同,有多种方案。

8.4.1 脉冲幅度分析

脉冲幅度分析是按输入信号的幅度对信号进行分类,并将相应的信息存储于多道分析器相应道址上的分析方式。脉冲幅度分析包含的内容很多,这种分析是多道分析器最主要的功能之一,主要包括对脉冲电压的幅度分析和对缓慢变化的直流电压采样分析。

1. 单参数脉冲幅度分析

单参数幅度分析是多道分析器最基本的功能,也是一种使用最多的分析功能。探测器输出的脉冲信号经线性放大成形后,由 ADC 将信号幅度转换成数码,按数码对幅度分类并累积在存储器的相应道址中,进而可以得到探测器输出脉冲的幅度分布。用横轴表示脉冲信号的电压幅度或射线能量(道数),用纵轴表示相应各道范围内的脉冲信号数量(概率),所得的曲线就是幅度分析曲线或能量分布曲线(能谱)。

一般的能量测量、活化分析、X 射线荧光分析等,利用的都是这种数据采集功能。在实际测量中,有时要分析几十种元素的上百条或者更多的谱线,这不仅要求辐射探测器有足够高的分辨率,还要求多道分析器有足够多的道数,而所用的 ADC 则要有足够高的精度,以保证能够把各条谱线清晰地分辨开。半导体探测器 Ge(Li)谱仪系统的分辨率可高达 0.1%,一般可以满足这些要求。

为了完成各种不同的测量任务,使用中要求多道分析器的道数尽可能地多。有时,虽然测量一个脉冲幅度谱并不需要那么多的道数,但往往要求同时存储几种情况下的谱,以便进行对比和分析,这也需要多道分析器的道数能满足要求。为了更灵活、更充分地发挥道数较多的分析器的功能,经常需要将存储器进行分区,也就是要将 M 道的存储器分成 K 个 M/K 道的存储器。

在对放射性进行分析测量时,本底是不可避免的。如将 $M=4096$ 道的存储器分成两个 2048 道的分区,就可以在前 2048 个道的分区内测量和存放放射源加本底形成的谱,而在后 2048 个道的分区内测量和存放本底谱,两分区内的结果相减,就会得到扣除本底后的放射源的能谱。

2. 双参数脉冲幅度分析

单参数脉冲幅度分析给出的是单一变量 y(各道中的计数 n)与相应的脉冲幅度 x(如

脉冲电压的幅度 V）之间的函数关系，但在辐射测量分析时，经常要了解由两个参数确定的各道计数。双参数分析就是利用多道分析器根据两个参数来对核事件进行分类的一种分析方式。双参数脉冲幅度分析通常是根据用来确定脉冲形状的参数（如幅度和上升时间）来区别不同辐射的。

例如，测量中子能谱时，有时会遇有极强 γ 射线的干扰，而充氢气的正比计数管输出的脉冲幅度只和产生脉冲的射线能量成正比。因此，对于相同能量的中子 n 和 γ 辐射光子，正比计数管输出的脉冲幅度是相同的，仅由反映能量的脉冲幅度并不能甄别中子 n 和 γ 光子。但是，中子 n 和 γ 光子在计数管内的比电离（在电离径迹上单位长度内产生的离子对数）是有很大的差别的，中子的比电离要比 γ 射线大得多。因此，中子和 γ 光子产生的脉冲信号的上升时间会存在明显的差异，中子产生的脉冲信号的上升时间短，而 γ 光子产生的脉冲信号的上升时间则较长。这样，根据中子和 γ 射线产生的脉冲信号的形状差别，就可以区分中子谱和 γ 射线谱。

图 8-17 所示为用脉冲形状甄别方法测量在强 γ 射线干扰下的中子能谱的原理示意图。充有氢气的正比计数管的输出脉冲信号经过放大后，分别进入了能量 E 通道和比电离 ρ 通道，然后再分别传送给处于双参数分析工作状态的多道分析器的 x-ADC 和 y-ADC。其中，E 通道经过放大后的脉冲直接输入给 x-ADC 进行转换；而进入 ρ 通道的脉冲要首先经过上升时间-幅度变换（即 t_S-A 变换），使脉冲信号经微分、成形后形成一个幅度和上升时间成反比的脉冲，然后再与未经过 t_S-A 变换的脉冲信号一同输入给比例电路，最后比例电路的输出信号再输入给 y-ADC 加以转换。

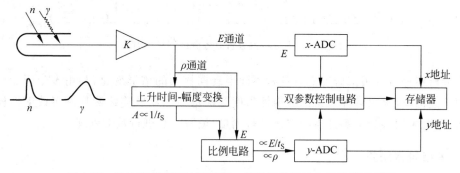

图 8-17　脉冲形状甄别法测量强 γ 射线干扰下的中子能谱原理图

由比例电路输出的脉冲信号的幅度，是其经过 t_S-A 变换和未经过 t_S-A 变换的两个输入信号的幅度的乘积，因此其大小是与 E/t_S 成正比的。由于射线的比电离 ρ 与信号的上升时间成反比，比例电路输出的脉冲信号的幅度也就与比电离 ρ 成正比。这样，多道分析器就同时分析了 E 脉冲和 ρ 脉冲，也就是同时分析了入射粒子的能量和信号的上升时间（粒子的种类）两个参数。由此，就得到了各道的计数 n 与 E、ρ 这两个变量的函数关系曲线，完成了双参数测量。

进行双参数分析时，存储器的地址要分成两部分，前几位作为一个参数（如能量，x）的地址，后几位作为另一个参数（如上升时间，y）的地址。由探测器输出的信号被分成反映这两个参数的两路信号，分别加到了多道分析器的两个模-数变换器 x-ADC 和 y-ADC 上。双参数控制单元要选取满足一定时间关系的两个输入信号，命令两个变换器分别进行变换，否则不予变换。变换结束后,双参数控制单元将变换结果分别送到存储器的 x 地址和 y 地址。再用符合技术来判别反映两个参数的数码是否属于同一事件。

3. 多分析器分析

多分析器分析也是多道分析器获取数据的一种方式。一个道数为 M 的多道分析器如果分成 K 个分区,每个区的道数 $S=M/K$,则原来的一个 M 存储器就可用来作为 K 个 S 道存储器使用。多分析器分析共用一个 ADC,按固定的时间间隔测量数据,并按时间顺序依次存入相应的各区中,直到测完为止。

在实际应用中,是将地址寄存器分为两部分,高位部分作为分区码,低位部分作为地址码,如图 8-12 所示。测量开始时,分区码全部置零,作为第一区,当第一个测量周期结束时,分区码步进加 1,第二个测量周期的数据存入第二区。每个测量周期结束分区码都要步进一次,直到最后一区测完为止。分区的步进时间(即测量周期)由多道分析器控制部分的定时器调节和给出,所以多分析器分析测量的是谱形随时间的变化。图 8-18 所示为 4096 道存储器被分成 8 个分区时,多分析器分析的测量时间顺序。

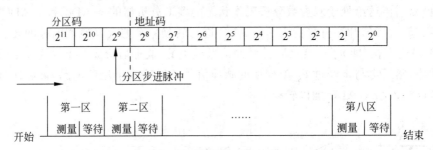

图 8-18　多分析器分析时各分区测量的时序

多分析器分析可用来研究混有各种不同半衰期核素的谱形变化,利用多分析器测量不同时间的能谱,可求出各种元素的放射性强度和能谱。当需要连续测量许多放射性样品的能谱时,也可采用多分析器分析的方法进行测量,最后一起进行数据处理。

4. 多维符合测量

在多分析器分析中,各分区存入的数据是按时间顺序依次测量的。实际上,分区的使用顺序还可以由其他参数来控制,这就是多维符合测量。多维符合测量可使多道分析器的应用更加灵活、方便。应用时,可根据需要来设置多维符合控制电路,按照其他多种参数(如脉冲形状、时间或某些外信号的特殊时间关系等),分类对输入脉冲的幅度进行测量。

图 8-19 所示为多维符合测量的工作原理框图。实际分析时,首先需要将多道分析器中总道数为 M 的存储器平均分成 K 个分区,使得每个分区的道数 $S=M/K$,而 K 个分区共用一个 ADC。分区后,多道分析器一共可以同时测量 K 个谱,K 个谱的输入脉冲信号经同一个 ADC 加以转换后应存入哪一个分区,则由分析器在 ADC 的符合时间内接收到的外来分区码决定。

实际上,前面讨论的双参数脉冲幅度分析和多分析器分析方法,可以看成是多维符合测量的两个特例。

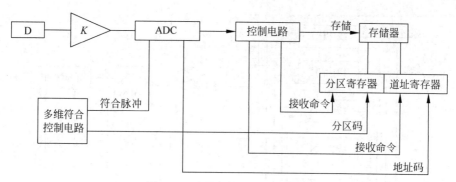

图 8-19　多维符合测量原理框图

5. 多路混合分析

多路混合分析是把多个探测器输出的脉冲信号经多路混合控制电路(或插件)由一个共用的 ADC 变换后,分别存入 K 个 M/K 道的存储分区中,这是一种多路同时输入的脉冲幅度分析方法。实际使用时,需要事先对各路输入信号加以编号,并由控制电路来提供分区码。分析时,各分路不是顺次步进的,而是依信号到达的时间先后随机步进的。每个分区记录一个探测器输出信号对应的谱分布。在这种分析方法中,各分区共同使用了同一个 ADC,提高了仪器设备的使用效率和测量的准确度。

图 8-20 所示为四路混合分析的原理示意图,其控制电路的原理框图如图 8-21 所示。多路输入的脉冲信号同时输入给分析器,假如第一路的信号先到,则先通过控制电路封锁其余各路,仅允许这一路的信号通过线性门和公用缓冲器,并将其加到公用的 ADC 上进行变换,混合控制电路同时给出对应这一路输入的分区码,并继续封锁其他各路输入的线性门,以保证在对这一路的输入脉冲进行分析记录的整个时间内,其他各路有输入脉冲也不能通过线性门,不对其进行分析。

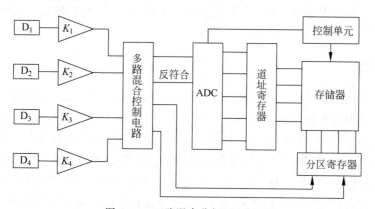

图 8-20　四路混合分析原理框图

如果有两路信号几乎同时到达,或者说有两路信号到达的时间之间的差别极小时,可能会导致先到达的信号来不及封锁其余各路线性门,这时控制电路将会产生一个反符合信号加给 ADC,于是电路将不对这样两个混杂的信号进行分析变换,也不传送地址码和分区码,以避免引起测量谱的混乱。

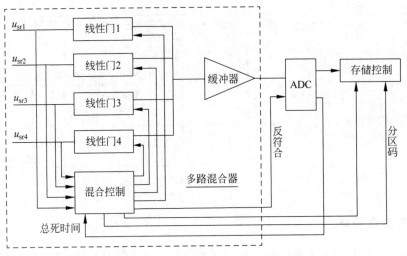

图 8-21　四路混合控制电路原理框图

图 8-21 中的缓冲器实际上是一个传输系数为 1、输入阻抗大、输出阻抗小的同相放大器,用来减小信号传输过程中的畸变。

多路混合分析用于测量辐射场各地点的辐射强度和能谱的角分布是很方便的。这种情况下,可以把几个探测器放在辐射场的不同位置,进行多路混合同时分析,而不必逐个移动探测器的位置,从而提高了测量效率,也提高了测量的准确度。如果几个探测器的刻度和稳定性都一致,也可将几个探测器测得的谱存在同一区内,这需通过控制选定某一区并使分区码不起作用,这就实现了在不同地点的几个探测器都测量同一放射源的能谱,相当于提高了探测效率。

对于多个探测器给出的多路输入脉冲信号,也可以对每一路输入脉冲各自使用一个 ADC 进行幅度分析。这时,各路信号可以独立进行分析变换,而不必相互封锁。但是这时在电路中要增加特殊设计,以处理在存储过程中的排序和分区编码问题。但使用多个 ADC 会提高成本,在计数率较低时不宜使用。

6. 符合测量

符合测量是在一组有时间相关性的核事件中,测量该组事件的一个量或几个量的方法。符合方法在核物理实验和射线测量中有广泛的应用,例如,在测量核素的放射性活度、研究角关联、研究衰变能级及寿命、确定入射粒子的方向和位置、选择具有特定性质的入射粒子、减少测量本底等工作中,都经常采用符合测量的方法。符合测量电路一般有两个信号输入端,其中一个是被测信号输入端,一个是符合信号输入端。当两个信号之间满足一定的时间关系时,允许被测信号通过,并被加到 ADC 上进行分析变换;如果被测信号与符合信号不满足要求,就不能被加到 ADC 上分析变换。

符合测量方法可以分为多种形式,包括瞬时符合、瞬时反符合、延迟符合、延迟反符合、假符合、偶然符合等。针对不同的符合测量方法,符合电路对两路输入信号的要求并不相同,具体如下。

(1) 瞬时符合:要求在被测信号 u_{sr} 输入的同时,若有符合信号输入则分析,若没有符合信号输入则不分析。

(2) 瞬时反符合：要求在被测信号 u_{sr} 输入的同时，若有反符合信号输入则不分析，若没有反符合信号输入则分析。

(3) 延迟符合：要求在被测信号 u_{sr} 输入后，延迟一段时间 t_y，这时若有符合信号输入则分析，若没有符合信号输入则不分析。

(4) 延迟反符合：要求在被测信号 u_{sr} 输入后，延迟一段时间 t_y，这时若有反符合信号输入则不分析，若没有反符合信号输入则分析。

图 8-22 所示为符合测量的原理框图。开关 K_1 用来选择瞬时分析和延迟分析，开关 K_2 用来选择符合分析和反符合分析。按图 8-22 中显示的开关位置，所给出的是延迟反符合测量工作原理图。当输入信号的幅度介于单道分析器的上、下阈之间时，单道分析器输出一个正脉冲，这个正脉冲经延迟时间 t_y 后，输入给二输入端的与非门 M_1。如果这时外加符合信号输入端的正信号没有出现，则低电平经倒相器 M_2 后，产生的高电平将使与非门 M_1 处于开启状态，允许被测信号通过 M_1 并倒相为负脉冲，并启动变换器分析变换；如果这时外加符合信号输入端有正信号出现，经 M_2 倒相后成为低电平，将使 M_1 处于封锁状态，当反符合信号在时间上恰好能覆盖被测信号脉冲时，M_1 不能产生输出，被测信号不能被分析变换，就实现了反符合。

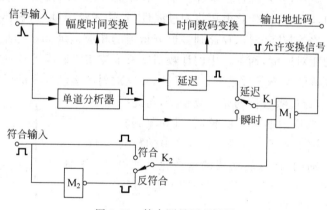

图 8-22　符合测量原理框图

7. 慢变化直流电压采样分析

前面介绍的都是利用多道分析器对脉冲信号进行测量的方法，实际上，利用多道分析器也可以对慢变化的直流电压进行分析测量。这种模式的工作过程是先利用采样脉冲对直流电压信号采样，使其转化成一连串的脉冲信号，然后再经过 ADC 转换，加以分析测量。采样脉冲可以是周期脉冲，也可以使用统计随机脉冲。因此，多道分析器对慢变直流电压的测量，实际上是将测量直流电压的问题转化成了测量脉冲电压的问题。直流电压的采样分析可分为脉冲幅度分析式采样和脉冲波形分析式采样两类，幅度分析式采样多用于对信号幅度的分析，而波形分析式采样则多用于多定标器分析。

穆斯堡尔谱是原子核无反冲地共振吸收 γ 光子的现象。由于多普勒效应，通过改变 γ 放射源与吸收体的相对速度，就可以调制射向吸收体的 γ 光子的能量。这样，通过对射向吸收体的射线的能量扫描，利用幅度分析式采样，就可以测量出原子核对 γ 射线的共振吸收谱,测量的原理框图如图 8-23 所示。

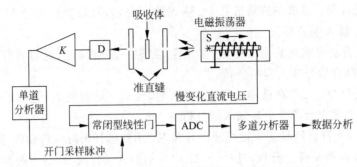

图 8-23 幅度分析式采样测量穆斯堡尔谱的原理框图

图 8-23 中,放射源 S 固定在一个磁极上,磁极在振动装置的控制下在线圈中作往复的周期运动。受变化磁场的影响,线圈上会产生感应电动势,放射源的速度被转化成了慢变化的直流电压信号,此即速度-电压变换。所产生的慢变化的直流电压信号被加到了常闭线性门的输入端。放射源 S 辐射的 γ 射线经准直后射向吸收体,在吸收体后的探测器 D 接收透过吸收体后的射线。测量到的 γ 射线产生的脉冲信号,经单道分析器 SCA 成形后形成的正脉冲信号即为采样脉冲,它是统计性脉冲。采样脉冲信号作为门控信号,用来开启常闭线性门。在开启时间内,输入的慢变化电压将通过线性门,输入给 ADC 并转换为与此时间内慢变化电压幅度成正比的数字信号,存储到多道分析器的相应道址 m。道址的大小就反映了放射源与吸收体的相对速度,而各道中的计数则反映了该相应速度下,穿过吸收体的 γ 光子的数量。透过吸收体的 γ 光子数是能量的函数,即 γ 放射源运动速度的函数。

有共振吸收时,透过吸收体的光子数较少,与此时放射源速度相对应的道中的计数就较低,可观测到相应的吸收峰,如图 8-24 所示。实际上,实验中的放射源通常是作简谐运动的,速度转换成的慢变化直流电压随时间按简谐方式变化,但为了便于说明问题,在图 8-24 中采用了线性变化关系。

波形分析式采样的采样脉冲是周期脉冲,周期性地开启线性门,开启时间内输入的慢变化电压通过线性门,输入给 ADC 并转换为与此时间内慢变化电压幅度成正比的数字信号,就得到了输入的慢变化直流电压大小随时间变化的波形。在核工程领域,比如在研究反应堆的动态特性时,经常用 BF_3 正比计数管作为

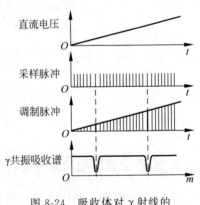

图 8-24 吸收体对 γ 射线的
共振吸收谱

探测器,中子在计数管内发生核反应 $^{10}B(n,\alpha)^7Li$,在气体中产生离子对并放大,输出中子的脉冲幅度谱。通过波形分析式采样对探测器的输出波形进行分析,有利于提高 BF_3 正比计数管的计数率,减小统计误差。

对慢变化的直流电压进行测量时,还可以利用波形分析式采样方法,波形分析式采样测量的原理如图 8-25 所示,其中图 8-25(a)为波形分析式采样测量的原理框图。波形分析式采样的采样脉冲使用的是周期性脉冲。按照采样周期脉冲出现的先后次序对输入信号采样,结果如图 8-25(b)所示。相应采样结果依次存于存储器的各道中,各道所存的数码 K 则

为由 ADC 转换出的代表相应采样时间内输入信号幅度的数字码。

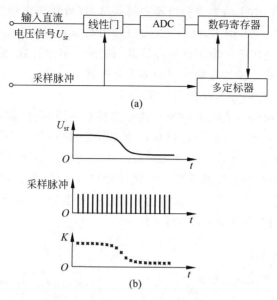

图 8-25 波形分析式采样的工作原理

(a) 波形分析式采样的原理框图；(b) 对输入信号的波形采样

与幅度分析式采样不同的是，在波形分析式采样情形下，多道分析器实际上是工作在多定标器分析状态下的（每道为一个定标器）。周期性采样脉冲在打开线性门的同时，还要控制多定标器完成一次读、写和地址步进操作。ADC 将采样得到的输入信号幅度进行 A/D 变换，并将变换得到的数码送给数码寄存器，再逐次地存入存储器的各道（各定标器）中。逐道进行这样的操作，一直到最后一道存完后自动停机。因此，各道（各定标器）存储的数码就表示在不同时刻输入信号的幅度，而道数则对应于时间，相邻两道间对应的时间相隔等于采样脉冲的周期。

8.4.2 多定标器分析

多定标器分析也称为多路计数器分析或多道定标，指的是多道分析器的一种数据获取方式，简单地说，就是将一个 M 道的多道分析器当作 M 个计数器（或定标器）相继使用。这 M 个定标器是在相继的 M 个时间间隔里测量同一路输入信号的计数，而不是 M 个定标器同时测量 M 路信号的计数，因此它所测量的是同一路信号计数率随时间的变化关系。这种依时间顺序相继测量各个时间间隔里的脉冲计数，并按次序将其记录在多道分析器的各存储单元上的测量方法就是多定标器分析。

多道分析器以多定标器分析方式工作时，道址由多道分析器的定时系统逐道步进产生。每次步进后有一定的测量时间，在此时间内将输入信号送入多道分析器主机的运算器（当定标器用），测量时间结束时，将结果存入存储器相应道址。然后，再步进到下一道重复前面的过程。这样，多定标器分析方式中，道址代表时间，而各道的计数则为每道的测量时间和信号计数率的乘积。

与幅度分析不同，做多定标器分析时，对输入信号有时可以不进行 A/D 变换，而只是记录输入的脉冲信号数。利用多道分析器输入部分中输入控制逻辑的单道,可以进行脉冲幅度范围的选择,单道的输出送给多道分析器主机运算器(或数码寄存器)进行计数。多定标器分析的工作原理如图 8-26 所示,其中图 8-26(a)为其原理框图。如果输入信号具有一定的电平,也可直接加到主机上。由于读写存储器不能进行串行计数,输入信号需要经过运算器计数之后,才能转存到存储器之中。因为多道分析器的运算器接收信号的分辨时间通常为 μs 量级,因此输入脉冲信号的计数率不宜过高。

测量开始后,控制电路首先发出指令 r,将存储器第一道(定标器)内原来存储的数码读到数码寄存器上,同时控制电路发出计数开始脉冲 b 使触发器 C 开启计数(计时)与门 M,于是数码寄存器开始对输入脉冲进行累积计数。在达到设定的计数时间(测量时间)之后,控制电路发出计数结束脉冲 c 使触发器 C 封锁计数与门,同时发出指令 w 将数码寄存器内的数据写回第一道中去。然后控制电路使地址寄存器步进一道,进入第二道(下一道)的测量,重复上面的测量过程,如图 8-26(b)所示。

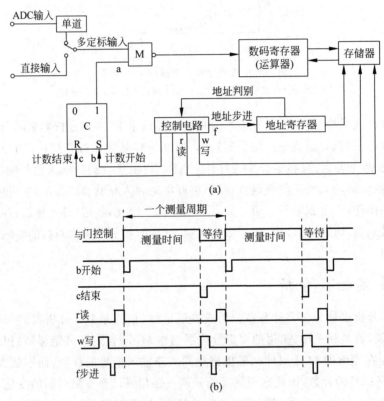

图 8-26 多定标器分析的工作原理
(a) 工作原理框图;(b) 控制过程的波形图

此过程如此不断地进行下去,直到最后一道测量完毕并将结果写入为止,就完成了一次单向地址扫描。在多定标器分析中,道址步进扫描方式可以是每次都从起始道到终止道,这就是单向地址扫描;也可以是先从起始道到终止道,然后再从终止道回到起始道,此即双向地址扫描。道址步进扫描可以是单次的,也可以多次循环测量,应根据需要设定,完成测量后自动停机。

多道分析器以多定标器分析方式工作时,每道的步进时间是可调的,一般从几微秒到数个小时。道的步进时间也可分段改变,例如从第 1 道到第 A 道设定成一种步进时间,从第 A 道到第 B 道设定成另一种步进时间,从 B 道到最后一道再换成一种步进时间,等等。A 道和 B 道的位置及步进时间的变化比例可依据具体情况设定,以适应信号计数率随时间变化很大时的测量需要。多定标器分析的主要技术指标包括路数(道数)、各路的计数容量、最高计数率、分辨时间等。

多定标器分析可用于短寿命放射性核素的放射性活度和衰变曲线的测量,也经常用于穆斯堡尔效应的测量、反应堆的动态特性测量以及其他自动测量工作。以利用多定标器分析测量反应堆动态特性为例,反应堆的功率是通过镉棒来调节的,当镉棒落入堆芯时会使中子通量急速下降,利用 BF_3 正比计数管可以测量出堆内中子的脉冲幅度谱,这样,通过波形采样分析(见图 8-25)的多定标器分析,就可以了解反应堆的特性。

8.4.3　时间分析

核辐射探测器的输出信号通常是包含有时间信息的随机信号,多道时间分析器(MTA)就是一种用于进行时间分析的多道分析器。时间分析指的是对相继发生的两个核事件发生的时间差,或者是对一系列相关核事件发生的时间分布,抑或是对单个核事件的脉冲信号所携带的时间信息进行统计和分析。进行时间分析时,测量的开始时间(起始信号)和终止时间(停止信号)可以利用定时电路来确定,时间分析就是对起始信号和停止信号之间的时间间隔进行测量分析。

利用多道时间分析器作时间分析,首先要对时间间隔进行数字编码。实现这种数字编码的途径大致可分为两类:一种途径是把时间间隔直接转换成相应的数字码,这就是所谓的时间-数字变换(TDC);另一种途径则是先将时间间隔转换成为幅度与时间间隔大小成正比的模拟量——此即所谓的时间-幅度变换(TAC),然后再进行模拟量到数字量的转换,最终实现 TDC。

1. 多计时器分析

多计时器分析也是多道分析器的一种数据获取方式,其工作原理与多定标器分析基本相似,如图 8-27 所示,其中图 8-27(a)为多计时器分析的原理框图,图 8-27(b)为控制过程的波形图。

采用多计时器分析时,实际是把一个 M 道的多道分析器当作了 M 个计时器来相继使用。但这 M 个计时器是被用来测量同一路中相继 M 个信号的间隔时间,而不是用这 M 个计时器去同时测量 M 路信号的时间。因此,多计时器分析所测量的是信号之间的时间间隔的变化规律,所得结果则可以用来研究信号的时间分布。多计时器分析在核医学中可用来测定运动实验室中运动员的心跳周期变化等时间信息。

可以看出,多计时器分析时的道址步进由被测输入信号产生。输入信号的各相邻脉冲之间的时间间隔,由数码寄存器利用时钟脉冲进行计数来测定(时间间隔等于时钟脉冲数乘以时钟周期)。当一个待测脉冲信号输入后,控制电路首先封锁时钟与门 M,并将数码寄存器中的数据存入(写)存储器的相应道址。然后地址步进加 1,将存储器中下一道址原来存储的数码读取到数码寄存器,开启时钟与门 M。时钟门开启后,数码寄存器开始对时钟脉冲计数,直至下一个信号脉冲到来,再次封锁时钟门,计时时间终止,得到图 8-27(b)所示的控制波形。这样,多道时间分析器每接收到一个输入脉冲信号就重复上述工作过程,直到最后一道存完数据,自动停机。

从前面介绍的工作过程可以看出,存储器的道址所代表的实际是输入脉冲信号间隔的序号,各道的计数代表的则是相邻两脉冲信号之间的时间间隔。两脉冲信号之间的计时时间等于相应道内的计数与时钟脉冲的周期的乘积,而计时时间与存储时间之和就是相邻两信号之间的时间间隔。

从工作过程可以看出,多计时器分析和多定标器分析的原理十分类似,只是数码寄存器输入的脉冲和地址寄存器输入的步进脉冲作了互换。多道分析器用于多计时器时,计时的最小单位一般为 μs。

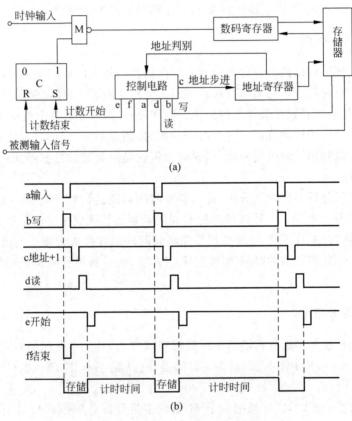

图 8-27　多计时器分析的工作原理

(a) 工作原理框图;(b) 控制过程的波形图

2. 飞行时间测量

在能谱测量中,还经常需要测量两路输入信号之间的时间间隔。例如,在反应堆工程以及核裂变反应中,可用飞行时间方法测量中子的能量;在生物学以及医学方面,可用飞行时间法来研究神经脉冲的传送等。

飞行时间法就是一种通过测量微观粒子飞过某一段距离所用的时间,来间接测定该粒子的能量的测量方法。在低能核物理领域,比如在低能核反应或者核裂变反应中,发射出的质子、中子或者其他质量更大的粒子的速度通常仍然是远小于光速的,因而可以用非相对论来处理。在非相对论情形下,动能为 E 的运动粒子,若其飞行过某一段距离 L 所需用的时间为 t,则有

$$E = \frac{1}{2} m \left(\frac{L}{t} \right)^2 \tag{8-15}$$

式中,m 为粒子的质量。由于粒子的飞行时间 t 和这段时间内通过的距离 L 都能被比较准确地测定,因此飞行时间法是一种比较准确的测量能谱的方法,被广泛应用于中子和重带电粒子的能谱测量中。

在低能核物理领域,对中子的测量占有重要的地位。如果中子的能量不是很高(如核反应或核裂变反应中产生的中子),其动能可用式(8-15)按非相对论理论计算。假定中子的飞行距离 L 一定,在测量其能量时,还需要测量中子自起点起飞的时刻和中子飞行距离 L 后到达终点的时刻。实验上,中子起飞和到达终点这两个时刻的时间间隔,通常称为中子的飞行时间。

虽然中子不带电,但对其测量通常仍需要利用其产生的电信号来完成。对于脉冲中子源,可以用与中子自源飞出时间同步的电脉冲来标志中子的起飞时刻;也可利用放在中子源附近的探测器,通过对核反应中伴随中子产生出现的其他带电粒子的记录,确定中子的起飞时刻;或者利用置于中子飞行起点处的有机闪烁体的散射作用,来记录中子并确定其起飞的时刻。中子到达终点的时刻,通常用放在终点处的探测器给出的脉冲信号来决定。测量出起飞和到达时刻后,中子的飞行时间就可利用多道分析器作多定标器测量来获得了。中子飞行时间测量的原理框图如图8-28所示。

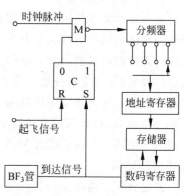

图 8-28　中子飞行时间测量原理框图

在确定中子的起飞时刻的同时,系统给出一个中子起飞信号,并用此信号启动多道分析器,利用时钟脉冲使分析器的道址周期性地步进,作多定标器测量。起飞信号经 RS 触发器开启时钟门,时钟脉冲信号经分频后产生道址步进脉冲。当中子飞完设定的距离时,置于终点的探测器给出表示中子到达的脉冲信号,并用这一信号关闭时钟门,停止道址步进过程。中子到达信号同时也用来发出存储指令,这时分析器所处道址正比于中子的飞行时间(飞行时间等于道址数与道址步进周期的乘积)。可以通过调节分频器的输出来改变道址步进脉冲的周期,进而调节时间道宽。

测量中子能谱的中子飞行时间谱仪应采用快响应的中子探测器(闪烁探测器、半导体探测器等)、快电子线路(时间分析器、符合电路、多道分析器等)等单元组成。

8.5　多道脉冲幅度分析器的标定

8.5.1　能量刻度

在多道脉冲幅度分析器中,要求道址 M(存储器的编号)和道的位置 A(对应道中心或边界的输入脉冲幅度 V 或射线的能量 E)之间具有良好的直线关系,理想情况下应该是通

过坐标原点的一条直线。但实际上,道址和道位置之间的关系并不是一条直线,而是和直线比较接近的一条曲线,如图 8-29 所示。

假设多道脉冲幅度分析器的最末一道 M_{max} 对应的道位置为 A_{max}(或 V_{max} 或 E_{max}),在实际的 A-M 曲线上纵坐标为 $0.9A_{max}$ 和 $0.1A_{max}$ 的两点间连一直线,这条直线叫理想化直线(图中虚线),它和实际曲线是比较接近的。为了分析和计算上的方便,往往用理想化的直线代表实际的曲线。由于实际曲线不是直线,因此道址 M 和道位置 A 不成直线关系,这表明多道脉冲幅度分析器

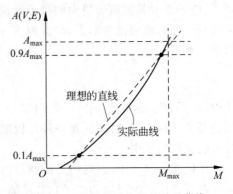

图 8-29 道址和道位置的关系曲线

的分析结果存在非线性误差。造成非线性误差的因素包括探测器的线性、脉冲放大器的线性、甄别阈及道宽的线性等。

多道脉冲幅度分析器可以测量出脉冲幅度分布谱或者能谱,最终还需要确定出谱的各个峰位所代表的能量或元素种类。放射性核素发出的射线的能量是特定的,确定出峰位所对应的能量就可识别出它对应的是何种元素,这就是定性分析。确定出峰面积,就可知道该元素的含量,这是定量分析。为了实现定量分析,需要对测出的能谱进行能量刻度。能量刻度就是将多道脉冲幅度分析器的(各个)道址按射线能量进行刻度,求出射线能量 E 与道址 M 的关系式,由此就可以从测得的未知能谱中峰位对应的道址求出未知元素的射线能量。能量刻度常用 eV、keV 或者 MeV 等作单位。有时,如进行中子能量测定时,也采用 ms、μs、ns 等时间单位。

多道分析器的能量刻度一般是通过实验实现的。其具体做法是,取能量已知的系列 γ 标准源,在确定的实验条件下分别测量其 γ 谱,并找出全能峰即光电峰所对应的道址。以道址作横坐标,以能量作纵坐标,将已知能量的 γ 射线全能峰道址和对应的能量描绘出来,就可得到能量刻度曲线。

对多道分析器的能量刻度,就是要给出能量与道址间的关系。表征这种关系通常可用两种不同的方法。其中一种方法是将射线的能量 E 和分析器的道址 M 的对应关系用二次多项式来表示:

$$E = a_0 + a_1 M + a_2 M^2 \tag{8-16}$$

式中,a_0、a_1、a_2 是待定的参数。

另一种方法是把能谱划分成若干个谱段,每段都由一直线近似表示:

$$E = a_0 + a_1 M \tag{8-17}$$

式中,a_0 和 a_1 是待定的参数。a_1 的几何意义是斜率,也叫分析器的增益或灵敏度,它表示每个道宽所代表的能量。能量刻度就是确定各谱段的直线拟合参数。典型的能量刻度曲线通常为不通过坐标原点的一条直线(截距 a_0 不等于零)。

多道分析器的能量刻度是用已知能量的 γ 射线的全能峰来标定的,因此,能量刻度后应保持整个谱仪系统的所有工作参数(探测器的几何条件、放大器放大倍数、成形时间常数、多道分析器的变换系数等)不变,才可对未知放射源进行测谱,否则应重新标定。放射性的测量和分析应遵循在什么条件下标定,就在什么条件下测量的原则。

在进行能量刻度的同时,还常常要进行半高宽和 1/10 高宽的刻度,也就是要标定出以能量为单位的半高宽和 1/10 高宽随能量的变化关系,这对解析能量相近的 γ 射线是有用的。

8.5.2 效率刻度

为了利用多道脉冲幅度分析器准确求出放射源的放射性活度等物理量,通常还需要对分析器进行效率刻度。效率刻度就是对整个谱仪系统(从探测器直到多道分析器)的探测效率和所测量的射线的能量关系进行刻度。效率刻度需要在能量刻度之后进行。

当输入信号进入多道分析器后,在对信号进行变换、处理、储存的过程中,多道分析器不能再对其他输入信号做出响应的一段时间称为死时间。显然,在死时间内如果对出现的信号不作特殊处理,这些信号将会丢失。多道分析器的实际工作时间扣除死时间后的结果称为活时间,分析器的计时使用的通常是时钟脉冲信号,在死时间内应暂停计时,这样的计时结果就是活时间。用活时间计时就自然扣除了死时间引起的计数损失。

对于 γ 谱,效率刻度通常是对全能峰的探测效率进行刻度。当不考虑放射性衰变的影响时,全能峰的探测效率 η 可表示为

$$\eta = \frac{S}{tAP} \tag{8-18}$$

式中,S 为峰的净面积,即从峰的起始道到终了道的各道计数总和;t 为测量的活时间,它等于数据获取过程所经历的实际时间与总死时间之差;A 为放射性活度;P 为全能峰 γ 射线的分支比。

式(8-18)给出的是谱仪系统的一个效率刻度点。利用多个标准源或已知分支比的多种能量的射线,可以得到各个刻度点(数据点),进而得到效率刻度曲线。在计算机多道分析系统中,可用几条二次曲线来得到效率刻度曲线的分段表达式。

有时,全能峰的探测效率还可表示成

$$\eta = \frac{n}{AP} \tag{8-19}$$

式中,n 为全能峰的计数率。

为了用多道脉冲幅度分析器测量放射性核素的放射性活度,通常要先对其作出能量刻度,然后再作出效率刻度。测量未知元素的 γ 谱,由全能峰位求出其能量 E,对照效率刻度曲线查找效率,求出 AP。

8.6 BH1324 型一体化多道分析器

BH1324 型一体化多道分析器,是在 BH1224 型多道分析器的基础上经改进而成的,它是集高压、低压及放大器等为一体,并通过 RS-232 串口电缆与计算机相连而构成的多道分析器。

1. 性能指标

(1) 非线性:微分非线性小于 1.6%;积分非线性小于 0.1%。

（2）下阈小于 100mV，上阈大于 5.5V。

（3）长期稳定性：开机预热 30min，连续工作 8h，道宽漂移小于 1%。

（4）谱长：512、1024、2048、4096 道通过软件任意调节。

（5）时钟频率：80MHz。

（6）高压：0～1500V 可调。

（7）放大增益：0～160 倍连续可调。

（8）数据通信与控制：通过后面板的 RS-232 串口电缆与计算机进行通信、数据传输和控制，采用高速直接存储器读取方式进行。

2. 电路原理

BH1324 型一体化多道分析系统通常由探测器、高压电源（HV）、线性放大器（AMP）、多道分析器 MCA、4096 道模-数变换器（ADC）、计算机串行接口 RS-232 等组成。线性放大器将对从探测器输出的电脉冲信号进行适当的放大，再将放大后的信号送入模-数变换器 ADC。ADC 的主要任务是把模拟量即电压幅度变换为脉冲数码，并对模拟量进行选择。ADC 变换出的脉冲数码信号经计算机接口送入计算机的一个特定内存区。电源同时为探测器提供所需高压和低压，并为整个系统提供所需的低压。

1) 线性放大电路

BH1324 型多道分析器的线性放大电路的电路原理如图 8-30 所示。线性放大电路由输入缓冲器（T_1、T_2）、第一级成形器（R_9、C_4）、第一级放大器 A_1（LM318）、第二级成形器（R_{14}、C_7）、第二级放大器 A_2（LM318）、同相/反相器 A_3（LM318）及输出缓冲器（T_3、T_4）七部分组成。

输入、输出两级缓冲器均为互补式射极跟随器。由于互补式射极跟随器的输入阻抗高、输出阻抗低，可以使放大器的输入端与探头、输出端与 ADC 都能很好地实现阻抗匹配。两级成形电路主要用来改造波形并提高信噪比。同相/反相器 A_3 用于极性转换，无论输入脉冲信号的极性为正或负，都使输出极性为正，以适应后面 ADC 的工作需要。两级放大器均采用快速运算放大器 LM318，每一级可提供 2、4 和 8 倍的增益。

线性放大电路增益的粗调为 10、20、40、80、160 倍，增益的细调设在输入端（R_2），可实现 0.1～1 倍连续可调。

2) 模-数变换器

BH1324 型多道分析器的模-数变换器采用的是线性放电型 ADC。在进行脉冲幅度分析（PHA）时，微机通过串行口给出启动电平，ADC 即可工作，开线性门。输入信号即线性放大器的输出正脉冲经缓冲器、零点调节器、线性门送到峰展宽器，输入信号向展宽器的记忆电容（C_M）充电，当记忆电容上的电压充电到输入信号的峰值后，展宽器的充电二极管截止，记忆电容上的电荷保持。如果输入信号在上下阈之间，快地址不产生溢出，在充放电标志（CFB）脉冲产生后，将启动定相电路关闭线性门、开时钟门，并控制记忆电容线性放电。定相电路使放电起始时刻和时钟信号有一个确定的时间关系，这样可克服道边界的摆动，从而提高 ADC 的电压分辨率。当记忆电容上的电压放电到基线值时，展宽器因充电二极管导通而复原，此时充放电标志也随之复原，并关闭时钟门。

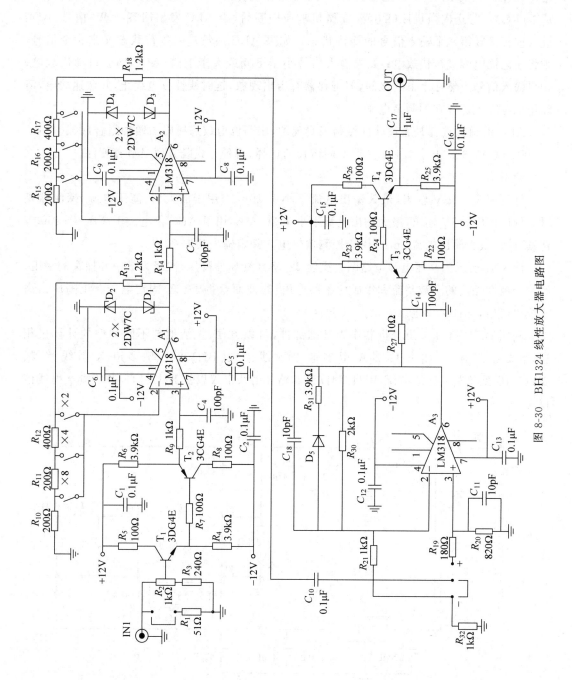

图 8-30 BH1324 线性放大器电路图

在线性放电期间,80MHz 的时钟信号通过时钟门进入快地址寄存器。因为快地址寄存器的计数 N 与开时钟门的时间 T 成正比,而开时钟门的时间 T 又与输入信号的幅度 V 成正比,所以 V 正比于 N。快地址内的计数,通过存储标志(CCB)脉冲打开发送门同时作为请求(RQ)信号送向微机接口电路,在微机响应中断后,给 ADC 发出回答(AW)信号,ADC 进入准备接收第二个输入信号的等待状态。如果 ADC 还没进入等待状态又来一个信号,则将使记忆电容进行快放电;如果输入信号小于下阈或大于上阈,ADC 均会自动快放电;如果输入信号虽然在上下阈之间,但寄存器有溢出现象,这时线性放电终止,并快速放电,清除记忆电容上还存在的剩余电压。

ADC 的道数选择是通过软件控制来实现的,用两位道数选择码的四种组合(00、01、10、11)可实现 4096、2048、1024、512 等不同谱长的选择,这种方式既方便又节省硬件。

3)电源

低压固定 $\pm 12\text{V}$ 输出,最大输出电流不小于 20mA,用于放大器、高压电源、探测器供电。低压固定 $\pm 5\text{V}$ 输出,最大输出电流不小于 300mA,用于 ADC 供电。正高压 0~1500V 连续可调,最大输出电流 1mA,用于探测器供电。额定输入功率 20W。

图 8-31 所示为高压电源电路图。交流 220V 经变压器降压,次级为带中心抽头的绕组,经两个极性相反的全波整流和集成稳压器稳压、滤波而获得 $\pm 12\text{V}$ 固定电压。正高压由高压模块产生,+12V 供电。

利用 BH1324 型多道分析器作为基础部件,可以方便、灵活地与不同类型的计算机相连,组成各类谱仪,如 BH1324A 型多道 γ 射线谱仪、BH1324B 型多道 X 射线谱仪、BH1324C 型单路 α 射线谱仪、BH1324D 型四路 α 射线谱仪以及 BH1324F 型环境 γ 射线谱仪等。

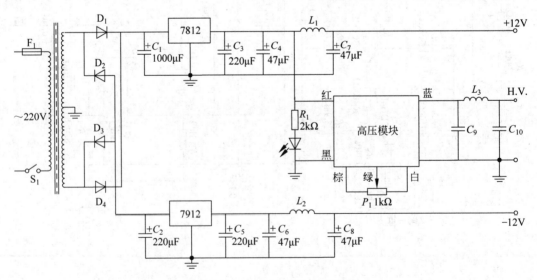

图 8-31　BH1324 高压电源电路图

习　　题

8.1　画出多道分析器的组成框图。

8.2　简述线性放电法模-数变换(相关参数：脉冲周期 T_0、电容 C、放电电流 I 和输入脉冲幅度 U_m)。

8.3　多道分析器与单道分析器相比有什么优点？

8.4　在能谱测量中,为什么要标定或确定出光电峰的位置并求出峰的面积？

8.5　说明多定标器分析的工作过程和用途。

参 考 文 献

[1] 王经瑾,范天民,钱永庚,等.核电子学[M].北京:原子能出版社,1983.

[2] 王芝英.核电子技术原理[M].北京:原子能出版社,1989.

[3] 左广霞,邱晓林,弟宇鸣,等.核辐射信号分析基础[M].西安:西安工业大学出版社,2015.

[4] 唐兆荣,邝忠谦.核电子学概要[M].北京:原子能出版社,1988.

[5] 管致中,夏恭恪,孟桥.信号与线性系统[M].北京:高等教育出版社,2015.

[6] 屈建石,王晶宇.多道脉冲分析系统原理[M].北京:原子能出版社,1987.

[7] 李晓峰,周宁,傅志中,等.随机信号分析[M].北京:电子工业出版社,2018.